公益性行业（农业）科研专项（200903004）
“主要农作物有害生物种类与发生危害特点研究”项目资助

中国主要农作物杂草名录

梁帝允　强　胜　主编

中国农业科学技术出版社

图书在版编目（CIP）数据

中国主要农作物杂草名录 / 梁帝允，强　胜主编 .—北京：中国农业科学技术出版社，2014.4

ISBN 978-7-5116-1566-4

Ⅰ. ①中…　Ⅱ. ①梁…　②强…　Ⅲ. ①作物－杂草－名录－中国　Ⅳ. ① S451-62

中国版本图书馆 CIP 数据核字（2014）第 048893 号

责任编辑　张孝安
责任校对　贾晓红

出 版 者　中国农业科学技术出版社
　　　　　北京市中关村南大街 12 号　邮编：100081
电　　话　（010）82109708（编辑室）（010）82109702（发行部）
　　　　　（010）82109709（读者服务部）
传　　真　（010）82106650
网　　址　http://www.castp.cn
经 销 者　各地新华书店
印 刷 者　北京画中画印刷有限公司
开　　本　787mm × 1092mm　1 /16
印　　张　31.25
字　　数　640 千字
版　　次　2014 年 4 月第 1 版　2014 年 4 月第 1 次印刷
定　　价　60.00 元

公益性行业（农业）科研专项（200903004）
“主要农作物有害生物种类与发生危害特点研究”项目资助

总编辑委员会

中国主要农作物杂草名录

编辑委员会

总 序

近年来，受全球气候变暖、耕作制度变化和病虫抗药性上升等因素影响，我国主要农作物有害生物的发生情况出现了重大变化。对此，迫切需要摸清有害生物发生种类、分布区域和发生危害等基础信息。否则，将严重影响我国有害生物监测防控、决策管理的有效性和植保科学研究的针对性。

在农业部科技教育司、财务司和种植业管理司的大力支持下，2009年农业部启动了公益性行业（农业）科研专项“主要农作物有害生物种类与发生危害特点研究”项目（项目编号：200903004)。该项目由全国农业技术推广服务中心牵头主持，全国科研、教育、推广系统43家单位共同参与，旨在对我国粮、棉、油、糖、果、茶、麻七大类15种主要农作物有害生物种类进行调查，通过对主要有害生物发生分布情况进行研究，对重要有害生物危害损失进行评估分析，明确我国主要农作物有害生物种类及其发生危害特点，提出重大病虫害的发生趋势和防控对策，以增强我国农业有害生物监测防控工作的针对性，提高植保防灾减灾水平。

项目启动以来，体系专家和各级植保技术人员通过大量的田间实地调查和试验研究，获得了丰富的第一手数据资料，基本查实了我国主要农作物有害生物种类，明确了主要有害生物发生分布、重要有害生物产量损失及重大有害生物发生趋势与防控对策，项目取得了重要成果。

按照项目工作计划，我们在编辑出版《主要农作物病虫草鼠害简明识别手册》系列图书的基础上,通过对调查和研究工作中获得的第一手数据资料进行分析整理，又陆续组织编写了《中国主要农作物有害生物名录》《中国主要农作物主要有害生物分布区划》《中国主要农作物重要有害生物危害损失评估》《中国主要农作物重大有害生物发生趋势报告》《主要农作物有害生物检测技术与方法》及《中国水稻病虫害调查研究》等系列丛书，以便于该项目的研究成果尽快在生产、教学与科研领域推广应用。

这套丛书全面汇集了该项目实施5年来各课题的研究成果，系统记录了15种主要农作物的有害生物发生种类，详细介绍了主要种类发生分区和危害损失评估研究结果，科学阐述了主要种类发生危害现状、演变规律、发生趋势和治理对策等内容，具有较强的科学性和实用性。这套丛书对于指导全国植保工作开展，提高重大病虫害监测预警和防控能力具有重要作用。同时将为深入开展病虫害治理技术研究提供重要依据。

希望这套系列图书的出版对于推动我国植保事业的科学发展发挥积极作用。

陈生斗

2012年10月

前 言

从2009年开始，“主要农作物杂草综合调查分析与研究”课题组根据“主要农作物有害生物种类与发生危害特点研究”项目总体部署，组织全国开展水稻、小麦、玉米、大豆、马铃薯、棉花、麻（类）、油菜、花生、甘蔗、甜菜、柑橘、苹果、梨、茶树等15种农作物杂草发生种类调查，以及主要杂草种类区划、重要杂草种类危害损失和重大杂草种类发生演变趋势的研究。经过3年的努力，基本摸清了我国15种农作物杂草发生种类状况，查明现有杂草共641种，隶属89科374属，其中，孢子植物14科14属19种，被子植物75科360属622种。为了便于生产、科研、教学部门的广大植保技术人员、杂草科技工作者和农业院校师生更好地、及时地了解我国主要农作物杂草发生种类和已知分布，我们汇编了《中国主要农作物杂草名录》。

本杂草名录包括水稻、小麦、玉米、大豆、马铃薯、棉花、麻（类）、油菜、花生、甘蔗、甜菜、柑橘、苹果、梨、茶树等15种农作物杂草89科374属641种，各种均按分类次序编排。每种包括：中文、学名、别名、危害作物和国内分布，对15种农作物杂草田园科属种数进行了汇总。

在本杂草名录汇总整理过程中，我们得到南京农业大学杂草研究室大力支持和帮助，该杂草名录初稿编出后强胜教授作了审订。在此，一并表示感谢。

在编写本名录时，我们力求种名和分布的正确。为此，我们专门为本书中所涉及的一些词语作为凡例给予如下说明。例如，别名中的名称是指该杂草其他的中文名称或俗名；分布是指杂草发生的地区并所对应的行政区划简称。许多杂草品种的分布目前仅限于个别省、直辖市以及自治区，邻近省市区也可能会有发现，为此我们期望有关人员进行调查时给予补充完善。

由于我们水平有限，以及只能根据各地调查资料进行汇总整理，所以，本杂草名录中肯定还存在许多错误和不足之处，恳请读者不吝指正。

编者

2013年8月

目　录

附　录:

一、主要农作物田园杂草科属种数

主要农作物田园杂草科属种数（1）

植物种类	科	属	种
孢子植物	14	14	19
藻类植物	2	2	3
苔藓植物	1	1	1
蕨类植物	11	11	15
被子植物	75	360	622
双子叶植物	60	263	450
单子叶植物	15	97	169
合计	89	374	641

注：主要农作物包括：水稻、小麦、玉米、大豆、马铃薯、棉花、麻类、油菜、花生、甘蔗、甜菜、柑橘、苹果、梨、茶

主要农作物田园杂草科属种数（2）

科	属	种	科	属	种
藻类植物			落葵科	1	1
轮藻科	1	2	马鞭草科	4	4
水绵科	1	1	马齿苋科	2	2
苔藓植物			马兜铃科	1	1
钱苔科	1	1	牻牛儿苗科	2	3
蕨类植物			毛茛科	4	8
满江红科	1	1	葡萄科	2	2
木贼科	1	3	千屈菜科	2	4
里白科	1	1	荨麻科	6	6
海金沙科	1	1	茜草科	4	10
槐叶蘋科	1	1	蔷薇科	5	12
水蕨科	1	1	茄科	5	12
凤尾蕨科	1	2	忍冬科	1	1
乌毛蕨科	1	2	三白草科	2	2
鳞始蕨科	1	1	伞形科	9	9
骨碎补科	1	1	桑科	2	2
蘋科	1	1	商陆科	1	2

（续表）

科	属	种
双子叶植物		
白花菜科	1	1
白花丹科	1	1
败酱科	1	4
报春花科	3	9
车前科	1	4
柽柳科	1	1
唇形科	21	27
酢浆草科	1	2
大戟科	3	9
大麻科	1	1
豆科	22	33
番杏科	1	1
沟繁缕科	2	2
葫芦科	2	2
蒺藜科	2	2
夹竹桃科	3	3
尖瓣花科	1	1
金丝桃科	1	1
金鱼藻科	1	1
堇菜科	1	5
锦葵科	7	9
景天科	2	4
桔梗科	2	2
菊科	52	84
爵床科	2	2
藜科	8	16
蓼科	6	37
柳叶菜科	1	3
龙胆科	2	2
萝藦科	2	3
十字花科	12	23
石竹科	9	15
水马齿科	1	1
水蕹科	1	1
藤黄科	1	2
梧桐科	1	1
苋科	4	11
玄参科	9	21
旋花科	7	10
罂粟科	1	3
远志科	1	1
紫草科	8	10
紫茉莉科	1	1
单子叶植物		
百合科	4	5
茨藻科	1	2
灯心草科	1	4
浮萍科	2	2
谷精草科	1	2
禾本科	63	100
莎草科	9	29
石蒜科	1	1
水鳖科	6	6
天南星科	1	1
香蒲科	1	1
鸭跖草科	2	4
眼子菜科	1	4
雨久花科	2	3
泽泻科	2	5

注：主要农作物包括：水稻、小麦、玉米、大豆、马铃薯、棉花、麻类、油菜、花生、甘蔗、甜菜、柑橘、苹果、梨、茶

二、主要农作物田园杂草名录

孢子植物杂草

藻类植物杂草

轮藻科（Characeae）

1. 布氏轮藻

学名：*Chara braunii* Gelin

危害作物：水稻。

分布：安徽、贵州、江苏、辽宁、四川、云南、浙江。

2. 普生轮藻

学名：*Chara vulgaris* L.

危害作物：水稻。

分布：安徽、重庆、福建、广东、广西、贵州、海南、河北、河南、湖北、湖南、吉林、江苏、江西、辽宁、宁夏、山东、四川、云南、浙江、新疆。

水绵科（Zygnemataceae）

水绵

学名：*Spirogyra intorta* Jao

危害作物：水稻。

分布：安徽、重庆、福建、广东、广西、贵州、河北、河南、黑龙江、湖北、湖南、吉林、江苏、江西、辽宁、内蒙古、宁夏、山东、山西、陕西、四川、天津、云南、浙江。

苔藓植物杂草

钱苔科（Ricciaceae）

钱苔

学名：*Riccia glauca* L.

危害作物：水稻。

分布：江西、四川、重庆、云南。

蕨类植物杂草

凤尾蕨科（Pteridaceae）

1. 欧洲凤尾蕨

学名：*Pteris cretica* L.

别名：长齿凤尾蕨、粗糙凤尾蕨、大叶井口边草、凤尾蕨。

危害作物：茶、油菜、小麦。

分布：重庆、福建、甘肃、广东、广西、贵州、河南、湖北、湖南、江西、陕西、山西、四川、云南、浙江。

2. 井栏凤尾蕨

学名：*Pteris multifida* Poir.

别名：井栏边草、八字草、百脚鸡、背阴草、鸡脚草、金鸡尾、井边凤尾。

危害作物：柑橘。

分布：安徽、福建、广东、广西、贵州、河南、湖北、湖南、江苏、江西、陕西、四川、浙江。

骨碎补科（Davalliaceae）

阴石蕨

学名：*Humata repens*（L. F.）Didls

别名：红毛蛇、平卧阴石蕨。

危害作物：茶。

分布：安徽、福建、广东、广西、贵州、湖北、湖南、江苏、江西、四川、云南、浙江。

海金沙科（Lygodiaceae）

海金沙

学名：*Lygodium japonicum*（Thunb.）Sw.

别名：蛤蟆藤、罗网藤、铁线藤。

危害作物：茶、油菜、小麦。

分布：安徽、重庆、福建、甘肃、广东、广西、贵州、海南、河南、湖北、湖南、江苏、江西、陕西、上海、四川、西藏、云南、浙江。

槐叶蘋科（Salviniaceae）

槐叶蘋

学名：*Salvinia natans*（L.）All.

危害作物：水稻。

分布：北京、重庆、福建、甘肃、广东、广西、贵州、海南、河北、河南、黑龙江、湖北、湖南、江苏、江西、吉林、辽宁、内蒙古、宁夏、山东、上海、山西、四川、天津、新疆、浙江。

里白科（Gleicheniaceae）

芒萁

学名：*Dicranopteris pedata*（Houtt.）Nakaike

别名：换础、狼萁、芦箕、铁蕨鸡、铁芒萁。

危害作物：茶。

分布：安徽、重庆、福建、甘肃、广东、广西、贵州、河南、湖北、湖南、江苏、江西、四川、云南、浙江。

鳞始蕨科（Lindsaeaceae）

乌蕨

学名：*Sphenomeris chinensis*（L.）Maxon

危害作物：茶。

分布：安徽、重庆、福建、甘肃、广东、广西、贵州、海南、河南、湖北、湖南、江苏、江西、上海、四川、西藏、云南、浙江。

满江红科（Azollaceae）

满江红

学名：*Azolla imbricata*（Roxb.）Nakai

别名：紫藻、三角藻、红浮萍。

危害作物：水稻。

分布：安徽、福建、广西、湖北、湖南、江西、江苏、山东、陕西、上海、云南、浙江。

木贼科（Equisetaceae）

1. 问荆

学名：*Equisetum arvense* L.

别名：马草、土麻黄、笔头草。

危害作物：水稻、梨、苹果、甜菜、甘蔗、花生、麻类、棉花、大豆、玉米、马铃薯、油菜、小麦。

分布：安徽、北京、重庆、福建、甘肃、贵州、河北、河南、黑龙江、湖北、湖南、江苏、江西、吉林、辽宁、内蒙古、宁夏、青海、陕西、山东、上海、山西、四川、天津、新疆、西藏、云南、浙江。

2. 草问荆

学名：*Equisetum pratense* Ehrhart

别名：节节草、闹古音－西伯里（蒙古族名）。

危害作物：水稻。

分布：北京、甘肃、河北、河南、黑龙江、吉林、辽宁、内蒙古、陕西、山东、山西、新疆。

3. 节节草

学名：*Equisetum ramosissimum* Desf.

别名：土麻黄、草麻黄、木贼草。

危害作物：柑橘、玉米、梨、苹果、小麦、棉花、甜菜。

分布：北京、重庆、福建、甘肃、广东、广西、贵州、海南、河北、河南、黑龙江、湖北、湖南、江苏、江西、吉林、辽宁、内蒙古、宁夏、青海、陕西、山东、上海、山西、四川、天津、新疆、西藏、云南、浙江。

蘋科（Matsileaceae）

蘋

学名：*Marsilea quadrifolia* L.

别名：田字草、破铜钱、四叶菜、夜合草。

危害作物：水稻。

分布：北京、重庆、福建、广东、广西、贵州、海南、河北、河南、黑龙江、湖北、湖南、吉林、江苏、江西、辽宁、山东、山西、陕西、上海、四川、天津、新疆、云南、浙江。

水蕨科（Parkeriaceae）

水蕨

学名：*Ceratopteris thalictroides*（L.）Brongn.

别名：龙须菜、水柏、水松草、萱。

危害作物：水稻。

分布：安徽、福建、广东、广西、江苏、江西、湖北、山东、四川、云南、浙江。

乌毛蕨科（Blechnaceae）

1. 狗脊

学名：*Woodwardia japonica*（L. F.）Sm.

危害作物：茶。

分布：安徽、重庆、福建、广东、广西、贵州、海南、河南、湖北、湖南、江苏、江西、上海、四川、云南、浙江。

2. 顶芽狗脊

学名：*Woodwardia unigemmata*（Makino）Nakai

别名：单牙狗脊蕨、单芽狗脊、单芽狗脊蕨、顶单狗脊蕨、顶芽狗脊蕨、狗脊贯众、管仲、贯仲、贯众、冷卷子疙瘩、生芽狗脊蕨。

危害作物：茶。

分布：广西、广东、云南、甘肃、陕西、西藏及长江中上游各省区。

被子植物杂草

双子叶植物杂草

白花菜科（Capparidaceae）

臭矢菜

学名：*Cleome viscosa* L.

别名：黄花菜、野油菜、黄花草。

危害作物：水稻、苹果、玉米。

分布：河南、广东、广西、贵州、江苏、浙江、云南。

白花丹科（Plumbaginaceae）

二色补血草

学名：*Limonium bicolor*（Bunge）Kuntze

别名：苍蝇花、蝇子草。

危害作物：玉米。

分布：甘肃、广西。

败酱科（Valerianaceae）

1. 异叶败酱

学名：*Patrinia heterophylla* Bunge

危害作物：油菜。

分布：安徽、河南、湖北、湖南、江西、四川、云南、重庆、山东、浙江。

2. 窄叶败酱

学名：*Patrinia heterophylla Bunge subsp. angustifolia*（Hemsl.）H.J.Wang

别名：苦菜、盲菜。

危害作物：茶。

分布：安徽、河南、湖北、湖南、江西、山东、四川、浙江。

3. 败酱

学名：*Patrinia scabiosaefolia* Fisch. ex Trev.

别名：黄花龙牙。

危害作物：苹果、梨、茶。

分布：安徽、北京、福建、甘肃、广东、广西、贵州、河北、河南、黑龙江、湖北、湖南、吉林、江苏、江西、辽宁、内蒙古、山东、山西、陕西、四川、云南、浙江。

4. 白花败酱

学名：*Patrinia villosa* Juss.

危害作物：茶。

分布：广西、江西、四川。

报春花科（Primulaceae）

1. 琉璃繁缕

学名：*Anagallis arvensis* L.

别名：海绿、火金姑。

危害作物：油菜、小麦。

分布：福建、广东、浙江、贵州、陕西。

2. 点地梅

学名：*Androsace umbellata*（Lour.）Merr.

危害作物：油菜、小麦。

分布：安徽、福建、广东、广西、贵州、海南、河北、黑龙江、湖北、湖南、江苏、江西、吉林、辽宁、内蒙古、陕西、山东、山西、四川、西藏、云南、浙江、宁夏。

3. 泽珍珠菜

学名：*Lysimachia candida* Lindl.

别名：泽星宿菜、白水花、单条草、水硼砂、香花、星宿菜。

危害作物：柑橘、油菜。

分布：安徽、福建、海南、河南、湖北、湖南、江苏、江西、陕西、山东、四川、西藏、云南、浙江、广东、广西、贵州。

4. 过路黄

学名：*Lysimachia christinae* Hance

别名：金钱草、真金草、走游草、铺地莲。

危害作物：柑橘。

分布：云南、四川、贵州、重庆、陕西、河南、湖北、湖南、广西、广东、江西、安徽、江苏、浙江、福建。

5. 聚花过路黄

学名：*Lysimachia congestifolora* Hemsl.

危害作物：柑橘。

分布：安徽、福建、云南、重庆、广西、甘肃、河南、陕西、浙江。

6. 小茄

学名：*Lysimachia japonica* Thunb.

危害作物：茶。

分布：海南、江苏、湖北、四川、贵州、浙江。

7. 小叶珍珠菜

学名：*Lysimachia parvifolia* Franch. ex Hemsl.

别名：小叶排草、小叶星宿、小叶星宿菜。

危害作物：油菜。

分布：安徽、福建、广东、贵州、湖北、湖南、江西、四川、云南、浙江。

8. 狭叶珍珠菜

学名：*Lysimachia pentapetala* Bunge

别名：窄叶珍珠菜、珍珠菜、珍珠叶。

危害作物：苹果、柑橘。

分布：安徽、甘肃、河北、黑龙江、河南、湖北、内蒙古、陕西、山东、山西。

9. 疏节过路黄

学名：*Lysimachia remota* Petitm.

别名：蓬莱珍珠菜。

危害作物：茶。

分布：福建、江苏、江西、四川、浙江。

车前科（Plantaginaceae）

1. 车前

学名：*Plantago asiatica* L.

别名：车前子。

危害作物：茶、甜菜、大豆、麻类、苹果、甘蔗、棉花、梨、柑橘、玉米、油菜、小麦。

分布：安徽、福建、甘肃、广东、广西、贵州、海南、河北、河南、黑龙江、湖北、湖南、吉林、江苏、江西、辽宁、内蒙古、山东、山西、陕西、四川、西藏、新疆、云南、浙江。

2. 平车前

学名：*Plantago depressa* Willd.

别名：车轮菜、车轱辘菜、车串串。

危害作物：苹果。

分布：黑龙江、吉林、辽宁、内蒙古、河北、山西、陕西、宁夏、甘肃、青海、新疆、山东、江苏、河南、安徽、江西、湖北、四川、云南、西藏。

3. 大车前

学名：*Plantago major* L.

危害作物：甘蔗、玉米、油菜、小麦。

分布：甘肃、广西、海南、黑龙江、河北、吉林、辽宁、内蒙古、陕西、山西、青海、新疆、山东、江苏、福建、四川、云南、西藏。

4. 小车前

学名：*Plantago minuta* Pall.

别名：条叶车前、打锣鼓锤、细叶车前。

危害作物：苹果、玉米。

分布：河北、辽宁、江苏、山东、广西、河南、黑龙江、天津、湖南、湖北、云南、甘肃、内蒙古、宁夏、山西、陕西、青海、新疆、西藏。

柽柳科（Tamaricaceae）

柽柳

学名：*Tamarix chinensis* Lour.

别名：西湖柳、山川柳。

危害作物：苹果、梨。

分布：安徽、河北、河南、江苏、辽宁、山东、青海、陕西。

唇形科（Labiatae）

1. 筋骨草

学名：*Ajuga ciliata* Bunge

别名：毛缘筋骨草、缘毛筋骨草、泽兰。

危害作物：梨、茶。

分布：甘肃、河北、河南、湖北、陕西、山东、山西、四川、云南、浙江。

2. 水棘针

学名：*Amethystea caerulea* L.

别名：土荆芥、巴西戈、达达香、兰萼草、石荠草、细叶山紫苏、细叶紫苏。

危害作物：花生、大豆、玉米。

分布：安徽、甘肃、河北、河南、湖北、吉林、黑龙江、辽宁、内蒙古、陕西、山东、山西、四川、新疆、西藏、云南。

3. 风轮菜

学名：*Clinopodium chinense*（Benth.）O. Ktze.

别名：野凉粉草、苦刀草。

危害作物：茶、柑橘、玉米、油菜、小麦。

分布：安徽、福建、广东、广西、湖北、湖南、江苏、江西、山东、四川、云南、贵州、重庆、浙江。

4. 细风轮菜

学名：*Clinopodium gracile*（Benth.）Kuntze

别名：瘦风轮菜、剪刀草、玉如意、野仙人草、臭草、光风轮、红上方。

危害作物：油菜、小麦、柑橘。

分布：安徽、福建、广东、广西、贵州、湖北、湖南、江苏、江西、陕西、四川、重庆、云南、浙江。

5. 香青兰

学名：*Dracocephalum moldavica* L

别名：野薄荷、枝子花、摩眼子、山薄荷、白赖洋、臭蒿、臭青兰。

危害作物：大豆、棉花、玉米。

分布：甘肃、河北、广西、黑龙江、河南、吉林、辽宁、内蒙古、青海、陕西、山西、湖北、新疆、四川、重庆、云南、浙江。

6. 香薷

学名：*Elsholtzia ciliata*（Thunb.）Hyland.

别名：野苏子、臭荆芥。

危害作物：马铃薯、花生、大豆、苹果、梨、柑橘、玉米、油菜、小麦。

分布：安徽、北京、福建、甘肃、广东、广西、贵州、海南、河北、黑龙江、河南、湖北、湖南、内蒙古、宁夏、江苏、江西、吉林、辽宁、陕西、青海、山东、上海、山西、四川、重庆、天津、西藏、云南、浙江。

7. 密花香薷

学名：*Elsholtzia densa* Benth.

别名：咳嗽草、野紫苏。

危害作物：玉米、油菜、小麦。

分布：甘肃、河北、辽宁、青海、陕西、山西、四川、重庆、新疆、西藏、云南。

8. 小野芝麻

学名：*Galeobdolon chinense*（Benth.）C. Y. Wu

别名：假野芝麻、中华野芝麻。

危害作物：油菜、小麦。

分布：安徽、福建、广东、广西、湖南、江苏、江西、浙江、四川、陕西、甘肃。

9. 鼬瓣花

学名：*Galeopsis bifida* Boenn.

别名：黑苏子、套日朝格、套心朝格、野苏子、野芝麻。

危害作物：马铃薯、花生、大豆、玉米、油菜、小麦。

分布：江苏、甘肃、贵州、黑龙江、湖北、吉林、内蒙古、青海、陕西、山西、四川、西藏、云南。

10. 白透骨消

学名：*Glechoma biondiana*（Diels）C. Y. Wu et C. Chen

别名：连钱草、见肿消、大铜钱草、苗东、透骨消、小毛铜钱草。

危害作物：油菜、小麦。

分布：陕西、浙江。

11. 活血丹

学名：*Glechoma longituba*（Nakai）Kupr.

别名：佛耳草、金钱草。

危害作物：茶、柑橘。

分布：安徽、福建、广东、广西、贵州、海南、河南、湖北、湖南、江苏、江西、陕西、山东、上海、四川、云南、浙江。

12. 大萼香茶菜

学名：*Isodon macrocalyx*（Dunn）Kudo

危害作物：茶。

分布：安徽、福建、广东、广西、湖南、江苏、江西、浙江。

13. 夏至草

学名：*Lagopsis supina*（Steph. ex Willd.）Ik.-Gal. ex Knorr.

别名：灯笼棵、白花夏枯草。

危害作物：苹果、梨、甘蔗、柑橘、玉米、小麦。

分布：北京、安徽、福建、广东、广西、甘肃、贵州、河北、黑龙江、河南、湖南、湖北、江西、江苏、上海、天津、吉林、辽宁、内蒙古、青海、宁夏、陕西、山东、山西、四川、重庆、新疆、云南、浙江。

14. 宝盖草

学名：*Lamium amplexicaule* L.

别名：佛座、珍珠莲、接骨草。

危害作物：花生、苹果、大豆、马铃薯、梨、玉米、柑橘、油菜、小麦。

分布：安徽、福建、甘肃、贵州、河北、湖北、湖南、广西、河南、江苏、青海、宁夏、陕西、山东、山西、四川、重庆、新疆、西藏、云南、浙江。

15. 野芝麻

学名：*Lamium barbatum* Sieb. et Zucc.

别名：山麦胡、龙脑薄荷、地蚤。

危害作物：油菜、小麦。

分布：安徽、甘肃、贵州、河北、黑龙江、河南、湖北、湖南、江苏、吉林、辽宁、内蒙古、陕西、山东、山西、四川、浙江。

16. 益母草

学名：*Leonurus japonicus* Houttuyn

别名：茺蔚、茺蔚子、茺玉子、灯笼草、地母草。

危害作物：茶、苹果、棉花、柑橘、玉米、油菜、小麦。

分布：安徽、北京、福建、甘肃、广东、广西、贵州、海南、河北、黑龙江、河南、湖北、湖南、江苏、江西、吉林、辽宁、内蒙古、宁夏、青海、陕西、四川、重庆、山东、山西、上海、天津、新疆、西藏、云南、浙江。

17. 地笋

学名：*Lycopus lucidus* Turcz.

别名：地瓜儿苗、提娄、地参。

危害作物：水稻。

分布：安徽、福建、甘肃、广东、广西、贵州、河北、黑龙江、湖北、湖南、江苏、江西、吉林、辽宁、四川、陕西、山西、山东、云南、浙江。

18. 薄荷

学名：*Mentha canadensis* L.

别名：水薄荷、鱼香草、苏薄荷。

危害作物：玉米、油菜、小麦。

分布：我国各省区均有分布。

19. 石荠宁

学名：*Mosla scabra*（Thunb.）C. Y. Wu et H. W. Li

别名：母鸡窝、痱子草、叶进根、紫花草。

危害作物：茶、油菜。

分布：安徽、福建、甘肃、广东、广西、河北、湖北、湖南、江苏、江西、辽宁、陕西、四川、浙江。

20. 紫苏

学名：*Perilla frutescens*（L.）Britt.

别名：白苏、白紫苏、般尖、黑苏、红苏。

危害作物：茶、棉花、柑橘、油菜、小麦。

分布：福建、广东、广西、贵州、河北、湖北、湖南、江苏、江西、山西、四川、重庆、西藏、甘肃、陕西、云南、浙江。

21. 夏枯草

学名：*Prunella vulgaris* L.

别名：铁线夏枯草、铁色草、乃东、燕面。

危害作物：柑橘、油菜、小麦。

分布：福建、甘肃、广东、广西、贵州、河北、湖北、湖南、江西、陕西、四川、新疆、西藏、云南、浙江。

22. 荔枝草

学名：*Salvia plebeia* R. Br.

别名：雪见草、蛤蟆皮、土荆芥、猴臂草。

危害作物：大豆、柑橘、玉米、油菜、小麦。

分布：北京、重庆、甘肃、广东、广西、贵州、海南、河北、河南、湖北、湖南、江苏、江西、辽宁、山东、山西、陕西、上海、四川、云南、浙江。

23. 黄芩

学名：*Scutellaria baicalensis* Georgi

别名：地芩、香水水草。

危害作物：苹果、梨、茶。

分布：四川、江西、甘肃、河北、黑龙江、河南、湖北、江苏、辽宁、内蒙古、陕西、山东、山西。

24. 韩信草

学名：*Scutellaria indica* L.

别名：耳挖草、大力草。

危害作物：茶。

分布：安徽、福建、广东、广西、贵州、河南、湖北、湖南、江苏、江西、陕西、四川、云南、浙江。

25. 水苏

学名：*Stachys japonica* Miq.

别名：鸡苏、水鸡苏、望江青。

危害作物：水稻。

分布：安徽、福建、河北、河南、江苏、江西、辽宁、内蒙古、山东、浙江。

26. 甘露子

学名：*Stachys sieboldi* Miq.

危害作物：马铃薯。

分布：甘肃、广东、广西、河北、河南、湖南、江苏、江西、辽宁、青海、山东、浙江、安徽、山西、陕西、四川、云南、贵州。

27. 庐山香科科

学名：*Teucrium pernyi* Franch.

别名：白花石蚕、凉粉草、庐山香科、香草。

危害作物：茶。

分布：安徽、福建、广东、广西、河南、湖北、湖南、江苏、江西、浙江、四川。

酢浆草科（Oxalidaceae）

1. 酢浆草

学名：*Oxalis corniculata* L.

别名：老鸭嘴、满天星、黄花酢酱草、鸠酸、酸味草。

危害作物：大豆、苹果、甘蔗、茶、梨、柑橘、玉米、油菜、小麦。

分布：北京、上海、天津、安徽、重庆、福建、甘肃、广东、广西、贵州、海南、河北、河南、湖北、湖南、内蒙古、江苏、江西、辽宁、青海、陕西、山东、山西、四川、西藏、云南、浙江。

2. 红花酢浆草

学名：*Oxalis corymbosa* DC.

别名：铜锤草、百合还阳、大花酢酱草、大老鸦酸、大酸味草、大叶酢浆草。

危害作物：甘蔗、油菜、小麦。

分布：安徽、福建、甘肃、广东、广西、贵州、海南、河南、河北、湖北、湖南、江苏、江西、四川、重庆、山东、山西、陕西、云南、新疆、浙江。

大戟科（Euphorbiaceae）

1. 铁苋菜

学名：*Acalypha australis* L.

别名：榎草、海蚌含珠。

危害作物：水稻、茶、梨、苹果、柑橘、甜菜、甘蔗、花生、麻类、棉花、大豆、玉米、油菜、小麦。

分布：我国各省区均有分布。

2. 乳浆大戟

学名：*Euphorbia esula* L.

别名：烂疤眼。

危害作物：小麦、苹果、梨、柑橘。

分布：除海南、贵州外、我国其他省区均有分布。

3. 泽漆

学名：*Euphorbia helioscopia* L.

别名：五朵云、五风草。

危害作物：苹果、棉花、梨、柑橘、玉米、油菜、小麦。

分布：安徽、福建、甘肃、广东、广西、贵州、海南、河北、河南、黑龙江、湖北、湖南、吉林、江苏、上海、江西、辽宁、内蒙古、宁夏、青海、山东、山西、陕西、四川、重庆、西藏、新疆、云南、浙江。

4. 飞扬草

学名：*Euphorbia hirta* L.

别名：大飞扬草、乳籽草。

危害作物：甘蔗、柑橘、玉米。

分布：福建、广东、广西、贵州、海南、湖南、江西、四川、重庆、河南、甘肃、云南、浙江。

5. 地锦

学名：*Euphorbia humifusa* Willd.

别名：地锦草、红丝草、奶疳草。

危害作物：花生、马铃薯、大豆、茶、棉花、梨、苹果、柑橘、玉米、油菜、小麦。

分布：北京、天津、福建、甘肃、广东、广西、海南、贵州、河北、河南、黑龙江、湖北、湖南、吉林、上海、安徽、江苏、江西、辽宁、内蒙古、宁夏、青海、山东、山西、陕西、四川、重庆、西藏、新疆、云南、浙江。

6. 斑地锦

学名：*Euphorbia maculata* L.

别名：班地锦、大地锦、宽斑地锦、痢疾草、美洲地锦、奶汁草、铺地锦。

危害作物：大豆、棉花、玉米、油菜、小麦。

分布：北京、河北、广东、广西、湖北、湖南、江西、江苏、辽宁、山东、陕西、上海、浙江、重庆、宁夏。

7. 千根草

学名：*Euphorbia thymifolia* L.

别名：小飞杨草、细叶飞扬草、小奶浆草、小乳汁草、苍蝇翅。

危害作物：甘蔗。

分布：福建、广东、广西、海南、湖南、江西、江苏、云南、浙江。

8. 叶下珠

学名：*Phyllanthus urinaria* L.

别名：阴阳草、假油树、珍珠草。

危害作物：水稻、茶、花生、大豆、棉花、甘蔗、玉米、油菜、小麦。

分布：江苏、广东、广西、海南、贵州、河北、湖北、湖南、陕西、山西、四川、重庆、云南、浙江、新疆、西藏。

9. 黄珠子草

学名：*Phyllanthus virgatus* Forst. F.

别名：细叶油柑、细叶油树。

危害作物：油菜。

分布：广东、广西、贵州、海南、河北、河南、湖北、湖南、陕西、山西、四川、重庆、云南、浙江。

大麻科（Cannabinaceae）

葎草

学名：*Humulus scandens*（Lour.）Merr.

别名：拉拉藤、拉拉秧。

危害作物：茶、花生、大豆、苹果、棉花、梨、甘蔗、柑橘、玉米、油菜。

分布：北京、天津、安徽、重庆、福建、广东、广西、贵州、海南、河北、黑龙江、河南、湖北、湖南、江苏、江西、吉林、辽宁、陕西、山东、山西、四川、西藏、云南、浙江、甘肃、上海。

豆科（Leguminosae）

1. 合萌

学名：*Aeschynomene indica* Burm. f.

别名：田皂角、白梗通梳子树、菖麦、割镰草。

危害作物：水稻、甘蔗。

分布：广东、广西、贵州、河北、河南、湖北、湖南、吉林、江苏、江西、辽宁、山东、四川、云南、陕西、浙江。

2. 骆驼刺

学名：*Alhagi camelorum* Fisch.

别名：刺蜜、史塔克、疏叶骆驼刺、延塔克、疏花骆驼刺、羊塔克。

危害作物：棉花。

分布：甘肃、内蒙古、新疆、陕西。

3. 链荚豆

学名：*Alysicarpus vaginalis*（L.）DC. var. *diversifolius* Chun

别名：假花生。

危害作物：甘蔗。

分布：福建、广东、广西、海南、云南。

4. 紫云英

学名：*Astragalus sinicus* L.

别名：沙蒺藜、马苕子、米布袋。

危害作物：柑橘、油菜、小麦。

分布：上海、福建、广东、广西、贵州、河南、湖北、湖南、江苏、江西、河北、河南、陕西、四川、重庆、云南、甘肃、浙江。

5. 决明

学名：*Cassia tora* L.

别名：马蹄决明、假绿豆。

危害作物：苹果、梨、玉米。

分布：安徽、福建、广东、广西、贵州、海南、湖北、湖南、江苏、江西、辽宁、内蒙古、山东、陕西、四川、西藏、新疆、云南。

6. 小鸡藤

学名：*Dumasia forrestii* Diels

别名：雀舌豆、大苞山黑豆、光叶山黑豆。

危害作物：油菜、小麦。

分布：四川、西藏、云南。

7. 皂荚

学名：*Gleditsia sinensis* Lam.

别名：皂角、田皂荚。

危害作物：花生、大豆、棉花。

分布：安徽、福建、甘肃、广东、广西、贵州、河北、黑龙江、河南、湖北、湖南、内蒙古、江苏、江西、吉林、辽宁、陕西、山东、山西、四川、云南、浙江。

8. 野大豆

学名：*Glycine soja* Sieb. et Zucc.

别名：白豆、柴豆、大豆、河豆子、黑壳豆。

危害作物：大豆、玉米、油菜、小麦。

分布：安徽、北京、重庆、福建、甘肃、广东、广西、贵州、河北、河南、黑龙江、湖北、湖南、吉林、江苏、江西、辽宁、内蒙古、宁夏、山东、山西、陕西、上海、四川、天津、浙江、云南。

9. 甘草

学名：*Glycyrrhiza uralensis* Fisch.

别名：甜草。

危害作物：甜菜、棉花、玉米。

分布：甘肃、河北、河南、黑龙江、内蒙古、吉林、辽宁、宁夏、青海、陕西、山东、山西、新疆。

10. 长柄米口袋

学名：*Gueldenstaedtia harmsii* Ulbr.

别名：地丁、地槐、米布袋、米口袋。

危害作物：玉米。

分布：安徽、河南、湖北、江苏、陕西、宁夏、甘肃、云南、广西、北京、天津、河北。

11. 长萼鸡眼草

学名：*Kummerowia stipulacea*（Maxim.）Makino

别名：鸡眼草。

危害作物：玉米、茶。

分布：安徽、甘肃、河北、黑龙江、河南、湖北、江苏、江西、吉林、辽宁、陕西、山东、山西、云南、浙江。

12. 鸡眼草

学名：*Kummerowia striata*（Thunb.）Schindl.

别名：掐不齐、牛黄黄、公母草。

危害作物：茶、甘蔗、柑橘、油菜、小麦。

分布：安徽、福建、甘肃、广东、广西、贵州、河北、黑龙江、湖北、湖南、江苏、江西、吉林、辽宁、山东、四川、云南、浙江、重庆。

13. 中华胡枝子

学名：*Lespedeza chinensis* G. Don

别名：高脚硬梗太阳草、华胡枝子、清肠草、胡枝子。

危害作物：茶。

分布：安徽、福建、广东、贵州、湖北、湖南、江苏、江西、四川、浙江。

14. 截叶铁扫帚

学名：*Lespedeza cuneata*（Dum.-Cours.）G. Don

别名：老牛筋、绢毛胡枝子。

危害作物：柑橘。

分布：甘肃、广东、广西、河南、湖北、湖南、陕西、四川、重庆、云南。

15. 野苜蓿

学名：*Medicago falcata* L.

别名：连花生、豆豆苗、黄花苜蓿、黄苜蓿。

危害作物：玉米、小麦。

分布：甘肃、广西、河北、河南、黑龙江、辽宁、内蒙古、山西、四川、西藏、新疆。

16. 天蓝苜蓿

学名：*Medicago lupulina* L.

别名：黑荚苜蓿、杂花苜宿。

危害作物：柑橘、玉米、油菜、小麦。

分布：安徽、北京、福建、甘肃、广东、广西、贵州、河北、河南、黑龙江、湖北、湖南、吉林、江苏、江西、辽宁、内蒙古、宁夏、青海、山东、山西、陕西、四川、西藏、新疆、云南、浙江、重庆。

17. 小苜蓿

学名：*Medicago minima*（L.）Grufb.

别名：破鞋底、野苜蓿。

危害作物：柑橘、油菜、小麦。

分布：安徽、北京、河北、甘肃、河南、湖北、湖南、广西、江苏、陕西、山西、四川、贵州、云南、重庆、浙江、新疆。

18. 紫苜蓿

学名：*Medicago sativa* L.

别名：紫花苜蓿、蓿草、苜蓿。

危害作物：油菜、小麦。

分布：安徽、北京、甘肃、广东、广西、河北、河南、黑龙江、湖北、湖南、吉林、江苏、辽宁、内蒙古、宁夏、青海、山东、山西、陕西、四川、西藏、新疆、云南。

19. 草木樨

学名：*Melilotus suaveolens* Ledeb.

别名：黄花草、黄花草木樨、香马料木樨、野木樨。

危害作物：甘蔗、棉花、柑橘、油菜、小麦。

分布：安徽、甘肃、河北、河南、黑龙江、吉林、江苏、江西、湖南、广西、辽宁、内蒙古、青海、山东、山西、陕西、宁夏、四川、贵州、西藏、云南、浙江、新疆。

20. 含羞草

学名：*Mimosa pudica* L.

别名：知羞草、怕丑草、刺含羞草、感应草、喝呼草。

危害作物：甘蔗、柑橘、油菜、小麦。

分布：江苏、浙江、福建、湖北、湖南、广东、广西、海南、河南、西藏、四川、云南、贵州、甘肃、陕西。

21. 野葛

学名：*Pueraria lobate*（Willd.）Ohwi

危害作物：茶、玉米。

分布：除新疆、西藏外，我国其他地区均有分布。

22. 田菁

学名：*Sesbania cannabina*（Retz.）Poir.

别名：海松柏、碱菁、田菁麻、田青、咸青。

危害作物：水稻。

分布：上海、安徽、福建、湖南、广西、广东、海南、江苏、江西、云南、浙江。

23. 苦豆子

学名：*Sophora alopecuroides* L.

别名：西豆根、苦甘草。

危害作物：棉花。

分布：甘肃、河北、河南、内蒙古、宁夏、青海、陕西、山西、新疆、西藏。

24. 苦马豆

学名：*Sphaerophysa salsula*（Pall.）DC.

别名：爆竹花、红花苦豆子、红花土豆子、红苦豆。

危害作物：甜菜、棉花。

分布：甘肃、湖北、内蒙古、吉林、辽宁、宁夏、青海、陕西、山西、新疆、浙江。

25. 红车轴草

学名：*Trifolium pratense* L.

别名：红三叶、红荷兰翘摇、红菽草。

危害作物：柑橘、小麦。

分布：我国各省区均有分布。

26. 白车轴草

学名：*Trifolium repens* L.

别名：白花三叶草、白三叶、白花苜宿。

危害作物：柑橘、小麦。

分布：北京、广西、贵州、黑龙江、湖北、吉林、江苏、江西、辽宁、山东、山西、陕西、上海、四川、重庆、新疆、云南、浙江。

27. 毛果葫芦巴

学名：*Trigonella pubescens* Edgew. ex Baker

别名：吉布察交、毛荚胡、卢巴、毛苜蓿。

危害作物：小麦。

分布：青海、四川、西藏、云南、陕西。

28. 山野豌豆

学名：*Vicia amoena* Fisch. ex DC.

别名：豆豆苗、芦豆苗。

危害作物：柑橘、小麦。

分布：我国各省区均有分布。

29. 广布野豌豆

学名：*Vicia cracca* L.

别名：草藤、细叶落豆秧、肥田草。

危害作物：大豆。

分布：安徽、福建、甘肃、广东、广西、贵州、河南、湖北、江西、陕西、四川、新疆、浙江、中国东北部。

30. 小巢菜

学名：*Vicia hirsuta*（L.）S. F. Gray

别名：硬毛果野豌豆、雀野豆。

危害作物：油菜、小麦。

分布：安徽、福建、甘肃、广东、广西、贵州、河北、河南、湖北、湖南、江苏、江西、陕西、上海、四川、云南、浙江、重庆。

31. 大巢菜

学名：*Vicia sativa* L.

别名：野绿豆、野菜豆、救荒野豌豆。

危害作物：麻类、马铃薯、棉花、油菜、小麦。

分布：我国各省区均有分布。

32. 野豌豆

学名：*Vicia sepium* L.

别名：大巢菜、滇野豌豆、肥田菜、野劳豆。

危害作物：苹果、梨、小麦。

分布：河北、江苏、浙江、山东、湖南、甘肃、贵州、陕西、宁夏、四川、云南、新疆。

33. 四籽野豌豆

学名：*Vicia tetrasperma*（L.）Schreber

别名：乌喙豆。

危害作物：油菜、小麦。

分布：安徽、贵州、河南、湖南、湖北、江苏、四川、云南、浙江、重庆、陕西、甘肃。

番杏科（Aizoaceae）

粟米草

学名：*Mollugo stricta* L.

别名：飞蛇草、降龙草、万能解毒草、鸭脚瓜子草。

危害作物：茶、苹果、棉花、梨、柑橘、玉米、油菜、小麦。

分布：安徽、福建、广东、广西、贵州、海南、河南、湖北、湖南、江苏、江西、山东、陕西、四川、重庆、西藏、新疆、云南、浙江、甘肃。

沟繁缕科（Elatinaceae）

1. 田繁缕

学名：*Bergia ammannioides* Roxb. ex Roth

别名：伯格草、蜂刺草、火开荆、假水苋菜。

危害作物：油菜、小麦。

分布：河北、河南、陕西、四川、云南、广东、广西、湖南。

2. 三蕊沟繁缕

学名：*Elatine triandra* Schkuhr

别名：沟繁缕、三萼沟繁缕、伊拉塔干纳。

危害作物：水稻、油菜、小麦。

分布：云南、广东、黑龙江、吉林。

葫芦科（Cucurbitaceae）

1. 马交儿

学名：*Zehneria indica*（Lour.）Keraudren

别名：耗子拉冬瓜、扣子草、老鼠拉冬瓜、土白敛、野苦瓜。

危害作物：柑橘、玉米。

分布：安徽、福建、广东、广西、贵州、湖北、湖南、江苏、江西、四川、云南、浙江。

2. 马泡瓜

学名：*Cucumis melo* L. var. *agrestis* Naud.

别名：马交瓜、三棱瓜、野黄瓜。

危害作物：玉米。

分布：安徽、福建、广东、广西、河北、江苏、山东。

蒺藜科（Zygophyllaceae）

1. 骆驼蓬

学名：*Peganum harmala* L.

别名：臭古都、老哇爪、苦苦菜、臭草、阿地熟斯忙、乌姆希－乌布斯（蒙古族名）。

危害作物：棉花。

分布：甘肃、河北、内蒙古、宁夏、青海、山西、新疆、西藏。

2. 蒺藜

学名：*Tribulus terrester* L.

别名：蒺藜狗子、野菱角、七里丹、刺蒺藜、章古、伊曼－章古（蒙古族名）。

危害作物：梨、苹果、甘蔗、花生、棉花、大豆、玉米、油菜、小麦。

分布：我国各省区均有分布。

夹竹桃科（Apocynaceae）

1. 罗布麻

学名：*Apocynum venetum* L.

别名：茶叶花、野麻、红麻。

危害作物：棉花、玉米。

分布：甘肃、湖北、广西、河北、江苏、辽宁、内蒙古、青海、陕西、山东、山西、新疆、西藏。

2. 大叶白麻

学名：*Poacynum hendersonii*（Hook. f.）Woodson

别名：野麻、大花罗布麻、大花白麻、大花较布麻、罗布麻。

危害作物：棉花。

分布：甘肃、青海、新疆。

3. 紫花络石

学名：*Trachelospermum axillare* Hook. f.

别名：车藤、杜仲藤、番五加、络石藤、奶浆藤、爬山虎藤子、藤杜仲、乌木七、腋花络石。

危害作物：茶。

分布：福建、广东、广西、贵州、湖北、湖南、江西、四川、西藏、云南、浙江。

尖瓣花科（Sphenocleaceae）

尖瓣花

学名：*Sphenoclea zeylanica* Gaertn.

别名：密穗桔梗、木空菜、牛奶藤、楔瓣花。

危害作物：水稻。

分布：安徽、江苏、福建、海南、广东、广西、云南、湖南、湖北、重庆。

金丝桃科（Hypericaceae）

元宝草

学名：*Hypericum sampsonii* Hance

别名：对月莲、合掌草。

危害作物：油菜。

分布：安徽、福建、广东、广西、贵州、河南、湖北、湖南、江苏、江西、陕西、四川、云南、浙江。

金鱼藻科（ Ceratophyllaceae）

金鱼藻

学名：*Ceratophyllum demersum* L.

危害作物：水稻。

分布：重庆、广东、云南、浙江。

堇菜科（Violaceae）

1. 野生堇菜

学名：*Viola arvensis* Murray

别名：堇菜。

危害作物：茶。

分布：贵州、湖北、湖南、江西、浙江。

2. 蔓茎堇菜

学名：*Viola diffusa* Ging.

别名：蔓茎堇。

危害作物：茶。

分布：安徽、福建、甘肃、广东、广西、贵州、海南、河南、湖北、湖南、江苏、江西、陕西、四川、西藏、云南、浙江。

3. 犁头草

学名：*Viola inconspicua* Bl.

危害作物：茶、柑橘、玉米、油菜、小麦。

分布：安徽、福建、广东、广西、贵州、海南、河南、湖北、湖南、江苏、江西、四川、重庆、陕西、云南、浙江。

4. 白花地丁

学名：*Viola patrinii* DC. ex Ging.

别名：白花堇菜、柴布日－尼勒－其其格（蒙古族名）、长头尖、地丁、丁毒草、窄叶白花犁头草、紫草地丁。

危害作物：油菜。

分布：黑龙江、河北、吉林、辽宁、内蒙古。

5. 紫花地丁

学名：*Viola philippica* Cav.

危害作物：茶、梨、苹果、柑橘、大豆、油菜、小麦。

分布：北京、天津、安徽、重庆、福建、甘肃、广东、广西、贵州、海南、河北、黑龙江、河南、湖北、湖南、江苏、江西、吉林、辽宁、内蒙古、宁夏、陕西、山东、山西、四川、重庆、云南、浙江。

锦葵科（Malvaceae）

1. 苘麻

学名：*Abutilon theophrasti* Medicus

别名：青麻、白麻。

危害作物：梨、苹果、甜菜、甘蔗、花生、棉花、大豆、玉米、马铃薯、油菜、小麦。

分布：安徽、北京、福建、甘肃、广东、广西、贵州、河北、河南、黑龙江、湖北、湖南、吉林、江苏、江西、辽宁、内蒙古、宁夏、山东、山西、陕西、上海、四川、重庆、天津、新疆、云南、浙江。

2. 长蒴黄麻

学名：*Corchorus olitorius* L.

别名：长果黄麻、长萌黄麻、黄麻、山麻、小麻。

危害作物：柑橘。

分布：安徽、福建、广东、广西、海南、湖南、江西、四川、云南。

3. 野西瓜苗

学名：*Hibiscus trionum* L.

别名：香铃草。

危害作物：梨、苹果、甜菜、棉花、玉米、小麦。

分布：安徽、北京、福建、甘肃、广东、广西、贵州、海南、河北、河南、黑龙江、湖北、湖南、吉林、江苏、江西、辽宁、内蒙古、宁夏、青海、山东、山西、陕西、上海、四川、重庆、天津、西藏、新疆、云南、浙江。

4. 冬葵

学名：*Malva crispa* L.

别名：冬苋菜、冬寒菜。

危害作物：玉米、油菜、小麦。

分布：广西、河北、吉林、山东、甘肃、青海、宁夏、贵州、湖南、江西、四川、重庆、云南、西藏、陕西。

5. 圆叶锦葵

学名：*Malva pusilla* Smith.

别名：野锦葵、金爬齿、托盘果、烧饼花。

危害作物：玉米。

分布：安徽、甘肃、贵州、河北、河南、江苏、广西、陕西、山东、山西、四川、新疆、西藏、云南。

6. 锦葵

学名：*Malva sinensis* Cavan.

危害作物：小麦。

分布：北京、甘肃、广东、广西、贵州、河北、河南、湖北、湖南、江苏、江西、内蒙古、宁夏、青海、山东、山西、陕西、四川、西藏、新疆、云南。

7. 赛葵

学名：*Malvastrum coromandelianum*（L.）Gurcke

别名：黄花草、黄花棉、大叶黄花猛、山黄麻、山桃仔。

危害作物：甘蔗。

分布：福建、广东、广西、海南、云南。

8. 黄花稔

学名：*Sida acuta* Burm. f.

危害作物：柑橘、甘蔗、玉米。

分布：福建、广东、广西、海南、云南、湖北、四川。

9. 地桃花

学名：*Urena lobata* L.

危害作物：甘蔗、玉米。

分布：安徽、福建、广东、广西、贵州、海南、湖南、江苏、江西、四川、西藏、云南、浙江。

景天科（Crassulaceae）

1. 半枝莲

学名：*Scutellaria barbata* D. Don

别名：并头草、牙刷草、四方马兰。

危害作物：柑橘、油菜、小麦。

分布：福建、广东、广西、贵州、河北、河南、湖北、湖南、江苏、江西、陕西、山东、四川、云南、浙江。

2. 珠芽景天

学名：*Sedum bulbiferum* Makino

别名：马尿花、珠芽佛甲草、零余子景天、马屎花、小箭草、小六儿令、珠芽半枝。

危害作物：柑橘。

分布：安徽、福建、广东、湖南、江苏、江西、四川、贵州、云南、浙江。

3. 凹叶景天

学名：*Sedum emarginatum* Migo

别名：石马苋、马牙半支莲。

危害作物：柑橘、油菜、小麦。

分布：安徽、甘肃、湖北、湖南、江苏、江西、陕西、四川、重庆、云南、浙江。

4. 垂盆草

学名：*Sedum sarmentosum* Bunge

别名：狗牙齿、鼠牙半枝莲。

危害作物：油菜、小麦。

分布：安徽、福建、甘肃、贵州、河北、河南、湖北、湖南、江苏、江西、吉林、辽宁、陕西、山东、山西、四川、重庆、浙江。

桔梗科（Campanulaceae）

1. 半边莲

学名：*Lobelia chinensis* Lour.

别名：急解索、细米草、瓜仁草。

危害作物：水稻、茶、油菜、小麦。

分布：安徽、福建、广东、广西、贵州、海南、湖北、湖南、江苏、江西、四川、云南、浙江。

2. 蓝花参

学名：*Wahlenbergia marginata*（Thunb.）A. DC.

危害作物：油菜、小麦。

分布：安徽、重庆、福建、广东、广西、贵州、湖北、湖南、江苏、江西、四川、云南、浙江、甘肃、河南。

菊科（Compositae）

1. 顶羽菊

学名：*Acroptilon repens*（L.）DC.

别名：苦蒿。

危害作物：棉花。

分布：甘肃、河北、内蒙古、青海、山西、陕西、新疆、浙江。

2. 胜红蓟

学名：*Ageratum conyzoides* L.

别名：藿香蓟、臭垆草、咸虾花。

危害作物：茶、梨、苹果、柑橘、甘蔗、花生、棉花、大豆、玉米、油菜、小麦。

分布：江苏、安徽、福建、湖南、湖北、广东、广西、海南、贵州、江西、四川、云南、重庆、甘肃、河南、山西、浙江。

3. 豚草

学名：*Ambrosia artemisiifolia* L.

别名：艾叶破布草、豕草。

危害作物：梨、苹果、玉米。

分布：安徽、北京、广东、河北、黑龙江、湖北、江西、辽宁、山东、浙江、江西、青海、四川、云南、陕西。

4. 牛蒡

学名：*Arctium lappa* L.

别名：恶实、大力子。

危害作物：油菜、小麦。

分布：安徽、北京、福建、甘肃、广东、广西、贵州、海南、河北、黑龙江、河南、湖北、湖南、江苏、江西、吉林、辽宁、内蒙古、宁夏、青海、陕西、山东、上海、山西、四川、天津、新疆、西藏、云南、浙江。

5. 黄花蒿

学名：*Artemisia annua* L.

别名：臭蒿。

危害作物：苹果、柑橘、甜菜、花生、棉花、大豆、油菜、小麦。

分布：安徽、北京、福建、甘肃、广东、广西、贵州、海南、河北、黑龙江、河南、湖北、湖南、江苏、江西、吉林、辽宁、内蒙古、宁夏、青海、陕西、山东、上海、山西、四川、天津、新疆、西藏、云南、浙江。

6. 艾蒿

学名：*Artemisia argyi* Levl. et Vant.

别名：艾。

危害作物：茶、梨、苹果、柑橘、花生、棉花、玉米、油菜、小麦。

分布：北京、天津、安徽、福建、甘肃、广东、广西、贵州、河北、黑龙江、河南、湖北、湖南、江苏、江西、吉林、辽宁、内蒙古、宁夏、陕西、山西、山东、四川、云南、重庆、浙江、新疆、青海。

7. 茵陈蒿

学名：*Artemisia capillaris* Thunb.

别名：因尘、因陈、茵陈、茵藤蒿、绵茵陈、白茵陈、日本茵陈、家茵陈、绒蒿、臭蒿、安吕草。

危害作物：苹果、小麦。

分布：安徽、福建、广东、广西、河北、河南、湖北、湖南、江苏、江西、辽宁、山东、陕西、四川、浙江、甘肃、黑龙江、宁夏。

8. 青蒿

学名：*Artemisia carvifolia* Buch.-Ham. ex Roxb.

别名：香蒿、白染艮、草蒿、廪蒿、邪蒿。

危害作物：玉米。

分布：安徽、福建、广东、广西、贵州、河北、河南、湖北、湖南、江苏、江西、吉林、辽宁、陕西、山东、四川、云南、浙江。

9. 米蒿

学名：*Artemisia dalai-lamae* Krasch.

别名：达来－协日乐吉（蒙古族名）、达赖蒿、达赖喇嘛蒿、碱蒿、驴驴蒿、青藏蒿。

危害作物：小麦。

分布：甘肃、内蒙古、青海、西藏。

10. 狭叶青蒿

学名：*Artemisia dracunculus* L.

别名：龙蒿。

危害作物：油菜、小麦。

分布：四川、重庆、贵州、甘肃、湖北、辽宁、内蒙古、宁夏、青海、山西、陕西、新疆。

11. 牡蒿

学名：*Artemisia japonica* Thunb.

危害作物：茶、油菜、小麦。

分布：安徽、福建、甘肃、广东、广西、贵州、河北、河南、湖北、湖南、江苏、江西、辽宁、山东、山西、陕西、四川、西藏、云南、浙江。

12. 野艾蒿

学名：*Artemisia lavandulaefolia* DC.

危害作物：梨、苹果、大豆、油菜、小麦。

分布：安徽、甘肃、宁夏、青海、广东、广西、贵州、河北、河南、黑龙江、湖北、湖南、吉林、江苏、江西、辽宁、内蒙古、山东、山西、陕西、四川、重庆、云南。

13. 猪毛蒿

学名：*Artemisia scoparia* Waldst. et Kit.

别名：东北茵陈蒿、黄蒿、白蒿、白毛蒿、白绵蒿、白青蒿。

危害作物：茶、大豆、玉米、小麦。

分布：我国各省区均有分布。

14. 蒌蒿

学名：*Artemisia selengensis* Turcz. ex Bess.

危害作物：花生、大豆。

分布：安徽、甘肃、广东、广西、贵州、河北、黑龙江、河南、湖北、湖南、江苏、江西、吉林、辽宁、内蒙古、陕西、山东、山西、四川、云南。

15. 大籽蒿

学名：*Artemisia sieversiana* Ehrhart ex Willd.

危害作物：玉米、小麦。

分布：甘肃、贵州、河北、河南、黑龙江、江苏、广西、吉林、辽宁、内蒙古、宁夏、青海、山东、陕西、山西、四川、新疆、西藏、云南。

16. 窄叶紫菀

学名：*Aster subulatus* Michx.

别名：钻形紫菀、白菊花、九龙箭、瑞连草、土紫胡、野红梗菜。

危害作物：柑橘、棉花、油菜、小麦。

分布：重庆、广西、江西、四川、云南、浙江。

17. 小花鬼针草

学名：*Bidens parviflora* Willd.

别名：鬼针草、锅叉草、小鬼叉。

危害作物：玉米。

分布：安徽、北京、甘肃、广东、广西、河北、河南、黑龙江、湖北、湖南、吉林、江苏、内蒙古、宁夏、青海、山东、山西、陕西、四川、天津、西藏、云南。

18. 鬼针草

学名：*Bidens pilosa* L.

危害作物：茶、梨、苹果、甘蔗、棉花、大豆、玉米、油菜、小麦。

分布：安徽、北京、甘肃、河北、河南、黑龙江、湖北、吉林、江西、辽宁、内蒙古、山东、山西、天津、福建、广东、广西、江苏、陕西、四川、重庆、云南、浙江。

19. 白花鬼针草

学名：*Bidens pilosa* L. var. radiata Sch.–Bip.

别名：叉叉菜、金盏银盘、三叶鬼针草。

危害作物：茶、梨、苹果、柑橘、甘蔗、玉米、油菜、小麦。

分布：北京、福建、广东、广西、江苏、陕西、四川、云南、浙江、甘肃、贵州、河北、辽宁、山东、重庆。

20. 狼把草

学名：*Bidens tripartita* L.

危害作物：水稻、梨、苹果、甘蔗、大豆、玉米、马铃薯。

分布：湖北、湖南、吉林、江西、辽宁、内蒙古、宁夏、山西、甘肃、河北、江苏、陕西、四川、重庆、新疆、云南。

21. 翠菊

学名：*Callistephus chinensis*（L.）Nees

别名：江西腊、五月菊、八月菊、翠蓝菊、江西蜡、兰菊、蓝菊、六月菊、米日严－乌达巴拉（蒙古族名）、七月菊。

危害作物：柑橘。

分布：广西、四川、云南。

22. 飞廉

学名：*Carduus nutans* L.

危害作物：梨、苹果、甜菜、棉花、玉米、小麦。

分布：甘肃、广西、河北、河南、吉林、江苏、宁夏、青海、山东、山西、陕西、四川、云南、新疆。

23. 天名精

学名：*Carpesium abrotanoides* L.

别名：天蔓青、地菘、鹤虱。

危害作物：柑橘、玉米、油菜、小麦。

分布：甘肃、贵州、湖南、江苏、四川、云南、浙江、重庆、湖北、陕西。

24. 烟管头草

学名：*Carpesium cernuum* L.

别名：烟袋草、构儿菜。

危害作物：柑橘。

分布：广西、贵州、海南、湖北、湖南、江苏、江西、四川、云南、浙江。

25. 矢车菊

学名：*Centaurea cyanus* L.

别名：蓝芙蓉、车轮花、翠兰、兰芙蓉、荔枝菊。

危害作物：油菜、小麦。

分布：甘肃、广东、河北、湖北、湖南、江苏、青海、山东、四川、云南、陕西、新疆、西藏。

26. 石胡荽

学名：*Centipeda minima*（L.）A. Br. et Ascher.

别名：球子草。

危害作物：水稻、柑橘、玉米。

分布：安徽、福建、甘肃、广东、广西、贵州、海南、河北、河南、黑龙江、湖北、湖南、吉林、江苏、江西、辽宁、内蒙古、宁夏、青海、山东、山西、陕西、四川、西藏、新疆、云南、浙江。

27. 野菊

学名：*Chrysanthemum indicum* Thunb.

别名：东篱菊、甘菊花、汉野菊、黄花草、黄菊花、黄菊仔、黄菊子。

危害作物：油菜、小麦。

分布：广东、广西、贵州、海南、河北、河南、湖北、湖南、吉林、辽宁、内蒙古、山西、四川、重庆、西藏、云南、甘肃、陕西、浙江。

28. 刺儿菜

学名：*Cephalanoplos segetum*（Bunge）Kitam.

别名：小蓟。

危害作物：茶、梨、苹果、柑橘、甜菜、甘蔗、花生、麻类、棉花、大豆、玉米、马铃薯、油菜、小麦。

分布：安徽、北京、福建、甘肃、贵州、海南、河北、河南、黑龙江、湖北、湖南、吉林、江苏、江西、辽宁、内蒙古、宁夏、青海、山东、山西、陕西、上海、四川、重庆、云南、天津、新疆、浙江、广东、广西。

29. 大刺儿菜

学名：*Cephalanoplos setosum*（Willd.）Kitam.

别名：马刺蓟。

危害作物：玉米、小麦。

分布：安徽、北京、广西、贵州、河北、河南、黑龙江、湖北、吉林、江苏、辽宁、内蒙古、宁夏、山东、山西、陕西、天津、新疆、云南、浙江、甘肃、青海、四川、西藏。

30. 菊苣

学名：*Cichorium intybus* L.

别名：卡斯尼、苦荬、苦叶生菜、蓝菊、欧菊苣、欧洲菊苣。

危害作物：玉米。

分布：北京、广东、广西、甘肃、黑龙江、辽宁、江西、山西、陕西、四川、新疆。

31. 贡山蓟

学名：*Cirsium eriophoroides*（Hook. f.）Petrak.

别名：大刺儿菜、大蓟、毛头蓟、绵头蓟。

危害作物：梨、苹果、甜菜、玉米。

分布：北京、甘肃、广西、河北、河南、吉林、江苏、辽宁、宁夏、山东、山西、陕西、四川、天津、新疆、西藏、云南。

32. 香丝草

学名：*Conyza bonariensis*（L.）Cronq.

别名：野塘蒿、灰绿白酒草、蓬草、蓬头、蓑衣草、小白菊、野地黄菊、野圹蒿。

危害作物：茶、柑橘、玉米、油菜、小麦。

分布：福建、甘肃、广东、广西、贵州、海南、河北、河南、湖北、湖南、江苏、江西、山东、陕西、四川、西藏、云南、浙江、重庆。

33. 小蓬草

学名：*Conyza canadensis*（L.）Cronq.

别名：加拿大蓬、飞蓬、小飞蓬。

危害作物：茶、梨、苹果、柑橘、甘蔗、花生、棉花、大豆、玉米、油菜、小麦。

分布：我国各省区均有分布。

34. 芫荽菊

学名：*Cotula anthemoides* Linn.

别名：山芫荽、山莞荽、莞荽菊。

危害作物：油菜、小麦。

分布：陕西、重庆、湖南、甘肃、四川、江苏、福建、广东、云南。

35. 野茼蒿

学名：*Crassocephalum crepidioides*（Benth.）S. Moore

别名：革命菜、草命菜、灯笼草、关冬委妞、凉干药、啪哑裸、胖头芋、野蒿茼、野蒿筒属、野木耳菜、野青菜、一点红。

危害作物：茶、柑橘、甘蔗。

分布：福建、湖南、湖北、广东、广西、贵州、江西、四川、西藏、云南、江苏、浙江、重庆。

36. 小鱼眼草

学名：*Dichrocephala benthamii* C. B. Clarke

危害作物：柑橘。

分布：贵州、广西、湖北、四川、云南。

37. 鳢肠

学名：*Eclipta prostrata* L.

别名：旱莲草、墨草。

危害作物：水稻、茶、梨、苹果、柑橘、甘蔗、花生、棉花、大豆、玉米、马铃薯、油菜、小麦。

分布：我国各省区均有分布。

38. 一点红

学名：*Emilia sonchifolia*（L.）DC.

危害作物：茶、柑橘、甘蔗。

分布：安徽、福建、广东、广西、贵州、海南、湖北、湖南、江苏、江西、四川、云南、浙江。

39. 梁子菜

学名：*Erechthites hieracifolia*（L.）Raffin ex DC.

危害作物：甘蔗。

分布：福建、广东、广西、贵州、四川、云南。

40. 一年蓬

学名：*Erigeron annuus*（L.）Pers.

别名：千层塔、治疟草、野蒿、贵州毛菊花、黑风草、姬女苑、蓬头草、神州蒿、向阳菊。

危害作物：茶、柑橘、油菜、小麦。

分布：安徽、福建、河北、河南、湖北、湖南、江苏、江西、吉林、山东、四川、西藏、甘肃、广西、贵州、上海、浙江、重庆。

41. 紫茎泽兰

学名：*Eupatorium adenophorum* Spreng.

别名：大黑草、花升麻、解放草、马鹿草、破坏草、细升麻。

危害作物：茶、柑橘、甘蔗、花生、大豆。

分布：重庆、广西、贵州、湖北、四川、云南。

42. 泽兰

学名：*Eupatorium japonicum* Thunb.

危害作物：茶、苹果、梨。

分布：安徽、广东、贵州、河南、湖北、湖南、黑龙江、吉林、江苏、江西、辽宁、山东、山西、陕西、四川、云南、浙江。

43. 飞机草

学名：*Eupatorium odoratum* L.

别名：香泽兰。

危害作物：梨、苹果、柑橘、甘蔗、花生、大豆、玉米。

分布：广东、广西、海南、湖南、四川、重庆、贵州、云南。

44. 牛膝菊

学名：*Galinsoga parviflora* Cav.

别名：辣子草、向阳花、珍珠草、铜锤草、嘎力苏干－额布苏（蒙古族名）、旱田菊、兔儿草、小米菊。

危害作物：茶、梨、苹果、柑橘、花生、大豆、玉米、马铃薯、油菜、小麦。

分布：安徽、北京、重庆、福建、广东、广西、甘肃、贵州、海南、河南、湖北、湖南、黑龙江、吉林、江苏、江西、辽宁、内蒙古、宁夏、青海、山东、山西、上海、天津、陕西、四川、西藏、新疆、云南、浙江。

45. 鼠曲草

学名：*Gnaphalium affine* D. Don

危害作物：茶、梨、苹果、柑橘、甘蔗、玉米、油菜、小麦。

分布：福建、甘肃、广东、广西、贵州、海南、湖北、湖南、江西、山东、陕西、四川、西藏、新疆、云南、浙江、江苏、重庆。

46. 秋鼠曲草

学名：*Gnaphalium hypoleucum* DC.

危害作物：油菜、小麦。

分布：安徽、福建、甘肃、广东、广西、贵州、海南、湖北、湖南、江苏、江西、宁夏、青海、陕西、四川、新疆、西藏、云南、浙江。

47. 细叶鼠曲草

学名：*Gnaphalium japonicum* Thunb.

危害作物：茶、甘蔗、油菜。

分布：广东、广西、贵州、河南、湖北、湖南、江西、青海、陕西、四川、云南、浙江。

48. 多茎鼠曲草

学名：*Gnaphalium polycaulon* Pers.

别名：多茎鼠曲草。

危害作物：柑橘、油菜。

分布：福建、广东、贵州、云南、浙江。

49. 田基黄

学名：*Grangea maderaspatana*（L.）Poir.

别名：荔枝草、黄花球、黄花珠、田黄菜。

危害作物：甘蔗。

分布：广东、广西、海南、云南。

50. 泥胡菜

学名：*Hemistepta lyrata*（Bunge）Bunge

别名：秃苍个儿。

危害作物：茶、梨、苹果、柑橘、油菜、小麦。

分布：除新疆、西藏外，我国其他地区均有分布。

51. 阿尔泰狗娃花

学名：*Heteropappus altaicus*（Willd.）Novopokr.

别名：阿尔泰紫菀、阿尔太狗娃花、阿尔泰狗哇花、阿尔泰紫苑、阿尔泰紫菀、阿拉泰音－布荣黑（蒙古族名）、狗娃花、蓝菊花、铁杆。

危害作物：梨、苹果、小麦、茶。

分布：北京、甘肃、河北、河南、黑龙江、湖北、吉林、内蒙古、宁夏、青海、山东、山西、陕西、四川、天津、西藏、新疆、云南。

52. 狗娃花

学名：*Heteropappus hispidus*（Thunb.）Less.

危害作物：梨、苹果、柑橘、茶。

分布：安徽、北京、福建、甘肃、河北、河南、黑龙江、湖北、吉林、江西、辽宁、内蒙古、青海、山东、山西、陕西、四川。

53. 旋覆花

学名：*Inula japonica* Thunb.

别名：全佛草。

危害作物：玉米、油菜、小麦。

分布：我国各省区均有分布。

54. 蓼子朴

学名：*Inula salsoloides*（Turcz.）Ostenf.

别名：沙地旋覆花、黄喇嘛、秃女子草。

危害作物：棉花。

分布：甘肃、河北、辽宁、内蒙古、青海、新疆、陕西、山西。

55. 山苦荬

学名：*Ixeris chinense*（Thunb.）Tzvel.

别名：苦菜、燕儿尾、陶来音－伊达日阿（蒙古族名）。

危害作物：茶、梨、苹果、柑橘、花生、小麦。

分布：福建、甘肃、广东、广西、贵州、河北、黑龙江、湖南、江苏、江西、辽宁、宁夏、山东、山西、陕西、四川、天津、云南、浙江、重庆。

56. 剪刀股

学名：*Ixeris japonica*（Burm. F.）Nakai

别名：低滩苦荬菜。

危害作物：茶、棉花。

分布：广东、广西、江西、浙江、安徽、福建、贵州、海南、河北、湖北、湖南、江苏、四川、云南。

57. 苦荬菜

学名：*Ixeris polycephala* Cass.

别名：多头苦荬菜、多头苦菜、多头苦荬、多头苦蕒菜、多头莴苣、还魂草、剪子股、老鹳菜。

危害作物：梨、苹果、麻类、棉花、大豆、玉米、马铃薯。

分布：安徽、福建、广东、广西、贵州、湖南、江苏、江西、陕西、四川、云南、浙江。

58. 多头苦荬菜

学名：*Ixeris polycephala* Cass.

危害作物：麻类、油菜、小麦。

分布：安徽、福建、广东、广西、贵州、湖南、江苏、江西、陕西、四川、云南、浙江、北京、甘肃、河北、河南、黑龙江、吉林、辽宁、内蒙古、青海、山东、山西、天津、新疆、重庆。

59. 抱茎苦荬菜

学名：*lxeris sonchifolia* Hance

危害作物：柑橘、油菜、小麦。

分布：浙江、云南、贵州、四川、广西及我国东北、华北、华东等地区。

60. 马兰

学名：*Kalimeris indica*（L.）Sch.-Bip.

别名：马兰头、鸡儿肠、红管药、北鸡儿肠、北马兰、红梗菜。

危害作物：茶、柑橘、玉米、油菜、小麦。

分布：安徽、福建、广东、广西、贵州、海南、河南、黑龙江、湖北、湖南、江西、江苏、吉林、四川、重庆、云南、浙江、宁夏、陕西、西藏。

61. 花花柴

学名：*Karelinia caspia*（Pall.）Less.

别名：胖姑娘娘、洪古日朝高那、胖姑娘。

危害作物：棉花、小麦。

分布：甘肃、陕西、内蒙古、青海、新疆。

62. 蒙山莴苣

学名：*Lactuca tatarica*（L.）C. A. Mey.

别名：鞑靼山莴苣、紫花山莴苣、苦苦菜。

危害作物：棉花。

分布：甘肃、河北、河南、江西、辽宁、内蒙古、宁夏、青海、山西、陕西、西藏、新疆。

63. 山莴苣

学名：*Lagedium sibiricum*（L.）Sojak

别名：北山莴苣、山苦菜、西伯利亚山莴苣、西伯日－伊达日阿（蒙古族名）。

危害作物：茶、梨、柑橘。

分布：甘肃、河北、黑龙江、内蒙古、吉林、江苏、辽宁、青海、陕西、山西、新疆、浙江、福建、山东、广东、广西、四川、贵州、湖南、江西、云南、重庆。

64. 稻槎菜

学名：*Lapsana apogonoides* Maxim.

危害作物：水稻、油菜、小麦。

分布：安徽、福建、广东、广西、江西、湖南、江苏、陕西、云南、浙江、贵州、河南、湖北、山西、上海、四川、重庆。

65. 银胶菊

学名：*Parthenium hysterophorus* L.

别名：西南银胶菊、野益母艾、野益母岩。

危害作物：甘蔗。

分布：广东、广西、贵州、海南、云南。

66. 毛连菜

学名：*Picris hieracioides* L.

别名：毛柴胡、毛莲菜、毛牛耳大黄、枪刀菜。

危害作物：柑橘、玉米。

分布：广西、四川、云南、甘肃、贵州、河北、河南、湖北、吉林、青海、山东、陕西、山西、四川、西藏、云南。

67. 草地风毛菊

学名：*Saussurea amara* Less.

别名：驴耳风毛菊、羊耳朵、风毛菊、驴耳朵草。

危害作物：玉米。

分布：北京、甘肃、河北、黑龙江、吉林、辽宁、内蒙古、陕西、山西、青海、新疆。

68. 欧洲千里光

学名：*Senecio vulgaris* L.

别名：白顶草、北千里光、恩格音－给其根那（蒙古族名）、欧洲狗舌草、普通千里光。

危害作物：柑橘、玉米。

分布：贵州、吉林、辽宁、内蒙古、四川、西藏、云南。

69. 虾须草

学名： *Sheareria nana* S. Moore

别名： 沙小菊、草麻黄、绿心草。

危害作物： 水稻。

分布： 安徽、广东、贵州、湖北、湖南、江苏、江西、云南、浙江。

70. 豨莶

学名： *Siegesbeckia orientalis* L.

别名： 虾柑草、粘糊菜。

危害作物： 茶、柑橘、甘蔗、玉米、油菜、小麦。

分布： 安徽、福建、广东、广西、贵州、甘肃、湖南、江苏、江西、陕西、四川、云南、浙江、河南、山东、河北、吉林、重庆。

71. 腺梗豨莶

学名： *Siegesbeckia pubescens* Makino

别名： 毛豨莶、棉苍狼、珠草。

危害作物： 玉米。

分布： 安徽、甘肃、贵州、河北、河南、湖北、吉林、辽宁、江苏、江西、山西、陕西、四川、西藏、云南、浙江、广东、广西。

72. 加拿大一枝黄花

学名： *Solidago canadensis* L.

别名： 一枝黄花、野黄菊、黄莺。

危害作物： 茶。

分布： 安徽、湖北、湖南、江苏、江西、上海、浙江。

73. 一枝黄花

学名： *Solidago decurrens* Lour.

别名： 金柴胡、黄花草、金边菊。

危害作物： 茶。

分布： 安徽、广东、广西、贵州、江苏、江西、湖北、湖南、陕西、四川、云南、浙江。

74. 裸柱菊

学名： *Soliva anthemifolia*（Juss.）R. Br.

别名： 座地菊。

危害作物： 大豆、油菜、小麦。

分布： 福建、广东、湖南、江西、云南。

75. 苣荬菜

学名： *Sonchus arvensis* L.

别名： 苦菜。

危害作物：梨、苹果、柑橘、甜菜、甘蔗、花生、麻类、棉花、大豆、玉米、马铃薯、油菜、小麦。

分布：安徽、福建、北京、江苏、山东、天津、新疆、浙江、重庆、甘肃、广东、广西、贵州、海南、河北、河南、黑龙江、湖北、湖南、吉林、江西、辽宁、内蒙古、宁夏、青海、山西、陕西、上海、四川。

76. 续断菊

学名：*Sonchus asper*（L.）Hill.

危害作物：苹果、梨、茶、柑橘。

分布：甘肃、广西、湖北、湖南、江苏、宁夏、山东、山西、陕西、四川、重庆、贵州、新疆、云南。

77. 苦苣菜

学名：*Sonchus oleraceus* L.

别名：苦菜、滇苦菜、田苦卖菜、尖叶苦菜。

危害作物：柑橘、甘蔗、花生、油菜、小麦。

分布：北京、天津、安徽、福建、甘肃、广东、广西、黑龙江、内蒙古、贵州、河北、河南、湖北、湖南、江苏、江西、辽宁、青海、宁夏、山东、山西、陕西、四川、重庆、西藏、新疆、云南、浙江。

78. 金腰箭

学名：*Synedrella nodiflora*（L.）Gaertn.

别名：苞壳菊、黑点旧、苦草、水慈姑、猪毛草。

危害作物：甘蔗。

分布：福建、广东、广西、海南、云南。

79. 蒲公英

学名：*Taraxacum mongolicum* Hand.-Mazz.

危害作物：茶、梨、苹果、柑橘、甜菜、花生、棉花、玉米、油菜、小麦。

分布：北京、天津、安徽、福建、甘肃、广东、广西、贵州、河北、河南、黑龙江、湖北、湖南、吉林、上海、江苏、江西、辽宁、内蒙古、宁夏、青海、山东、山西、陕西、四川、重庆、云南、浙江、西藏、新疆。

80. 碱菀

学名：*Tripolium vulgare* Nees

别名：竹叶菊、铁杆蒿、金盏菜。

危害作物：水稻、玉米。

分布：甘肃、辽宁、吉林、江苏、内蒙古、山东、陕西、山西、新疆、浙江、云南。

81. 夜香牛

学名：*Vernonia cinerea*（L.）Less.

别名：斑鸠菊、寄色草、假咸虾。

危害作物：甘蔗、玉米。

分布：福建、广东、广西、湖北、湖南、江西、四川、云南、浙江。

82. 苍耳

学名：*Xanthium sibiricum* Patrin ex Widder

别名：虱麻头、老苍子、青棘子。

危害作物：茶、梨、苹果、柑橘、甜菜、甘蔗、花生、麻类、棉花、大豆、玉米、马铃薯、油菜、小麦。

分布：安徽、北京、天津、福建、甘肃、广东、广西、贵州、海南、河北、河南、湖北、湖南、吉林、江苏、江西、内蒙古、宁夏、青海、山东、山西、陕西、四川、西藏、新疆、云南、浙江、重庆、黑龙江、辽宁。

83. 异叶黄鹌菜

学名：*Youngia heterophylla*（Hemsl.）Babc. et Stebbins

别名：花叶猴子屁股、黄狗头。

危害作物：柑橘、油菜。

分布：贵州、湖北、湖南、江西、广西、陕西、四川、云南。

84. 黄鹌菜

学名：*Youngia japonica*（L.）DC.

危害作物：柑橘、甘蔗、玉米、油菜、小麦。

分布：安徽、福建、北京、甘肃、广东、广西、河北、河南、湖北、湖南、江苏、江西、山东、陕西、四川、贵州、重庆、西藏、云南、浙江。

爵床科（Acanthaceae）

1. 水蓑衣

学名：*Hygrophila salicifolia*（Vahl）Nees

危害作物：油菜。

分布：安徽、重庆、福建、广东、广西、贵州、海南、湖北、湖南、江苏、江西、四川、云南、浙江。

2. 爵床

学名：*Rostellularia procumbens*（L.）Nees

危害作物：茶、柑橘、玉米、油菜、小麦。

分布：安徽、北京、福建、甘肃、广东、广西、贵州、海南、湖北、湖南、江苏、江西、山西、陕西、四川、西藏、云南、重庆、浙江。

藜科（Chenopodiaceae）

1. 中亚滨藜

学名：*Atriplex centralasiatica* Iljin

别名：道木达－阿贼音－绍日乃（蒙古族名）、麻落粒、马灰条、软蒺藜、演藜、中亚粉藜。

危害作物：油菜、小麦。

分布：贵州、陕西、甘肃、河北、吉林、辽宁、内蒙古、宁夏、青海、山西、新疆、西藏。

2. 野滨藜

学名：*Atriplex fera*（L.）Bunge

别名：碱钵子菜、三齿滨藜、三齿粉藜、希日古恩－绍日乃（蒙古族名）。

危害作物：油菜、小麦。

分布：甘肃、河北、黑龙江、吉林、内蒙古、陕西、山西、青海、新疆。

3. 西伯利亚滨藜

学名：*Atriplex sibirica* L.

别名：刺果粉藜、大灰藜、灰菜、麻落粒、软蒺藜、西伯日－绍日乃（蒙古族名）。

危害作物：油菜、小麦。

分布：甘肃、河北、黑龙江、吉林、辽宁、内蒙古、宁夏、陕西、青海、新疆。

4. 尖头叶藜

学名：*Chenopodium acuminatum* Willd.

别名：红眼圈灰菜、渐尖藜、金边儿灰菜、绿珠藜、砂灰菜、油杓杓、圆叶菜。

危害作物：玉米。

分布：广西、贵州、天津、甘肃、河北、黑龙江、吉林、辽宁、内蒙古、宁夏、山东、河南、陕西、山西、青海、新疆、浙江。

5. 藜

学名：*Chenopodium album* L.

别名：灰菜、白藜、灰条菜、地肤子。

危害作物：水稻、茶、梨、苹果、柑橘、甜菜、甘蔗、花生、麻类、棉花、大豆、玉米、马铃薯、油菜、小麦。

分布：我国各省区均有分布。

6. 刺藜

学名：*Chenopodium aristatum* L.

危害作物：玉米、小麦。

分布：甘肃、广东、广西、贵州、湖北、河北、河南、黑龙江、吉林、辽宁、内蒙古、宁夏、青海、山东、山西、陕西、四川、云南、新疆。

7. 杖藜

学名：*Chenopodium giganteum* D. Don

别名：大灰灰菜、大灰翟菜、红灰翟菜、红心灰菜、红盐菜、灰苋菜、盐巴米。

危害作物：苹果、梨、茶、柑橘。

分布：甘肃、广东、广西、贵州、河南、辽宁、陕西、四川、云南、浙江。

8. 灰绿藜

学名：*Chenopodium glaucum* L.

别名：碱灰菜、小灰菜、白灰菜。

危害作物：梨、苹果、麻类、棉花、玉米、油菜、小麦。

分布：安徽、北京、广东、广西、贵州、江西、山东、上海、四川、天津、西藏、云南、甘肃、海南、河北、河南、黑龙江、湖北、湖南、吉林、辽宁、内蒙古、宁夏、陕西、山西、青海、新疆、江苏、浙江。

9. 小藜

学名：*Chenopodium serotinum* L.

危害作物：柑橘、甘蔗、花生、麻类、棉花、玉米、马铃薯、油菜、小麦。

分布：我国除西藏外，其他各省区均有分布。

10. 土荆芥

学名：*Dysphania ambrosioides*（L.）Mosyakin et Clemants

别名：醒头香、香草、省头香、罗勒、胡椒菜、九层塔。

危害作物：柑橘、甘蔗、玉米、油菜、小麦。

分布：福建、甘肃、贵州、河北、河南、广东、广西、湖北、湖南、江苏、江西、四川、重庆、云南、浙江、陕西。

11. 盐生草

学名：*Halogeton glomeratus*（Bieb.）C. A. Mey.

别名：好希－哈麻哈格（蒙古族名）。

危害作物：棉花。

分布：甘肃、青海、新疆、西藏。

12. 地肤

学名：*Kochia scoparia*（L.）Schrad.

别名：扫帚菜。

危害作物：棉花、大豆、玉米、油菜、小麦。

分布：北京、天津、安徽、福建、甘肃、广东、广西、贵州、河北、河南、黑龙江、湖北、湖南、吉林、江苏、江西、辽宁、内蒙古、宁夏、青海、山东、山西、陕西、四川、重庆、西藏、新疆、云南、浙江。

13. 猪毛菜

学名：*Salsola collina* Pall.

别名：扎蓬棵、山叉明棵。

危害作物：甜菜、大豆、玉米、马铃薯、油菜、小麦。

分布：北京、安徽、广西、甘肃、贵州、河北、河南、黑龙江、湖北、湖南、吉林、江苏、浙江、辽宁、内蒙古、宁夏、青海、山东、山西、陕西、四川、西藏、新疆、云南。

14. 刺沙蓬

学名：*Salsola ruthenica* Iljin

别名：刺蓬、大翅猪毛菜、风滚草、狗脑沙蓬、沙蓬、苏联猪毛菜、乌日格斯图－哈木呼乐（蒙古族名）、扎蓬棵、猪毛菜。

危害作物：棉花。

分布：黑龙江、吉林、辽宁；北京、天津、河北、山西、内蒙古；陕西、甘肃、宁夏、青海、新疆、西藏、山东、江苏。

15. 灰绿碱蓬

学名：*Suaeda glauca* Bunge

别名：碱蓬。

危害作物：苹果、花生、棉花、油菜、小麦。

分布：甘肃、黑龙江、江苏、河北、河南、内蒙古、宁夏、青海、山东、山西、新疆、浙江、陕西。

16. 盐地碱蓬

学名：*Suaeda salsa*（L.）Pall.

别名：翅碱蓬、黄须菜、哈日－和日斯（蒙古族名）、碱葱、碱蓬棵、盐蒿子、盐蓬。

危害作物：甜菜、玉米。

分布：甘肃、河北、黑龙江、辽宁、吉林、江苏、内蒙古、宁夏、青海、山东、陕西、山西、新疆、浙江。

蓼科（Polygonaceae）

1. 金荞麦

学名：*Fagopyrum dibotrys*（D. Don）Hara

别名：野荞麦、苦荞头、荞麦三七、荞麦当归、开金锁、铁拳头、铁甲将军草、野南荞。

危害作物：柑橘、油菜、小麦。

分布：安徽、福建、甘肃、广东、广西、贵州、河南、湖北、江苏、江西、陕西、四川、西藏、云南、浙江。

2. 苦荞麦

学名：*Fagopyrum tataricum*（L.）Gaertn.

别名：野荞麦、鞑靼荞麦、虎日－萨嘎得（蒙古族名）。

危害作物：甜菜、大豆、小麦。

分布：甘肃、广西、贵州、河北、河南、黑龙江、湖北、湖南、吉林、辽宁、内蒙古、宁夏、青海、陕西、山西、四川、新疆、西藏、云南。

3. 卷茎蓼

学名：*Fallopia convolvula*（L.）A. Löve

危害作物：梨、苹果、甜菜、花生、大豆、玉米、马铃薯、油菜、小麦。

分布：安徽、北京、福建、甘肃、广东、广西、贵州、黑龙江、湖北、江苏、江西、内蒙古、宁夏、青海、山东、陕西、四川、新疆、云南、河北、河南、吉林、辽宁、山西。

4. 何首乌

学名：*Fallopia multiflora*（Thunb.）Harald.

别名：夜交藤。

危害作物：油菜、小麦。

分布：安徽、福建、甘肃、广东、广西、贵州、海南、河北、黑龙江、湖北、湖南、江苏、江西、山东、陕西、四川、重庆、云南、浙江。

5. 灰绿蓼

学名：*Polygonum acetosum* Bieb.

别名：酸蓼。

危害作物：大豆。

分布：北京、甘肃、河北、河南、湖北、云南。

6. 两栖蓼

学名：*Polygonum amphibium* L.

危害作物：水稻、棉花、玉米。

分布：安徽、甘肃、贵州、海南、河北、黑龙江、湖北、湖南、广西、吉林、江苏、辽宁、内蒙古、宁夏、青海、山东、山西、陕西、四川、西藏、新疆、云南。

7. 萹蓄

学名：*Polygonum aviculare* L.

别名：鸟蓼、扁竹。

危害作物：茶、梨、苹果、甜菜、花生、麻类、棉花、玉米、马铃薯、油菜、小麦。

分布：安徽、福建、甘肃、广东、广西、贵州、海南、河北、河南、黑龙江、湖北、湖南、吉林、江苏、江西、辽宁、内蒙古、宁夏、青海、山东、山西、陕西、四川、重庆、西藏、新疆、云南、浙江。

8. 毛蓼

学名：*Polygonum barbatum* L.

别名：毛脉两栖蓼、冉毛蓼、水辣蓼、香草、哑放兰姆。

危害作物：油菜、小麦。

分布：福建、广东、广西、贵州、海南、湖北、湖南、江西、四川、云南、甘肃、山西、陕西、浙江。

9. 柳叶刺蓼

学名：*Polygonum bungeanum* Turcz.

别名：本氏蓼、刺蓼、刺毛马蓼、蓼吊子、蚂蚱腿、蚂蚱子腿、胖孩子腿、青蛙子腿、乌日格斯图－塔日纳（蒙古族名）。

危害作物：花生、大豆、玉米、马铃薯、油菜、小麦。

分布：安徽、福建、广东、广西、贵州、甘肃、河北、河南、湖北、湖南、陕西、四川、新疆、云南、黑龙江、吉林、江苏、辽宁、内蒙古、宁夏、山西、山东。

10. 蓼子草

学名：*Polygonum criopolitanum* Hance

别名：半年粮、细叶一枝蓼、小莲蓬、猪蓼子草。

危害作物：油菜、小麦。

分布：安徽、福建、广东、广西、河南、湖北、湖南、江苏、江西、陕西、浙江。

11. 叉分蓼

学名：*Polygonum divaricatum* L.

别名：大骨节蓼吊、分叉蓼、尼牙罗、酸不溜、酸梗儿、酸姜、酸浆、酸溜子草、酸模、乌亥尔塔尔纳、希没乐得格。

危害作物：玉米。

分布：河北、河南、黑龙江、湖北、吉林、辽宁、内蒙古、山东、山西、青海。

12. 水蓼

学名：*Polygonum hydropiper* L.

别名：辣蓼。

危害作物：水稻、茶、梨、甘蔗、油菜、小麦。

分布：天津、安徽、福建、广东、海南、甘肃、贵州、海南、湖北、河北、黑龙江、河南、湖南、吉林、江苏、江西、辽宁、内蒙古、宁夏、青海、四川、重庆、山东、陕西、山西、新疆、西藏、云南、浙江。

13. 蚕茧草

学名：*Polygonum japonicum* Meisn.

别名：蚕茧蓼、长花蓼、大花蓼、旱蓼、红蓼子、蓼子草、日本蓼、香烛干子、小红蓼、小蓼子、小蓼子草。

危害作物：玉米、油菜、小麦。

分布：安徽、福建、广东、广西、贵州、江西、河南、湖北、湖南、江苏、山东、陕西、四川、西藏、云南、浙江。

14. 愉悦蓼

学名：*Polygonum jucundum* Meisn.

别名：欢喜蓼、路边曲草、山蓼、水蓼、小红蓼、小蓼子、紫苞蓼。

危害作物：水稻。

分布：安徽、福建、甘肃、广东、广西、贵州、河南、湖北、湖南、江苏、江西、陕西、四川、云南、浙江。

15. 酸模叶蓼

学名：*Polygonum lapathifolium* L.

别名：旱苗蓼。

危害作物：水稻、茶、梨、苹果、柑橘、甜菜、甘蔗、花生、麻类、棉花、大豆、玉米、马铃薯、油菜、小麦。

分布：北京、安徽、福建、广东、广西、贵州、甘肃、海南、湖北、河北、黑龙江、河南、湖南、吉林、江苏、江西、辽宁、内蒙古、宁夏、青海、四川、山东、陕西、山西、西藏、云南、浙江、陕西、上海、新疆、重庆。

16. 绵毛酸模叶蓼

学名：*Polygonum lapathifolium* L. var. *salicifolium* Sibth.

别名：白毛蓼、白胖子、白绒蓼、柳叶大马蓼、柳叶蓼、绵毛大马蓼、绵毛旱苗蓼、棉毛酸模叶蓼。

危害作物：柑橘、花生、大豆、玉米、油菜、小麦。

分布：我国各省区均有分布。

17. 大戟叶蓼

学名：*Polygonum maackianum* Regel

别名：吉丹－希没乐得格（蒙古族名）、马氏蓼。

危害作物：玉米、油菜、小麦。

分布：安徽、广东、广西、河北、河南、黑龙江、湖南、吉林、江苏、江西、辽宁、内蒙古、山东、陕西、四川、云南、浙江、甘肃。

18. 尼泊尔蓼

学名：*Polygonum nepalense* Meisn.

危害作物：玉米、马铃薯。

分布：安徽、福建、广东、广西、贵州、甘肃、海南、湖北、河北、黑龙江、河南、湖南、吉林、江苏、江西、辽宁、内蒙古、宁夏、青海、四川、山东、陕西、山西、西藏、云南、浙江。

19. 红蓼

学名： *Polygonum orientale* L.

别名： 东方蓼。

危害作物： 柑橘、玉米、油菜、小麦。

分布： 天津、安徽、福建、甘肃、广东、广西、贵州、海南、河北、黑龙江、河南、湖北、湖南、江苏、江西、吉林、辽宁、内蒙古、宁夏、青海、陕西、山东、山西、四川、新疆、云南、浙江。

20. 杠板归

学名： *Polygonum perfoliatum* L.

别名： 犁头刺、蛇倒退。

危害作物： 茶、梨、苹果、柑橘、甘蔗、大豆、油菜、小麦。

分布： 安徽、福建、甘肃、广东、广西、贵州、海南、河北、河南、黑龙江、湖北、湖南、吉林、江苏、江西、辽宁、内蒙古、山东、山西、陕西、四川、西藏、云南、浙江。

21. 春蓼

学名： *Polygonum persicaria* L.

别名： 桃叶蓼。

危害作物： 棉花。

分布： 安徽、福建、甘肃、广西、贵州、河北、河南、黑龙江、湖北、湖南、吉林、江苏、江西、辽宁、内蒙古、宁夏、青海、山东、山西、陕西、四川、新疆、云南、浙江。

22. 腋花蓼

学名： *Polygonum plebeium* R. Br.

危害作物： 柑橘、甘蔗、油菜。

分布： 安徽、福建、广东、广西、重庆、四川、贵州、湖南、江西、江苏、西藏、云南。

23. 丛枝蓼

学名： *Polygonum posumbu* Buch.–Ham. ex D. Don

危害作物： 水稻、甘蔗。

分布： 安徽、福建、甘肃、广东、广西、贵州、海南、河北、河南、黑龙江、湖北、湖南、吉林、江苏、江西、辽宁、山东、陕西、四川、重庆、西藏、云南、浙江。

24. 伏毛蓼

学名： *Polygonum pubescens* Blume

别名： 辣蓼、无辣蓼

危害作物： 玉米、甘蔗。

分布： 安徽、福建、甘肃、广东、广西、贵州、海南、河南、湖北、湖南、江苏、江西、辽宁、陕西、上海、四川、云南、浙江。

25. 刺蓼

学名：*Polygonum senticosum*（Meisn.）Franch. et Sav.

别名：廊茵、红梗豺狗舌头草、红花蛇不过、红火老鸦酸草、急解索、廊菌、蚂蚱腿、猫舌草、貓儿刺、蛇不钻、蛇倒退。

危害作物：梨、苹果、玉米。

分布：安徽、福建、广东、广西、贵州、河北、河南、黑龙江、湖北、湖南、吉林、江苏、江西、辽宁、山东、云南、浙江、甘肃、内蒙古、山西、陕西、上海、四川。

26. 西伯利亚蓼

学名：*Polygonum sibiricum* Laxm.

别名：剪刀股、醋柳、哈拉布达、面留留、面条条、曲玛子、酸姜、酸溜溜、西伯日–希没乐得格（蒙古族名）、子子沙曾。

危害作物：玉米、油菜、小麦。

分布：天津、安徽、甘肃、贵州、河北、河南、黑龙江、湖北、吉林、江苏、辽宁、内蒙古、宁夏、青海、山东、山西、陕西、四川、西藏、云南。

27. 箭叶蓼

学名：*Polygonum sieboldii* Meissn.

别名：长野芥麦草、刺蓼、大二郎箭、大蛇舌草、倒刺林、更生、河水红花、尖叶蓼、箭蓼、猫爪刺。

危害作物：水稻、茶、油菜、小麦。

分布：福建、甘肃、贵州、河北、河南、黑龙江、湖北、吉林、江苏、江西、辽宁、内蒙古、山东、山西、陕西、四川、云南、浙江。

28. 细叶蓼

学名：*Polygonum taquetii* Lévl.

别名：穗下蓼。

危害作物：茶。

分布：安徽、福建、广东、湖北、湖南、江苏、江西、浙江。

29. 戟叶蓼

学名：*Polygonum thunbergii* Sieb. et Zucc.

危害作物：油菜、小麦。

分布：安徽、福建、甘肃、广东、广西、贵州、河北、河南、黑龙江、湖北、湖南、吉林、江苏、江西、辽宁、内蒙古、山东、山西、陕西、四川、云南、浙江、重庆。

30. 翼蓼

学名：*Pteroxygonum giraldii* Damm. et Diels

别名：白药子、红药子、红要子、金荞仁、老驴蛋、荞麦蔓、荞麦七、荞麦头、山首乌、石天荞。

危害作物：玉米。

分布：河北、甘肃、河南、湖北、陕西、山西、四川。

31. 虎杖

学名：*Reynoutria japonica* Houtt.

别名：川筋龙、酸汤杆、花斑竹根、斑庄根、大接骨、大叶蛇总管、酸桶芦、酸筒杆、酸筒梗。

危害作物：油菜。

分布：安徽、福建、甘肃、广东、广西、贵州、河南、海南、湖北、湖南、江苏、江西、山东、陕西、四川、云南、浙江。

32. 酸模

学名：*Rumex acetosa* L.

别名：土大黄。

危害作物：茶、麻类、油菜、小麦。

分布：北京、甘肃、湖北、安徽、福建、广西、贵州、湖北、黑龙江、河南、湖南、吉林、江苏、辽宁、内蒙古、青海、四川、山东、陕西、山西、新疆、西藏、云南、浙江、重庆。

33. 黑龙江酸模

学名：*Rumex amurensis* F. Schm. ex Maxim.

别名：阿穆尔酸模、东北酸模、黑水酸模、小半蹄叶、羊蹄叶、野菠菜。

危害作物：大豆。

分布：安徽、河北、河南、黑龙江、湖北、吉林、江苏、辽宁、山东。

34. 皱叶酸模

学名：*Rumex crispus* L.

别名：羊蹄叶。

危害作物：梨、苹果、柑橘、玉米。

分布：福建、甘肃、贵州、天津、江苏、广西、河北、河南、黑龙江、湖北、湖南、吉林、辽宁、内蒙古、宁夏、青海、山东、山西、陕西、四川、新疆、云南。

35. 齿果酸模

学名：*Rumex dentatus* L.

危害作物：柑橘、玉米、油菜、小麦。

分布：安徽、福建、甘肃、贵州、河北、河南、湖北、湖南、江苏、江西、内蒙古、宁夏、青海、山东、山西、陕西、四川、重庆、新疆、云南、浙江。

36. 羊蹄

学名：*Rumex japonicus* Houtt.

危害作物：油菜、小麦。

分布：安徽、北京、福建、甘肃、广东、广西、贵州、海南、河北、河南、黑龙江、湖北、湖南、吉林、江苏、江西、辽宁、青海、山东、陕西、上海、四川、重庆、云南、浙江。

37. 巴天酸模

学名：*Rumex patientia* L.

别名：洋铁叶、洋铁酸模、牛舌头棵。

危害作物：玉米。

分布：北京、甘肃、河北、江苏、河南、黑龙江、湖北、湖南、吉林、辽宁、内蒙古、宁夏、青海、山东、陕西、四川、山西、新疆、西藏。

柳叶菜科（Onagraceae）

1. 水龙

学名：*Ludwigia adscendens*（L.）Hara

别名：过江藤、白花水龙、草里银钗、过塘蛇、鱼鳔草、鱼鳞草、鱼泡菜、玉钗草、猪肥草。

危害作物：水稻。

分布：安徽、福建、广东、广西、贵州、海南、湖南、湖北、江苏、江西、陕西、四川、重庆、云南、浙江。

2. 草龙

学名：*Ludwigia hyssopifolia*（G. Don）exell.

别名：红叶丁香蓼、细叶水丁香、线叶丁香蓼。

危害作物：水稻、甘蔗、玉米。

分布：安徽、福建、海南、广东、广西、湖北、江苏、江西、辽宁、陕西、四川、重庆、云南。

3. 丁香蓼

学名：*Ludwigia prostrata* Roxb.

危害作物：水稻、梨、柑橘、花生、大豆。

分布：安徽、福建、贵州、广东、广西、河北、河南、黑龙江、吉林、辽宁、山东、上海、浙江、江苏、湖北、湖南、江西、陕西、四川、重庆、云南。

龙胆科（Gentianaceae）

1. 鳞叶龙胆

学名：*Gentiana squarrosa* Ledeb.

别名：小龙胆、石龙胆。

危害作物：苹果、梨、茶。

分布：安徽、北京、甘肃、河北、河南、黑龙江、湖北、湖南、江西、内蒙古、宁夏、青海、山西、陕西、四川、西藏、新疆、云南、浙江。

2. 荇菜

学名：*Nymphoides peltatum*（Gmel.）O. Kuntze

别名：金莲子、莲叶荇菜、莲叶杏菜。

危害作物：水稻。

分布：除海南、青海、西藏外，我国其他省区均有分布。

萝藦科（Asclepiadaceae）

1. 羊角子草

学名：*Cynanchum cathayense* Tsiang

别名：勤克立克、地梢瓜、少布给日－特木根－呼呼（蒙古族名）。

危害作物：棉花。

分布：河北、陕西、甘肃、宁夏、新疆。

2. 鹅绒藤

学名：*Cynanchum chinense* R. Br.

危害作物：玉米。

分布：甘肃、河北、河南、江苏、广西、吉林、辽宁、宁夏、青海、陕西、山东、山西。

3. 萝藦

学名：*Metaplexis japonica*（Thunb.）Makino

别名：天将壳、飞来鹤、赖瓜瓢。

危害作物：水稻、柑橘、花生、棉花、玉米、小麦。

分布：安徽、北京、福建、甘肃、广东、广西、贵州、河北、黑龙江、河南、湖北、湖南、江苏、江西、吉林、辽宁、内蒙古、宁夏、青海、陕西、山东、上海、山西、四川、天津、西藏、云南、浙江。

落葵科（Basellaceae）

落葵薯

学名：*Anredera cordifolia*（Tenore）Steenis

别名：金钱珠、九头三七、马德拉藤、软浆七、藤七、藤三七、土三七、细枝落葵薯、小年药、心叶落葵薯、洋落葵、中枝莲。

危害作物：茶、柑橘。

分布：福建、广东、湖北、湖南、江苏、四川、云南、浙江。

马鞭草科（Verbenaceae）

1. 腺茉莉

学名：*Clerodendrum colebrookianum* Walp.

别名：臭牡丹。

危害作物：柑橘。

分布：广东、广西、云南、四川、重庆。

2. 马缨丹

学名：*Lantana camara* L.

别名：五色梅、臭草、七变花。

危害作物：柑橘、甘蔗。

分布：福建、广东、广西、海南、四川、云南。

3. 马鞭草

学名：*Verbena officinalis* L.

别名：龙牙草、铁马鞭、风颈草。

危害作物：茶、柑橘、甘蔗、油菜、小麦。

分布：安徽、福建、广东、广西、贵州、海南、河南、湖北、湖南、江苏、江西、青海、陕西、四川、西藏、云南、浙江。

4. 黄荆

学名：*Vitex negundo* L.

别名：五指柑、五指风、布荆。

危害作物：柑橘、玉米。

分布：安徽、福建、甘肃、山东、广东、广西、贵州、海南、河南、湖北、湖南、江苏、江西、青海、陕西、四川、重庆、西藏、云南、浙江。

马齿苋科（Portulacaceae）

1. 马齿苋

学名：*Portulaca oleracea* L.

别名：马蛇子菜、马齿菜。

危害作物：茶、梨、苹果、柑橘、甜菜、甘蔗、花生、麻类、棉花、大豆、玉米、马铃薯、油菜、小麦。

分布：安徽、北京、福建、甘肃、广东、广西、贵州、海南、河北、黑龙江、河南、湖北、湖南、江苏、江西、吉林、辽宁、内蒙古、宁夏、青海、陕西、山东、上海、山西、四川、重庆、天津、新疆、西藏、云南、浙江。

2. 土人参

学名：*Talinum paniculatum*（Jacq.）Gaertn.

别名：栌兰。

危害作物：柑橘。

分布：广西、湖南、四川、浙江。

马兜铃科（Aristolochiaceae）

马兜铃

学名：*Aristolochia debilis* Sieb. et Zucc.

别名：青木香、土青木香。

危害作物：油菜、小麦。

分布：安徽、福建、广东、广西、贵州、河南、湖北、湖南、江苏、江西、山东、四川、云南、浙江、陕西、甘肃。

牻牛儿苗科（Geraniaceae）

1. 牻牛儿苗

学名：*Erodium stephanianum* Willd.

危害作物：玉米、油菜、小麦。

分布：安徽、甘肃、贵州、河北、黑龙江、河南、湖北、湖南、江苏、江西、吉林、辽宁、内蒙古、宁夏、青海、陕西、山西、四川、重庆、新疆、西藏。

2. 野老鹳草

学名：*Geranium carolinianum* L.

别名：野老芒草。

危害作物：棉花、小麦。

分布：安徽、重庆、福建、广西、湖北、湖南、江西、江苏、上海、四川、云南、浙江、河北、河南。

3. 老鹳草

学名：*Geranium wilfordii* Maxim.

别名：鸭脚草、短嘴老鹳草、见血愁、老观草、老鹤草、老鸦咀、老鸦嘴、藤五爪、西木德格来、鸭脚老鹳草、一颗针、越西老鹳草。

危害作物：茶、油菜、小麦。

分布：安徽、福建、甘肃、贵州、河北、河南、黑龙江、湖北、湖南、吉林、江苏、江西、辽宁、内蒙古、山东、陕西、四川、云南、浙江、广西、青海、上海、重庆。

毛茛科（Ranunculaceae）

1. 无距耧斗菜

学名：*Aquilegia ecalcarata* Maxim.

别名：大铁糙、倒地草、黄花草、亮壳草、瘰疬草、千里光、铁糙、野前胡、紫花地榆。

危害作物：梨、茶、柑橘。

分布：甘肃、广西、贵州、河南、黑龙江、湖北、江苏、青海、山西、陕西、西藏、云南。

2. 辣蓼铁线莲

学名：*Clematis terniflora* DC. var. *mandshurica*（Rupr.）Ohwi

别名：东北铁线莲。

危害作物：玉米。

分布：黑龙江、吉林、辽宁、内蒙古。

3. 茴茴蒜

学名：*Ranunculus chinensis* Bunge

别名：小虎掌草、野桑椹、鸭脚板、山辣椒。

危害作物：水稻、茶、梨、苹果、小麦。

分布：安徽、甘肃、贵州、河北、黑龙江、河南、湖北、湖南、江苏、吉林、辽宁、内蒙古、宁夏、青海、陕西、山东、山西、四川、新疆、西藏、云南、浙江。

4. 毛茛

学名：*Ranunculus japonicus* Thunb.

别名：老虎脚迹、五虎草。

危害作物：茶、梨、苹果、柑橘、小麦。

分布：北京、安徽、福建、甘肃、广东、广西、贵州、河北、黑龙江、河南、湖北、湖南、江苏、江西、吉林、辽宁、内蒙古、宁夏、青海、陕西、山东、山西、四川、新疆、云南、浙江。

5. 石龙芮

学名：*Ranunculus sceleratus* L.

别名：野芹菜。

危害作物：油菜、小麦。

分布：北京、上海、安徽、福建、甘肃、广东、广西、贵州、河北、黑龙江、河南、湖南、江苏、江西、吉林、辽宁、内蒙古、宁夏、陕西、山东、山西、四川、新疆、云南、重庆、浙江。

6. 扬子毛茛

学名：*Ranunculus sieboldii* Miq.

别名：辣子草、地胡椒。

危害作物：油菜、小麦。

分布：安徽、福建、甘肃、广西、贵州、河南、湖北、湖南、江苏、江西、陕西、山东、四川、云南、浙江。

7. 猫爪草

学名：*Ranunculus ternatus* Thunb.

别名：小毛茛、三散草、黄花草。

危害作物：茶、油菜、小麦。

分布：安徽、福建、广西、河南、湖北、湖南、江苏、江西、浙江。

8. 天葵

学名：*Semiaquilegia adoxoides*（DC.）Makino

别名：千年老鼠屎、老鼠屎。

危害作物：水稻。

分布：安徽、福建、广西、贵州、河北、湖北、湖南、江苏、江西、陕西、四川、云南、浙江。

葡萄科（Vitaceae）

1. 乌蔹莓

学名：*Cayratia japonica*（Thunb.）Gagnep.

别名：五爪龙、五叶薄、地五加。

危害作物：茶、柑橘、玉米、油菜、小麦。

分布：安徽、重庆、福建、甘肃、广东、广西、贵州、海南、河北、河南、湖北、上海、湖南、江苏、山东、陕西、四川、重庆、云南、浙江。

2. 掌裂草葡萄

学名：*Ampelopsis aconitifolia* Bge. var. *palmiloba*（Carr.）Rehd.

危害作物：苹果、梨、柑橘。

分布：湖南、广西、宁夏、甘肃、河北、黑龙江、吉林、辽宁、内蒙古、山东、山西、陕西、四川。

千屈菜科（Lythraceae）

1. 耳叶水苋

学名：*Ammannia arenaria* H. B. K.

危害作物：水稻。

分布：安徽、福建、甘肃、广东、广西、河北、河南、湖北、江苏、陕西、云南、浙江。

2. 水苋菜

学名：*Ammannia baccifera* L.

别名：还魂草、浆果水苋、结筋草、绿水苋、水苋、细叶水苋、细叶苋菜、仙桃。

危害作物：水稻。

分布：安徽、福建、贵州、海南、广东、广西、河北、河南、黑龙江、湖北、湖南、江苏、江西、辽宁、山西、上海、四川、重庆、陕西、云南、浙江。

3. 节节菜

学名：*Rotala indica*（Willd.）Koehne

危害作物：水稻、梨、大豆、玉米。

分布：安徽、福建、广东、广西、贵州、湖北、湖南、江苏、江西、陕西、四川、云南、浙江、北京、甘肃、河南、河北、黑龙江、吉林、辽宁、内蒙古、山西、新疆、重庆。

4. 圆叶节节菜

学名：*Rotala rotundifolia*（Buch.-Ham. ex Roxb.）Koehne

危害作物：水稻。

分布：福建、广东、广西、贵州、海南、湖北、湖南、江西、山东、四川、云南、重庆、浙江。

荨麻科（Urticaceae）

1. 野线麻

学名：*Boehmeria japonica*（Linn. f.）Miquel

危害作物：玉米。

分布：安徽、福建、广东、广西、贵州、河南、湖北、湖南、江苏、江西、陕西、山东、四川、云南、浙江、甘肃、黑龙江。

2. 蝎子草

学名：*Girardinia suborbiculata* C. J. Chen

危害作物：柑橘。

分布：安徽、广西、四川、云南、重庆。

3. 糯米团

学名：*Gonostegia hirta*（Bl.）Miq.

危害作物：茶、柑橘。

分布：安徽、福建、广东、广西、海南、河南、江西、江苏、陕西、四川、西藏、云南、浙江。

4. 花点草

学名：*Nanocnide japonica* Bl.

别名：倒剥麻、高墩草、日本花点草、幼油草。

危害作物：柑橘。

分布：安徽、福建、甘肃、贵州、湖北、湖南、江苏、江西、陕西、四川、云南、浙江。

5. 冷水花

学名：*Pilea mongolica* Wedd.

危害作物：茶、柑橘。

分布：湖北、四川。

6. 雾水葛

学名：*Pouzolzia zeylanica*（L.）Benn.

别名：白石薯、啜脓羔、啜脓膏、水麻秧、多枝雾水葛、石薯、粘榔根、粘榔果。

危害作物：茶、梨、柑橘、甘蔗、棉花、大豆、玉米。

分布：安徽、福建、广东、广西、甘肃、湖北、湖南、江西、四川、贵州、云南、浙江。

茜草科（Rubiaceae ）

1. 猪殃殃

学名：*Galium aparine var. echinospermum*（Wallr.）Cuf.

别名：拉拉秧、拉拉藤、粘粘草。

危害作物：茶、梨、苹果、柑橘、甜菜、甘蔗、花生、麻类、大豆、玉米、马铃薯、油菜、小麦。

分布：我国各省区均有分布。

2. 六叶葎

学名：*Galium asperuloides Edgew. subsp. hoffmeisteri*（Klotzsch）Hara

危害作物：小麦。

分布：安徽、甘肃、贵州、河北、黑龙江、湖北、湖南、江苏、江西、河南、陕西、山西、四川、西藏、云南、浙江。

3. 麦仁珠

学名：*Galium tricorne* Stokes

别名：锯齿草、拉拉蔓、破丹粘娃娃、三角猪殃殃、弯梗拉拉藤、粘粘子、猪殃殃。

危害作物：茶、油菜、小麦。

分布：安徽、甘肃、贵州、河南、湖北、江苏、江西、山东、山西、陕西、四川、西藏、新疆、浙江。

4. 四叶葎

学名：*Galium bungei* Steud.

危害作物：油菜、小麦。

分布：我国各省区均有分布。

5. 蓬子菜

学名：*Galium verum* L.

别名：松叶草。

危害作物：油菜、小麦。

分布：甘肃、河北、河南、黑龙江、吉林、辽宁、内蒙古、青海、山西、四川、贵州、新疆、西藏、陕西、山东、浙江。

6. 金毛耳草

学名：*Hedyotis chrysotricha*（Palib.）Merr.

别名：黄毛耳草。

危害作物：柑橘、茶、油菜、小麦。

分布：安徽、福建、广东、广西、贵州、湖北、湖南、江西、江苏、云南、浙江。

7. 白花蛇舌草

学名：*Hedyotis diffusa* Willd.

危害作物：茶、甘蔗、油菜、小麦。

分布：安徽、广东、广西、海南、四川、云南、贵州、浙江、湖南、江西。

8. 粗叶耳草

学名：*Hedyotis verticillata*（L.）Lam.

别名：糙叶耳草。

危害作物：甘蔗。

分布：广东、广西、贵州、海南、云南、浙江。

9. 鸡矢藤

学名：*Paederia scandens*（Lour.）Merr.

危害作物：油菜、小麦。

分布：安徽、福建、甘肃、广东、广西、贵州、海南、河南、湖南、江苏、江西、山东、陕西、四川、云南、浙江。

10. 茜草

学名：*Rubia cordifolia* L.

别名：红丝线。

危害作物：梨、苹果。

分布：北京、江西、甘肃、河北、河南、黑龙江、吉林、辽宁、内蒙古、宁夏、青海、山东、山西、陕西、四川、西藏。

蔷薇科（Rosaceae）

1. 多茎委陵菜

学名：*Potentilla multicaulis* Bge.

别名：多茎萎陵菜、多枝委陵菜、翻白草、猫爪子、毛鸡腿、委陵菜、细叶翻白草。

危害作物：油菜。

分布：甘肃、河北、河南、辽宁、内蒙古、宁夏、青海、陕西、山西、四川、贵州、新疆。

2. 绢毛匍匐委陵菜

学名：*Potentilla reptans* L. var. *sericophylla* Franch.

别名：鸡爪棵、金棒锤、金金棒、绢毛细蔓委陵菜、绢毛细蔓萎陵菜、五爪龙、小五爪龙、哲乐图－陶来音－汤乃（蒙古族名）、爪金龙。

危害作物：柑橘、小麦。

分布：广西、甘肃、河北、河南、江苏、内蒙古、陕西、山东、山西、四川、云南、浙江、青海。

3. 鹅绒萎陵菜

学名：*Potentilla anserina* L.

危害作物：大豆。

分布：甘肃、湖北、河南、河北、黑龙江、吉林、辽宁、内蒙古、宁夏、青海、陕西、山西、四川、新疆、西藏、云南。

4. 蕨麻

学名：*Potentilla anserina* L.

危害作物：油菜、小麦。

分布：甘肃、河北、黑龙江、吉林、辽宁、内蒙古、宁夏、青海、陕西、山西、四川、新疆、西藏、云南。

5. 二裂委陵菜

学名：*Potentilla bifurca* L.

别名：痔疮草、叉叶委陵菜。

危害作物：油菜、小麦。

分布：甘肃、河北、黑龙江、吉林、内蒙古、宁夏、青海、陕西、山东、山西、四川、新疆。

6. 委陵菜

学名：*Potentilla chinensis* Ser.

别名：白草、生血丹、扑地虎、五虎噙血、天青地白、萎陵菜。

危害作物：玉米。

分布：天津、安徽、甘肃、广东、广西、贵州、河南、河北、黑龙江、河南、湖北、湖南、江苏、江西、吉林、辽宁、内蒙古、陕西、宁夏、山东、山西、四川、西藏、云南。

7. 三叶萎陵菜

学名：*Potentilla freyniana* Bornm.

危害作物：油菜、小麦。

分布：安徽、福建、甘肃、贵州、河北、黑龙江、湖北、湖南、江苏、江西、吉林、辽宁、陕西、山东、山西、四川、云南、浙江。

8. 朝天委陵菜

学名：*Potentilla supina* L.

别名：伏委陵菜、仰卧委陵菜、铺地委陵菜、鸡毛菜。

危害作物：梨、苹果、柑橘、甘蔗、油菜、小麦。

分布：安徽、甘肃、广东、广西、贵州、河北、黑龙江、河南、湖北、湖南、江苏、江西、吉林、辽宁、内蒙古、宁夏、陕西、青海、山东、山西、四川、新疆、西藏、云南、浙江。

9. 龙芽草

学名：*Agrimonia pilosa* Ledeb.

别名：散寒珠。

危害作物：茶、玉米。

分布：安徽、北京、福建、甘肃、广东、广西、贵州、海南、河北、河南、黑龙江、湖北、湖南、吉林、江苏、江西、辽宁、青海、山东、山西、陕西、上海、四川、西藏、新疆、云南、浙江。

10. 蛇莓

学名：*Duchesnea indica*（Andr.）Focke

别名：蛇泡草、龙吐珠、三爪风。

危害作物：茶、梨、苹果、柑橘、玉米、油菜、小麦。

分布：安徽、北京、福建、甘肃、广东、广西、贵州、海南、河北、河南、湖北、湖南、吉林、江苏、江西、辽宁、宁夏、山东、山西、陕西、青海、上海、四川、西藏、新疆、云南、重庆、浙江。

11. 蓬藥

学名：*Rubus hirsutus* Thunb.

危害作物：茶。

分布：安徽、福建、广东、河南、湖北、江苏、江西、云南、浙江。

12. 地榆

学名：*Sanguisorba officinalis* L.

别名：黄瓜香。

危害作物：茶、油菜、小麦。

分布：安徽、北京、甘肃、广东、广西、贵州、海南、河北、河南、黑龙江、湖北、湖南、吉林、江苏、江西、辽宁、内蒙古、宁夏、青海、山东、山西、陕西、四川、西藏、新疆、云南、浙江。

茄科（Solanaceae）

1. 曼陀罗

学名：*Datura stramonium* L.

别名：醉心花、狗核桃。

危害作物：甜菜、甘蔗、花生、棉花、油菜、小麦。

分布：安徽、北京、甘肃、广东、广西、贵州、河北、河南、湖北、湖南、江苏、辽宁、内蒙古、宁夏、青海、山东、陕西、四川、新疆、云南、浙江。

2. 宁夏枸杞

学名：*Lycium barbarum* L.

别名：中宁枸杞、茨、枸杞。

危害作物：棉花。

分布：甘肃、河北、河南、内蒙古、宁夏、青海、陕西、四川、新疆。

3. 假酸浆

学名：*Nicandra physalodes*（L.）Gaertner

别名：冰粉、鞭打绣球、冰粉子、大千生、果铃、蓝花天仙子、水晶凉粉、天泡果、田珠。

危害作物：柑橘。

分布：广东、广西、湖南、贵州、江苏、江西、四川、云南。

4. 苦蘵

学名：*Physalis angulata* L.

危害作物：玉米。

分布：安徽、福建、广东、广西、甘肃、海南、河南、湖北、湖南、江苏、江西、浙江、陕西、重庆。

5. 毛苦蘵

学名：*Physalis angulata* L. var. *villosa* Bonati

别名：灯笼草、毛酸浆。

危害作物：柑橘。

分布：福建、广西、四川、云南。

6. 小酸浆

学名：*Physalis minima* L.

危害作物：柑橘、大豆、玉米、油菜、小麦。

分布：安徽、甘肃、广东、广西、江西、四川、云南、贵州、河南、河北、黑龙江、湖北、湖南、吉林、江苏、陕西、浙江、重庆。

7. 少花龙葵

学名：*Solanum photeinocarpum* Nakam. et Odash.

危害作物：甘蔗。

分布：福建、广东、广西、海南、湖南、江西、四川、云南。

8. 白英

学名：*Solanum lyratum* Thunberg

别名：山甜菜、蔓茄、北风藤。

危害作物：玉米、大豆。

分布：安徽、福建、甘肃、广东、广西、贵州、河南、湖北、湖南、江苏、江西、山东、陕西、山西、四川、西藏、云南。

9. 龙葵

学名：*Solanum nigrum* L.

别名：野海椒、苦葵、野辣虎、黑星星。

危害作物：茶、梨、苹果、柑橘、甜菜、甘蔗、花生、麻类、棉花、大豆、玉米、马铃薯、油菜、小麦。

分布：安徽、北京、甘肃、广东、河南、河北、黑龙江、湖北、吉林、江西、辽宁、内蒙古、青海、山东、山西、陕西、上海、天津、新疆、浙江、重庆、福建、广西、贵州、湖南、江苏、四川、西藏、云南。

10. 青杞

学名：*Solanum septemlobum* Bunge

别名：蜀羊泉、野枸杞、野茄子、草枸杞、单叶青杞、烘－日烟－尼都（蒙古族名）、红葵、裂叶龙葵。

危害作物：苹果、梨、柑橘。

分布：安徽、甘肃、河北、广西、河南、江苏、辽宁、内蒙古、陕西、山东、山西、四川、云南、新疆、西藏、浙江。

11. 水茄

学名：*Solanum torvum* Swartz

别名：山颠茄、刺茄、刺番茄、大苦子、黄天茄、金纽扣、金衫扣、木哈蒿、青茄、天茄子、西好、鸭卡、洋毛辣、野茄子。

危害作物：甘蔗。

分布：福建、广东、广西、贵州、海南、云南。

12. 黄果茄

学名：*Solanum virginianum* L.

别名：大苦茄、野茄果、刺天果。

危害作物：柑橘。

分布：海南、湖北、广西、四川、云南。

忍冬科（Caprifoliaceae）

接骨草

学名：*Sambucus chinensis* Lindl.

危害作物：柑橘。

分布：安徽、福建、甘肃、广东、广西、贵州、河南、湖北、湖南、江苏、江西、陕西、四川、云南、浙江。

三白草科（Saururaceae）

1. 鱼腥草

学名：*Houttuynia cordata* Thunb.

危害作物：水稻、茶、柑橘、油菜、小麦。

分布：安徽、福建、甘肃、广东、广西、贵州、海南、河南、湖北、湖南、江西、陕西、四川、重庆、西藏、云南、浙江。

2. 三白草

学名：*Saururus chinensis*（Lour.）Baill.

别名：过山龙、白舌骨、白面姑。

危害作物：茶。

分布：安徽、福建、广东、广西、贵州、海南、河南、湖北、湖南、江苏、江西、陕西、山东、四川、云南、浙江。

伞形科（Umbelliferae）

1. 葛缕子

学名：*Carum carvi* L.

危害作物：小麦。

分布：西藏、四川、陕西。

2. 积雪草

学名：*Centella asiatica*（L.）Urban

别名：崩大碗、落得打。

危害作物：茶、梨、柑橘、甘蔗、油菜、小麦。

分布：安徽、福建、广东、广西、湖北、湖南、江苏、江西、陕西、四川、重庆、云南、浙江。

3. 细叶芹

学名：*Chaerophyllum villosum* Wall. ex DC.

别名：香叶芹。

危害作物：水稻、油菜、小麦。

分布：湖南、四川、重庆、西藏、云南、陕西、浙江。

4. 毒芹

学名：*Cicuta virosa* L.

别名：杈子芹、钩吻叶芹、好日图－朝古日（蒙古族名）、河毒、芹叶钩吻、细叶毒芹、野芹、野芹菜花、叶钩吻、走马芹。

危害作物：玉米。

分布：甘肃、河北、黑龙江、吉林、辽宁、内蒙古、陕西、山西、四川、新疆、云南。

5. 蛇床

学名：*Cnidium monnieri*（L.）Cuss.

危害作物：甘蔗、玉米、油菜、小麦。

分布：我国各省区均有分布。

6. 野胡萝卜

学名：*Daucus carota* L.

危害作物：油菜、小麦。

分布：安徽、贵州、湖北、江苏、江西、四川、浙江、甘肃、河北、河南、宁夏、青海、陕西、重庆。

7. 天胡荽

学名：*Hydrocotyle sibthorpioides* Lam.

别名：落得打、满天星。

危害作物：水稻、茶、柑橘。

分布：安徽、福建、广东、广西、贵州、海南、湖北、湖南、江苏、江西、陕西、四川、云南、浙江。

8. 水芹

学名：*Oenanthe javanica*（Bl.）DC.

别名：水芹菜。

危害作物：水稻、梨、苹果。

分布：我国各省区均有分布。

9. 窃衣

学名：*Torilis scabra*（Thunb.）DC.

别名：鹤虱、水防风、蚁菜、紫花窃衣。

危害作物：茶、柑橘、油菜、小麦。

分布：安徽、福建、甘肃、广东、广西、贵州、湖北、湖南、江苏、江西、陕西、四川、重庆。

桑科（Moraceae）

1. 构树

学名：*Broussonetia papyrifera*（L.）L' Hér. ex Vent.

别名：楮椿树、谷桨树、楮皮、楮实子、楮树、楮桃树。

危害作物：柑橘。

分布：广西、湖北、浙江。

2. 水蛇麻

学名：*Fatoua villosa*（Thunb.）Nakai

别名：桑草、桑麻、水麻、小蛇麻。

危害作物：油菜。

分布：甘肃、河北、江苏、浙江、江西、福建、湖北、广东、海南、广西、云南、贵州。

商陆科（Phytolaccaceae）

1. 商陆

学名：*Phytolacca acinosa* Roxb.

别名：当陆、山萝卜、牛萝卜。

危害作物：油菜、小麦。

分布：安徽、福建、广东、广西、贵州、河北、河南、湖北、江苏、辽宁、陕西、山东、四川、重庆、甘肃、西藏、云南、浙江。

2. 美洲商陆

学名：*Phytolacca ameyicana* L.

危害作物：苹果、柑橘。

分布：安徽、北京、福建、广东、广西、贵州、海南、河北、河南、湖北、湖南、江苏、江西、山东、山西、陕西、上海、四川、天津、云南、浙江、重庆。

十字花科（Brassicaceae）

1. 鼠耳芥

学名：*Arabidopsis thaliana*（L.）Heynh.

别名：拟南芥、拟南芥菜。

危害作物：油菜、小麦。

分布：安徽、甘肃、贵州、河南、湖北、湖南、江苏、江西、陕西、山东、四川、新疆、西藏、云南、浙江、宁夏。

2. 白菜型油菜自生苗

学名：*Brassica campestris* L.

别名：油菜。

危害作物：花生、棉花、大豆、玉米。

分布：广东、广西、河北、河南、湖北、湖南、江苏、陕西、四川、浙江、重庆、甘肃、贵州、内蒙、宁夏、西藏、青海、新疆、云南。

3. 野芥菜

学名：*Brassica juncea*（L.）Czern et Coss. var. *gracilis* Tsen et Lee

危害作物：甘蔗、玉米、小麦。

别名：野油菜、野辣菜。

分布：甘肃、广西、湖北、宁夏、青岛、四川、新疆、云南、重庆。

4. 甘蓝型油菜自生苗

学名：*Brassica napus* L.

别名：油菜。

危害作物：花生、棉花、大豆、玉米。

分布：广东、广西、重庆、河北、河南、湖北、江苏、江西、陕西、四川、浙江。

5. 荠菜

学名：*Capsella bursa-pastoris*（L.）Medic.

别名：荠、荠荠菜。

危害作物：茶、梨、苹果、甜菜、甘蔗、花生、麻类、棉花、大豆、玉米、马铃薯、油菜、小麦。

分布：安徽、北京、福建、甘肃、广东、广西、贵州、海南、河北、河南、黑龙江、湖北、湖南、吉林、江苏、江西、辽宁、内蒙古、宁夏、青海、山东、山西、陕西、上海、四川、重庆、天津、西藏、新疆、云南、浙江。

6. 弯曲碎米荠

学名：*Cardamine flexuosa* With.

别名：碎米荠。

危害作物：油菜、小麦。

分布：安徽、北京、福建、甘肃、广东、广西、贵州、海南、河北、黑龙江、河南、湖北、湖南、江苏、江西、吉林、辽宁、内蒙古、宁夏、青海、陕西、山东、上海、山西、四川、重庆、天津、新疆、西藏、云南、浙江。

7. 碎米荠

学名：*Cardamine hirsuta* L.

别名：白带草、宝岛碎米荠、见肿消、毛碎米荠、雀儿菜、碎米芥、小地米菜、小花菜、小岩板菜、硬毛碎米荠。

危害作物：水稻、甘蔗、马铃薯、油菜、小麦。

分布：我国各省区均有分布。

8. 弹裂碎米荠

学名：*Cardamine impatiens* L.

别名：水花菜、大碎米荠、水菜花、弹裂碎米芥、弹射碎米荠、弹叶碎米荠。

危害作物：油菜。

分布：安徽、福建、甘肃、广西、贵州、河南、湖北、湖南、江苏、江西、吉林、辽宁、青海、陕西、四川、重庆、山西、新疆、西藏、云南、浙江。

9. 水田碎米荠

学名：*Cardamine lyrata* Bunge

别名：阿英久、奥存－照古其（蒙古族名）、黄骨头、琴叶碎米荠、水荠菜、水田芥、水田荠、水田碎米芥、小水田荠。

危害作物：油菜、小麦。

分布：安徽、福建、广西、贵州、河北、黑龙江、河南、湖北、湖南、江苏、江西、吉林、辽宁、内蒙古、山东、四川、重庆、浙江。

10. 离子芥

学名：*Chorispora tenella*（Pall.）DC.

别名：离子草、红花荠菜、荠儿菜、水萝卜棵。

危害作物：油菜、小麦。

分布：安徽、甘肃、河北、河南、辽宁、内蒙古、青海、陕西、山东、山西、新疆、四川、浙江。

11. 臭荠

学名：*Coronopus didymus*（L.）J. E. Smith

别名：臭滨芥、臭菜、臭蒿子、臭芥、肾果荠。

危害作物：油菜、小麦。

分布：安徽、福建、广东、湖北、江苏、江西、山东、四川、新疆、云南、浙江、贵州、内蒙古、陕西。

12. 播娘蒿

学名：*Descurainia sophia*（L.）Webb ex Prantl

危害作物：梨、苹果、甜菜、麻类、玉米、马铃薯、油菜、小麦。

分布：安徽、北京、福建、甘肃、广东、广西、贵州、海南、河北、河南、黑龙江、湖北、湖南、吉林、江苏、江西、辽宁、内蒙古、宁夏、青海、山东、山西、陕西、上海、四川、重庆、天津、西藏、新疆、云南、浙江。

13. 小花糖芥

学名：*Erysimum cheiranthoides* L.

别名：桂行糖芥、野菜子。

危害作物：油菜、小麦。

分布：北京、河北、河南、宁夏、山东、陕西、黑龙江、吉林、内蒙古、新疆。

14. 独行菜

学名：*Lepidium apetalum* Willd.

别名：辣辣。

危害作物：梨、苹果、甜菜、甘蔗、玉米、油菜、小麦。

分布：北京、广西、贵州、安徽、甘肃、贵州、河北、黑龙江、河南、湖北、湖南、江西、江苏、吉林、辽宁、内蒙古、宁夏、青海、陕西、山东、山西、四川、新疆、西藏、云南、浙江。

15. 宽叶独行菜

学名：*Lepidium latifolium* L.

别名：北独行菜、大辣辣、光果宽叶独行菜、乌日根－昌古（蒙古族名）、羊辣辣、止痢草。

危害作物：棉花、小麦。

分布：甘肃、河北、河南、黑龙江、辽宁、内蒙古、宁夏、青海、陕西、山东、山西、四川、西藏、新疆、浙江。

16. 北美独行菜

学名：*Lepidium virginicum* L.

别名：大叶香荠、大叶香荠菜、独行菜、拉拉根、辣菜、辣辣根、琴叶独行菜、十字花、小白浆、星星菜、野独行菜。

危害作物：茶、油菜、小麦。

分布：安徽、福建、广东、广西、贵州、河北、河南、湖北、湖南、江苏、江西、辽宁、山东、四川、重庆、云南、浙江、青海、甘肃、陕西。

17. 涩芥

学名：*Malcolmia africana*（L.）R.Br.

别名：辣辣菜、离蕊芥。

危害作物：马铃薯、油菜、小麦。

分布：安徽、甘肃、河北、河南、江苏、宁夏、青海、陕西、山西、四川、西藏、新疆。

18. 野萝卜

学名：*Raphanus raphanistrum* L.

别名：野芥菜。

危害作物：甘蔗、玉米、小麦。

分布：广西、宁夏、甘肃、云南、青海、四川。

19. 广州蔊菜

学名：*Rorippa cantoniensis*（Lour.）Ohwi

危害作物：油菜、小麦。

分布：安徽、福建、广东、广西、贵州、河北、河南、湖北、湖南、江苏、江西、辽宁、陕西、山东、四川、云南、浙江。

20. 无瓣蔊菜

学名：*Rorippa dubia*（Pers.）Hara

危害作物：柑橘、油菜、小麦。

分布：安徽、福建、甘肃、广东、广西、贵州、河北、河南、湖北、湖南、江苏、江西、辽宁、陕西、山东、四川、西藏、云南、浙江。

21. 蔊菜

学名：*Rorippa indica*（L.）Hiern

危害作物：茶、柑橘、棉花、油菜、小麦。

分布：安徽、福建、甘肃、广东、广西、贵州、海南、河北、河南、湖北、湖南、江苏、江西、辽宁、青海、陕西、山东、山西、四川、西藏、云南、浙江、新疆。

22. 沼生蔊菜

学名：*Rorippa islandica*（Oed.）Borb.

别名：风花菜、风花菜蔊、岗地菜、蔊菜、黄花荠菜、那木根－萨日布（蒙古族名）、水萝卜、香荠菜、沼泽蔊菜。

危害作物：梨、苹果、大豆、玉米、小麦。

分布：北京、甘肃、黑龙江、吉林、辽宁、河北、河南、内蒙古、山西、山东、江苏、广西、广东、云南。

23. 遏蓝菜

学名：*Thalaspi arvense* L.

危害作物：梨、苹果、甜菜、马铃薯、油菜、小麦。

分布：我国各省区均有分布。

石竹科（Caryophyllaceae）

1. 蚤缀

学名：*Arenaria serpyllifolia* L.

别名：鹅不食草。

危害作物：梨、苹果、油菜、小麦。

分布：安徽、北京、重庆、福建、广东、甘肃、贵州、海南、湖北、河北、黑龙江、河南、湖南、吉林、江苏、江西、辽宁、内蒙古、宁夏、青海、四川、重庆、山东、上海、陕西、山西、天津、新疆、西藏、云南、浙江。

2. 卷耳

学名：*Cerastium arvense* L.

危害作物：小麦。

分布：湖北、河北、甘肃、内蒙古、宁夏、青海、陕西、山西、四川、新疆。

3. 簇生卷耳

学名：*Cerastium fontanum* Baumg. subsp. *triviale*（Link）Jalas

别名：狭叶泉卷耳。

危害作物：柑橘、油菜、小麦。

分布：安徽、福建、甘肃、河北、河南、湖北、湖南、广西、贵州、重庆、江苏、宁夏、青海、山西、陕西、四川、新疆、云南、浙江。

4. 缘毛卷耳

学名：*Cerastium furcatum* Cham. et Schlecht.

危害作物：油菜、小麦。

分布：贵州、浙江、湖南、甘肃、河南、吉林、宁夏、陕西、山西、四川、西藏、云南。

5. 球序卷耳

学名：*Cerastium glomeratum* Thuill.（*Cerastium viscosum* L.）

别名：粘毛卷耳、婆婆指甲、锦花草、猫耳朵草、黏毛卷耳、山马齿苋、圆序卷耳、卷耳。

危害作物：茶、油菜。

分布：福建、广西、贵州、河南、湖北、湖南、江苏、江西、辽宁、西藏、云南、浙江、山东。

6. 薄蒴草

学名：*Lepyrodiclis holosteoides*（C. A. Meyer）Fenzl. ex Fisher et C. A. Meyer

别名：高如存－额布苏（蒙古族名）、蓝布衫、娘娘菜。

危害作物：油菜、小麦。

分布：湖南、江西、甘肃、河南、内蒙古、宁夏、青海、陕西、四川、西藏、新疆。

7. 牛繁缕

学名：*Myosoton aquaticum*（L.）Moench

别名：鹅肠菜、鹅儿肠、抽筋草、大鹅儿肠、鹅肠草、石灰菜、额叠申细苦、伸筋草。

危害作物：茶、柑橘、麻类、棉花、玉米、马铃薯、油菜、小麦。

分布：安徽、北京、福建、甘肃、广东、广西、贵州、海南、河北、黑龙江、河南、湖北、湖南、江苏、江西、吉林、辽宁、内蒙古、宁夏、青海、陕西、山东、上海、山西、四川、重庆、天津、新疆、西藏、云南、浙江。

8. 漆姑草

学名：*Sagina japonica*（Sw.）Ohwi

别名：虎牙草。

危害作物：茶、玉米、油菜、小麦。

分布：天津、安徽、福建、甘肃、广东、广西、贵州、河北、黑龙江、河南、湖北、湖南、江苏、江西、辽宁、内蒙古、青海、陕西、山东、山西、四川、重庆、西藏、云南、浙江。

9. 麦瓶草

学名：*Silene conoidea* L.

危害作物：梨、苹果、玉米、油菜、小麦。

分布：安徽、北京、甘肃、贵州、河北、河南、湖北、湖南、江西、江苏、青海、山东、陕西、山西、上海、四川、天津、西藏、新疆、浙江、宁夏。

10. 拟漆姑草

学名：*Spergularia salina* J. et C. Presl

别名：牛漆姑草。

危害作物：棉花、油菜、小麦。

分布：甘肃、河北、河南、黑龙江、吉林、江苏、湖南、内蒙古、宁夏、青海、山东、陕西、四川、新疆、云南。

11. 雀舌草

学名：*Stellaria alsine* Grimm

别名：天蓬草、滨繁缕、米鹅儿肠、蛇牙草、泥泽繁缕、雀舌繁缕、雀舌苹、雀石草、石灰草。

危害作物：茶、棉花、油菜、小麦。

分布：安徽、福建、甘肃、广东、广西、贵州、河北、河南、湖北、湖南、江苏、江西、内蒙古、四川、重庆、西藏、云南、浙江、陕西。

12. 繁缕

学名：*Stellaria media*（L.）Villars

别名：鹅肠草。

危害作物：茶、苹果、柑橘、甘蔗、麻类、大豆、玉米、马铃薯、油菜、小麦。

分布：安徽、福建、甘肃、广东、广西、贵州、河北、河南、湖北、湖南、江苏、江西、吉林、辽宁、内蒙古、宁夏、青海、陕西、山东、山西、四川、西藏、云南、浙江、上海、青海、重庆。

13. 鸡肠繁缕

学名：*Stellaria neglecta* Weihe

别名：鹅肠繁缕、繁缕、萨查格－阿吉干纳（蒙古族名）、赛繁缕、细叶辣椒草、小鸡草、易忽繁缕、鱼肚肠草。

危害作物：柑橘、茶。

分布：河南、湖北、湖南、江苏、山东、陕西、四川、西藏、云南、浙江。

14. 缝瓣繁缕

学名：*Stellaria radians* L.

别名：垂梗繁缕、查察日根－阿吉干纳（蒙古族名）、垂梀繁缕、遂瓣繁缕。

危害作物：大豆。

分布：河北、黑龙江、吉林、辽宁、内蒙古、云南。

15. 麦蓝菜

学名：*Vaccaria segetalis*（Neck.）Garcke

别名：王不留行、麦蓝子。

危害作物：梨、苹果、油菜、小麦。

分布：安徽、北京、福建、甘肃、贵州、河北、黑龙江、河南、湖北、湖南、江苏、江西、吉林、辽宁、内蒙古、宁夏、青海、陕西、山东、上海、山西、四川、重庆、天津、新疆、西藏、云南、浙江。

水马齿科（Callitrichaceae）

水马齿

学名：*Callitriche stagnalis* Scop.

别名：水马齿苋。

危害作物：水稻。

分布：广东、贵州、江西、陕西、浙江、西藏、云南、福建。

水蕹科（Aponogetonaceae）

水蕹

学名：*Aponogeton lakhonensis* A. Camus

别名：田干菜、田干草、田旱草。

危害作物：水稻。

分布：福建、广东、广西、海南、江西、云南、浙江。

藤黄科（Guttiferae）

1. 黄海棠

学名：*Hypericum ascyron* L.

危害作物：油菜。

分布：安徽、北京、福建、甘肃、广东、广西、海南、河北、黑龙江、河南、湖北、湖南、江苏、江西、吉林、辽宁、内蒙古、宁夏、青海、陕西、山东、上海、山西、四川、重庆、贵州、天津、新疆、云南、浙江。

2. 地耳草

学名：*Hypericum japonicum* Thunb. ex Murray

别名：田基黄。

危害作物：茶、柑橘、油菜、小麦。

分布：安徽、福建、广东、广西、贵州、海南、湖北、湖南、江苏、江西、辽宁、山东、四川、重庆、云南、浙江、甘肃、陕西。

梧桐科（Sterculiaceae）

马松子

学名：*Melochia corchorifolia* L.

别名：野路葵、野棉花秸、白洋蒜、路葵子、野棉花、野棉花稭。

危害作物：柑橘、甘蔗、棉花。

分布：安徽、福建、广东、广西、贵州、江苏、江西、湖北、湖南、海南、四川、重庆、云南、浙江。

苋科（Amaranthaceae）

1. 土牛膝

学名：*Achyranthes aspera* L.

危害作物：甘蔗。

分布：福建、广东、广西、贵州、海南、湖北、湖南、江西、四川、云南、浙江。

2. 牛膝

学名：*Achyranthes bidentata* Blume

别名：土牛膝。

危害作物：茶、柑橘、油菜、小麦。

分布：安徽、福建、广东、广西、贵州、海南、河北、黑龙江、河南、湖北、湖南、江苏、江西、吉林、辽宁、内蒙古、宁夏、青海、陕西、山东、山西、四川、西藏、浙江、甘肃、云南、重庆。

3. 空心莲子草

学名：*Alternanthera philoxeroides*（Mart.）Griseb.

别名：水花生、水苋菜。

危害作物：水稻、茶、梨、苹果、柑橘、甘蔗、花生、棉花、大豆、玉米、油菜、小麦。

分布：安徽、北京、重庆、福建、广东、广西、湖北、湖南、江苏、江西、青海、山东、陕西、上海、四川、云南、浙江、甘肃、贵州、河北、河南、新疆、重庆。

4. 莲子草

学名：*Alternanthera sessilis*（L.）DC.

别名：虾钳菜。

危害作物：水稻、甘蔗、玉米、油菜、小麦。

分布：安徽、福建、广东、广西、贵州、湖北、湖南、江苏、江西、四川、云南、浙江、甘肃、河南、山东、上海、重庆。

5. 凹头苋

学名：*Amaranthus blitum* L.

别名：野苋、人情菜、野苋菜。

危害作物：茶、梨、苹果、柑橘、甜菜、甘蔗、花生、麻类、棉花、大豆、玉米、马铃薯、油菜、小麦。

分布：北京、安徽、福建、甘肃、广东、广西、贵州、海南、河北、河南、黑龙江、湖北、湖南、吉林、江苏、江西、辽宁、山东、山西、陕西、四川、新疆、云南、浙江、内蒙古、上海、重庆。

6. 尾穗苋

学名：*Amaranthus caudatus* L.

危害作物：油菜。

分布：安徽、北京、福建、甘肃、广东、广西、贵州、海南、河北、河南、黑龙江、湖北、湖南、吉林、江苏、江西、辽宁、内蒙古、宁夏、青海、山东、山西、陕西、四川、西藏、新疆、云南、浙江。

7. 反枝苋

学名：*Amaranthus retroflexus* L.

别名：西风谷、阿日白－诺高（蒙古族名）、反齿苋、家鲜谷、人苋菜、忍建菜、西风古、苋菜、野风古、野米谷、野千穗谷、野苋菜。

危害作物：水稻、茶、梨、苹果、柑橘、甜菜、甘蔗、花生、麻类、棉花、大豆、玉米、马铃薯、油菜、小麦。

分布：北京、甘肃、海南、河北、河南、黑龙江、湖北、吉林、江苏、江西、辽宁、内蒙古、宁夏、青海、山东、山西、陕西、四川、天津、新疆、安徽、福建、广东、广西、贵州、湖南、上海、云南、重庆、浙江。

8. 刺苋

学名：*Amaranthus spinosus* L.

别名：刺苋菜、野苋菜。

危害作物：梨、苹果、甘蔗、大豆、玉米、油菜、小麦。

分布：安徽、福建、广东、广西、贵州、河南、湖北、湖南、江苏、江西、山东、陕西、山西、四川、云南、浙江。

9. 苋

学名：*Amaranthus tricolor* L.

危害作物：花生、大豆、油菜、小麦。

分布：安徽、北京、福建、甘肃、广东、广西、贵州、海南、河北、黑龙江、河南、湖北、湖南、江苏、江西、吉林、辽宁、内蒙古、宁夏、青海、陕西、山东、上海、山西、四川、重庆、天津、新疆、西藏、云南、浙江。

10. 皱果苋

学名：*Amaranthus viridis* L.

别名：绿苋、白苋、红苋菜、假苋菜、糠苋、里苋、绿苋菜、乌苋、人青菜、细苋、苋菜、野见、野米苋、野苋、野苋菜、猪苋、紫苋菜。

危害作物：水稻、甘蔗、玉米、油菜、小麦。

分布：甘肃、广东、广西、贵州、上海、河北、新疆、山东、四川、浙江。

11. 青葙

学名：*Celosia argentea* L.

别名：野鸡冠花、狗尾巴、狗尾苋、牛尾花。

危害作物：梨、苹果、甘蔗、花生、棉花、大豆、玉米、油菜、小麦。

分布：安徽、北京、福建、甘肃、广东、广西、贵州、海南、河北、河南、黑龙江、湖北、湖南、吉林、江苏、江西、辽宁、内蒙古、宁夏、青海、山东、山西、陕西、四川、重庆、西藏、新疆、云南、浙江。

玄参科（Scrophulariaceae）

1. 野胡麻

学名：*Dodartia orientalis* L.

别名：刺儿草、倒打草、倒爪草、道爪草、多得草、多德草、呼热立格－其其格（蒙古族名）、牛哈水、牛含水、牛汗水、紫花草、紫花秧。

危害作物：棉花。

分布：浙江、陕西、甘肃、内蒙古、四川、新疆。

2. 虻眼

学名：*Dopatricum junceum*（Roxb.）Buch.-Ham.

别名：虻眼草。

危害作物：水稻。

分布：广西、广东、河南、江西、江苏、陕西、云南。

3. 石龙尾

学名：*Limnophila sessiliflora*（Vahl）Blume

别名：菊藻、假水八角、菊蒿、千层塔、虱婆草。

危害作物：水稻。

分布：安徽、福建、广东、广西、贵州、河北、湖南、江苏、江西、辽宁、四川、重庆、云南、浙江。

4. 长果母草

学名：*Lindernia anagallis*（Burm. F.）Pennell

别名：长果草、长叶母草、定经草、鸡舌癀、双须公、双须蜈蚣、四方草、田边草、小接骨、鸭嘴癀。

危害作物：水稻。

分布：福建、广东、广西、贵州、湖南、江西、四川、重庆、云南。

5. 泥花草

学名：*Lindernia antipoda*（L.）Alston

别名：泥花母草。

危害作物：水稻、柑橘、玉米、小麦。

分布：安徽、福建、广东、广西、湖北、湖南、江苏、江西、四川、重庆、陕西、云南、浙江。

6. 母草

学名：*Lindernia crustacea*（L.）F. Muell

别名：公母草、旱田草、开怀草、牛耳花、四方草、四方拳草。

危害作物：水稻、茶、柑橘、甘蔗、油菜、小麦。

分布：安徽、福建、广东、广西、贵州、海南、河南、湖北、湖南、江苏、江西、四川、重庆、西藏、云南、浙江、江西、陕西。

7. 狭叶母草

学名：*Lindernia micrantha*（Blatt. & Hallb.）V. Singh

危害作物：水稻。

分布：安徽、福建、广东、广西、贵州、江苏、江西、河南、湖北、湖南、云南、浙江、重庆。

8. 宽叶母草

学名：*Lindernia nummularifolia*（D. Don）Wettst.

危害作物：柑橘。

分布：甘肃、陕西、湖北、湖南、广西、贵州、云南、四川、浙江。

9. 陌上菜

学名：*Lindernia procumbens*（Krock.）Borbas

别名：额和吉日根纳、母草、水白菜。

危害作物：水稻、甘蔗、棉花、油菜、小麦。

分布：福建、河南、陕西、安徽、广东、广西、贵州、黑龙江、湖北、湖南、江苏、江西、吉林、四川、重庆、云南、浙江。

10. 通泉草

学名：*Mazus japonicus*（Thunb.）Kuntze

危害作物：水稻、茶、甘蔗、花生、棉花、大豆、玉米、马铃薯、油菜、小麦。

分布：安徽、福建、北京、重庆、甘肃、广东、广西、河北、河南、湖北、湖南、江苏、江西、山东、陕西、四川、云南、浙江、青海。

11. 匍茎通泉草

学名： *Mazus miquelii* Makino

别名： 米格通泉草、葡茎通泉草。

危害作物： 水稻、玉米、油菜、小麦。

分布： 安徽、福建、广西、湖北、湖南、江苏、江西、浙江、四川、重庆、贵州。

12. 马先蒿

学名： *Pedicularis reaupinanta* L.

危害作物： 小麦。

分布： 黑龙江、吉林、辽宁、内蒙古、河北、山西、陕西、甘肃、四川、贵州、山东、安徽。

13. 地黄

学名： *Rehmannia glutinosa*（Gaert.）Libosch. ex Fisch. et Mey.

别名： 婆婆丁、米罐棵、蜜糖管。

危害作物： 茶、梨、苹果、玉米、油菜、小麦。

分布： 北京、广东、贵州、陕西、四川、天津、云南、甘肃、辽宁、河北、河南、湖北、内蒙古、江苏、山东、陕西、山西。

14. 紫萼蝴蝶草

学名： *Torenia violacea*（Azaola）Pennell

别名： 紫色翼萼、长梗花蜈蚣、萼蝴蝶草、方形草、光叶翼萼、通肺草、紫萼、蓝猪耳、紫萼翼萼、紫花蝴蝶草、总梗蓝猪耳。

危害作物： 柑橘。

分布： 广东、广西、贵州、湖北、江西、四川、云南、浙江。

15. 北水苦荬

学名： *Veronica anagallis-aquatica* L.

危害作物： 水稻、柑橘。

分布： 安徽、福建、广西、贵州、湖北、湖南、江苏、江西、新疆、西藏、四川、重庆、云南、浙江。

16. 直立婆婆纳

学名： *Veronica arvensis* L.

别名： 脾寒草、玄桃。

危害作物： 茶、油菜、小麦。

分布： 安徽、广西、贵州、福建、河南、湖北、湖南、江苏、江西、山东、陕西、四川、云南。

17. 疏花婆婆纳

学名：*Veronica laxa* Benth.

别名：灯笼草、对叶兰、猫猫草、小生扯拢、一扫光。

危害作物：柑橘。

分布：甘肃、广西、贵州、湖北、湖南、陕西、四川、云南。

18. 蚊母草

学名：*Veronica peregrina* L.

别名：奥思朝盖－侵达干（蒙古族名）、病疳草、接骨草、接骨仙桃草、水蓑衣、水簑衣、蚊母婆婆纳、无风自动草、仙桃草、小伤力草、小头红。

危害作物：柑橘、油菜、小麦。

分布：安徽、福建、广西、贵州、黑龙江、河南、湖北、湖南、江苏、江西、吉林、辽宁、内蒙古、山东、四川、西藏、云南、浙江、陕西、上海。

19. 阿拉伯婆婆纳

学名：*Veronica persica* Poir.

别名：波斯婆婆纳、大婆婆纳、灯笼草、肚肠草、花被草、卵子草、肾子草、小将军。

危害作物：柑橘、油菜、小麦、棉花。

分布：安徽、福建、广西、贵州、湖北、湖南、江苏、江西、新疆、西藏、四川、重庆。云南、浙江、甘肃、江苏。

20. 婆婆纳

学名：*Veronica polita* Fries

危害作物：柑橘、棉花、玉米、小麦。

分布：安徽、北京、福建、甘肃、贵州、河南、湖北、湖南、江苏、江西、青海、陕西、四川、重庆、新疆、云南、浙江、广西、河北、河南、辽宁、山东、山西、上海。

21. 水苦荬

学名：*Veronica undulata* Wall.

别名：水莴苣、水菠菜。

危害作物：水稻、棉花、油菜、小麦。

分布：安徽、北京、福建、甘肃、广东、广西、贵州、海南、河北、河南、黑龙江、湖北、湖南、吉林、江苏、江西、辽宁、山东、山西、陕西、上海、四川、天津、新疆、云南、浙江。

旋花科（Convolvulaceae）

1. 打碗花

学名：*Calystegia hederacea* Wall.

别名：小旋花、兔耳草。

危害作物：梨、苹果、甜菜、甘蔗、花生、棉花、大豆、玉米、油菜、小麦。

分布：北京、天津、上海、重庆、安徽、福建、甘肃、广东、广西、贵州、海南、河北、黑龙江、河南、湖北、湖南、江苏、江西、吉林、辽宁、内蒙古、宁夏、青海、陕西、山东、山西、四川、新疆、云南、浙江。

2. 田旋花

学名：*Convolvulus arvensis* L.

别名：中国旋花、箭叶旋花。

危害作物：茶、梨、苹果、柑橘、甜菜、花生、麻类、棉花、大豆、玉米、马铃薯、油菜、小麦。

分布：北京、上海、西藏、安徽、福建、甘肃、广东、广西、贵州、海南、河北、黑龙江、河南、湖北、湖南、江苏、江西、吉林、辽宁、内蒙古、宁夏、青海、陕西、山东、山西、四川、新疆、云南、浙江。

3. 菟丝子

学名：*Cuscuta chinensis* Lam.

别名：金丝藤、豆寄生、无根草。

危害作物：梨、柑橘、甜菜、甘蔗、花生、大豆、马铃薯、油菜、小麦。

分布：安徽、北京、福建、甘肃、广东、广西、贵州、海南、河北、河南、黑龙江、湖北、湖南、吉林、江苏、江西、辽宁、内蒙古、宁夏、青海、山东、山西、陕西、上海、四川、重庆、天津、西藏、新疆、云南、浙江。

4. 欧洲菟丝子

学名：*Cuscuta europaea* L.

别名：大菟丝子、金灯藤、苜蓿菟丝子、欧菟丝子、套木－希日－奥日义羊古（蒙古族名）、菟丝子、无娘藤。

危害作物：大豆。

分布：甘肃、黑龙江、内蒙古、青海、陕西、山西、四川、西藏、新疆、云南、湖北。

5. 金灯藤

学名：*Cuscuta japonica* Choisy

别名：日本菟丝子、大粒菟丝子、大菟丝子、大无娘子、飞来花、飞来藤。

危害作物：茶、梨、苹果、柑橘。

分布：安徽、福建、甘肃、广东、广西、贵州、海南、河北、黑龙江、河南、湖北、湖南、江苏、江西、吉林、辽宁、内蒙古、宁夏、青海、陕西、山东、山西、四川、重庆、新疆、云南、浙江。

6. 马蹄金

学名：*Dichondra repens* Forst.

别名：黄胆草、金钱草。

危害作物：柑橘、油菜、小麦。

分布：四川、云南、广西、浙江、贵州、甘肃、陕西、重庆及我国长江以南各省区均有分布。

7. 小旋花

学名：*Jacquemontia paniculata*（N. L. Burman）H. Hallier

别名：小牵牛、假牵牛、娥房藤。

危害作物：马铃薯、小麦。

分布：安徽、甘肃、贵州、河北、湖北、辽宁、内蒙古、宁夏、山东、四川、重庆、广东、广西、海南、云南。

8. 鱼黄草

学名：*Merremia hederacea*（Burm. F.）Hall. F.

别名：篱栏网、三裂叶鸡矢藤、百仔、蛤仔藤、广西百仔、过天网、金花茉栾藤、犁头网、篱栏、篱网藤。

危害作物：甘蔗。

分布：福建、广东、广西、海南、江西、云南。

9. 裂叶牵牛

学名：*Pharbitis nil*（L.）Ching

别名：牵牛、白丑、常春藤叶牵牛、二丑、黑丑、喇叭花、喇叭花子、牵牛花、牵牛子。

危害作物：梨、苹果、柑橘、甘蔗、花生、玉米、油菜、小麦。

分布：北京、天津、福建、甘肃、广东、广西、贵州、海南、河北、河南、湖北、湖南、江苏、江西、宁夏、山东、山西、陕西、上海、四川、重庆、西藏、新疆、云南、浙江。

10. 圆叶牵牛

学名：*Pharbitis purpurea*（L.）Voigt.

别名：紫花牵牛、喇叭花、毛牵牛、牵牛花、紫牵牛。

危害作物：梨、苹果、柑橘、甘蔗、花生、玉米、小麦。

分布：北京、福建、甘肃、广东、广西、海南、河北、河南、湖北、江西、内蒙古、宁夏、青海、山东、山西、陕西、四川、新疆、云南、吉林、江苏、辽宁、上海、浙江、重庆。

罂粟科（Papaveraceae）

1. 伏生紫堇

学名：*Corydalis decumbens*（Thunb.）Pers.

危害作物：油菜。

分布：安徽、福建、湖北、湖南、江苏、江西、山西、浙江、四川。

2. 紫堇

学名：*Corydalis edulis* Maxim.

别名：断肠草、麦黄草、闷头草、闷头花、牛尿草、炮仗花、蜀堇、虾子菜、蝎子草、蝎子花、野花生、野芹菜。

危害作物：柑橘、油菜、小麦。

分布：安徽、福建、北京、甘肃、贵州、河北、河南、湖北、江西、江苏、辽宁、山西、陕西、四川、云南、重庆、浙江。

3. 刻叶紫堇

学名：*Corydalis incisa*（Thunb.）Pers.

别名：紫花鱼灯草。

危害作物：油菜。

分布：安徽、福建、甘肃、广西、河北、河南、湖北、湖南、江苏、陕西、山西、四川、浙江。

远志科（Polygalaceae）

瓜子金

学名：*Polygala japonica* Houtt.

别名：金牛草、紫背金牛。

危害作物：茶、油菜、小麦。

分布：福建、广东、甘肃、广西、湖北、湖南、江苏、江西、四川、山东、云南、浙江、陕西、贵州。

紫草科（Boraginaceae）

1. 斑种草

学名：*Bothriospermum chinense* Bge.

别名：斑种、斑种细累子草、蛤蟆草、细叠子草。

危害作物：柑橘、甘蔗、油菜、小麦。

分布：北京、甘肃、广东、河北、湖北、湖南、江苏、辽宁、山东、山西、四川、重庆、云南、贵州、陕西。

2. 柔弱斑种草

学名：*Bothriospermum tenellum*（Hornem.）Fisch. et Mey.

危害作物：玉米、油菜、小麦。

分布：甘肃、重庆、广西、陕西、河南、宁夏。

3. 琉璃草

学名：*Cynoglossum furcatum* Wall.

别名：大琉璃草、枇杷、七贴骨散、粘娘娘、猪尾巴。

危害作物：油菜、小麦。

分布：福建、甘肃、广东、广西、贵州、河南、湖南、江苏、江西、四川、云南、浙江、陕西。

4. 大尾摇

学名：*Heliotropium indicum* L.

别名：象鼻草、金虫草、狗尾菜、狗尾草、狗尾虫、全虫草、天芥菜、鱿鱼草。

危害作物：甘蔗、玉米。

分布：福建、广西、海南、云南。

5. 麦家公

学名：*Lithospermum arvense* L.

别名：大紫草、花荠荠、狼紫草、毛妮菜、涩涩荠。

危害作物：梨、苹果、油菜、小麦。

分布：北京、贵州、河北、河南、湖南、江西、宁夏、四川、安徽、甘肃、河北、黑龙江、湖北、江苏、吉林、辽宁、陕西、山东、山西、新疆、浙江。

6. 狼紫草

学名：*Lycopsis orientalis* L.

危害作物：玉米。

分布：广东、广西、河北、河南、甘肃、内蒙古、宁夏、青海、陕西、山西、新疆、西藏。

7. 微孔草

学名：*Microula sikkimensis*（Clarke）Hemsl.

别名：西顺、锡金微孔草、野菠菜。

危害作物：小麦。

分布：甘肃、青海、陕西、四川、西藏、云南。

8. 弯齿盾果草

学名：*Thyrocarpus glochidiatus* Maxim.

别名：盾荚果、盾形草。

危害作物：柑橘。

分布：安徽、广东、广西、江苏、江西、四川、云南、浙江。

9. 盾果草

学名：*Thyrocarpus sampsonii* Hance

别名：盾形草、毛和尚、铺地根、森氏盾果草。

危害作物：小麦。

分布：安徽、广东、广西、贵州、河北、湖北、湖南、江苏、江西、陕西、四川、云南、浙江。

10. 附地菜

学名：_Trigonotis peduncularis_（Trev.）Benth. ex Baker et Moore

别名：地胡椒。

危害作物：茶、梨、苹果、柑橘、花生、棉花、油菜、小麦。

分布：北京、福建、甘肃、广西、河北、黑龙江、吉林、江西、辽宁、内蒙古、宁夏、山东、山西、陕西、西藏、新疆、云南、贵州、湖北、湖南、江苏、四川、天津、浙江、重庆。

紫茉莉科（Nyctaginaceae）

紫茉莉

学名：_Mirabilis jalapa_ L.

别名：胭脂花。

危害作物：柑橘、苹果、梨。

分布：安徽、北京、福建、甘肃、广东、广西、贵州、海南、河北、河南、湖北、湖南、江苏、江西、山西、陕西、上海、四川、西藏、新疆、云南、浙江。

单子叶植物杂草

百合科（ Liliaceae ）

1. 野葱

学名：_Allium chrysanthum_ Regel

别名：黄花韭、黄花葱、麦葱。

危害作物：油菜、小麦。

分布：贵州、甘肃、湖北、湖南、江苏、青海、陕西、四川、西藏、云南、浙江、重庆。

2. 薤白

学名：_Allium macrostemon_ Bunge

别名：小根蒜、大蕊葱、胡葱、胡葱子、胡蒜、苦蒜、密花小根蒜、山韭菜。

危害作物：马铃薯、大豆、玉米、油菜、小麦、棉花。

分布：安徽、北京、福建、甘肃、广东、广西、贵州、河北、黑龙江、河南、天津、西藏、云南、湖北、湖南、江苏、江西、吉林、辽宁、内蒙古、宁夏、陕西、山东、上海、山西、四川。

3. 黄花菜

学名：*Hemerocallis citrina* Baroni

别名：金针菜、黄花、黄花苗、黄金萱、金针。

危害作物：油菜、小麦。

分布：甘肃、贵州、江苏、内蒙古、陕西、云南、浙江。

4. 野百合

学名：*Lilium brownii* F. E. Brown ex Miellez

别名：白花百合、百合、淡紫百合。

危害作物：油菜、小麦。

分布：安徽、福建、甘肃、广东、广西、贵州、河北、河南、湖北、湖南、江苏、江西、陕西、山西、四川、云南、浙江、内蒙古、青海。

5. 菝葜

学名：*Smilax china* L.

别名：金刚兜。

危害作物：油菜。

分布：四川。

茨藻科（Najadaceae）

1. 大茨藻

学名：*Najas marina* L.

别名：玻璃草、玻璃藻、茨藻、刺藻、刺菹草。

危害作物：水稻。

分布：河北、河南、湖北、湖南、江苏、江西、辽宁、吉林、内蒙古、山西、新疆、云南、浙江。

2. 小茨藻

学名：*Najas minor* All.

别名：鸡羽藻。

危害作物：水稻。

分布：福建、广东、广西、海南、河北、黑龙江、河南、湖北、湖南、江苏、江西、吉林、辽宁、内蒙古、山东、新疆、四川、重庆、云南、浙江。

灯芯草科（Juncaceae）

1. 翅茎灯心草

学名：*Juncus alatus* Franch. et Sav.

别名：翅茎灯芯草、翅灯心草、翅茎笄石菖、眼胆草。

危害作物：水稻。

分布：安徽、福建、甘肃、广东、广西、贵州、河北、河南、湖北、湖南、江苏、江西、山东、山西、四川、重庆、云南、浙江。

2. 小花灯心草

学名：*Juncus articulatus* L.

别名：小花灯芯草、节状灯心草、棱叶灯心草。

危害作物：水稻。

分布：甘肃、河北、河南、湖北、宁夏、陕西、山东、山西、四川、新疆、西藏、云南。

3. 星花灯心草

学名：*Juncus diastrophanthus* Buchenau

别名：星花灯芯草、扁杆灯心草、螃蟹脚、水三棱。

危害作物：水稻。

分布：安徽、甘肃、广东、广西、贵州、河南、湖北、湖南、江苏、江西、山东、山西、四川、浙江。

4. 灯心草

学名：*Juncus effusus* L.

别名：灯草、水灯花、水灯心。

危害作物：水稻、油菜、小麦。

分布：安徽、福建、甘肃、广东、广西、贵州、河北、黑龙江、河南、湖北、湖南、江苏、江西、吉林、辽宁、山东、四川、西藏、云南、浙江、陕西、上海、重庆。

浮萍科（Lemnaceae）

1. 稀脉浮萍

学名：*Lemna perusilla* Torr.

别名：青萍。

危害作物：水稻。

分布：安徽、福建、广东、贵州、河北、河南、湖北、湖南、江苏、江西、辽宁、宁夏、青海、陕西、山东、山西、云南、浙江、广西、海南、黑龙江、吉林、上海、四川、天津、重庆。

2. 紫背浮萍

学名：*Spirodela polyrrhiza*（L.）Schleid.

别名：紫萍、浮萍草、红浮萍、红浮萍草。

危害作物：水稻。

分布：安徽、福建、广东、广西、贵州、河北、黑龙江、河南、湖北、湖南、江苏、江西、吉林、辽宁、陕西、山东、山西、四川、重庆、天津、云南、浙江。

谷精草科（Eriocaulaceae）

1. 谷精草

学名：*Eriocaulon buergerianum* Koern.

别名：波氏谷精草、戴星草、耳朵刷子、佛顶珠、谷精珠。

危害作物：水稻。

分布：安徽、福建、广东、广西、贵州、湖北、湖南、江苏、江西、四川、云南、浙江。

2. 白药谷精草

学名：*Eriocaulon cinereum* R. Br.

别名：谷精草、华南谷精草、绒球草、赛谷精草、小谷精草。

危害作物：水稻。

分布：安徽、福建、甘肃、广东、广西、贵州、河南、湖北、湖南、江苏、江西、陕西、四川、云南、浙江。

禾本科（ Gramineae）

1. 京芒草

学名：*Achnatherum pekinense*（Hance）Ohwi

别名：京羽茅。

危害作物：苹果、梨、茶。

分布：安徽、北京、河北、河南、黑龙江、吉林、辽宁、山东、山西、陕西、四川省、西藏、新疆。

2. 节节麦

学名：*Aegilops tauschii* Coss.（*Aegilops squarrosa* L.）

别名：山羊草

危害作物：油菜、小麦。

分布：安徽、北京、甘肃、贵州、河北、河南、湖北、湖南、江苏、内蒙古、宁夏、青海、山东、山西、陕西、四川、云南、西藏、新疆、浙江。

3. 冰草

学名：*Agropyron cristatum*（L.）Gaertn.

别名：野麦子、扁穗冰草、羽状小麦草。

危害作物：小麦。

分布：甘肃、河北、黑龙江、内蒙古、宁夏、青海、新疆。

4. 匍匐冰草

学名：*Agropyron repens*（L.）P.Beauv.〔*Elymus repens*（L.）Gould.〕

危害作物：小麦。

分布：甘肃、青海、陕西。

5. 匍茎剪股颖

学名：*Agrostis stolonifera* L.

危害作物：水稻、玉米。

分布：安徽、甘肃、贵州、黑龙江、内蒙古、宁夏、陕西、山东、山西、西藏、新疆、云南。

6. 看麦娘

学名：*Alopecurus aequalis* Sobol.

别名：褐蕊看麦娘、棒槌草。

危害作物：茶、柑橘、甘蔗、麻类、大豆、马铃薯、油菜、小麦。

分布：北京、甘肃、安徽、福建、广东、广西、贵州、河北、黑龙江、吉林、辽宁、宁夏、青海、上海、天津、河南、湖北、江苏、江西、内蒙古、陕西、山东、四川、重庆、新疆、西藏、云南、浙江。

7. 日本看麦娘

学名：*Alopecurus japonicus* Steud.

别名：麦娘娘、麦陀陀草、稍草。

危害作物：茶、柑橘、甘蔗、马铃薯、油菜、小麦。

分布：安徽、福建、甘肃、广东、广西、贵州、江苏、江西、山东、陕西、新疆、云南、浙江、河南、河北、湖北、湖南、山西、上海、四川、天津、重庆。

8. 茅香

学名：*Anthoxanthum nitens*（Weber）Y. Schouten et Veldkamp

危害作物：油菜、小麦。

分布：甘肃、贵州、河北、黑龙江、河南、内蒙古、宁夏、青海、陕西、山东、山西、四川、新疆、西藏、云南。

9. 荩草

学名：*Arthraxon hispidus*（Thunb.）Makino

别名：绿竹。

危害作物：水稻、茶、苹果、玉米、油菜、小麦。

分布：北京、安徽、福建、广东、广西、贵州、海南、湖北、湖南、河北、黑龙江、吉林、河南、江苏、江西、内蒙古、宁夏、四川、重庆、山东、陕西、新疆、云南、浙江。

10. 匿芒荩草

学名：*Arthraxon hispidus*（Thunb.）Makino var. *cryptatherus*（Hack.）Honda

别名：乱鸡窝。

危害作物：油菜。

分布：安徽、福建、广东、贵州、海南、湖北、河北、黑龙江、河南、江苏、江西、内蒙古、宁夏、四川、山东、陕西、新疆、云南、浙江。

11. 野古草

学名：*Arundinella anomala* Stend.

别名：白牛公、拟野古草、瘦瘠野古草、乌骨草、硬骨草。

危害作物：油菜、小麦。

分布：除新疆、西藏、青海外，我国其他地区均有分布。

12. 野燕麦

学名：*Avena fatua* L.

别名：乌麦、燕麦草。

危害作物：茶、甜菜、花生、麻类、大豆、玉米、马铃薯、油菜、小麦。

分布：北京、甘肃、安徽、福建、广东、广西、贵州、河北、黑龙江、河南、湖北、湖南、江苏、江西、内蒙古、山东、山西、上海、天津、宁夏、青海、陕西、四川、重庆、新疆、西藏、云南、浙江。

13. 地毯草

学名：*Axonopus compressus*（Sw.）Beauv.

危害作物：茶、柑橘。

分布：福建、湖南、广东、广西、贵州、海南、四川、云南。

14. 菵草

学名：*Beckmannia syzigachne*（Steud.）Fern.

别名：水稗子、大头稗草、老头稗、菵米、鱼子草。

危害作物：水稻、柑橘、玉米、油菜、小麦。

分布：安徽、北京、甘肃、河北、河南、广西、贵州、上海、天津、黑龙江、湖北、湖南、吉林、江苏、江西、辽东、辽宁、内蒙古、宁夏、青海、山东、山西、陕西、四川、重庆、西藏、新疆、云南、浙江。

15. 白羊草

学名：*Bothriochloa ischcemum*（L.）Keng

别名：白半草、白草、大王马针草、黄草、蓝茎草、苏伯格乐吉、鸭嘴草蜀黍、鸭嘴孔颖草。

危害作物：茶、油菜、小麦。

分布：安徽、湖北、江苏、云南、福建、陕西、四川、河北。

16. 毛臂形草

学名：*Brachiaria villosa*（Ham.）A. Camus

别名：臂形草。

危害作物：玉米。

分布：安徽、福建、广东、广西、甘肃、贵州、湖北、河南、湖南、江西、四川、陕西、云南、浙江、上海。

17. 雀麦

学名：*Bromus japonicus* Thunb. ex Murr.

别名：瞌睡草、扫高布日、山大麦、山稷子、野燕麦。

危害作物：梨、苹果、油菜、小麦。

分布：北京、贵州、安徽、甘肃、湖北、河北、河南、湖南、江苏、江西、辽宁、内蒙古、四川、重庆、山东、陕西、青海、上海、天津、浙江、山西、新疆、西藏、云南。

18. 疏花雀麦

学名：*Bromus remotiflorus*（Steud.）Ohwi

别名：扁穗雀麦、浮麦草、狐茅、猪毛一支箭。

危害作物：茶。

分布：安徽、福建、贵州、河南、湖北、湖南、江苏、江西、陕西、四川、西藏、云南、浙江。

19. 虎尾草

学名：*Chloris virgata* Sw.

别名：棒锤草、刷子头、盘草。

危害作物：茶、花生、玉米、油菜、小麦。

分布：安徽、北京、广东、广西、贵州、湖北、湖南、浙江、重庆、甘肃、河北、黑龙江、河南、吉林、江苏、辽宁、内蒙古、宁夏、青海、山东、陕西、山西、四川、新疆、西藏、云南。

20. 竹节草

学名：*Chrysopogon aciculatus*（Retz.）Trin.

别名：粘人草、草子花、地路蜈蚣、鸡谷草、鸡谷子、鸡骨根、黏人草、蜈蚣草、粘身草、紫穗茅香。

危害作物：甘蔗。

分布：福建、广东、广西、贵州、海南、云南。

21. 薏苡

学名：*Coix lacryma-jobi* L.

别名：川谷。

危害作物：柑橘。

分布：安徽、福建、广东、广西、贵州、海南、湖北、湖南、江苏、江西、四川、重庆、云南、浙江。

22. 橘草

学名：*Cymbopogon goeringii*（Steud.）A. Camus

别名：臭草、朵儿茅、桔草、茅草、香茅、香茅草、野香茅。

危害作物：茶、油菜、小麦。

分布：安徽、湖北。

23. 狗牙根

学名：*Cynodon dactylon*（L.）Pers.

别名：绊根草、爬地草、感沙草、铁线草。

危害作物：水稻、茶、梨、苹果、柑橘、甜菜、甘蔗、花生、麻类、棉花、大豆、玉米、马铃薯、油菜、小麦。

分布：安徽、福建、广东、广西、贵州、河南、河北、黑龙江、吉林、江西、辽宁、宁夏、青海、山东、陕西、上海、天津、新疆、重庆、甘肃、海南、湖北、江苏、四川、陕西、山西、云南、浙江。

24. 龙爪茅

学名：*Dactyloctenium aegyptium*（L.）Beauv.

别名：风车草、油草。

危害作物：柑橘、甘蔗。

分布：福建、广东、广西、贵州、海南、四川、云南、浙江。

25. 升马唐

学名：*Digitaria ciliaris*（Retz.）Koel.

别名：拌根草、白草、俭草、乱草子、马唐、毛马唐、爬毛抓秧草、乌斯图－西巴棍－塔布格（蒙古族名）、蟋蟀草、抓地龙。

危害作物：水稻、茶、梨、苹果、柑橘、甘蔗、花生、玉米、油菜、小麦。

分布：安徽、福建、广东、广西、贵州、海南、河北、黑龙江、河南、江苏、吉林、辽宁、陕西、山西、湖北、江西、内蒙古、宁夏、青海、天津、重庆、山东、上海、四川、新疆、西藏、云南、浙江。

26. 止血马唐

学名：*Digitaria ischaemum* Schreb.

别名：叉子草、哈日－西巴棍－塔布格（蒙古族名）、红茎马唐、鸡爪子草、马唐、熟地草、鸭茅马唐、鸭嘴马唐、抓秧草。

危害作物：棉花、油菜、小麦。

分布：贵州、湖南、安徽、福建、甘肃、河北、黑龙江、河南、江苏、吉林、辽宁、内蒙古、宁夏、陕西、山东、山西、四川、云南、浙江、新疆、西藏。

27. 马唐

学名：*Digitaria sanguinalis*（L.）Scop.

别名：大抓根草、红水草、鸡爪子草、假马唐、俭草、面条筋、盘鸡头草、秫秸秧子、哑用、抓地龙、抓地草、须草。

危害作物：茶、梨、苹果、柑橘、甜菜、甘蔗、花生、麻类、棉花、大豆、玉米、马铃薯、油菜、小麦。

分布：北京、福建、广东、广西、海南、湖南、吉林、江西、辽宁、内蒙古、青海、上海、天津、云南、浙江、重庆、安徽、甘肃、贵州、湖北、河北、黑龙江、河南、江苏、宁夏、四川、山东、陕西、山西、新疆、西藏。

28. 紫马唐

学名：*Digitaria violascens* Link

别名：莩草、五指草。

危害作物：油菜、小麦。

分布：安徽、福建、甘肃、广东、广西、贵州、海南、湖北、河北、河南、湖南、江苏、江西、青海、四川、山东、山西、新疆、西藏、云南、浙江。

29. 长芒稗

学名：*Echinochloa caudata* Roshev.

别名：稗草、长芒野稗、长尾稗、凤稗、红毛稗、搔日特－奥存－好努格（蒙古族名）、水稗草。

危害作物：水稻。

分布：安徽、广西、贵州、河北、黑龙江、河南、湖南、吉林、江苏、江西、内蒙古、四川、山东、陕西、山西、新疆、云南、浙江。

30. 光头稗

学名：*Echinochloa colonum*（L.）Link

别名：光头稗子、芒稷。

危害作物：水稻、茶、柑橘、甘蔗、花生、马铃薯、油菜、小麦。

分布：北京、海南、湖南、吉林、辽宁、内蒙古、宁夏、山东、新疆、重庆、安徽、福建、广东、广西、贵州、河北、河南、湖北、江苏、江西、四川、西藏、云南、浙江。

31. 稗

学名：*Echinochloa crusgali*（L.）Beauv.

别名：野稗、稗草、稗子、稗子草、水稗、水稗子、水䅟子、野䅟子、䅟子草。

危害作物：水稻、大豆、甜菜、麻类、马铃薯、甘蔗、玉米、梨、油菜、小麦。

分布：我国各省区均有分布。

32. 无芒稗

学名：*Echinochloa crusgali*（L.）Beauv. var. *mitis*（Pursh）Peterm.Fl.

别名：落地稗、搔日归－奥存－好努格（蒙古族名）。

危害作物：油菜、玉米。

分布：天津、安徽、北京、甘肃、广东、广西、贵州、海南、河北、河南、黑龙江、湖北、湖南、吉林、江苏、江西、辽宁、青海、山东、山西、陕西、四川、重庆、西藏、新疆、云南、浙江。

33. 西来稗

学名：*Echinochloa crusgali*（L.）Beauv. var. *zelayensis*（H.B.K.）Hitchc.

别名：锡兰稗。

危害作物：水稻、玉米、油菜、小麦。

分布：陕西、浙江、甘肃、宁夏、四川、湖北、新疆、江苏、江西、云南、海南、广东、广西、山东、河北。

34. 孔雀稗

学名：*Echinochloa cruspavonis*（H. B. K.）Schult.

危害作物：水稻。

分布：安徽、福建、广东、贵州、海南、四川、陕西、云南。

35. 旱稗

学名：*Echinochloa hispidula*（Retz.）Nees

别名：水田稗、乌日特－奥存－好努格（蒙古族名）。

危害作物：水稻、棉花、玉米、油菜、小麦。

分布：北京、海南、河南、辽宁、内蒙古、宁夏、青海、陕西、天津、重庆、安徽、甘肃、广东、贵州、河北、黑龙江、湖北、湖南、吉林、江苏、江西、山东、山西、四川、新疆、云南、浙江。

36. 水稗

学名：*Echinochloa phyllopogon*（Stapf）Koss.

别名：稻稗。

危害作物：水稻、玉米。

分布：北京、重庆、广东、广西、河北、河南、湖南、吉林、江苏、江西、宁夏、上海、天津、云南、浙江。

37. 牛筋草

学名：*Eleusine indica*（L.）Gaertn.

别名：蟋蟀草。

危害作物：水稻、茶、梨、苹果、柑橘、甜菜、甘蔗、花生、麻类、棉花、大豆、玉米、马铃薯、油菜、小麦。

分布：安徽、甘肃、北京、福建、广东、贵州、海南、湖北、黑龙江、河北、河南、湖北、吉林、江苏、辽宁、内蒙古、宁夏、山西、新疆、重庆、湖南、江西、四川、山东、上海、陕西、天津、西藏、云南、浙江。

38. 披碱草

学名：*Elymus dahuricus* Turcz.

别名：硷草、碱草、披硷草、扎巴干－黑雅嘎（蒙古族名）、直穗大麦草。

危害作物：玉米、小麦。

分布：河北、黑龙江、河南、内蒙古、宁夏、青海、四川、山东、陕西、山西、新疆、西藏、云南。

39. 秋画眉草

学名：*Eragrostis autumnalis* Keng

危害作物：茶。

分布：安徽、福建、广东、广西、贵州、湖北、河南、湖南、江苏、江西、四川、山东、陕西、云南、浙江。

40. 大画眉草

学名：*Eragrostis cilianensis*（All.）Link ex Vignolo–Lutati

别名：画连画眉草、画眉草、宽叶草、套木－呼日嘎拉吉（蒙古族名）、蚊子草、西连画眉草、星星草。

危害作物：花生、玉米、油菜、小麦。

分布：安徽、甘肃、广东、广西、贵州、河北、湖南、辽宁、四川、天津、重庆、北京、福建、贵州、海南、湖北、黑龙江、河南、内蒙古、宁夏、青海、山东、陕西、新疆、云南、浙江。

41. 知风草

学名：*Eragrostis ferruginea*（Thunb.）Beauv.

别名：程咬金、香草、知风画眉草。

危害作物：油菜、小麦。

分布：安徽、北京、福建、贵州、湖北、河南、山东、陕西、西藏、四川、甘肃、云南、浙江。

42. 乱草

学名：*Eragrostis japonica*（Thunb.）Trin.

别名：碎米知风草、旱田草、碎米、香榧草、须须草、知风草。

危害作物：茶、玉米、油菜、小麦。

分布：安徽、福建、广东、广西、贵州、湖北、河南、江苏、江西、四川、重庆、云南、陕西、浙江。

43. 小画眉草

学名：*Eragrostis minor* Host

别名：蚊蚊草、吉吉格－呼日嘎拉吉（蒙古族名）。

危害作物：花生、油菜、小麦。

分布：我国各省区均有分布。

44. 画眉草

学名：*Eragrostis pilosa*（L.）Beauv.

别名：星星草、蚊子草、榧子草、狗尾巴草、呼日嘎拉吉、蚊蚊草、绣花草。

危害作物：茶、梨、苹果、柑橘、甜菜、甘蔗、花生、棉花、玉米、油菜、小麦。

分布：安徽、甘肃、广东、广西、河北、河南、湖南、江苏、江西、辽宁、内蒙古、青海、山西、四川、新疆、重庆、北京、福建、贵州、海南、湖北、黑龙江、河南、内蒙古、宁夏、山东、陕西、西藏、云南、浙江。

45. 无毛画眉草

学名：*Eragrostis pilosa*（L.）Beauv. var. *imberbis* Franch.

别名：给鲁给日－呼日嘎拉吉（蒙古族名）。

危害作物：油菜、小麦。

分布：黑龙江、吉林、辽宁、内蒙古、河北、山西、山东、安徽、江苏、浙江、江西、湖南、湖北、四川、贵州、陕西。

46. 鲫鱼草

学名：*Eragrostis tenella*（L.）Beauv. ex Roem. et Schult.

别名：乱草、南部知风草、碎米知风草、小画眉。

危害作物：茶、油菜、花生。

分布：安徽、福建、贵州、西藏、云南、广东、广西、海南、湖北、江苏、山东、浙江、四川、重庆、陕西。

47. 野黍

学名：*Eriochloa villosa*（Thunb.）Kunth

别名：大籽稗、大子草、额力也格乐吉（蒙古族名）、哈拉木、耗子食、唤猪草、拉拉草、山铲子、嗅猪草、野糜子、猪儿草。

危害作物：大豆、玉米。

分布：北京、甘肃、安徽、福建、广东、广西、贵州、湖北、黑龙江、河北、河南、吉林、江苏、江西、内蒙古、四川、山东、陕西、天津、云南、浙江。

48. 远东羊茅

学名：*Festuca extremiorientalis* Ohwi

别名：道日那音－宝体乌乐、森林狐茅。

危害作物：梨。

分布：江西、甘肃、河北、黑龙江、吉林、内蒙古、青海、陕西、山西、四川、云南。

49. 甜茅

学名：*Glyceria acutiflora*（Torr.）Kuntze subsp. *japonica*（Steud.）T.Koyana et Kawano

危害作物：水稻。

分布：安徽、福建、广东、广西、贵州、河南、湖北、湖南、江苏、江西、四川、云南、浙江。

50. 牛鞭草

学名：*Hemarthria sibirica*（Gand.）Ohwi

别名：西伯利亚牛鞭草。

危害作物：油菜、小麦。

分布：甘肃、贵州、安徽、广东、广西、贵州、湖北、河北、湖南、江苏、江西、辽宁、山东、浙江、陕西、四川、云南、重庆。

51. 紫大麦草

学名：*Hordeum violaceum* Boiss. et Huet.

别名：紫野麦、宝日－阿日白（蒙古族名）。

危害作物：棉花。

分布：河北、内蒙古、宁夏、陕西、甘肃、青海、新疆。

52. 白茅

学名：*Imperata cylindrica*（L.）Beauv.

别名：茅草、红茅公、茅针、茅根、白茅根、黄茅、尖刀草、兰根、毛根、茅茅根、茅针花、丝毛草、丝茅草、丝茅根、甜根、甜根草、乌毛根。

危害作物：茶、甜菜、麻类、马铃薯、甘蔗、花生、棉花、苹果、玉米、柑橘、梨、油菜、小麦。

分布：北京、甘肃、广西、上海、天津、重庆、安徽、福建、广东、贵州、海南、湖北、河北、黑龙江、河南、湖南、江苏、江西、辽宁、内蒙古、四川、广西、山东、陕西、山西、新疆、西藏、四川、云南、浙江。

53. 柳叶箬

学名：*Isachne globosa*（Thunb.）Kuntze

别名：百珠蓧、细叶蓧、百株筷、百珠（筱）、柳叶箬、万珠筱、细叶（筱）、细叶条、细叶筱。

危害作物：水稻、柑橘、油菜。

分布：安徽、福建、河北、河南、广东、广西、贵州、湖北、湖南、江苏、江西、辽宁、山东、陕西、四川、重庆、贵州、云南、浙江。

54. 李氏禾

学名：*Leersia hexandra* Swartz

别名：假稻、六蕊稻草、六蕊假稻、蓉草、水游草、游草、游丝草。

危害作物：水稻、甘蔗。

分布：福建、广西、广东、贵州、海南、四川、云南、河南、湖南、浙江、重庆。

55. 假稻

学名：*Leersia japonica*（Makino）Honda

别名：粃壳草、关门草、李氏禾、蚂蝗秧子、鞘糠。

危害作物：水稻、小麦、油菜。

分布：安徽、江苏、广西、贵州、河北、河南、湖北、湖南、山东、陕西、四川、云南、浙江。

56. 秕壳草

学名：*Leersia sayanuka* Ohwi

别名：秕谷草、粃壳草、油草。

危害作物：水稻、苹果、梨、油菜、小麦。

分布：安徽、福建、广东、广西、贵州、湖北、湖南、江苏、山东、浙江。

57. 千金子

学名：*Leptochloa chinensis*（L.）Nees

别名：雀儿舌头、畔茅、绣花草、油草、油麻。

危害作物：水稻、茶、梨、柑橘、甘蔗、花生、麻类、棉花、大豆、玉米、马铃薯、油菜、小麦。

分布：甘肃、河北、黑龙江、吉林、辽宁、内蒙古、山西、上海、新疆、重庆、安徽、福建、广东、广西、贵州、海南、湖北、河南、湖南、江苏、江西、山东、陕西、四川、云南、浙江。

58. 虮子草

学名：*Leptochloa panicea*（Retz.）Ohwi

别名：细千金子。

危害作物：水稻、柑橘、甘蔗、花生、棉花、大豆、玉米、马铃薯、小麦。

分布：安徽、福建、广东、贵州、海南、河南、湖北、湖南、江苏、江西、四川、重庆、陕西、云南、广西、浙江。

59. 赖草

学名：*Leymus secalinus*（Georgi）Tzvel.

别名：老披碱、宾草。

危害作物：小麦。

分布：甘肃、河北、黑龙江、吉林、辽宁、内蒙古、宁夏、青海、陕西、山西、四川、新疆。

60. 多花黑麦草

学名：*Lolium multiflorum* Lam.

别名：多花黑燕麦、意大利黑麦草。

危害作物：油菜、小麦。

分布：安徽、福建、贵州、河北、河南、湖北、湖南、江苏、江西、内蒙古、宁夏、青海、山西、陕西、四川、新疆、云南、浙江。

61. 毒麦

学名：*Lolium temulentum* L.

别名：黑麦子、鬼麦、小尾巴草。

危害作物：油菜、小麦。

分布：安徽、贵州、甘肃、浙江、河北、河南、江苏、黑龙江、湖南、青海、上海、陕西、新疆、浙江。

62. 淡竹叶

学名：*Lophatherum gracile* Brongn.

别名：山鸡米。

危害作物：茶、柑橘。

分布：安徽、福建、广东、广西、贵州、海南、湖北、湖南、江苏、江西、四川、重庆、云南、浙江。

63. 广序臭草

学名：*Melica onoei* Franch. et Sav.

别名：肥马草、华北臭草、日本臭草、散穗臭草、小野臭草。

危害作物：茶。

分布：安徽、甘肃、贵州、河南、湖北、湖南、江苏、江西、山东、山西、陕西、四川、西藏、云南、浙江。

64. 膝曲莠竹

学名：*Microstegium geniculatum*（Hayata）Honda

危害作物：茶。

分布：云南、四川、湖北、福建、广东。

65. 莠竹

学名：*Microstegium nodosum*（Kom.）Tzvel.

别名：竹叶茅、竹谱。

危害作物：油菜。

分布：广东、江苏、吉林、山东、陕西、四川、重庆、贵州、云南。

66. 柔枝莠竹

学名：*Microstegium vimineum*（Trin.）A. Camus

危害作物：油菜、茶。

分布：安徽、福建、广东、广西、贵州、河北、河南、湖北、湖南、江苏、江西、吉林、山东、陕西、山西、四川、重庆、云南、浙江。

67. 芒

学名：*Miscanthus sinensis* Anderss.

危害作物：茶。

分布：广西、湖北、江西、四川、浙江。

68. 毛俭草

学名：*Mnesithea mollicoma*（Hance）A. Camus

别名：老鼠草。

危害作物：茶。

分布：广东、广西、海南。

69. 竹叶草

学名：*Oplismenus compositus*（L.）Beauv.

别名：多穗宿箬、多穗缩箬。

危害作物：茶。

分布：安徽、福建、广东、广西、贵州、湖南、湖北、海南、江西、四川、重庆、西藏、云南、浙江。

70. 杂草稻

学名：*Oryza sativa* L.

危害作物：水稻。

分布：安徽、福建、广东、广西、贵州、海南、河北、河南、黑龙江、湖北、湖南、吉林、江苏、江西、辽宁、宁夏、山东、上海、云南、浙江。

71. 铺地黍

学名：*Panicum repens* L.

别名：枯骨草、匍地黍、硬骨草。

危害作物：梨、苹果、柑橘、甘蔗、玉米。

分布：江西、甘肃、贵州、山西、福建、广东、广西、海南、江西、四川、重庆、云南、浙江。

72. 两耳草

学名：*Paspalum conjugatum* Berg.

别名：叉仔草、双穗草。

危害作物：甘蔗。

分布：福建、广东、广西、海南、云南。

73. 双穗雀稗

学名：*Paspalum distichum* L.

别名：游草、游水筋、双耳草、红绊根草、过江龙、铜线草。

危害作物：水稻、茶、柑橘、甘蔗、麻类、棉花、大豆、玉米、马铃薯、油菜、小麦。

分布：安徽、福建、甘肃、广东、广西、贵州、海南、湖北、河北、河南、黑龙江、江西、辽宁、山西、陕西、上海、天津、新疆、重庆、湖南、江苏、四川、山东、云南、浙江。

74. 圆果雀稗

学名：*Paspalum orbiculare* Forst.

危害作物：甘蔗、玉米、油菜、小麦。

分布：福建、广东、广西、贵州、湖北、江苏、江西、四川、云南、浙江、新疆、天津。

75. 雀稗

学名：*Paspalum thunbergii* Kunth ex Steud.

别名：龙背筋、鸭毑草、鱼眼草、猪儿草。

危害作物：茶、柑橘、甘蔗、油菜、小麦。

分布：安徽、福建、广东、广西、贵州、海南、浙江、重庆、甘肃、湖北、河北、河南、湖南、江苏、江西、辽宁、内蒙古、四川、山东、陕西、山西、新疆、西藏、云南。

76. 狼尾草

学名：*Pennisetum alopecuroides*（L.）Spreng.

别名：狗尾巴草、芮草、老鼠狼、狗仔尾。

危害作物：茶、油菜、小麦。

分布：安徽、北京、甘肃、福建、广东、广西、贵州、海南、湖北、湖南、黑龙江、河南、江苏、江西、四川、重庆、山东、陕西、天津、西藏、云南、浙江。

77. 蜡烛草

学名：*Phleum paniculatum* Huds.

危害作物：油菜、小麦。

分布：安徽、贵州、山西、陕西、甘肃、安徽、河南、湖北、江苏、四川、云南、新疆、浙江。

78. 芦苇

学名：*Phragmites australis*（Cav.）Trin. ex Steud.

别名：好鲁苏、呼勒斯、呼勒斯鹅、葭、蒹、芦、芦草、芦柴、芦头、芦芽、苇、苇葭、苇子。

危害作物：水稻、梨、苹果、甜菜、甘蔗、花生、麻类、棉花、大豆、玉米、马铃薯、油菜、小麦。

分布：我国各省区均有分布。

79. 白顶早熟禾

学名：*Poa acroleuca* Steud.

别名：细叶早熟禾。

危害作物：油菜、小麦。

分布：安徽、福建、广东、广西、贵州、河南、湖北、湖南、江苏、江西、陕西、甘肃、山东、四川、西藏、云南、浙江。

80. 早熟禾

学名：*Poa annua* L.

别名：发汗草、冷草、麦峰草、绒球草、稍草、踏不烂、小鸡草、小青草、羊毛胡子草。

危害作物：茶、梨、苹果、柑橘、麻类、棉花、马铃薯、油菜、小麦。

分布：北京、吉林、宁夏、上海、天津、浙江、重庆、安徽、福建、甘肃、广东、广西、贵州、海南、河北、河南、黑龙江、湖北、湖南、吉林、江苏、江西、辽宁、内蒙古、青海、山东、山西、陕西、四川、西藏、新疆、云南、浙江。

81. 棒头草

学名：*Polypogon fugax* Nees ex Steud.

别名：狗尾稍草、麦毛草、稍草。

危害作物：水稻、茶、麻类、马铃薯、棉花、柑橘、油菜、小麦。

分布：安徽、甘肃、福建、广东、广西、贵州、河南、湖北、湖南、江苏、江西、内蒙古、宁夏、青海、上海、陕西、山东、山西、四川、重庆、新疆、西藏、云南、浙江。

82. 长芒棒头草

学名：*Polypogon monspeliensis*（L.）Desf.

别名：棒头草、长棒芒头草、搔日特－萨木白（蒙古族名）。

危害作物：苹果、梨、油菜、小麦。

分布：安徽、福建、甘肃、广东、广西、河北、河南、江苏、江西、内蒙古、宁夏、青海、陕西、山东、山西、四川、重庆、新疆、西藏、云南、浙江。

83. 瘦脊伪针茅

学名：*Pseudoraphis spinescens*（R. Br.）Vichery var. *depauperata*（Nees）Bor

危害作物：茶。

分布：江苏、湖北、湖南、山东、云南、浙江。

84. 短药碱茅

学名：*Puccinellia hauptiana*（Trin.）Krecz.

别名：大连硷茅、短药硷茅、青碱茅、色日特格日－乌龙（蒙古族名）、微药碱茅、小林硷茅、小林碱茅。

危害作物：小麦。

分布：安徽、甘肃、河北、黑龙江、江苏、吉林、辽宁、内蒙古、青海、陕西、山东、山西、新疆。

85. 碱茅

学名：*Puccinellia tenuiflora*（Griseb.）Scribn. et Merr.

危害作物：梨、苹果、棉花、小麦。

分布：河北、河南、宁夏、青海、山东、陕西、四川、天津、新疆。

86. 鹅观草

学名：*Roegneria kamoji* Ohwi

别名：鹅冠草、黑雅嘎拉吉、麦麦草、茅草箭、茅灵芝、莓串草、弯鹅观草、弯穗鹅观草、野麦葶。

危害作物：柑橘、油菜、小麦。

分布：湖北、江苏、陕西、四川、云南、浙江、重庆。

87. 筒轴茅

学名：*Rottboellia exaltata* Linn. f.

别名：罗氏草。

危害作物：柑橘、甘蔗。

分布：福建、广东、广西、贵州、四川、云南。

88. 囊颖草

学名：*Sacciolepis indica*（L.）A. Chase

别名：长穗稗、滑草、鼠尾黍。

危害作物：水稻。

分布：安徽、福建、广东、广西、贵州、海南、湖北、黑龙江、河南、江西、四川、山东、云南、浙江。

89. 硬草

学名：*Sclerochloa kengiana*（Ohwi）Tzvel.

别名：耿氏碱茅、花管草。

危害作物：梨、苹果、油菜、小麦。

分布：安徽、贵州、湖北、湖南、江苏、江西、山东、陕西、四川。

90. 大狗尾草

学名：*Setaria faberii* Herrm.

别名：法氏狗尾草。

危害作物：油菜、小麦。

分布：北京、安徽、广西、贵州、黑龙江、宁夏、青海、山西、陕西、新疆、重庆、湖北、湖南、江苏、江西、四川、浙江。

91. 金色狗尾草

学名：*Setaria glauca*（L.）Beauv.

危害作物：水稻、茶、梨、苹果、柑橘、甜菜、甘蔗、花生、麻类、棉花、大豆、玉米、马铃薯、油菜、小麦。

分布：我国各省区均有分布。

92. 狗尾草

学名：*Setaria viridis*（L.）Beauv.

别名：谷莠子、莠。

危害作物：水稻、茶、梨、苹果、柑橘、甜菜、甘蔗、花生、麻类、棉花、大豆、玉米、马铃薯、油菜、小麦。

分布：北京、安徽、福建、广东、广西、甘肃、贵州、湖北、河北、黑龙江、辽宁、上海、天津、河南、湖南、吉林、江苏、江西、内蒙古、宁夏、青海、四川、重庆、山东、陕西、山西、新疆、西藏、云南、浙江。

93. 巨大狗尾草

学名：*Setaria viridis*（L.）Beauv. subsp. *pycnocoma*（Steud.）Tzvel.

别名：长穗狗尾草、长序狗尾草、谷莠子。

危害作物：小麦。

分布：甘肃、贵州、湖北、河北、黑龙江、湖南、吉林、内蒙古、山东、陕西、四川、新疆。

94. 鹅毛竹

学名：*Shibataea chinensis* Nakai

别名：矮竹、鸡毛竹、倭竹、小竹。

危害作物：茶。

分布：安徽、江苏、江西、浙江。

95. 鼠尾粟

学名：*Sporobolus fertilis*（Steud.）W. D. Glayt.

别名：钩耜草、牛筋草。

危害作物：茶、甘蔗。

分布：安徽、福建、广东、甘肃、贵州、海南、湖北、河南、湖南、江苏、江西、四川、山东、陕西、西藏、云南、浙江。

96. 虱子草

学名：*Tragus bertesonianus* Schult.

危害作物：玉米。

分布：四川、广西、甘肃、陕西、宁夏、山西、河北、东北、内蒙古一部分地区。

97. 荻

学名：*Triarrhena sacchariflora*（Maxim.）Nakai

别名：红毛公、苫房草、芒草。

危害作物：茶。

分布：湖北、江西、四川、浙江、重庆、甘肃、河南、山东、陕西。

98. 小麦自生苗

学名：*Triticum aestivum* L.

危害作物：花生、棉花、大豆、玉米。

分布：安徽、北京、甘肃、广西、贵州、河北、河南、湖北、江苏、内蒙古、宁夏、山东、陕西、四川、天津、云南、浙江。

99. 鼠茅

学名：*Vulpia myuros*（L.）Gmel.

危害作物：茶。

分布：安徽、福建、江苏、江西、湖北、四川、西藏、浙江。

100. 结缕草

学名：*Zoysia japonica* Steud.

别名：老虎皮草、延地青、锥子草。

危害作物：茶、花生。

分布：广东、河北、江苏、湖北、四川、江西、辽宁、山东、浙江。

莎草科（Cyperaceae）

1. 球柱草

学名：*Bulbostylis barbata*（Rottb.）C. B. Clarke

别名：宝日朝－哲格斯（蒙古族名）、龙爪草、旗茅、球花柱、畎莎、秧草、油麻草、油蔴草。

危害作物：水稻。

分布：安徽、福建、广东、广西、海南、河北、河南、湖北、江西、辽宁、山东、浙江。

2. 扁穗莎草

学名：*Cyperus compressus* L.

别名：硅子叶莎草、沙田草、水虱草、砖子叶莎草。

危害作物：水稻、茶、甘蔗、棉花。

分布：安徽、福建、广东、广西、河北、河南、陕西、贵州、海南、湖北、湖南、江苏、江西、四川、重庆、云南、浙江、吉林。

3. 油莎草

学名：*Cyperus esculentus* L. var. *sativus* Boeck

别名：铁荸荠、地下板栗、地下核桃、人参果、人参豆。

危害作物：马铃薯。

分布：甘肃、广东、广西、江西、湖北、山东、四川等地。

4. 异型莎草

学名：*Cyperus difformis* L.

别名：球穗莎草、球花碱草、咸草。

危害作物：水稻、茶、梨、苹果、甘蔗、花生、棉花、玉米、油菜、小麦。

分布：北京、贵州、河南、江西、内蒙古、宁夏、山东、上海、天津、新疆、重庆、安徽、福建、甘肃、广东、广西、海南、河北、黑龙江、湖北、湖南、吉林、江苏、辽宁、陕西、山西、四川、云南、浙江。

5. 聚穗莎草

学名：*Cyperus glomeratus* L.

别名：头状穗莎草。

危害作物：水稻。

分布：天津、云南、甘肃、黑龙江、河北、河南、湖北、吉林、辽宁、江苏、内蒙古、山东、陕西、山西、浙江。

6. 碎米莎草

学名：*Cyperus iria* L.

别名：三方草、三棱草。

危害作物：水稻、茶、柑橘、甘蔗、花生、大豆、玉米、油菜、小麦。

分布：北京、海南、上海、宁夏、重庆、安徽、福建、甘肃、广东、广西、贵州、河北、河南、黑龙江、湖北、湖南、吉林、江苏、江西、辽宁、山东、山西、陕西、四川、新疆、云南、浙江。

7. 具芒碎米莎草

学名：*Cyperus microiria* Steud.

别名：黄鳞莎草、黄颖莎草、回头香、三棱草、西日－萨哈拉－额布苏（蒙古族名）、小碎米莎草。

危害作物：玉米。

分布：安徽、福建、贵州、广西、河北、河南、湖北、湖南、江苏、吉林、辽宁、山东、山西、陕西、四川、云南、浙江。

8. 旋鳞莎草

学名：*Cyperus michelianus*（L.）Link

别名：白莎草、护心草、旋颖莎草。

危害作物：水稻。

分布：安徽、福建、广东、广西、黑龙江、河北、河南、江苏、吉林、辽宁、山东、浙江。

9. 白鳞莎草

学名：*Cyperus nipponicus* Franch. et Savat.

危害作物：小麦。

分布：江苏、河北、山西、湖南、江西、浙江、陕西。

10. 毛轴莎草

学名：*Cyperus pilosus* Vahl

别名：大绘草、三合草、三角草、三棱草。

危害作物：水稻。

分布：福建、广东、广西、贵州、海南、湖南、江苏、江西、四川、西藏、云南、浙江、山东。

11. 香附子

学名：*Cyperus rotundus* L.

别名：香头草、旱三棱、回头青。

危害作物：水稻、茶、梨、苹果、柑橘、甘蔗、花生、麻类、棉花、大豆、玉米、马铃薯、油菜、小麦。

分布：北京、海南、黑龙江、湖南、湖北、吉林、内蒙古、上海、新疆、重庆、安徽、福建、甘肃、广东、广西、贵州、河北、河南、江苏、江西、辽宁、宁夏、山东、陕西、山西、四川、云南、浙江。

12. 针蔺

学名：*Eleocharis congesta* D.Don ssp. *japonica*（Miq.）T.Koyama

危害作物：水稻。

分布：福建、广东、贵州、湖南、江西、四川、云南。

13. 夏飘拂草

学名：*Fimbristylis aestivalis*（Retz.）Vahl

别名：小畦畔飘拂草。

危害作物：水稻、甘蔗。

分布：福建、江西、广东、广西、海南、四川、云南、浙江。

14. 两歧飘拂草

学名：*Fimbristylis dichotoma*（L.）Vahl

别名：曹日木斯图－乌龙（蒙古族名）、二歧飘拂草、棱穗飘拂草、稜穗飘拂草、飘拂草。

危害作物：水稻。

分布：云南、四川、广东、广西、福建、台湾、贵州、江苏、江西、浙江、河北、山东、山西、辽宁、吉林、黑龙江。

15. 拟二叶飘拂草

学名：*Fimbristylis diphylloides* Makino

别名：大牛毛毡、疙蚤草、假二叶飘拂草、苦草、面条草、拟三叶飘拂草、水站葱。

危害作物：水稻。

分布：安徽、福建、广东、广西、贵州、湖北、湖南、江苏、江西、四川、重庆、浙江。

16. 长穗飘拂草

学名：*Fimbristylis longispica* Steud.

危害作物：水稻。

分布：福建、广东、广西、黑龙江、江苏、吉林、辽宁、陕西、山东、浙江。

17. 水虱草

学名：Fimbristylis miliacea（L.）Vahl

别名：日照飘拂草、扁机草、扁排草、扁头草、木虱草、牛毛草、飘拂草、球花关。

危害作物：水稻、梨、甘蔗、棉花。

分布：安徽、福建、广东、广西、贵州、海南、河北、河南、湖北、湖南、江苏、江西、辽宁、陕西、四川、云南、浙江、重庆。

18. 木贼状荸荠

学名：*Heleocharis equisetina* J. et C. Presl

危害作物：水稻。

分布：海南、广东、江苏、云南、广西。

19. 透明鳞荸荠

学名：*Heleocharis pellucida* Presl

危害作物：水稻。

分布：除青海、西藏、新疆、甘肃外，我国其他省区均有分布。

20. 野荸荠

学名：*Heleocharis plantagineiformis* Tang et Wang

危害作物：水稻。

分布：安徽、福建、广东、广西、贵州、河北、河南、湖北、湖南、江苏、江西、辽宁、内蒙古、山东、山西、陕西、上海、四川、云南、浙江、重庆。

21. 牛毛毡

学名：*Heleocharis yokoscensis*（Franch. et Savat.）Tang et Wang

危害作物：水稻、梨、甘蔗、棉花、大豆、油菜。

分布：安徽、福建、甘肃、广东、广西、贵州、海南、河北、河南、黑龙江、湖北、湖南、吉林、江苏、江西、辽宁、内蒙古、宁夏、山东、山西、陕西、上海、四川、天津、云南、浙江、重庆。

22. 水莎草

学名：*Juncellus serotinus*（Rottb.）C. B. Clarke

别名：地筋草、三棱草、三棱环、少日乃、水三棱。

危害作物：水稻、梨。

分布：安徽、福建、甘肃、广东、广西、贵州、河北、河南、黑龙江、湖北、湖南、宁夏、上海、四川、天津、重庆、吉林、江苏、江西、辽宁、内蒙古、山东、山西、陕西、新疆、云南、浙江。

23. 水蜈蚣

学名：*Kyllinga brevifolia* Rottb.

危害作物：水稻、柑橘、甘蔗。

分布：安徽、福建、广东、广西、江苏、江西、湖北、湖南、四川、贵州、云南、浙江。

24. 短穗多枝扁莎

学名：*Pycreus polystachyus*（Rottb.）P. Beauv. var. *brevispiculatus* How

危害作物：水稻。

分布：福建、广东、广西、海南。

25. 萤蔺

学名：*Scirpus juncoides* Roxb.

危害作物：水稻、茶、梨、苹果、花生。

分布：安徽、福建、广东、广西、贵州、河北、河南、黑龙江、湖北、湖南、吉林、江苏、江西、辽宁、内蒙古、宁夏、山东、山西、陕西、上海、四川、天津、云南、浙江、重庆。

26. 扁秆藨草

学名：*Scirpus planiculmis* Fr. Schmidt

别名：海三棱、三棱草、紧穗三棱草、野荆三棱。

危害作物：水稻、梨、棉花、玉米、油菜、小麦。

分布：安徽、福建、广东、广西、河南、河北、黑龙江、湖北、湖南、吉林、江苏、江西、辽宁、内蒙古、宁夏、山西、陕西、上海、四川、天津、新疆、云南、浙江、重庆。

27. 藨草

学名：*Scirpus triqueter* L.

危害作物：水稻、油菜、小麦。

分布：福建、广西、河南、吉林、江西、四川、云南、浙江。

28. 水葱

学名：*Scirpus validus* Vahl

别名：管子草、冲天草、莞蒲、莞。

危害作物：水稻。

分布：广东、广西、吉林、江西、黑龙江、吉林、辽宁、河北、甘肃、贵州、内蒙古、江苏、陕西、山西、四川、新疆、云南。

29. 荆三棱

学名：*Scirpus yagara* Ohwi

别名：铁荸荠、野荸荠、三棱子、沙囊果。

危害作物：水稻、茶、棉花、玉米。

分布：四川、广东、广西、湖南、重庆、浙江、辽宁、吉林、黑龙江、贵州、江苏、浙江。

石蒜科（Amaryllidaceae）

石蒜

学名：*Lycoris radiata*（L' Hér.）Herb.

别名：老鸦蒜、龙爪花、山乌毒、叉八花、臭大蒜、毒大蒜、毒蒜、独脚、伞独蒜、鬼蒜、寒露花、红花石蒜。

危害作物：油菜、小麦。

分布：安徽、甘肃、福建、广东、广西、贵州、河南、湖北、湖南、江苏、江西、山东、陕西、四川、云南、浙江。

水鳖科（Hydrocharitaceae）

1. 尾水筛

学名：*Blyxa echinosperma*（C. B. Clarke）Hook. f.

别名：刺种水筛、岛田水筛、角实箦藻、刺水筛。

危害作物：水稻。

分布：安徽、福建、广东、广西、贵州、湖南、江苏、江西、陕西、四川、重庆。

2. 黑藻

学名：*Hydrilla verticillata*（Linn. f.）Royle

别名：轮叶黑藻、轮叶水草。

危害作物：水稻。

分布：安徽、福建、广东、广西、贵州、海南、河北、黑龙江、河南、湖北、湖南、江苏、江西、陕西、山东、四川、云南、浙江。

3. 水鳖

学名：*Hydrocharis dubia*（Bl.）Backer

别名：芣菜、白萍、白蘋、芣菜、马尿花、青萍菜、水膏药、水荷、水旋复、小旋覆、油灼灼。

危害作物：水稻。

分布：安徽、福建、广东、广西、海南、黑龙江、河南、湖北、湖南、江苏、江西、吉林、辽宁、河北、陕西、山东、四川、云南、浙江。

4. 软骨草

学名：*Lagarosiphon alternifolia*（Roxb.）Druce

别名：鸭仔草。

危害作物：水稻。

分布：湖南、云南、广东。

5. 龙舌草

学名：*Ottelia alismoides*（L.）Pers.

别名：水车前、白车前草、海菜、龙爪菜、龙爪草、牛耳朵草、瓢羹菜、山窝鸡、水白菜、水白带、水带菜、水芥菜、水莴苣。

危害作物：水稻、梨。

分布：安徽、福建、广东、广西、贵州、海南、河北、黑龙江、河南、湖北、湖南、江苏、吉林、辽宁、四川、江西、云南、浙江。

6. 苦草

学名：*Vallisneria natans*（Lour.）Hara

别名：鞭子草、扁草、扁担草、韭菜草、面条草、水茜、亚洲苦草。

危害作物：水稻。

分布：天津、安徽、福建、广东、广西、贵州、河北、湖北、湖南、江苏、江西、吉林、陕西、山东、四川、云南、浙江。

天南星科（Araceae）

半夏

学名：*Pinellia ternata*（Thunb.）Breit.

别名：半月莲、三步跳、地八豆。

危害作物：茶、柑橘、棉花、大豆、玉米。

分布：安徽、福建、甘肃、广东、广西、贵州、海南、河北、黑龙江、河南、湖北、湖南、江苏、江西、吉林、辽宁、宁夏、陕西、山东、山西、四川、重庆、云南、浙江。

香蒲科（Typhaceae）

香蒲

学名：*Typha orientalis* Presl

别名：东方香蒲、菖蒲、道日那音－哲格斯（蒙古族名）、东香蒲、毛蜡、毛蜡烛、蒲棒、蒲草、蒲黄、水蜡烛、小香蒲。

危害作物：水稻。

分布：安徽、广东、广西、河北、黑龙江、河南、吉林、江苏、江西、辽宁、内蒙古、山西、陕西、宁夏、山东、云南、浙江。

鸭跖草科（Commelinaceae）

1. 饭包草

学名：*Commelina bengalensis* L.

别名：火柴头、饭苞草、卵叶鸭跖草、马耳草、竹叶菜。

危害作物：茶、柑橘、玉米。

分布：安徽、福建、广东、广西、海南、河北、河南、湖北、湖南、江苏、江西、山东、陕西、四川、重庆、云南、浙江、甘肃。

2. 鸭跖草

学名：*Commelina communis* L.

别名：蓝花菜、竹叶菜、兰花竹叶。

危害作物：茶、梨、苹果、柑橘、甜菜、甘蔗、花生、麻类、棉花、大豆、玉米、马铃薯、油菜、小麦。

分布：安徽、北京、福建、甘肃、广东、广西、贵州、海南、河北、河南、黑龙江、湖北、湖南、吉林、江苏、江西、辽宁、内蒙古、宁夏、山东、山西、陕西、上海、四川、重庆、天津、云南、浙江、云南。

3. 竹节菜

学名：*Commelina diffusa* N. L. Burm.

别名：节节菜、节节草、竹蒿草、竹节草、竹节花、竹叶草。

危害作物：梨、苹果、甜菜、甘蔗、棉花、玉米、小麦。

分布：湖南、湖北、江苏、山东、四川、广东、广西、甘肃、贵州、海南、西藏、云南、新疆。

4. 裸花水竹叶

学名：*Murdannia nudiflora*（L.）Brenan

危害作物：柑橘。

分布：安徽、福建、广东、广西、河南、湖南、江苏、江西、四川、重庆、云南。

眼子菜科（Potamogetonaceae）

1. 菹草

学名：*Potamogeton crispus* L.

别名：扎草、虾藻。

危害作物：水稻。

分布：安徽、北京、福建、甘肃、广东、广西、贵州、海南、河北、黑龙江、河南、湖北、湖南、江苏、江西、吉林、辽宁、内蒙古、宁夏、陕西、山东、上海、山西、四川、重庆、天津、新疆、西藏、云南、浙江。

2. 鸡冠眼子菜

学名：*Potamogeton cristatus* Regel et Maack

别名：小叶眼子菜、突果眼子菜、水竹叶、菜水竹叶、水菹草、小叶水案板、小叶眼子。

危害作物：水稻。

分布：广东、广西、山东、云南、福建、河北、黑龙江、湖北、河南、湖南、江苏、吉林、江西、辽宁、四川、重庆、浙江。

3. 眼子菜

学名：*Potamogeton distinctus* A. Bennett

别名：鸭子草、水案板、牙齿草、水上漂、竹叶草。

危害作物：水稻。

分布：安徽、福建、贵州、海南、天津、甘肃、广东、广西、贵州、河北、河南、黑龙江、湖南、吉林、江苏、江西、辽宁、内蒙古、宁夏、山东、陕西、上海、四川、重庆、西藏、新疆、云南、浙江。

4. 小眼子菜

学名：*Potamogeton pusillus* L.

别名：线叶眼子菜、丝藻。

危害作物：水稻。

分布：北京、甘肃、广西、河北、黑龙江、江苏、辽宁、吉林、内蒙古、宁夏、山西、陕西、四川、西藏、新疆、云南、浙江。

雨久花科（Pontederiaceae）

1. 凤眼莲

学名：*Eichhornia crassipes*（Mart.）Solms *Pontederia crassipes* Mart.

别名：凤眼篮、水葫芦。

危害作物：水稻。

分布：安徽、福建、广东、广西、贵州、海南、河北、河南、湖北、湖南、江苏、江西、陕西、山东、四川、重庆、云南、浙江。

2. 雨久花

学名：*Monochoria korsakowii* Regel et Maack

危害作物：水稻、梨、苹果。

分布：安徽、福建、广东、广西、河北、河南、黑龙江、湖北、吉林、江苏、江西、辽宁、内蒙古、陕西、山西、四川、重庆、云南、浙江。

3. 鸭舌草

学名：*Monochoria vaginalis*（Burm. F.）Presl ex Kunth

别名：水锦葵。

危害作物：水稻、甘蔗。

分布：安徽、北京、福建、甘肃、广东、广西、贵州、海南、河北、黑龙江、河南、湖北、湖南、江苏、江西、吉林、辽宁、内蒙古、宁夏、青海、陕西、山东、上海、山西、四川、重庆、天津、新疆、西藏、云南、浙江。

泽泻科（Alismataceae）

1. 泽泻

学名：*Alisma plantago-aquatica* L.

别名：东方泽泻、大花瓣泽泻、如意菜、水白菜、水慈菇、水哈蟆叶、水泽、天鹅蛋、天秃、一枝花、匙子草。

危害作物：水稻。

分布：福建、广东、广西、贵州、河南、湖南、江苏、江西、宁夏、上海、浙江、河北、黑龙江、吉林、辽宁、内蒙古、陕西、山西、新疆、云南。

2. 浮叶慈姑

学名：*Sagittaria natans* Pall.

别名：野慈姑、吉吉格－比地巴拉（蒙古族名）、驴耳朵、漂浮慈姑、小慈姑、野慈姑、鹰爪子。

危害作物：水稻。

分布：黑龙江、吉林、辽宁、内蒙古、新疆。

3. 矮慈姑

学名：*Sagittaria pygmaea* Miq.

别名：水蒜、线慈姑、瓜皮草。

危害作物：水稻。

分布：安徽、福建、广东、广西、贵州、海南、河南、湖北、湖南、江苏、江西、山东、陕西、四川、云南、浙江。

4. 野慈姑

学名：*Sagittaria trifolia* L.

别名：长瓣慈姑、矮慈姑、白地栗、比地巴拉、茨姑、慈姑、大耳夹子草、华夏慈姑、夹板子草、驴耳草、毛驴子耳朵。

危害作物：水稻。

分布：我国各省区均有分布。

5. 长瓣慈姑

学名：*Sagittaria trifolia* L. var. *trifolia* f. *longiloba*（Turcz.）Makino

别名：剪刀草、狭叶慈姑。

危害作物：水稻。

分布：北京、甘肃、广东、广西、贵州、海南、河北、河南、上海、湖北、江苏、江西、辽宁、内蒙古、宁夏、山西、陕西、四川、重庆、新疆、云南、浙江。

附录：

1. 水稻田杂草

水稻田杂草科属种数（1）

植物种类	科	属	种
孢子植物	8	8	10
藻类植物	2	2	3
苔藓植物	1	1	1
蕨类植物	5	5	6
被子植物	33	80	133
双子叶植物	22	38	55
单子叶植物	11	42	78
总计	41	88	143

水稻田杂草科属种数（2）

科	属	种	科	属	种
藻类植物			萝藦科	1	1
轮藻科	1	2	毛茛科	1	2
水绵科	1	1	千屈菜科	2	4
苔藓植物			三白草科	1	1
钱苔科	1	1	伞形科	3	3
蕨类植物			十字花科	1	1
槐叶蘋科	1	1	水马齿科	1	1
满江红科	1	1	水蕹科	1	1
木贼科	1	2	苋科	2	4
苹科	1	1	玄参科	5	11
水蕨科	1	1	**单子叶植物**		
双子叶植物			灯芯草科	1	4
唇形科	2	2	茨藻科	1	2
大戟科	2	2	浮萍科	2	2
豆科	2	2	谷精草科	1	2
沟繁缕科	1	1	禾本科	16	23
尖瓣花科	1	1	莎草科	9	26
金鱼藻科	1	1	水鳖科	6	6
桔梗科	1	1	香蒲科	1	1
菊科	6	6	眼子菜科	1	4
藜科	1	1	雨久花科	2	3
蓼科	1	5	泽泻科	2	5
柳叶菜科	1	3			
龙胆科	1	1			

水稻田杂草名录

孢子植物杂草

藻类植物杂草

轮藻科

1. 布氏轮藻

学名：*Chara braunii* Gelin

分布：安徽、贵州、江苏、辽宁、四川、云南、浙江。

2. 普生轮藻

学名：*Chara vulgaris* L.

分布：安徽、重庆、福建、广东、广西、贵州、海南、河北、河南、湖北、湖南、吉林、江苏、江西、辽宁、宁夏、山东、四川、云南、浙江、新疆。

水绵科

水绵

学名：*Spirogyra intorta* Jao

分布：安徽、重庆、福建、广东、广西、贵州、河北、河南、黑龙江、湖北、湖南、吉林、江苏、江西、辽宁、内蒙古、宁夏、山东、山西、陕西、四川、天津、云南、浙江。

苔藓植物杂草

钱苔科

钱苔

学名：*Riccia glauca* L.

分布：江西、四川、重庆、云南。

蕨类植物杂草

槐叶蘋科

槐叶蘋

学名：*Salvinia natans*（L.）All.

分布：北京、重庆、福建、甘肃、广东、广西、贵州、海南、河北、河南、黑龙江、湖北、湖南、江苏、江西、吉林、辽宁、内蒙古、宁夏、山东、上海、山西、四川、天津、新疆、浙江。

满江红科

满江红

学名：*Azolla imbricata*（Roxb.）Nakai

别名：紫藻、三角藻、红浮萍。

分布：安徽、福建、广西、湖北、湖南、江西、江苏、山东、陕西、上海、云南、浙江。

木贼科

1. 问荆

学名：*Equisetum arvense* L.

别名：马蜂草、土麻黄、笔头草。

分布：安徽、北京、重庆、福建、甘肃、贵州、河北、河南、黑龙江、湖北、湖南、江苏、江西、吉林、辽宁、内蒙古、宁夏、青海、陕西、山东、上海、山西、四川、天津、新疆、西藏、云南、浙江。

2. 草问荆

学名：*Equisetum pratense* Ehrhart

别名：节节草、闹古音－西伯里（蒙古族名）。

分布：北京、甘肃、河北、河南、黑龙江、吉林、辽宁、内蒙古、陕西、山东、山西、新疆。

蘋科

四叶蘋

学名：*Marsilea quadrifolia* L.

别名：田字草、破铜钱、四叶菜、夜合草。

分布：北京、重庆、福建、广东、广西、贵州、海南、河北、河南、黑龙江、湖北、湖南、吉林、江苏、江西、辽宁、山东、山西、陕西、上海、四川、天津、新疆、云南、浙江。

水蕨科

水蕨

学名： *Ceratopteris thalictroides*（L.）Brongn.

别名： 龙须菜、水柏、水松草、萱。

分布： 安徽、福建、广东、广西、江苏、江西、湖北、山东、四川、云南、浙江。

被子植物杂草

双子叶植物杂草

唇形科

1. 地笋

学名： *Lycopus lucidus* Turcz.

别名： 地瓜儿苗、提娄、地参。

分布： 安徽、福建、甘肃、广东、广西、贵州、河北、黑龙江、湖北、湖南、江苏、江西、吉林、辽宁、四川、陕西、山西、山东、云南、浙江。

2. 水苏

学名： *Stachys japonica* Miq.

别名： 鸡苏、水鸡苏、望江青。

分布： 安徽、福建、河北、河南、江苏、江西、辽宁、内蒙古、山东、浙江。

大戟科

1. 铁苋菜

学名： *Acalypha australis* L.

别名： 榎草、海蚌含珠。

分布： 安徽、北京、重庆、福建、甘肃、广东、广西、贵州、海南、河北、河南、黑龙江、湖北、湖南、吉林、江苏、江西、辽宁、内蒙古、宁夏、山东、山西、陕西、上海、四川、天津、西藏、新疆、云南、浙江。

2. 叶下珠

学名： *Phyllanthus urinaria* L.

别名： 阴阳草、假油树、珍珠草。

分布： 重庆、广东、广西、海南、贵州、河北、湖北、湖南、江苏、山西、陕西、四川、西藏、新疆、云南、浙江。

豆科

1. 合萌

学名：*Aeschynomene indica* Burm. f.

别名：田皂角、白梗通梳子树、菖麦、割镰草。

分布：广东、广西、贵州、河北、河南、湖北、湖南、吉林、江苏、江西、辽宁、山东、陕西、四川、云南、浙江。

2. 田菁

学名：*Sesbania cannabina*（Retz.）Poir.

别名：海松柏、碱菁、田菁麻、田青、咸青。

分布：安徽、福建、湖南、广西、广东、海南、江苏、江西、上海、云南、浙江。

沟繁缕科

三蕊沟繁缕

学名：Elatine triandra Schkuhr

别名：沟繁缕、三萼沟繁缕、伊拉塔干纳。

分布：广东、黑龙江、吉林、云南。

尖瓣花科

尖瓣花

学名：*Sphenoclea zeylanica* Gaertn.

别名：密穗桔梗、木空菜、牛奶藤、楔瓣花。

分布：重庆、福建、广东、广西、海南、湖南、云南。

金鱼藻科

金鱼藻

学名：*Ceratophyllum demersum* L.

分布：重庆、广东、云南、浙江。

桔梗科

半边莲

学名：*Lobelia chinensis* Lour.

别名：急解索、细米草、瓜仁草。

分布：安徽、福建、广东、广西、贵州、海南、湖北、湖南、江苏、江西、四川、云南、浙江。

菊科

1. 狼把草

学名：*Bidens tripartita* L.

分布：重庆、甘肃、河北、湖北、湖南、吉林、江苏、江西、辽宁、内蒙古、宁夏、山西、陕西、四川、新疆、云南。

2. 石胡荽

学名：*Centipeda minima*（L.）A. Br. et Aschers.

别名：球子草。

分布：安徽、福建、甘肃、广东、广西、贵州、海南、河北、河南、黑龙江、湖北、湖南、吉林、江苏、江西、辽宁、内蒙古、宁夏、青海、山东、山西、陕西、四川、西藏、新疆、云南、浙江。

3. 鳢肠

学名：*Eclipta prostrata* L.

别名：旱莲草、墨草。

分布：安徽、北京、重庆、福建、甘肃、广东、广西、贵州、海南、河北、河南、黑龙江、湖北、湖南、吉林、江苏、江西、辽宁、内蒙古、宁夏、青海、山东、山西、陕西、上海、四川、天津、西藏、新疆、云南、浙江。

4. 稻槎菜

学名：*Lapsana apogonoides* Maxim.

分布：安徽、重庆、福建、广东、广西、江西、湖南、江苏、陕西、云南、浙江、贵州、河南、湖北、山西、上海、四川。

5. 虾须草

学名：*Sheareria nana* S. Moore

别名：沙小菊、草麻黄、绿心草。

分布：安徽、广东、贵州、湖北、湖南、江苏、江西、云南、浙江。

6. 碱菀

学名：*Tripolium vulgare* Nees

别名：竹叶菊、铁杆蒿、金盏菜。

分布：甘肃、辽宁、吉林、江苏、内蒙古、山东、山西、陕西、新疆、云南、浙江。

藜科

藜

学名：*Chenopodium album* L.

别名：灰菜、白藜、灰条菜、地肤子。

分布：安徽、北京、重庆、福建、甘肃、广东、广西、贵州、海南、河北、河南、黑龙江、湖北、湖南、吉林、江苏、江西、辽宁、内蒙古、宁夏、山东、山西、陕西、上海、四川、天津、西藏、新疆、云南、浙江。

蓼科

1. 两栖蓼

学名：*Polygonum amphibium* L.

分布：安徽、甘肃、贵州、海南、河北、黑龙江、湖北、湖南、广西、吉林、江苏、辽宁、内蒙古、宁夏、青海、山东、山西、陕西、四川、西藏、新疆、云南。

2. 水蓼

学名：*Polygonum hydropiper* L.

别名：辣蓼。

分布：安徽、重庆、福建、甘肃、广东、贵州、海南、河北、河南、黑龙江、湖北、湖南、吉林、江苏、江西、辽宁、内蒙古、宁夏、青海、山东、陕西、山西、四川、天津、新疆、西藏、云南、浙江。

3. 愉悦蓼

学名：*Polygonum jucundum* Meisn.

别名：欢喜蓼、路边曲草、山蓼、水蓼、小红蓼、小蓼子、紫苞蓼。

分布：安徽、福建、甘肃、广东、广西、贵州、河南、湖北、湖南、江苏、江西、陕西、四川、云南、浙江。

4. 酸模叶蓼

学名：*Polygonum lapathifolium* L.

别名：旱苗蓼。

分布：安徽、北京、重庆、福建、甘肃、广东、广西、贵州、海南、河北、河南、黑龙江、湖北、湖南、吉林、江苏、江西、辽宁、内蒙古、宁夏、青海、山东、山西、陕西、上海、四川、西藏、新疆、云南、浙江。

5. 丛枝蓼

学名：*Polygonum posumbu* Buch.-Ham. ex D. Don

分布：安徽、福建、甘肃、广东、广西、贵州、海南、河北、河南、黑龙江、湖北、湖南、吉林、江苏、江西、辽宁、山东、陕西、四川、重庆、西藏、云南、浙江。

柳叶菜科

1. 水龙

学名：*Ludwigia adscendens*（L.）Hara

别名：过江藤、白花水龙、草里银钗、过塘蛇、鱼鳔草、鱼鳞草、鱼泡菜、玉钗草、猪肥草。

分布：安徽、重庆、福建、广东、广西、贵州、海南、湖南、湖北、江苏、江西、陕西、四川、云南、浙江。

2. 草龙

学名：*Ludwigia hyssopifolia*（G. Don）exell.

别名：红叶丁香蓼、细叶水丁香、线叶丁香蓼。

分布：安徽、重庆、福建、广东、广西、海南、湖北、江苏、江西、辽宁、陕西、四川、云南。

3. 丁香蓼

学名：*Ludwigia prostrata* Roxb.

分布：安徽、重庆、福建、广东、广西、贵州、河北、河南、黑龙江、湖北、湖南、吉林、江苏、江西、辽宁、山东、陕西、上海、四川、云南、浙江。

龙胆科

荇菜

学名：*Nymphoides peltatum*（Gmel.）O. Kuntze

别名：金莲子、莲叶荇菜、莲叶杏菜。

分布：安徽、北京、重庆、福建、甘肃、广东、广西、贵州、河北、河南、黑龙江、湖北、湖南、吉林、江苏、江西、辽宁、内蒙古、宁夏、山东、山西、陕西、上海、四川、天津、新疆、云南、浙江。

萝藦科

萝藦

学名：*Metaplexis japonica*（Thunb.）Makino

别名：天将壳、飞来鹤、赖瓜瓢。

分布：安徽、北京、福建、甘肃、广东、广西、贵州、河北、黑龙江、河南、湖北、湖南、江苏、江西、吉林、辽宁、内蒙古、宁夏、青海、陕西、山东、上海、山西、四川、天津、西藏、云南、浙江。

毛茛科

1. 茴茴蒜

学名：*Ranunculus chinensis* Bunge

别名：小虎掌草、野桑椹、鸭脚板、山辣椒。

分布：安徽、甘肃、贵州、河北、黑龙江、河南、湖北、湖南、江苏、吉林、辽宁、内蒙古、宁夏、青海、陕西、山东、山西、四川、新疆、西藏、云南、浙江。

2. 天葵

学名：*Semiaquilegia adoxoides*（DC.）Makino

别名：千年老鼠屎、老鼠屎。

分布：安徽、福建、广西、贵州、河北、湖北、湖南、江苏、江西、陕西、四川、云南、浙江。

千屈菜科

1. 耳叶水苋

学名：*Ammannia arenaria* H. B. K.

分布：安徽、福建、甘肃、广东、广西、河北、河南、湖北、江苏、陕西、云南、浙江。

2. 水苋菜

学名：*Ammannia baccifera* L.

别名：还魂草、浆果水苋、结筋草、绿水苋、水苋、细叶水苋、细叶苋菜、仙桃。

分布：安徽、重庆、福建、贵州、海南、广东、广西、河北、河南、黑龙江、湖北、湖南、江苏、江西、辽宁、山西、陕西、上海、四川、云南、浙江。

3. 节节菜

学名：*Rotala indica*（Willd.）Koehne

分布：安徽、北京、重庆、福建、甘肃、广东、广西、贵州、河北、河南、黑龙江、湖北、湖南、吉林、江苏、江西、辽宁、内蒙古、山西、陕西、四川、新疆、云南、浙江。

4. 圆叶节节菜

学名：*Rotala rotundifolia*（Buch.-Ham. ex Roxb.）Koehne

分布：重庆、福建、广东、广西、贵州、海南、湖北、湖南、江西、山东、四川、云南、浙江。

三白草科

鱼腥草

学名：*Houttuynia cordata* Thunb.

分布：安徽、重庆、福建、甘肃、广东、广西、贵州、海南、河南、湖北、湖南、江西、陕西、四川、西藏、云南、浙江。

伞形科

1. 细叶芹

学名：*Chaerophyllum villosum* Wall. ex DC.

别名：香叶芹。

分布：重庆、湖南、陕西、四川、西藏、云南、浙江。

2. 天胡荽

学名：*Hydrocotyle sibthorpioides* Lam.

别名：落得打、满天星。

分布：安徽、福建、广东、广西、贵州、海南、湖北、湖南、江苏、江西、陕西、四川、云南、浙江。

3. 水芹

学名：*Oenanthe javanica*（Bl.）DC.

别名：水芹菜。

分布：安徽、北京、重庆、福建、甘肃、广东、广西、贵州、海南、河北、河南、黑龙江、湖北、湖南、吉林、江苏、江西、辽宁、内蒙古、宁夏、青海、山东、山西、陕西、上海、四川、天津、西藏、新疆、云南、浙江。

十字花科

碎米荠

学名：*Cardamine hirsuta* L.

别名：白带草、宝岛碎米荠、见肿消、毛碎米荠、雀儿菜、碎米芥、小地米菜、小花菜、小岩板菜、硬毛碎米荠。

分布：安徽、北京、重庆、福建、甘肃、广东、广西、贵州、海南、河北、河南、黑龙江、湖北、湖南、吉林、江苏、江西、辽宁、内蒙古、宁夏、青海、山东、山西、陕西、上海、四川、天津、西藏、新疆、云南、浙江。

水马齿科

水马齿

学名：*Callitriche stagnalis* Scop.

别名：水马齿苋。

分布：福建、广东、贵州、江西、陕西、西藏、云南、浙江。

水蕹科

水蕹

学名：*Aponogeton lakhonensis* A. Camus

别名：田干菜、田干草、田旱草。

分布：福建、广东、广西、海南、江西、云南、浙江。

苋科

1. 空心莲子草

学名：*Alternanthera philoxeroides*（Mart.）Griseb.

别名：水花生、水苋菜。

分布：安徽、北京、重庆、福建、甘肃、广东、广西、贵州、河北、河南、湖北、湖南、江苏、江西、青海、山东、陕西、上海、四川、新疆、云南、浙江。

2. 莲子草

学名：*Alternanthera sessilis*（L.）DC.

别名：虾钳菜。

分布：安徽、重庆、福建、甘肃、广东、广西、贵州、河南、湖北、湖南、江苏、江西、山东、上海、四川、云南、浙江。

3. 反枝苋

学名：*Amaranthus retroflexus* L.

别名：西风谷、阿日白－诺高（蒙古族名）、反齿苋、家鲜谷、人苋菜、忍建菜、西风古、苋菜、野风古、野米谷、野千穗谷、野苋菜。

分布：安徽、北京、重庆、福建、甘肃、广东、广西、贵州、海南、河北、河南、黑龙江、湖北、湖南、吉林、江苏、江西、辽宁、内蒙古、宁夏、青海、山东、山西、陕西、上海、四川、天津、新疆、云南、浙江。

4. 皱果苋

学名：*Amaranthus viridis* L.

别名：绿苋、白苋、红苋菜、假苋菜、糠苋、里苋、绿苋菜、鸟苋、人青菜、细苋、苋菜、野见、野米苋、野苋、野苋菜、猪苋、紫苋菜。

分布：甘肃、广东、广西、贵州、河北、山东、上海、四川、新疆、浙江。

玄参科

1. 虻眼

学名：*Dopatricum junceum*（Roxb.）Buch.–Ham.

别名：虻眼草。

分布：广西、广东、河南、江西、江苏、陕西、云南等省。

2. 石龙尾

学名：*Limnophila sessiliflora*（Vahl）Blume

别名：菊藻、假水八角、菊蒿、千层塔、虱婆草。

分布：安徽、福建、广东、广西、贵州、河北、湖南、江苏、江西、辽宁、四川、重庆、云南、浙江。

3. 长果母草

学名：*Lindernia anagallis*（Burm. F.）Pennell

别名：长果草、长叶母草、定经草、鸡舌癀、双须公、双须蜈蚣、四方草、田边草、小接骨、鸭嘴癀。

分布：重庆、福建、广东、广西、贵州、湖南、江西、四川、云南。

4. 泥花草

学名：*Lindernia antipoda*（L.）Alston

别名：泥花母草。

分布：安徽、重庆、福建、广东、广西、湖北、湖南、江苏、江西、四川、陕西、云南、浙江。

5. 母草

学名：*Lindernia crustacea*（L.）F. Muell

别名：公母草、旱田草、开怀草、牛耳花、四方草、四方拳草。

分布：安徽、福建、广东、广西、贵州、海南、河南、湖北、湖南、江苏、四川、重庆、西藏、云南、浙江、江西、陕西。

6. 狭叶母草

学名：*Lindernia micrantha*（Blatt. & Hallb.）V. Singh

分布：安徽、重庆、福建、广东、广西、贵州、江苏、江西、河南、湖北、湖南、云南、浙江。

7. 陌上菜

学名：*Lindernia procumbens*（Krock.）Borbas

别名：额、吉日根纳、母草、水白菜。

分布：安徽、重庆、福建、广东、广西、贵州、河南、黑龙江、湖北、湖南、江苏、江西、吉林、陕西、四川、云南、浙江。

8. 通泉草

学名：*Mazus japonicus*（Thunb.）Kuntze

分布：安徽、北京、重庆、福建、甘肃、广东、广西、河北、河南、湖北、湖南、江苏、江西、青海、山东、陕西、四川、云南、浙江。

9. 匍茎通泉草

学名：*Mazus miquelii* Makino

别名：米格通泉草。

分布：安徽、重庆、福建、广西、贵州、湖北、湖南、江苏、江西、四川、浙江。

10. 北水苦荬

学名：*Veronica anagallis-aquatica* L.

分布：安徽、重庆、福建、广西、贵州、湖北、湖南、江苏、江西、四川、新疆、西藏、云南、浙江。

11. 水苦荬

学名：*Veronica undulata* Wall.

别名：水莴苣、水菠菜。

分布：安徽、北京、福建、甘肃、广东、广西、贵州、海南、河北、河南、黑龙江、湖北、湖南、吉林、江苏、江西、辽宁、山东、山西、陕西、上海、四川、天津、新疆、云南、浙江。

单子叶植物杂草

灯芯草科

1. 翅茎灯心草

学名：*Juncus alatus* Franch. et Sav.

别名：翅茎灯芯草、翅灯心草、翅茎笄石菖、眼胆草。

分布：安徽、重庆、福建、甘肃、广东、广西、贵州、河北、河南、湖北、湖南、江苏、江西、山东、山西、四川、云南、浙江。

2. 小花灯心草

学名：*Juncus articulatus* L.

别名：小花灯芯草、节状灯心草、棱叶灯心草。

分布：甘肃、河北、河南、湖北、宁夏、青海、陕西、山东、山西、四川、新疆、西藏、云南。

3. 星花灯心草

学名：*Juncus diastrophanthus* Buchenau

别名：星花灯芯草、扁秆灯心草、螃蟹脚、水三棱。

分布：安徽、甘肃、广东、广西、贵州、河南、湖北、湖南、江苏、江西、山东、山西、四川、浙江。

4. 灯心草

学名：*Juncus effusus* L.

别名：灯草、水灯花、水灯心。

分布：安徽、重庆、福建、甘肃、广东、广西、贵州、河北、河南、黑龙江、湖北、湖南、江苏、江西、吉林、辽宁、山东、陕西、上海、四川、西藏、云南、浙江。

茨藻科

1. 茨藻

学名：*Najas marina* L.

别名：玻璃草、玻璃藻、茨藻、刺藻、刺菹草。

分布：河北、河南、湖北、湖南、江苏、江西、辽宁、吉林、内蒙古、山西、新疆、云南、浙江。

2. 小茨藻

学名：*Najas minor* All.

别名：鸡羽藻。

分布：福建、广东、广西、海南、河北、黑龙江、河南、湖北、湖南、江苏、江西、吉林、辽宁、内蒙古、山东、新疆、四川、重庆、云南、浙江。

浮萍科

1. 稀脉浮萍

学名：*Lemna perusilla* Torr.

别名：青萍。

分布：安徽、重庆、福建、广东、广西、贵州、海南、河北、河南、黑龙江、湖北、湖南、吉林、江苏、江西、辽宁、宁夏、青海、山东、山西、陕西、上海、四川、天津、云南、浙江。

2. 紫背浮萍

学名：*Spirodela polyrrhiza*（L.）Schleid.

别名：紫萍、浮萍草、红浮萍、红浮萍草。

分布：安徽、重庆、福建、广东、广西、贵州、河北、河南、黑龙江、湖北、湖南、吉林、江苏、江西、辽宁、青海、山东、山西、陕西、四川、天津、云南、浙江。

谷精草科

1. 谷精草

学名：*Eriocaulon buergerianum* Koern.

别名：波氏谷精草、戴星草、耳朵刷子、佛顶珠、谷精珠。

分布：安徽、福建、广东、广西、贵州、湖北、湖南、江苏、江西、四川、云南、浙江。

2. 白药谷精草

学名：*Eriocaulon cinereum* R. Br.

别名：谷精草、华南谷精草、绒球草、赛谷精草、赛欲精草、小谷精草。

分布：安徽、福建、甘肃、广东、广西、贵州、河南、湖北、湖南、江苏、江西、陕西、四川、云南、浙江。

禾本科

1. 匍茎剪股颖

学名：*Agrostis stolonifera* L.

分布：安徽、甘肃、贵州、黑龙江、内蒙古、宁夏、陕西、山东、山西、西藏、新疆、云南。

2. 荩草

学名：*Arthraxon hispidus*（Trin.）Makino

别名：绿竹。

分布：安徽、北京、重庆、福建、广东、广西、贵州、海南、河北、河南、黑龙江、湖北、湖南、吉林、江苏、江西、内蒙古、宁夏、山东、陕西、四川、新疆、云南、浙江。

3. 菵草

学名：*Beckmannia syzigachne*（Steud.）Fern.

别名：水稗子、菵米、鱼子草。

分布：安徽、北京、甘肃、河北、河南、广西、贵州、上海、天津、黑龙江、湖北、湖南、吉林、江苏、江西、辽东、辽宁、内蒙古、宁夏、青海、山东、山西、陕西、四川、重庆、西藏、新疆、云南、浙江。

4. 升马唐

学名：*Digitaria ciliaris*（Retz.）Koel.

别名：拌根草、白草、俭草、乱草子、马唐、毛马唐、爬毛抓秧草、乌斯图－西巴棍－塔布格（蒙古族名）、蟋蟀草、抓地龙。

分布：安徽、重庆、福建、广东、广西、贵州、海南、河北、河南、黑龙江、湖北、吉林、江苏、江西、辽宁、内蒙古、宁夏、青海、天津、山东、山西、陕西、上海、四川、新疆、西藏、云南、浙江。

5. 长芒稗

学名：*Echinochloa caudata* Roshev.

别名：稗草、长芒野稗、长尾稗、凤稗、红毛稗、搔日特－奥存－好努格（蒙古族名）、水稗草。

分布：安徽、广西、贵州、河北、黑龙江、河南、湖南、吉林、江苏、江西、内蒙古、四川、山东、陕西、山西、新疆、云南、浙江。

6. 光头稗

学名：*Echinochloa colonum*（L.）Link

别名：光头稗子、芒稷。

分布：安徽、北京、重庆、福建、广东、广西、贵州、海南、河北、河南、湖北、湖南、吉林、江苏、江西、辽宁、内蒙古、宁夏、山东、四川、西藏、新疆、云南、浙江。

7. 稗

学名：*Echinochloa crusgali*（L.）Beauv.

别名：野稗、稗草、稗子、稗子草、水稗、水稗子、水䅟子、野䅟子、䅟子草。

分布：安徽、北京、重庆、福建、甘肃、广东、广西、贵州、海南、河北、河南、黑龙江、湖北、湖南、吉林、江苏、江西、辽宁、内蒙古、宁夏、青海、山东、山西、陕西、上海、四川、天津、西藏、新疆、云南、浙江。

8. 孔雀稗

学名：*Echinochloa cruspavonis*（H. B. K.）Schult.

分布：安徽、福建、广东、贵州、海南、四川、陕西、云南。

9. 旱稗

学名：*Echinochloa hispidula*（Retz.）Nees

别名：水田稗、乌日特－奥存－好努格（蒙古族名）。

分布：安徽、北京、重庆、甘肃、广东、贵州、海南、河北、河南、黑龙江、湖北、湖南、辽宁、内蒙古、宁夏、青海、吉林、江苏、江西、山东、山西、陕西、四川、天津、新疆、云南、浙江。

10. 水稗

学名：*Echinochloa phyllopogon*（Stapf）Koss.

别名：稻稗。

分布：北京、重庆、广东、广西、河北、河南、湖南、吉林、江苏、江西、宁夏、上海、天津、云南、浙江。

11. 牛筋草

学名：*Eleusine indica*（L.）Gaertn.

别名：蟋蟀草。

分布：安徽、甘肃、北京、福建、广东、贵州、海南、湖北、黑龙江、河北、河南、湖北、吉林、江苏、辽宁、内蒙古、宁夏、山西、新疆、重庆、湖南、江西、四川、山东、上海、陕西、天津、西藏、云南、浙江。

12. 甜茅

学名：*Glyceria acutiflora*（Torr.）Kuntze subsp. *japonica*（Steud.）T.Koyana et Kawano

分布：安徽、福建、广东、广西、贵州、河南、湖北、湖南、江苏、江西、四川、云南、浙江。

13. 柳叶箬

学名：*Isachne globosa*（Thunb.）Kuntze

别名：百珠蓧、百株筷、百珠（筱）、百珠篠、柳叶箬、万珠筱、细叶（筱）、细叶条、细叶筱、细叶篠。

分布：安徽、福建、河北、河南、广东、广西、贵州、湖北、湖南、江苏、江西、辽宁、山东、陕西、四川、重庆、贵州、云南、浙江。

14. 李氏禾

学名：*Leersia hexandra* Swartz

别名：假稻、六蕊稻草、六蕊假稻、蓉草、水游草、游草、游丝草。

分布：重庆、福建、广西、广东、贵州、海南、河南、湖南、四川、云南、浙江。

15. 秕壳草

学名：*Leersia sayanuka* Ohwi

别名：秕谷草、粃壳草、油草。

分布：安徽、福建、广东、广西、贵州、湖北、湖南、江苏、山东、浙江。

16. 千金子

学名：*Leptochloa chinensis*（L.）Nees

别名：雀儿舌头、畔茅、绣花草、油草、油麻。

分布：安徽、重庆、福建、甘肃、广东、广西、贵州、海南、河北、河南、黑龙江、湖北、湖南、吉林、江苏、江西、辽宁、内蒙古、山东、山西、陕西、上海、四川、新疆、云南、浙江。

17. 虮子草

学名：*Leptochloa panicea*（Retz.）Ohwi

别名：细千金子。

分布：安徽、重庆、福建、广东、广西、贵州、海南、河南、湖北、湖南、江苏、江西、陕西、四川、云南、浙江。

18. 杂草稻

学名：*Oryza sativa* L.

分布：安徽、福建、广东、广西、贵州、海南、河北、河南、黑龙江、湖北、湖南、吉林、江苏、江西、辽宁、宁夏、山东、上海、云南、浙江。

19. 双穗雀稗

学名：*Paspalum distichum* L.

别名：游草、游水筋、双耳草、双稳雀稗、铜线草。

分布：安徽、重庆、福建、甘肃、广东、广西、贵州、海南、河北、河南、黑龙江、湖北、湖南、江苏、江西、辽宁、山东、山西、陕西、上海、天津、新疆、四川、云南、浙江。

20. 芦苇

学名：*Phragmites australis*（Cav.）Trin. ex Steud.

别名：好鲁苏、呼勒斯、呼勒斯鹅、葭、蒹、芦、芦草、芦柴、芦头、芦芽、苇、苇葭、苇子。

分布：安徽、北京、重庆、福建、甘肃、广东、广西、贵州、海南、河北、河南、黑龙江、湖北、湖南、吉林、江苏、江西、辽宁、内蒙古、宁夏、青海、山东、山西、陕西、上海、四川、天津、西藏、新疆、云南、浙江。

21. 棒头草

学名：*Polypogon fugax* Nees ex Steud.

别名：狗尾稍草、麦毛草、稍草。

分布：安徽、重庆、福建、甘肃、广东、广西、贵州、河南、湖北、湖南、江苏、江西、内蒙古、宁夏、青海、山东、山西、陕西、上海、四川、新疆、西藏、云南、浙江。

22. 囊颖草

学名：*Sacciolepis indica*（L.）A. Chase

别名：长穗稗、长穗牌、滑草、鼠尾黍。

分布：安徽、福建、广东、广西、贵州、海南、湖北、黑龙江、河南、江西、四川、山东、云南、浙江。

23. 狗尾草

学名：*Setaria viridis*（L.）Beauv.

别名：谷莠子、莠。

分布：安徽、北京、重庆、福建、甘肃、广东、广西、贵州、河北、河南、黑龙江、湖北、湖南、吉林、江苏、江西、辽宁、内蒙古、宁夏、青海、山东、山西、陕西、上海、四川、天津、新疆、西藏、云南、浙江。

莎草科

1. 球柱草

学名：*Bulbostylis barbata*（Rottb.）C. B. Clarke

别名：宝日朝－哲格斯（蒙古族名）、龙爪草、旗茅、球花柱、畎莎、秧草、油麻草、油蔴草。

分布：安徽、福建、广东、广西、海南、河北、河南、湖北、江西、辽宁、山东、浙江。

2. 扁穗莎草

学名：*Cyperus compressus* L.

别名：硅子叶莎草、沙田草、莎田草、水虱草、砖子叶莎草。

分布：安徽、重庆、福建、广东、广西、河北、河南、贵州、海南、湖北、湖南、吉林、江苏、江西、陕西、四川、云南、浙江。

3. 异型莎草

学名：_Cyperus difformis_ L.

分布：安徽、北京、重庆、福建、甘肃、广东、广西、贵州、海南、河北、河南、黑龙江、湖北、湖南、吉林、江苏、江西、辽宁、内蒙古、宁夏、山东、山西、陕西、上海、四川、天津、新疆、云南、浙江。

4. 聚穗莎草

学名：_Cyperus glomeratus_ L.

别名：头状穗莎草。

分布：甘肃、河北、河南、黑龙江、湖北、吉林、江苏、辽宁、内蒙古、山东、陕西、山西、天津、云南、浙江。

5. 碎米莎草

学名：_Cyperus iria_ L.

分布：安徽、北京、重庆、福建、甘肃、广东、广西、贵州、海南、河北、河南、黑龙江、湖北、湖南、吉林、江苏、江西、辽宁、宁夏、山东、山西、陕西、上海、四川、新疆、云南、浙江。

6. 旋鳞莎草

学名：_Cyperus michelianus_（L.）Link

别名：白莎草、护心草、旋颖莎草。

分布：安徽、福建、广东、广西、河北、河南、黑龙江、吉林、江苏、辽宁、山东、浙江。

7. 毛轴莎草

学名：_Cyperus pilosus_ Vahl

别名：大绘草、三合草、三棱官、三稔草。

分布：福建、广东、广西、贵州、海南、湖南、江苏、江西、山东、四川、西藏、云南、浙江。

8. 香附子

学名：_Cyperus rotundus_ L.

别名：香头草。

分布：安徽、北京、重庆、福建、甘肃、广东、广西、贵州、海南、河北、河南、黑龙江、湖北、湖南、吉林、江苏、江西、辽宁、内蒙古、宁夏、山东、山西、陕西、上海、四川、新疆、云南、浙江。

9. 针蔺

学名：_Eleocharis congesta_ D.Don spp. _japonica_（Miq.）T.Koyama

分布：福建、广东、贵州、湖南、江西、四川、云南。

10. 夏飘拂草

学名：_Fimbristylis aestivalis_（Retz.）Vahl

别名：小畦畔飘拂草。

分布：福建、江西、广东、广西、海南、四川、云南、浙江。

11. 二歧飘拂草

学名：*Fimbristylis dichotoma*（L.）Vahl

别名：曹日木斯图－乌龙（蒙古族名）、二歧飘拂草、棱穗飘拂草、两岐飘拂草、飘拂草。

分布：福建、广东、广西、贵州、河北、黑龙江、吉林、江苏、江西、辽宁、山东、山西、四川、云南、浙江。

12. 拟二叶飘拂草

学名：*Fimbristylis diphylloides* Makino

别名：大牛毛毡、疙蚤草、假二叶飘拂草、苦草、面条草、拟三叶飘拂草、水站葱。

分布：安徽、重庆、福建、广东、广西、贵州、湖北、湖南、江苏、江西、四川、浙江。

13. 长穗飘拂草

学名：*Fimbristylis longispica* Steud.

分布：福建、广东、广西、黑龙江、江苏、吉林、辽宁、山东、陕西、浙江。

14. 水虱草

学名：*Fimbristylis miliacea*（L.）Vahl

别名：日照飘拂草、扁机草、扁排草、扁头草、木虱草、牛毛草、飘拂草、球花关。

分布：安徽、重庆、福建、广东、广西、贵州、海南、河北、河南、湖北、湖南、江苏、江西、辽宁、陕西、四川、云南、浙江。

15. 木贼状荸荠

学名：*Heleocharis equisetina* J. et C. Presl

分布：海南、广东、江苏、云南、广西。

16. 透明鳞荸荠

学名：*Heleocharis pellucida* Presl

分布：安徽、北京、重庆、福建、广东、广西、贵州、海南、河北、河南、黑龙江、湖北、湖南、吉林、江苏、江西、辽宁、内蒙古、宁夏、山东、山西、陕西、上海、四川、天津、云南、浙江。

17. 野荸荠

学名：*Heleocharis plantagineiformis* Tang et Wang

分布：安徽、重庆、福建、广东、广西、贵州、河北、河南、湖北、湖南、江苏、江西、辽宁、内蒙古、山东、山西、陕西、上海、四川、云南、浙江。

18. 牛毛毡

学名：*Heleocharis yokoscensis*（Franch. et Savat.）Tang et Wang

分布：安徽、重庆、福建、甘肃、广东、广西、贵州、海南、河北、河南、黑龙江、湖北、湖南、吉林、江苏、江西、辽宁、内蒙古、宁夏、山东、山西、陕西、上海、四川、天津、云南、浙江。

19. 水莎草

学名：*Juncellus serotinus*（Rottb.）C. B. Clarke

别名：地筋草、三棱草、三棱环、少日乃、水三棱。

分布：安徽、重庆、福建、甘肃、广东、广西、贵州、河北、河南、黑龙江、湖北、湖南、吉林、江苏、江西、辽宁、内蒙古、宁夏、山东、山西、陕西、上海、四川、天津、新疆、云南、浙江。

20. 水蜈蚣

学名：*Kyllinga brevifolia* Rottb.

分布：安徽、福建、广东、广西、江苏、江西、湖北、湖南、四川、贵州、云南、浙江。

21. 短穗多枝扁莎

学名：Pycreus polystachyus（Rottb.）P. Beauv. var. *brevispiculatus* How

分布：福建、广东、广西、海南。

22. 萤蔺

学名：*Scirpus juncoides* Roxb.

分布：安徽、重庆、福建、广东、广西、贵州、河北、河南、黑龙江、湖北、湖南、吉林、江苏、江西、辽宁、内蒙古、宁夏、山东、山西、陕西、上海、四川、天津、云南、浙江。

23. 扁秆藨草

学名：*Scirpus planiculmis* Fr. Schmidt

别名：紧穗三棱草、野荆三棱。

分布：安徽、重庆、福建、广东、广西、河南、河北、黑龙江、湖北、湖南、吉林、江苏、江西、辽宁、内蒙古、宁夏、山西、陕西、上海、四川、天津、新疆、云南、浙江。

24. 藨草

学名：*Scirpus triqueter* L.

分布：福建、广西、河南、吉林、江西、四川、云南、浙江。

25. 水葱

学名：*Scirpus validus* Vahl

别名：管子草、冲天草、莞蒲、莞。

分布：甘肃、广东、广西、贵州、河北、黑龙江、吉林、江西、辽宁、内蒙古、江苏、山西、陕西、四川、新疆、云南。

26. 荆三棱

学名：*Scirpus yagara* Ohwi

别名：铁荸荠、野荸荠、三棱子、沙囊果。

分布：重庆、广东、广西、贵州、黑龙江、湖南、吉林、江苏、辽宁、四川、浙江。

水鳖科

1. 尾水筛

学名：*Blyxa echinosperma*（C. B. Clarke）Hook. f.

别名：刺种水筛、岛田水筛、角实箦藻、刺水筛。

分布：安徽、重庆、福建、广东、广西、贵州、湖南、江苏、江西、陕西、四川。

2. 黑藻

学名：*Hydrilla verticillata*（Linn. f.）Royle

别名：轮叶黑藻、轮叶水草。

分布：安徽、福建、广东、广西、贵州、海南、河北、黑龙江、河南、湖北、湖南、江苏、江西、陕西、山东、四川、云南、浙江。

3. 水鳖

学名：*Hydrocharis dubia*（Bl.）Backer

别名：芣菜、白萍、白蘋、苿菜、马尿花、青萍菜、水膏药、水荷、水旋复、小旋覆、油灼灼。

分布：安徽、福建、广东、广西、海南、河北、河南、黑龙江、湖北、湖南、吉林、江苏、江西、辽宁、山东、陕西、四川、云南、浙江。

4. 软骨草

学名：*Lagarosiphon alternifolia*（Roxb.）Druce

别名：鸭仔草。

分布：湖南、云南、广东。

5. 龙舌草

学名：*Ottelia alismoides*（L.）Pers.

别名：水车前、白车前草、海菜、龙爪菜、龙爪草、牛耳朵草、瓢羹菜、山窝鸡、水白菜、水白带、水带菜、水芥菜、水莴苣。

分布：安徽、福建、广东、广西、贵州、海南、河北、黑龙江、河南、湖北、湖南、吉林、江苏、江西、辽宁、四川、云南、浙江。

6. 苦草

学名：*Vallisneria natans*（Lour.）Hara

别名：鞭子草、扁草、扁担草、韮菜草、面条草、水茜、亚洲苦草。

分布：安徽、福建、广东、广西、贵州、河北、湖北、湖南、江苏、江西、吉林、山东、陕西、四川、天津、云南、浙江。

香蒲科

香蒲

学名：*Typha orientalis* Presl

别名：东方香蒲、菖蒲、道日那音－哲格斯（蒙古族名）、东香蒲、毛蜡、毛蜡烛、蒲棒、蒲草、蒲黄、水蜡烛、小香蒲。

分布：安徽、广东、广西、河北、黑龙江、河南、吉林、江苏、江西、辽宁、内蒙古、山西、陕西、宁夏、山东、云南、浙江。

眼子菜科

1. 菹草

学名：*Potamogeton crispus* L.

别名：扎草、虾藻。

分布：安徽、北京、重庆、福建、甘肃、广东、广西、贵州、海南、河北、河南、黑龙江、湖北、湖南、吉林、江苏、江西、辽宁、内蒙古、宁夏、青海、山东、山西、陕西、上海、四川、天津、西藏、新疆、云南、浙江。

2. 鸡冠眼子菜

学名：*Potamogeton cristatus* Regel et Maack

别名：小叶眼子菜、突果眼子菜、水竹叶、菜水竹叶、水菹草、小叶水案板、小叶眼子。

分布：重庆、福建、广东、广西、河北、河南、黑龙江、湖北、湖南、吉林、江苏、江西、辽宁、山东、四川、云南、浙江。

3. 眼子菜

学名：*Potamogeton distinctus* A. Bennett

别名：鸭子草、水案板、牙齿草。

分布：安徽、重庆、福建、甘肃、广东、广西、贵州、海南、河北、河南、黑龙江、湖南、吉林、江苏、江西、辽宁、内蒙古、宁夏、山东、陕西、上海、四川、天津、西藏、新疆、云南、浙江。

4. 小眼子菜

学名：*Potamogeton pusillus* L.

别名：线叶眼子菜、丝藻。

分布：北京、甘肃、广西、河北、黑龙江、江苏、辽宁、吉林、内蒙古、宁夏、青海、山西、陕西、四川、西藏、新疆、云南、浙江。

雨久花科

1. 凤眼莲

学名：*Eichhornia crassipes*（Mart.）Solms

别名：凤眼篮、水葫芦。

分布：安徽、重庆、福建、广东、广西、贵州、海南、河北、河南、湖北、湖南、江苏、江西、陕西、山东、四川、云南、浙江。

2. 雨久花

学名：*Monochoria korsakowii* Regel et Maack

分布：安徽、重庆、福建、广东、广西、河北、河南、黑龙江、湖北、吉林、江苏、江西、辽宁、内蒙古、陕西、山西、四川、云南、浙江。

3. 鸭舌草

学名：*Monochoria vaginalis*（Burm. F.）Presl ex Kunth

别名：水锦葵。

分布：安徽、北京、福建、甘肃、广东、广西、贵州、海南、河北、黑龙江、河南、湖北、湖南、江苏、江西、吉林、辽宁、内蒙古、宁夏、青海、陕西、山东、上海、山西、四川、重庆、天津、新疆、西藏、云南、浙江。

泽泻科

1. 泽泻

学名：*Alisma plantago-aquatica* L.

别名：大花瓣泽泻、如意菜、水白菜、水慈菇、水哈蟆叶、水泽、天鹅蛋、天秃、一枝花。

分布：福建、广东、广西、贵州、河北、河南、黑龙江、湖南、吉林、江苏、江西、辽宁、内蒙古、宁夏、山西、陕西、上海、新疆、云南、浙江。

2. 浮叶慈姑

学名：*Sagittaria natans* Pall.

别名：野慈姑、吉吉格－比地巴拉（蒙古族名）、驴耳朵、漂浮慈姑、小慈姑、小慈菇、野慈菇、鹰爪子。

分布：黑龙江、吉林、辽宁、内蒙古、新疆。

3. 矮慈姑

学名：*Sagittaria pygmaea* Miq.

别名：水蒜、线慈姑。

分布：安徽、福建、广东、广西、贵州、海南、河南、湖北、湖南、江苏、江西、山东、陕西、四川、云南、浙江。

4. 野慈姑

学名：*Sagittaria trifolia* L.

别名：长瓣慈姑、矮慈姑、白地栗、比地巴拉、茨姑、慈姑、大耳夹子草、华夏慈姑、夹板子草、驴耳草、毛驴子耳朵 。

分布：安徽、北京、重庆、福建、甘肃、广东、广西、贵州、海南、河北、河南、黑龙江、湖北、湖南、吉林、江苏、江西、辽宁、内蒙古、宁夏、青海、山东、山西、陕西、上海、四川、天津、西藏、新疆、云南、浙江。

5. 长瓣慈姑

学名：*Sagittaria trifolia* L. var. *trifolia* f. *longiloba*（Turcz.）Makino

别名：剪刀草、狭叶慈姑。

分布：重庆、北京、甘肃、广东、广西、贵州、海南、河北、河南、湖北、江苏、江西、辽宁、内蒙古、宁夏、山西、陕西、上海、四川、新疆、云南、浙江。

附录：

2. 小麦田杂草

小麦田杂草科属种数（1）

植物种类	科	属	种
孢子植物	3	3	3
蕨类植物	3	3	3
被子植物	46	197	315
双子叶植物	40	154	246
单子叶植物	6	43	69
总计	49	200	318

小麦田杂草科属种数（2）

科	属	种	科	属	种
蕨类植物			藜科	6	11
木贼科	1	1	蓼科	5	22
凤尾蕨科	1	1	萝藦科	1	1
海金沙科	1	1	马鞭草科	1	1
双子叶植物			马齿苋科	1	1
报春花科	2	2	马兜铃科	1	1
车前科	1	2	牻牛儿苗科	2	3
唇形科	12	16	毛茛科	1	5
酢浆草科	1	2	葡萄科	1	1
大戟科	3	6	茜草科	3	8
大麻科	1	1	蔷薇科	3	7
豆科	10	18	茄科	3	3
番杏科	1	1	三白草科	1	1
沟繁缕科	2	2	伞形科	6	6
蒺藜科	1	1	商陆科	1	1
堇菜科	1	2	十字花科	12	19
锦葵科	3	4	石竹科	9	11
景天科	2	2	藤黄科	1	1
桔梗科	2	2	苋科	4	9
菊科	31	44	玄参科	5	12
爵床科	1	1	旋花科	6	7

（续表）

科	属	种	科	属	种
罂粟科	1	1	灯芯草科	1	1
远志科	1	1	禾本科	35	55
紫草科	6	7	莎草科	2	6
单子叶植物			石蒜科	1	1
百合科	3	4	鸭跖草科	1	2

小麦田杂草名录

孢子植物杂草

蕨类植物杂草

木贼科

问荆

学名：*Equisetum arvense* L.

别名：马蜂草、土麻黄、笔头草。

分布：安徽、北京、重庆、福建、甘肃、贵州、河北、河南、黑龙江、湖北、湖南、江苏、江西、吉林、辽宁、内蒙古、宁夏、青海、陕西、山东、上海、山西、四川、天津、新疆、西藏、云南、浙江。

凤尾蕨科

欧洲凤尾蕨

学名：*Pteris cretica* L.

别名：长齿凤尾蕨、粗糙凤尾蕨、大叶井口边草、凤尾蕨。

分布：贵州、浙江。

海金沙科

海金沙

学名：*Lygodium japonicum*（Thunb.）Sw.

别名：蛤蟆藤、罗网藤、铁线藤。

分布：安徽、重庆、福建、甘肃、广东、广西、贵州、河南、湖北、湖南、江苏、江西、陕西、上海、四川、西藏、云南、浙江。

被子植物杂草

双子叶植物杂草

报春花科

1. 琉璃繁缕

学名：*Androsace umbellata*(Lour.) Merr.

分布：安徽、福建、广东、广西、贵州、河北、黑龙江、湖北、湖南、江苏、江西、吉林、辽宁、内蒙古、宁夏、山东、山西、陕西、四川、西藏、云南、浙江。

2. 点地梅

学名：*Lysimachia candida* Lindl.

别名：泽星宿菜、白水花、单条草、水硼砂、香花、星宿菜。

分布：安徽、福建、广东、广西、贵州、河南、湖北、湖南、江苏、江西、陕西、山东、四川、西藏、云南、浙江。

车前科

1. 车前

学名：*Plantago asiatica* L.

别名：车前子。

分布：安徽、福建、甘肃、广东、广西、贵州、河北、河南、黑龙江、湖北、湖南、吉林、江苏、江西、辽宁、内蒙古、山东、山西、陕西、四川、西藏、新疆、云南、浙江。

2. 大车前

学名：*Plantago depressa* Willd.

别名：车轮菜、车轱辘菜、车串串。

分布：安徽、甘肃、河北、河南、黑龙江、湖北、吉林、江苏、江西、辽宁、内蒙古、宁夏、青海、山东、山西、陕西、西藏、新疆、四川、云南。

唇形科

1. 风轮菜

学名：*Clinopodium chinense*(Benth.) O. Ktze.

别名：野凉粉草、苦刀草。

分布：安徽、重庆、福建、广东、广西、贵州、湖北、湖南、江苏、江西、山东、四川、云南、浙江。

2. 细风轮菜

学名：*Clinopodium gracile*（Benth.）Kuntze

别名：瘦风轮菜、剪刀草、玉如意、野仙人草、臭草、光风轮、红上方。

分布：安徽、重庆、福建、广东、广西、贵州、湖北、湖南、江苏、江西、陕西、四川、云南、浙江。

3. 香薷

学名：*Elsholtzia ciliata*（Thunb.）Hyland.

分布：安徽、北京、福建、甘肃、广东、广西、贵州、河北、黑龙江、河南、湖北、湖南、内蒙古、宁夏、江苏、江西、吉林、辽宁、陕西、青海、山东、上海、山西、四川、重庆、天津、西藏、云南、浙江。

4. 密花香薷

学名：*Elsholtzia densa* Benth.

别名：咳嗽草、野紫苏。

分布：重庆、甘肃、河北、辽宁、青海、山西、陕西、四川、新疆、西藏、云南。

5. 小野芝麻

学名：*Galeobdolon chinense*（Benth.）C. Y. Wu

别名：假野芝麻、中华野芝麻。

分布：安徽、福建、甘肃、广东、广西、湖南、江苏、江西、陕西、四川、浙江。

6. 鼬瓣花

学名：*Galeopsis bifida* Boenn.

别名：黑苏子、套日朝格、套心朝格、野苏子、野芝麻。

分布：甘肃、贵州、黑龙江、湖北、吉林、内蒙古、青海、陕西、山西、四川、西藏、云南。

7. 连钱草

学名：*Glechoma biondiana*（Diels）C. Y. Wu et C. Chen

别名：见肿消、大铜钱草、苗东、透骨消、小毛铜钱草。

分布：陕西、浙江。

8. 夏至草

学名：*Lagopsis supina*（Steph. ex Willd.）Ik.-Gal. ex Knorr.

别名：灯笼棵、白花夏枯草。

分布：安徽、北京、重庆、福建、甘肃、广东、广西、贵州、河北、河南、黑龙江、湖北、湖南、江苏、江西、吉林、辽宁、内蒙古、青海、宁夏、山东、山西、陕西、上海、四川、天津、新疆、云南、浙江。

9. 宝盖草

学名：*Lamium amplexicaule* L.

别名：佛座、珍珠莲、接骨草。

分布：安徽、重庆、福建、甘肃、广西、贵州、河北、河南、湖北、湖南、江苏、宁夏、青海、山东、山西、陕西、四川、西藏、新疆、云南、浙江。

10. 野芝麻

学名：*Lamium barbatum* Sieb. et Zucc.

别名：山麦胡、龙脑薄荷、地蚤。

分布：安徽、甘肃、贵州、河北、河南、黑龙江、湖北、湖南、吉林、江苏、辽宁、内蒙古、山东、山西、陕西、四川、浙江。

11. 益母草

学名：*Leonurus japonicus* Houttuyn

别名：茺蔚、茺蔚子、茺玉子、灯笼草、地母草。

分布：安徽、重庆、北京、福建、甘肃、广东、广西、贵州、河北、河南、黑龙江、湖北、湖南、吉林、江苏、江西、辽宁、内蒙古、宁夏、青海、山东、山西、陕西、上海、四川、天津、新疆、西藏、云南、浙江。

12. 薄荷

学名：*Mentha canadensis* L.

别名：水薄荷、鱼香草、苏薄荷。

分布：安徽、北京、重庆、福建、甘肃、广东、广西、贵州、河北、河南、黑龙江、湖北、湖南、吉林、江苏、江西、辽宁、内蒙古、宁夏、青海、山东、山西、陕西、上海、四川、天津、西藏、新疆、云南、浙江。

13. 紫苏

学名：*Perilla frutescens*（L.）Britt.

别名：白苏、白紫苏、般尖、黑苏、红苏。

分布：福建、广东、广西、贵州、河北、湖北、湖南、江苏、江西、山西、四川、重庆、西藏、甘肃、陕西、云南、浙江。

14. 夏枯草

学名：*Prunella vulgaris* L.

别名：铁线夏枯草、铁色草、乃东、燕面。

分布：福建、甘肃、广东、广西、贵州、河北、湖北、湖南、江西、陕西、四川、新疆、西藏、云南、浙江。

15. 荔枝草

学名：*Salvia plebeia* R. Br.

别名：雪见草、蛤蟆皮、土荆芥、猴臂草。

分布：安徽、北京、重庆、甘肃、广东、广西、贵州、河北、河南、湖北、湖南、江苏、江西、辽宁、山东、山西、陕西、上海、四川、云南、浙江。

16. 半枝莲

学名：*Scutellaria barbata* D. Don

别名：并头草、牙刷草、四方马兰。

分布：福建、广东、广西、贵州、河北、河南、湖北、湖南、江苏、江西、山东、陕西、四川、云南、浙江。

酢浆草科

1. 酢浆草

学名：*Oxalis corniculata* L.

别名：老鸭嘴、满天星、黄花酢酱草、鸠酸、酸味草。

分布：安徽、北京、重庆、福建、甘肃、广东、广西、贵州、河北、河南、湖北、湖南、内蒙古、江苏、江西、辽宁、青海、山东、山西、陕西、上海、四川、天津、西藏、云南、浙江。

2. 红花酢浆草

学名：*Oxalis corymbosa* DC.

别名：铜锤草、百合还阳、大花酢酱草、大老鸦酸、大酸味草、大叶酢浆草。

分布：安徽、重庆、福建、甘肃、广东、广西、贵州、河南、河北、湖北、湖南、江苏、江西、山东、山西、陕西、四川、云南、新疆、浙江。

大戟科

1. 铁苋菜

学名：*Acalypha australis* L.

别名：榎草、海蚌含珠。

分布：北京、重庆、河北、黑龙江、湖北、江苏、山东、陕西、四川、西藏、新疆、云南。

2. 乳浆大戟

学名：*Euphorbia esula* L.

别名：烂疤眼。

分布：安徽、北京、重庆、福建、甘肃、广东、广西、河北、黑龙江、湖南、吉林、江苏、江西、辽宁、内蒙古、宁夏、山东、山西、陕西、上海、四川、新疆、云南、浙江。

3. 泽漆

学名：*Euphorbia helioscopia* L.

别名：五朵云、五风草。

分布：安徽、福建、甘肃、广东、广西、贵州、河北、河南、黑龙江、湖北、湖南、吉林、江苏、上海、江西、辽宁、内蒙古、宁夏、青海、山东、山西、陕西、四川、重庆、西藏、新疆、云南、浙江。

4. 地锦

学名：*Euphorbia humifusa* Willd.

别名：地锦草、红丝草、奶疳草。

分布：安徽、北京、福建、重庆、甘肃、广东、广西、贵州、河北、河南、黑龙江、湖北、湖南、吉林、江苏、江西、辽宁、内蒙古、宁夏、青海、山东、山西、陕西、上海、四川、天津、西藏、新疆、云南、浙江。

5. 斑地锦

学名：*Euphorbia maculata* L.

别名：班地锦、大地锦、宽斑地锦、痢疾草、美洲地锦、奶汁草、铺地锦。

分布：北京、重庆、广东、广西、河北、湖北、湖南、江西、江苏、辽宁、宁夏、山东、陕西、上海、浙江。

6. 叶下珠

学名：*Phyllanthus urinaria* L.

别名：阴阳草、假油树、珍珠草。

分布：重庆、广东、广西、贵州、河北、湖北、湖南、江苏、山西、陕西、四川、西藏、新疆、云南、浙江。

大麻科

葎草

学名：*Humulus scandens*（Lour.）Merr.

别名：拉拉藤、拉拉秧。

分布：安徽、北京、重庆、福建、甘肃、广东、广西、贵州、河北、黑龙江、河南、湖北、湖南、江苏、江西、吉林、辽宁、山东、山西、陕西、上海、四川、天津、西藏、云南、浙江。

豆科

1. 紫云英

学名：*Astragalus sinicus* L.

别名：沙蒺藜、马苕子、米布袋。

分布：福建、甘肃、广东、广西、贵州、河北、河南、湖北、湖南、江苏、江西、陕西、上海、四川、重庆、云南、浙江。

2. 小鸡藤

学名：*Dumasia forrestii* Diels

别名：雀舌豆、大苞山黑豆、光叶山黑豆。

分布：四川、西藏、云南。

3. 野大豆

学名：*Glycine soja* Sieb. et Zucc.

别名：白豆、柴豆、大豆、河豆子、黑壳豆。

分布：安徽、北京、重庆、福建、甘肃、广东、广西、贵州、河北、河南、黑龙江、湖北、湖南、吉林、江苏、江西、辽宁、内蒙古、宁夏、山东、山西、陕西、上海、四川、天津、云南、浙江。

4. 鸡眼草

学名：*Kummerowia striata*（Thunb.）Schindl.

别名：掐不齐、牛黄黄、公母草。

分布：安徽、重庆、福建、甘肃、广东、广西、贵州、河北、黑龙江、湖北、湖南、吉林、江苏、江西、辽宁、山东、四川、云南、浙江。

5. 野苜蓿

学名：*Medicago falcata* L.

别名：连花生、豆豆苗、黄花苜蓿、黄苜蓿。

分布：甘肃、广西、河北、河南、黑龙江、辽宁、内蒙古、山西、四川、西藏、新疆。

6. 天蓝苜蓿

学名：*Medicago lupulina* L.

别名：黑荚苜蓿、杂花苜蓿。

分布：安徽、北京、重庆、福建、甘肃、广东、广西、贵州、河北、河南、黑龙江、湖北、湖南、吉林、江苏、江西、辽宁、内蒙古、宁夏、青海、山东、山西、陕西、四川、西藏、新疆、云南、浙江。

7. 小苜蓿

学名：*Medicago minima*（L.）Grufb.

别名：破鞋底、野苜蓿。

分布：安徽、北京、重庆、河北、甘肃、广西、贵州、河南、湖北、湖南、江苏、陕西、山西、四川、新疆、云南、浙江。

8. 紫苜蓿

学名：*Medicago sativa* L.

别名：紫花苜蓿、蓿草、苜蓿。

分布：安徽、北京、甘肃、广东、广西、河北、河南、黑龙江、湖北、湖南、吉林、江苏、辽宁、内蒙古、宁夏、青海、山东、山西、陕西、四川、西藏、新疆、云南。

9. 草木樨

学名：*Melilotus suaveolens* Ledeb.

别名：黄花草、黄花草木樨、香马料木樨、野木樨。

分布：安徽、甘肃、广西、贵州、河北、河南、湖南、黑龙江、吉林、江苏、江西、辽宁、内蒙古、青海、山东、山西、陕西、宁夏、四川、西藏、新疆、云南、浙江。

10. 含羞草

学名： *Mimosa pudica* L.

别名： 知羞草、怕丑草、刺含羞草、感应草、喝呼草。

分布： 福建、广东、广西、贵州、湖南、四川、云南、浙江。

11. 红车轴草

学名： *Trifolium pratense* L.

别名： 红三叶、红荷兰翘摇、红菽草。

分布： 安徽、北京、重庆、福建、甘肃、广东、广西、贵州、河北、河南、黑龙江、湖北、湖南、吉林、江苏、江西、辽宁、内蒙古、宁夏、青海、山东、山西、陕西、上海、四川、天津、西藏、新疆、云南、浙江。

12. 白车轴草

学名： *Trifolium repens* L.

别名： 白花三叶草、白三叶、白花苜宿。

分布： 北京、重庆、广西、贵州、黑龙江、湖北、吉林、江苏、江西、辽宁、山东、山西、陕西、上海、四川、新疆、云南、浙江。

13. 毛果葫芦巴

学名： *Trigonella pubescens* Edgew. ex Baker

别名： 吉布察交、毛荚胡、卢巴、毛苜蓿。

分布： 青海、陕西、四川、西藏、云南。

14. 广布野豌豆

学名： *Vicia cracca* L.

别名： 豆豆苗、芦豆苗。

分布： 安徽、北京、重庆、福建、甘肃、广东、广西、贵州、河北、河南、黑龙江、湖北、湖南、吉林、江苏、江西、辽宁、内蒙古、宁夏、青海、山东、山西、陕西、上海、四川、天津、西藏、新疆、云南、浙江。

15. 小巢菜

学名： *Vicia hirsuta*（L.）S. F. Gray

别名： 硬毛果野豌豆、雀野豆。

分布： 安徽、重庆、福建、甘肃、广东、广西、贵州、河北、河南、湖北、湖南、江苏、江西、陕西、上海、四川、云南、浙江。

16. 大巢菜

学名： *Vicia sativa* L.

别名： 野绿豆、野菜豆、救荒野豌豆。

分布：安徽、北京、重庆、福建、甘肃、广东、广西、贵州、河北、河南、黑龙江、湖北、湖南、吉林、江苏、江西、辽宁、内蒙古、宁夏、青海、山东、山西、陕西、上海、四川、天津、西藏、新疆、云南、浙江。

17. 野豌豆

学名：*Vicia sepium* L.

别名：大巢菜、滇野豌豆、肥田菜、野劳豆。

分布：甘肃、贵州、河北、湖南、宁夏、江苏、山东、陕西、四川、云南、新疆、浙江。

18. 四籽野豌豆

学名：*Vicia tetrasperma*（L.）Schreber

别名：乌喙豆。

分布：安徽、重庆、甘肃、贵州、河南、湖北、湖南、江苏、陕西、四川、云南、浙江。

番杏科

粟米草

学名：*Mollugo stricta* L.

别名：飞蛇草、降龙草、万能解毒草、鸭脚瓜子草。

分布：安徽、重庆、福建、甘肃、广东、广西、贵州、河南、湖北、湖南、江苏、江西、山东、陕西、四川、西藏、新疆、云南、浙江。

沟繁缕科

1. 田繁缕

学名：*Bergia ammannioides* Roxb. ex Roth

别名：伯格草、蜂刺草、火开荆、假水苋菜。

分布：河北、河南、陕西、云南。

2. 三蕊沟繁缕

学名：*Elatine triandra* Schkuhr

别名：沟繁缕、三萼沟繁缕、伊拉塔干纳。

分布：陕西。

蒺藜科

蒺藜

学名：*Tribulus terrester* L.

别名：蒺藜狗子、野菱角、七里丹、刺蒺藜、章古、伊曼－章古（蒙古族名）。

分布：安徽、北京、重庆、福建、甘肃、广东、广西、贵州、河北、河南、黑龙江、湖北、湖南、吉林、江苏、江西、辽宁、内蒙古、宁夏、青海、山东、山西、陕西、上海、四川、天津、西藏、新疆、云南、浙江。

堇菜科

1. 犁头草

学名：*Viola inconspicua* Bl.

分布：安徽、重庆、福建、广东、广西、贵州、河南、湖北、湖南、江苏、江西、陕西、四川、云南、浙江。

2. 紫花地丁

学名：*Viola philippica* Cav.

分布：安徽、北京、重庆、福建、甘肃、广东、广西、贵州、河北、河南、黑龙江、湖北、湖南、江苏、江西、吉林、辽宁、内蒙、宁夏、山东、山西、陕西、四川、天津、云南、浙江。

锦葵科

1. 苘麻

学名：*Abutilon theophrasti* Medicus

别名：青麻、白麻。

分布：安徽、重庆、北京、福建、甘肃、广东、广西、贵州、河北、河南、黑龙江、湖北、湖南、吉林、江苏、江西、辽宁、内蒙古、宁夏、山东、山西、陕西、上海、四川、天津、新疆、云南、浙江。

2. 野西瓜苗

学名：*Hibiscus trionum* L.

别名：香铃草。

分布：安徽、重庆、北京、福建、甘肃、广东、广西、贵州、河北、河南、黑龙江、湖北、湖南、吉林、江苏、江西、辽宁、内蒙古、宁夏、青海、山东、山西、陕西、上海、四川、天津、西藏、新疆、云南、浙江。

3. 冬葵

学名：*Malva crispa* L.

别名：冬苋菜、冬寒菜。

分布：重庆、甘肃、广西、贵州、河北、湖南、吉林、江西、宁夏、青海、山东、陕西、四川、西藏、云南。

4. 锦葵

学名：*Malva sinensis* Cavan.

分布：北京、甘肃、广东、广西、贵州、河北、河南、湖北、湖南、江苏、江西、内蒙古、宁夏、青海、山东、山西、陕西、四川、西藏、新疆、云南。

景天科

1. 凹叶景天

学名：*Sedum bulbiferum* Makino

别名：马尿花、珠芽佛甲草、零余子景天、马屎花、小箭草、小六儿令、珠芽半枝。

分布：安徽、福建、广东、贵州、湖南、江苏、江西、四川、云南、浙江。

2. 垂盆草

学名：*Sedum emarginatum* Migo

别名：石马苋、马牙半支莲。

分布：安徽、重庆、甘肃、湖北、湖南、江苏、江西、陕西、四川、云南、浙江。

桔梗科

1. 半边莲

学名：*Lobelia chinensis* Lour.

别名：急解索、细米草、瓜仁草。

分布：安徽、福建、广东、广西、贵州、湖北、湖南、江苏、江西、四川、云南、浙江。

2. 蓝花参

学名：*Wahlenbergia marginata*（Thunb.）A. DC.

分布：安徽、重庆、福建、甘肃、广东、广西、贵州、河南、湖北、湖南、江苏、江西、四川、云南、浙江。

菊科

1. 胜红蓟

学名：*Ageratum conyzoides* L.

别名：藿香蓟、臭垆草、咸虾花。

分布：安徽、重庆、福建、湖南、湖北、甘肃、广东、广西、贵州、河南、江西、江苏、山西、四川、云南、浙江。

2. 牛蒡

学名：*Arctium lappa* L.

别名：恶实、大力子。

分布：安徽、北京、福建、甘肃、广东、广西、贵州、河北、黑龙江、河南、湖北、湖南、江苏、江西、吉林、辽宁、内蒙古、宁夏、青海、陕西、山东、上海、山西、四川、天津、新疆、西藏、云南、浙江。

3. 黄花蒿

学名：*Artemisia annua* L.

别名：臭蒿。

分布：安徽、北京、福建、甘肃、广东、广西、贵州、河北、黑龙江、河南、湖北、湖南、江苏、江西、吉林、辽宁、内蒙古、宁夏、青海、陕西、山东、上海、山西、四川、天津、新疆、西藏、云南、浙江。

4. 艾蒿

学名：*Artemisia argyi* Levl. et Vant.

别名：艾

分布：安徽、北京、重庆、福建、甘肃、广东、广西、贵州、河北、河南、黑龙江、湖北、湖南、吉林、江苏、江西、辽宁、内蒙古、宁夏、青海、山东、山西、陕西、四川、天津、新疆、云南、浙江。

5. 茵陈蒿

学名：*Artemisia capillaris* Thunb.

别名：因尘、因陈、茵陈、茵藤蒿、绵茵陈、白茵陈、日本茵陈、家茵陈、绒蒿、臭蒿、安吕草。

分布：安徽、福建、甘肃、广东、广西、河北、河南、黑龙江、湖北、湖南、江苏、江西、辽宁、宁夏、山东、陕西、四川、浙江。

6. 米蒿

学名：*Artemisia dalai-lamae* Krasch.

别名：达来－协日乐吉（蒙古族名）、达赖蒿、达赖喇嘛蒿、碱蒿、驴驴蒿、青藏蒿。

分布：甘肃、内蒙古、青海、西藏。

7. 狭叶青蒿

学名：*Artemisia dracunculus* L.

别名：龙蒿。

分布：重庆、甘肃、贵州、湖北、辽宁、内蒙古、宁夏、青海、山西、陕西、四川、新疆。

8. 牡蒿

学名：*Artemisia japonica* Thunb.

分布：安徽、福建、甘肃、广东、广西、贵州、河北、河南、湖北、湖南、江苏、江西、辽宁、山东、山西、陕西、四川、西藏、云南、浙江。

9. 野艾蒿

学名：*Artemisia lavandulaefolia* DC.

分布：安徽、重庆、甘肃、广东、广西、贵州、河北、河南、黑龙江、湖北、湖南、吉林、江苏、江西、辽宁、内蒙古、宁夏、青海、山东、山西、陕西、四川、云南。

10. 猪毛蒿

学名：*Artemisia scoparia* Waldst. et Kit.

别名：东北茵陈蒿、黄蒿、白蒿、白毛蒿、白绵蒿、白青蒿。

分布：安徽、北京、重庆、福建、甘肃、广东、广西、贵州、河北、河南、黑龙江、湖北、湖南、吉林、江苏、江西、辽宁、内蒙古、宁夏、青海、山东、山西、陕西、上海、四川、天津、西藏、新疆、云南、浙江。

11. 大籽蒿

学名：*Artemisia sieversiana* Ehrhart ex Willd.

分布：甘肃、贵州、河北、河南、黑龙江、江苏、广西、吉林、辽宁、内蒙古、宁夏、青海、山东、陕西、山西、四川、新疆、西藏、云南。

12. 窄叶紫菀

学名：*Aster subulatus* Michx.

别名：钻形紫菀、白菊花、九龙箭、瑞连草、土紫胡、野红梗菜。

分布：重庆、广西、江苏、江西、四川、云南、浙江。

13. 鬼针草

学名：*Bidens pilosa* L.

分布：安徽、北京、重庆、福建、甘肃、广东、广西、河北、河南、黑龙江、湖北、吉林、江苏、江西、辽宁、内蒙古、山东、山西、陕西、四川、天津、云南、浙江。

14. 白花鬼针草

学名：*Bidens pilosa* L. var. *radiata* Sch.-Bip.

别名：叉叉菜、金盏银盘、三叶鬼针草 。

分布：北京、重庆、福建、甘肃、广东、广西、贵州、河北、江苏、辽宁、山东、陕西、四川、云南、浙江。

15. 飞廉

学名：*Carduus nutans* L.

分布：甘肃、广西、河北、河南、吉林、江苏、宁夏、青海、山东、山西、陕西、四川、云南、新疆。

16. 天名精

学名：*Carpesium abrotanoides* L.

别名：天蔓青、地菘、鹤虱。

分布：重庆、甘肃、贵州、湖北、湖南、江苏、陕西、四川、云南、浙江。

17. 矢车菊

学名：*Centaurea cyanus* L.

别名：蓝芙蓉、车轮花、翠兰、兰芙蓉、荔枝菊。

分布：甘肃、广东、河北、湖北、湖南、江苏、青海、陕西、山东、四川、西藏、新疆、云南。

18. 刺儿菜

学名：*Cephalanoplos segetum*(Bunge)Kitam.

别名：小蓟。

分布：安徽、北京、重庆、福建、甘肃、广东、广西、贵州、河北、河南、黑龙江、湖北、湖南、吉林、江苏、江西、辽宁、内蒙古、宁夏、青海、山东、山西、陕西、上海、四川、天津、新疆、云南、浙江。

19. 大刺儿菜

学名：*Cephalanoplos setosum*(Willd.)Kitam.

别名：马刺蓟。

分布：安徽、北京、甘肃、广西、贵州、河北、河南、黑龙江、湖北、吉林、江苏、辽宁、内蒙古、宁夏、青海、山东、山西、陕西、四川、天津、西藏、新疆、云南、浙江。

20. 野菊

学名：*Chrysanthemum indicum* Thunb.

别名：东篱菊、甘菊花、汉野菊、黄花草、黄菊花、黄菊仔、黄菊子。

分布：重庆、甘肃、广东、广西、贵州、河北、河南、湖北、湖南、吉林、辽宁、内蒙古、山西、陕西、四川、西藏、云南、浙江。

21. 小蓬草

学名：*Conyza canadensis*(L.)Cronq.

别名：加拿大蓬、飞蓬、小飞蓬。

分布：安徽、北京、重庆、福建、甘肃、广东、广西、贵州、河北、河南、黑龙江、湖北、湖南、吉林、江苏、江西、辽宁、内蒙古、宁夏、青海、山东、山西、陕西、上海、四川、天津、西藏、新疆、云南、浙江。

22. 芫荽菊

学名：*Cotula anthemoides* L.

别名：山芫荽、山莞荽、莞荽菊。

分布：重庆、福建、甘肃、广东、陕西、湖南、江苏、四川、云南。

23. 野塘蒿

学名：*Crassocephalum crepidioides*(Benth.)S. Moore

别名：革命菜、草命菜、灯笼草、关冬委妞、凉干药、啪哑裸、胖头芋、野蒿茼、野蒿筒属、野木耳菜、野青菜、一点红。

分布：重庆、福建、广东、广西、贵州、湖北、湖南、江苏、江西、四川、西藏、云南、浙江。

24. 鳢肠

学名：*Eclipta prostrata* L.

别名：旱莲草、墨草。

分布：安徽、北京、重庆、福建、甘肃、广东、广西、贵州、河北、河南、黑龙江、湖北、湖南、吉林、江苏、江西、辽宁、内蒙古、宁夏、青海、山东、山西、陕西、上海、四川、天津、西藏、新疆、云南、浙江。

25. 一年蓬

学名：*Erigeron annuus*（L.）Pers.

别名：千层塔、治疟草、野蒿、贵州毛菊花、黑风草、姬女苑、蓬头草、神州蒿、向阳菊。

分布：安徽、重庆、福建、河北、河南、甘肃、广西、贵州、湖北、湖南、江苏、江西、吉林、山东、上海、四川、西藏、浙江。

26. 牛膝菊

学名：*Galinsoga parviflora* Cav.

别名：辣子草、向阳花、珍珠草、铜锤草、嘎力苏干－额布苏（蒙古族名）、旱田菊、兔儿草、小米菊。

分布：安徽、北京、重庆、福建、广东、广西、甘肃、贵州、河南、湖北、湖南、黑龙江、吉林、江苏、江西、辽宁、内蒙古、宁夏、青海、山东、山西、上海、天津、陕西、四川、西藏、新疆、云南、浙江。

27. 鼠曲草

学名：*Gnaphalium affine* D. Don

分布：重庆、福建、甘肃、广东、广西、贵州、湖北、湖南、江苏、江西、山东、陕西、四川、西藏、新疆、云南、浙江。

28. 秋鼠曲草

学名：*Gnaphalium hypoleucum* DC.

分布：安徽、福建、甘肃、广东、广西、贵州、湖北、湖南、江苏、江西、宁夏、青海、陕西、四川、新疆、西藏、云南、浙江。

29. 泥胡菜

学名：*Hemistepta lyrata* Bunge

别名：秃苍个儿。

分布：安徽、北京、重庆、福建、甘肃、广东、广西、贵州、河北、河南、黑龙江、湖北、湖南、吉林、江苏、江西、辽宁、内蒙古、宁夏、青海、山东、山西、陕西、上海、四川、天津、云南、浙江。

30. 阿尔泰狗娃花

学名：*Heteropappus altaicus*（Willd.）Novopokr.

别名：阿尔泰紫菀、阿尔太狗娃花、阿尔泰狗哇花、阿尔泰紫苑、阿匊泰紫菀、阿拉泰音－布荣黑（蒙古族名）、狗娃花、蓝菊花、铁杆。

分布：北京、甘肃、河北、河南、黑龙江、湖北、吉林、内蒙古、宁夏、青海、山东、山西、陕西、四川、天津、西藏、新疆、云南。

31. 旋覆花

学名：*Inula japonica* Thunb.

别名：全佛草。

分布：安徽、北京、重庆、福建、甘肃、广东、广西、贵州、河北、河南、黑龙江、湖北、湖南、吉林、江苏、江西、辽宁、内蒙古、宁夏、青海、山东、山西、陕西、上海、四川、天津、西藏、新疆、云南、浙江。

32. 山苦荬

学名：*Ixeris chinensis*（Thunb.）Nakai

别名：苦菜、燕儿尾、陶来音 – 伊达日阿（蒙古族名）。

分布：重庆、福建、甘肃、广东、广西、贵州、河北、黑龙江、湖南、江苏、江西、辽宁、宁夏、山东、山西、陕西、四川、天津、云南、浙江。

33. 多头苦荬菜

学名：*Ixeris polycephala* Cass.

分布：安徽、北京、重庆、福建、甘肃、广东、广西、贵州、湖南、江苏、江西、河北、河南、黑龙江、吉林、辽宁、内蒙古、青海、山东、山西、陕西、四川、天津、新疆、云南、浙江。

34. 马兰

学名：*Kalimeris indica*（L.）Sch.–Bip.

别名：马兰头、鸡儿肠、红管药、北鸡儿肠、北马兰、红梗菜。

分布：安徽、重庆、福建、广东、广西、贵州、河南、黑龙江、湖北、湖南、吉林、江苏、江西、宁夏、陕西、四川、西藏、云南、浙江。

35. 花花柴

学名：*Karelinia caspia*（Pall.）Less.

别名：胖姑娘娘、洪古日朝高那、胖姑娘。

分布：甘肃、陕西、内蒙古、青海、新疆。

36. 稻槎菜

学名：*Lapsana apogonoides* Maxim.

分布：安徽、重庆、福建、广东、广西、贵州、河南、湖北、湖南、江西、江苏、山西、陕西、上海、四川、云南、浙江。

37. 抱茎苦荬菜

学名：*lxeris sonchifolia* Hance

分布：安徽、北京、重庆、福建、广东、广西、贵州、河北、河南、黑龙江、湖北、湖南、吉林、江苏、江西、辽宁、山东、山西、上海、四川、天津、云南、浙江。

38. 豨莶

学名：*Siegesbeckia orientalis* L.

别名：虾柑草、粘糊菜。

分布：安徽、重庆、福建、甘肃、广东、广西、贵州、河北、河南、湖南、吉林、江苏、江西、山东、陕西、四川、云南、浙江。

39. 裸柱菊

学名：*Soliva anthemifolia*（Juss.）R. Br.

别名：座地菊。

分布：福建、广东、湖南、江西、云南。

40. 苣荬菜

学名：*Sonchus arvensis* L.

别名：苦菜。

分布：安徽、北京、重庆、福建、甘肃、广东、广西、贵州、河北、河南、黑龙江、湖北、湖南、吉林、江苏、江西、辽宁、内蒙古、宁夏、青海、山东、山西、陕西、上海、四川、天津、新疆、浙江。

41. 苦苣菜

学名：*Sonchus oleraceus* L.

别名：苦菜、滇苦莱、田苦卖菜、尖叶苦菜。

分布：安徽、北京、重庆、福建、甘肃、广东、广西、贵州、河北、河南、黑龙江、湖北、湖南、江苏、江西、辽宁、内蒙古、宁夏、青海、山东、山西、陕西、四川、天津、西藏、新疆、云南、浙江。

42. 蒲公英

学名：*Taraxacum mongolicum* Hand.–Mazz.

分布：安徽、北京、重庆、福建、甘肃、广东、广西、贵州、河北、河南、黑龙江、湖北、湖南、吉林、江苏、江西、辽宁、内蒙古、宁夏、青海、山东、山西、陕西、上海、四川、天津、西藏、新疆、云南、浙江。

43. 苍耳

学名：*Xanthium sibiricum* Patrin ex Widder

别名：虱麻头、老苍子、青棘子。

分布：安徽、北京、重庆、福建、甘肃、广东、广西、贵州、河北、河南、黑龙江、湖北、湖南、吉林、江苏、江西、辽宁、内蒙古、宁夏、青海、山东、山西、陕西、四川、天津、西藏、新疆、云南、浙江。

44. 黄鹌菜

学名：*Youngia japonica*（L.）DC.

分布：安徽、北京、重庆、福建、甘肃、广东、广西、贵州、河北、河南、湖北、湖南、江苏、江西、山东、陕西、四川、西藏、云南、浙江。

爵床科

爵床

学名：*Rostellularia procumbens*（L.）Nees

分布：安徽、北京、重庆、福建、甘肃、广东、广西、贵州、湖北、湖南、江苏、江西、山西、陕西、四川、西藏、云南、浙江。

藜科

1. 中亚滨藜

学名：*Atriplex centralasiatica* Iljin

别名：道木达－阿贼音－绍日乃（蒙古族名）、麻落粒、马灰条、软蒺藜、演藜、中亚粉藜。

分布：甘肃、贵州、河北、吉林、辽宁、内蒙古、宁夏、青海、山西、陕西、新疆、西藏。

2. 野滨藜

学名：*Atriplex fera*（L.）Bunge

别名：碱钵子菜、三齿滨藜、三齿粉藜、希日古恩－绍日乃（蒙古族名）。

分布：甘肃、河北、黑龙江、吉林、内蒙古、青海、陕西、山西、新疆。

3. 西伯利亚滨藜

学名：*Atriplex sibirica* L.

别名：刺果粉藜、大灰藜、灰菜、麻落粒、软蒺藜、西北利亚滨藜、西伯日－绍日乃（蒙古族名）。

分布：甘肃、河北、黑龙江、吉林、辽宁、内蒙古、宁夏、青海、陕西、新疆。

4. 藜

学名：*Chenopodium album* L.

别名：灰菜、白藜、灰条菜、地肤子。

分布：安徽、北京、重庆、福建、甘肃、广东、广西、贵州、河北、河南、黑龙江、湖北、湖南、吉林、江苏、江西、辽宁、内蒙古、宁夏、青海、山东、山西、陕西、上海、四川、天津、西藏、新疆、云南、浙江。

5. 刺藜

学名：*Chenopodium aristatum* L.

分布：甘肃、广东、广西、贵州、河北、河南、黑龙江、湖北、吉林、辽宁、内蒙古、宁夏、青海、山东、山西、陕西、四川、云南、新疆。

6. 灰绿藜

学名：*Chenopodium glaucum* L.

别名：碱灰菜、小灰菜、白灰菜。

分布：安徽、北京、甘肃、广东、广西、贵州、山东、河北、河南、黑龙江、湖北、湖南、吉林、江苏、江西、辽宁、内蒙古、宁夏、青海、山西、陕西、上海、四川、天津、西藏、云南、新疆、浙江。

7. 小藜

学名：*Chenopodium serotinum* L.

分布：安徽、北京、重庆、福建、甘肃、广东、广西、贵州、河北、河南、黑龙江、湖北、湖南、吉林、江苏、江西、辽宁、内蒙古、宁夏、青海、山东、山西、陕西、上海、四川、天津、新疆、云南、浙江。

8. 土荆芥

学名：*Dysphania ambrosioides*（L.）Mosyakin et Clemants

别名：醒头香、香草、省头香、罗勒、胡椒菜、九层塔。

分布：福建、重庆、甘肃、广东、广西、贵州、河北、河南、湖北、湖南、江苏、江西、陕西、四川、云南、浙江。

9. 地肤

学名：*Kochia scoparia*（L.）Schrad.

别名：扫帚菜。

分布：安徽、北京、重庆、福建、甘肃、广东、广西、贵州、河北、河南、黑龙江、湖北、湖南、吉林、江苏、江西、辽宁、内蒙古、宁夏、青海、山东、山西、陕西、四川、天津、西藏、新疆、云南、浙江。

10. 猪毛菜

学名：*Salsola collina* Pall.

别名：扎蓬棵、山叉明棵。

分布：安徽、北京、甘肃、广西、贵州、河北、河南、黑龙江、湖北、湖南、吉林、江苏、辽宁、内蒙古、宁夏、青海、山东、山西、陕西、四川、西藏、新疆、云南、浙江。

11. 灰绿碱蓬

学名：*Suaeda glauca* Bunge

别名：碱蓬。

分布：甘肃、河北、河南、黑龙江、江苏、内蒙古、宁夏、青海、山东、山西、陕西、新疆、浙江。

蓼科

1. 金荞麦

学名： *Fagopyrum dibotrys*（D. Don）Hara

别名： 野荞麦、苦荞头、荞麦三七、荞麦当归、开金锁、铁拳头、铁甲将军草、野南荞。

分布： 安徽、福建、甘肃、广东、广西、贵州、河南、湖北、江苏、江西、陕西、四川、西藏、云南、浙江。

2. 苦荞麦

学名： *Fagopyrum tataricum*（L.）Gaertn.

别名： 野荞麦、鞑靼荞麦、虎日－萨嘎得（蒙古族名）。

分布： 甘肃、广西、贵州、河北、河南、黑龙江、湖北、湖南、吉林、辽宁、内蒙古、宁夏、青海、陕西、山西、四川、新疆、西藏、云南。

3. 卷茎蓼

学名： *Fallopia convolvula*（L.）A. Löve

分布： 安徽、北京、福建、甘肃、广东、广西、贵州、河北、河南、黑龙江、湖北、吉林、江苏、辽宁、江西、内蒙古、宁夏、青海、山东、山西、陕西、四川、新疆、云南。

4. 何首乌

学名： *Fallopia multiflora*（Thunb.）Harald.

别名： 夜交藤。

分布： 安徽、重庆、福建、甘肃、广东、广西、贵州、河北、黑龙江、湖北、湖南、江苏、江西、山东、陕西、四川、云南、浙江。

5. 萹蓄

学名： *Polygonum aviculare* L.

别名： 鸟蓼、扁竹。

分布： 安徽、福建、甘肃、广东、广西、贵州、河北、河南、黑龙江、湖北、湖南、吉林、江苏、江西、辽宁、内蒙古、宁夏、青海、山东、山西、陕西、四川、重庆、西藏、新疆、云南、浙江。

6. 毛蓼

学名： *Polygonum barbatum* L.

别名： 毛脉两栖蓼、冉毛蓼、水辣蓼、香草、哑放兰姆。

分布： 福建、甘肃、广东、广西、贵州、湖北、湖南、江西、山西、陕西、四川、云南、浙江。

7. 柳叶刺蓼

学名： *Polygonum bungeanum* Turcz.

别名： 本氏蓼、刺蓼、刺毛马蓼、蓼吊子、蚂蚱腿、蚂蚱子腿、胖孩子腿、青蛙子腿、乌日格斯图－塔日纳（蒙古族名）。

分布：安徽、福建、甘肃、广东、广西、贵州、河北、河南、黑龙江、湖北、湖南、吉林、江苏、辽宁、内蒙古、宁夏、山东、山西、陕西、四川、新疆、云南。

8. 蓼子草

学名：*Polygonum criopolitanum* Hance

别名：半年粮、细叶一枝蓼、小莲蓬、猪蓼子草。

分布：安徽、福建、广东、广西、河南、湖北、湖南、江苏、江西、陕西、浙江。

9. 水蓼

学名：*Polygonum hydropiper* L.

别名：辣蓼。

分布：安徽、重庆、福建、甘肃、广东、贵州、河北、河南、黑龙江、湖北、湖南、吉林、江苏、江西、辽宁、内蒙古、宁夏、青海、山东、山西、陕西、四川、天津、新疆、西藏、云南、浙江。

10. 蚕茧蓼

学名：*Polygonum japonicum* Meisn.

别名：长花蓼、大花蓼、旱蓼、红蓼子、蓼子草、日本蓼、香烛干子、小红蓼、小蓼子、小蓼子草 。

分布：安徽、福建、广东、广西、贵州、河南、湖北、湖南、江苏、江西、山东、陕西、四川、西藏、云南、浙江。

11. 酸模叶蓼

学名：*Polygonum lapathifolium* L.

别名：旱苗蓼。

分布：安徽、北京、重庆、福建、甘肃、广东、广西、贵州、河北、黑龙江、河南、湖北、湖南、吉林、江苏、江西、辽宁、内蒙古、宁夏、青海、山东、山西、陕西、上海、四川、西藏、新疆、云南、浙江。

12. 绵毛酸模叶蓼

学名：*Polygonum lapathifolium* L. var. *salicifolium* Sibth.

别名：白毛蓼、白胖子、白绒蓼、柳叶大马蓼、柳叶蓼、绵毛大马蓼、绵毛旱苗蓼、棉毛酸模叶蓼。

分布：安徽、北京、重庆、福建、甘肃、广东、广西、贵州、河北、河南、黑龙江、湖北、湖南、吉林、江苏、江西、辽宁、内蒙古、宁夏、青海、山东、山西、陕西、上海、四川、天津、西藏、新疆、云南、浙江。

13. 大戟叶蓼

学名：*Polygonum maackianum* Regel

别名：吉丹－希没乐得格（蒙古族名）、马氏蓼。

分布：安徽、甘肃、广东、广西、河北、河南、黑龙江、湖南、吉林、江苏、江西、辽宁、内蒙古、山东、陕西、四川、云南、浙江。

14. 红蓼

学名：*Polygonum orientale* L.

别名：东方蓼。

分布：安徽、福建、甘肃、广东、广西、贵州、河北、河南、黑龙江、湖北、湖南、吉林、江苏、江西、辽宁、内蒙古、宁夏、青海、山东、山西、陕西、四川、天津、新疆、云南、浙江。

15. 杠板归

学名：*Polygonum perfoliatum* L.

别名：犁头刺、蛇倒退。

分布：安徽、福建、甘肃、广东、广西、贵州、河北、河南、黑龙江、湖北、湖南、吉林、江苏、江西、辽宁、内蒙古、山东、山西、陕西、四川、西藏、云南、浙江。

16. 伏毛蓼

学名：*Polygonum pubescens* Blume

别名：辣蓼、无辣蓼

分布：安徽、福建、甘肃、广东、广西、贵州、河南、湖北、湖南、江苏、江西、辽宁、陕西、上海、四川、云南、浙江。

17. 西伯利亚蓼

学名：*Polygonum sibiricum* Laxm.

别名：剪刀股、醋柳、哈拉布达、面留留、面条条、曲玛子、酸姜、酸溜溜、西伯日－希没乐得格（蒙古族名）、子子沙曾。

分布：安徽、甘肃、贵州、河北、河南、黑龙江、湖北、吉林、江苏、辽宁、内蒙古、宁夏、青海、山东、山西、陕西、四川、天津、西藏、云南。

18. 箭叶蓼

学名：*Polygonum sieboldii* Meissn.

别名：长野芥麦草、刺蓼、大二郎箭、大蛇舌草、倒刺林、更生、河水红花、尖叶蓼、箭蓼、猫爪刺。

分布：福建、甘肃、贵州、河北、河南、黑龙江、湖北、吉林、江苏、江西、辽宁、内蒙古、山东、山西、陕西、四川、云南、浙江。

19. 戟叶蓼

学名：*Polygonum thunbergii* Sieb. et Zucc.

分布：安徽、重庆、福建、甘肃、广东、广西、贵州、河北、河南、黑龙江、湖北、湖南、吉林、江苏、江西、辽宁、内蒙古、山东、山西、陕西、四川、云南、浙江。

20. 酸模

学名： *Rumex acetosa* L.

别名： 土大黄。

分布： 安徽、北京、重庆、福建、甘肃、广西、贵州、河南、黑龙江、湖北、湖南、吉林、江苏、辽宁、内蒙古、青海、山东、山西、陕西、四川、新疆、西藏、云南、浙江。

21. 皱叶酸模

学名： *Rumex crispus* L.

别名： 羊蹄叶。

分布： 福建、甘肃、贵州、广西、河北、河南、黑龙江、湖北、湖南、吉林、江苏、辽宁、内蒙古、宁夏、青海、山东、山西、陕西、四川、天津、新疆、云南。

22. 齿果酸模

学名： *Rumex dentatus* L.

分布： 安徽、重庆、福建、甘肃、贵州、河北、河南、湖北、湖南、江苏、江西、内蒙古、宁夏、青海、山东、山西、陕西、四川、新疆、云南、浙江。

萝藦科

萝藦

学名： *Metaplexis japonica*（Thunb.）Makino

别名： 天将壳、飞来鹤、赖瓜瓢。

分布： 安徽、北京、福建、甘肃、广东、广西、贵州、河北、黑龙江、河南、湖北、湖南、江苏、江西、吉林、辽宁、内蒙古、宁夏、青海、陕西、山东、上海、山西、四川、天津、西藏、云南、浙江。

马鞭草科

马鞭草

学名： *Verbena officinalis* L.

别名： 龙牙草、铁马鞭、风颈草。

分布： 安徽、福建、广东、广西、贵州、河南、湖北、湖南、江苏、江西、青海、陕西、四川、西藏、云南、浙江。

马齿苋科

马齿苋

学名： *Portulaca oleracea* L.

别名： 马蛇子菜、马齿菜。

分布： 安徽、北京、重庆、福建、甘肃、广东、广西、贵州、河北、黑龙江、河南、湖北、湖南、江苏、江西、吉林、辽宁、内蒙古、宁夏、青海、山东、山西、陕西、上海、四川、天津、西藏、新疆、云南、浙江。

马兜铃科

马兜铃

学名：*Aristolochia debilis* Sieb. et Zucc.

别名：青木香、土青木香。

分布：安徽、福建、甘肃、广东、广西、贵州、河南、湖北、湖南、江苏、江西、山东、陕西、四川、云南、浙江。

牻牛儿苗科

1. 牻牛儿苗

学名：*Erodium stephanianum* Willd.

分布：安徽、重庆、甘肃、贵州、河北、河南、黑龙江、湖北、湖南、吉林、江苏、江西、辽宁、内蒙古、宁夏、青海、陕西、山西、四川、新疆、西藏。

2. 野老鹳草

学名：*Geranium carolinianum* L.

别名：野老芒草。

分布：安徽、重庆、福建、广西、河北、河南、湖北、湖南、江西、江苏、上海、四川、云南、浙江。

3. 老鹳草

学名：*Geranium wilfordii* Maxim.

别名：鸭脚草、短嘴老鹳草、见血愁、老观草、老鹤草、老鸦咀、老鸦嘴、藤五爪、西木德格来、鸭脚老鹳草、一颗针、越西老鹳草。

分布：安徽、重庆、福建、甘肃、广西、贵州、河北、河南、黑龙江、湖北、湖南、吉林、江苏、江西、辽宁、内蒙古、青海、山东、陕西、上海、四川、云南、浙江。

毛茛科

1. 茴茴蒜

学名：*Ranunculus chinensis* Bunge

别名：小虎掌草、野桑椹、鸭脚板、山辣椒。

分布：安徽、甘肃、贵州、河北、黑龙江、河南、湖北、湖南、江苏、吉林、辽宁、内蒙古、宁夏、青海、陕西、山东、山西、四川、西藏、新疆、云南、浙江。

2. 毛茛

学名：*Ranunculus japonicus* Thunb.

别名：老虎脚迹、五虎草。

分布：安徽、北京、福建、甘肃、广东、广西、贵州、河北、黑龙江、河南、湖北、湖南、江苏、江西、吉林、辽宁、内蒙古、宁夏、青海、陕西、山东、山西、四川、新疆、云南、浙江。

3. 石龙芮

学名：*Ranunculus sceleratus* L.

别名：野芹菜。

分布：安徽、北京、重庆、福建、甘肃、广东、广西、贵州、河北、河南、黑龙江、湖南、吉林、江苏、江西、辽宁、内蒙古、宁夏、山东、山西、陕西、上海、四川、新疆、云南、浙江。

4. 扬子毛茛

学名：*Ranunculus sieboldii* Miq.

别名：辣子草、地胡椒。

分布：安徽、福建、甘肃、广西、贵州、河南、湖北、湖南、江苏、江西、陕西、山东、四川、云南、浙江。

5. 猫爪草

学名：*Ranunculus ternatus* Thunb.

别名：小毛茛、三散草、黄花草。

分布：安徽、福建、广西、河南、湖北、湖南、江苏、江西、浙江。

葡萄科

乌蔹莓

学名：*Cayratia japonica*（Thunb.）Gagnep.

别名：五爪龙、五叶薄、地五加。

分布：安徽、重庆、福建、甘肃、广东、广西、贵州、河北、河南、湖北、湖南、江苏、山东、陕西、上海、四川、云南、浙江。

茜草科

1. 猪殃殃

学名：*Galium aparine var. echinospermum*（Wallr.）Cuf.

别名：拉拉秧。

分布：安徽、北京、重庆、福建、甘肃、广东、广西、贵州、河北、河南、黑龙江、湖北、湖南、吉林、江苏、江西、辽宁、内蒙古、宁夏、青海、山东、山西、陕西、上海、四川、天津、西藏、新疆、云南、浙江。

2. 六叶葎

学名：*Galium asperuloides* Edgew. subsp. *hoffmeisteri*（Klotzsch）Hara

分布：安徽、甘肃、贵州、河北、黑龙江、湖北、湖南、江苏、江西、河南、山西、陕西、四川、西藏、云南、浙江。

3. 四叶葎

学名：*Galium bungei* Steud.

分布：安徽、北京、重庆、福建、甘肃、广东、广西、贵州、河北、河南、黑龙江、湖北、湖南、吉林、江苏、江西、辽宁、内蒙古、宁夏、青海、山东、山西、陕西、上海、四川、天津、西藏、新疆、云南、浙江。

4. 麦仁珠

学名：*Galium tricorne* Stokes

别名：锯齿草、拉拉蔓、破丹粘娃娃、三角猪殃殃、弯梗拉拉藤、粘粘子、猪殃殃。

分布：安徽、甘肃、贵州、河南、湖北、江苏、江西、山东、山西、陕西、四川、西藏、新疆、浙江。

5. 蓬子菜

学名：*Galium verum* L.

别名：松叶草。

分布：甘肃、贵州、河北、河南、黑龙江、吉林、辽宁、内蒙古、青海、山东、山西、四川、陕西、新疆、西藏、浙江。

6. 金毛耳草

学名：*Hedyotis chrysotricha*（Palib.）Merr.

别名：黄毛耳草。

分布：安徽、福建、广东、广西、贵州、湖北、湖南、江西、江苏、云南、浙江。

7. 白花蛇舌草

学名：*Hedyotis diffusa* Willd.

分布：安徽、广东、广西、贵州、湖南、江西、四川、云南、浙江。

8. 鸡矢藤

学名：*Paederia scandens*（Lour.）Merr.

分布：安徽、福建、甘肃、广东、广西、贵州、河南、湖南、江苏、江西、山东、陕西、四川、云南、浙江。

蔷薇科

1. 蛇莓

学名：*Duchesnea indica*（Andr.）Focke

别名：蛇泡草、龙吐珠、三爪风。

分布：安徽、北京、重庆、福建、甘肃、广东、广西、贵州、河北、河南、湖北、湖南、吉林、江苏、江西、辽宁、宁夏、青海、山东、山西、陕西、上海、四川、西藏、新疆、云南、浙江。

2. 蕨麻

学名：*Potentilla anserina* L.

分布：甘肃、河北、黑龙江、吉林、辽宁、内蒙古、宁夏、青海、陕西、山西、四川、西藏、新疆、云南。

3. 二裂委陵菜

学名：*Potentilla bifurca* L.

别名：痔疮草、叉叶委陵菜。

分布：甘肃、河北、黑龙江、吉林、内蒙古、宁夏、青海、陕西、山东、山西、四川、新疆。

4. 三叶萎陵菜

学名：*Potentilla freyniana* Bornm.

分布：安徽、福建、甘肃、贵州、河北、黑龙江、湖北、湖南、江苏、江西、吉林、辽宁、陕西、山东、山西、四川、云南、浙江。

5. 绢毛匍匐委陵菜

学名：*Potentilla reptans* L. var. *sericophylla* Franch.

别名：鸡爪棵、金棒锤、金金棒、绢毛细蔓委陵菜、绢毛细蔓萎陵菜、五爪龙、小五爪龙、哲乐图－陶来音－汤乃（蒙古族名）、爪金龙。

分布：甘肃、广西、河北、河南、江苏、内蒙古、青海、山东、山西、陕西、四川、云南、浙江。

6. 朝天委陵菜

学名：*Potentilla supina* L.

别名：伏委陵菜、仰卧委陵菜、铺地委陵菜、鸡毛菜。

分布：安徽、甘肃、广东、广西、贵州、河北、黑龙江、河南、湖北、湖南、江苏、江西、吉林、辽宁、内蒙古、宁夏、陕西、青海、山东、山西、四川、新疆、西藏、云南、浙江。

7. 地榆

学名：*Sanguisorba officinalis* L.

别名：黄瓜香。

分布：安徽、北京、甘肃、广东、广西、贵州、河北、河南、黑龙江、湖北、湖南、吉林、江苏、江西、辽宁、内蒙古、宁夏、青海、山东、山西、陕西、四川、西藏、新疆、云南、浙江。

茄科

1. 曼陀罗

学名：*Datura stramonium* L.

别名：醉心花、狗核桃。

分布：安徽、北京、甘肃、广东、广西、贵州、河北、河南、湖北、湖南、江苏、辽宁、内蒙古、宁夏、青海、山东、陕西、四川、新疆、云南、浙江。

2. 小酸浆

学名：*Physalis minima* L.

分布：安徽、重庆、甘肃、广东、广西、贵州、河北、河南、黑龙江、湖北、湖南、吉林、江苏、江西、陕西、四川、云南、浙江。

3. 龙葵

学名：*Solanum nigrum* L.

别名：野海椒、苦葵、野辣虎。

分布：安徽、北京、重庆、福建、甘肃、广东、广西、贵州、河北、河南、黑龙江、湖北、湖南、吉林、江苏、江西、辽宁、内蒙古、青海、山东、山西、陕西、上海、四川、天津、西藏、新疆、云南、浙江。

三白草科

鱼腥草

学名：*Houttuynia cordata* Thunb.

分布：安徽、福建、甘肃、广东、广西、贵州、河南、湖北、湖南、江西、陕西、四川、重庆、西藏、云南、浙江。

伞形科

1. 葛缕子

学名：*Carum carvi* L.

分布：陕西、四川、西藏。

2. 积雪草

学名：*Centella asiatica*（L.）Urban

别名：崩大碗、落得打。

分布：安徽、重庆、福建、广东、广西、湖北、湖南、江苏、江西、陕西、四川、云南、浙江。

3. 细叶芹

学名：*Chaerophyllum villosum* Wall. ex DC.

别名：香叶芹。

分布：安徽、重庆、湖南、江苏、陕西、四川、西藏、云南、浙江。

4. 蛇床

学名：*Cnidium monnieri*（L.）Cuss.

分布：安徽、北京、重庆、福建、甘肃、广东、广西、贵州、河北、河南、黑龙江、湖北、湖南、吉林、江苏、江西、辽宁、内蒙古、宁夏、青海、山东、山西、陕西、上海、四川、天津、西藏、新疆、云南、浙江。

5. 野胡萝卜

学名：*Daucus carota* L.

分布：安徽、重庆、甘肃、贵州、河北、河南、湖北、江苏、江西、宁夏、青海、陕西、四川、浙江。

6. 窃衣

学名：*Torilis scabra*（Thunb.）DC.

别名：鹤虱、水防风、蚁菜、紫花窃衣。

分布：安徽、重庆、福建、甘肃、广东、广西、贵州、湖北、湖南、江苏、江西、陕西、四川。

商陆科

商陆

学名：*Phytolacca acinosa* Roxb.

别名：当陆、山萝卜、牛萝卜。

分布：安徽、福建、广东、广西、贵州、河北、河南、湖北、江苏、辽宁、陕西、山东、四川、重庆、甘肃、西藏、云南、浙江。

十字花科

1. 鼠耳芥

学名：*Arabidopsis thaliana*（L.）Heynh.

别名：拟南芥、拟南芥菜。

分布：安徽、甘肃、贵州、河南、湖北、湖南、江苏、江西、宁夏、山东、四川、陕西、西藏、新疆、云南、浙江。

2. 野芥菜

学名：*Brassica juncea*（L.）Czern et Coss. var. *gracilis* Tsen et Lee

别名：野油菜、野辣菜。

分布：安徽、重庆、甘肃、广西、河北、河南、湖北、江苏、宁夏、青海、山东、陕西、山西、四川、西藏、新疆、云南。

3. 荠菜

学名：*Capsella bursa-pastoris*（L.）Medic.

别名：荠、荠荠菜。

分布：安徽、北京、福建、甘肃、广东、广西、贵州、河北、河南、黑龙江、湖北、湖南、吉林、江苏、江西、辽宁、内蒙古、宁夏、青海、山东、山西、陕西、上海、四川、重庆、天津、西藏、新疆、云南、浙江。

4. 弯曲碎米荠

学名：*Cardamine flexuosa* With.

别名：碎米荠。

分布：安徽、北京、福建、甘肃、广东、广西、贵州、河北、黑龙江、河南、湖北、湖南、江苏、江西、吉林、辽宁、内蒙古、宁夏、青海、陕西、山东、上海、山西、四川、重庆、天津、新疆、西藏、云南、浙江。

5. 碎米荠

学名：*Cardamine hirsuta* L.

别名：白带草、宝岛碎米荠、见肿消、毛碎米荠、雀儿菜、碎米芥、小地米菜、小花菜、小岩板菜、硬毛碎米荠。

分布：安徽、北京、重庆、福建、甘肃、广东、广西、贵州、河北、河南、黑龙江、湖北、湖南、吉林、江苏、江西、辽宁、内蒙古、宁夏、青海、山东、山西、陕西、上海、四川、天津、西藏、新疆、云南、浙江。

6. 水田碎米荠

学名：*Cardamine lyrata* Bunge

别名：阿英久、奥存－照古其（蒙古族名）、黄骨头、琴叶碎米荠、水荠菜、水田芥、水田荠、水田碎米芥、小水田荠。

分布：安徽、重庆、福建、广西、贵州、河北、黑龙江、河南、湖北、湖南、吉林、江苏、江西、辽宁、内蒙古、山东、四川、浙江。

7. 离子芥

学名：*Chorispora tenella*（Pall.）DC.

别名：离子草、红花荠菜、荠儿菜、水萝卜棵。

分布：安徽、甘肃、河北、河南、辽宁、内蒙古、青海、陕西、山东、山西、新疆、四川、浙江。

8. 臭荠

学名：*Coronopus didymus*（L.）J. E. Smith

别名：臭滨芥、臭菜、臭蒿子、臭芥、肾果荠。

分布：安徽、福建、广东、贵州、湖北、江苏、江西、内蒙古、山东、陕西、四川、新疆、云南、浙江。

9. 播娘蒿

学名：*Descurainia sophia*（L.）Webb ex Prantl

分布：安徽、北京、福建、甘肃、广东、广西、贵州、河北、河南、黑龙江、湖北、湖南、吉林、江苏、江西、辽宁、内蒙古、宁夏、青海、山东、山西、陕西、上海、四川、重庆、天津、西藏、新疆、云南、浙江。

10. 小花糖芥

学名：*Erysimum cheiranthoides* L.

别名：桂行糖芥、野菜子。

分布：安徽、北京、河北、河南、黑龙江、吉林、江苏、辽宁、宁夏、内蒙古、青海、山东、陕西、山西、西藏、新疆。

11. 独行菜

学名：*Lepidium apetalum* Willd.

别名：辣辣。

分布：安徽、北京、甘肃、广西、贵州、河北、河南、黑龙江、湖北、湖南、吉林、江苏、江西、辽宁、内蒙古、宁夏、青海、山东、山西、陕西、四川、西藏、新疆、云南、浙江。

12. 宽叶独行菜

学名：*Lepidium latifolium* L.

别名：北独行菜、大辣辣、光果宽叶独行菜、乌日根－昌古（蒙古族名）、羊辣辣、止痢草。

分布：甘肃、河北、河南、黑龙江、辽宁、内蒙古、宁夏、青海、陕西、山东、山西、四川、西藏、新疆、浙江。

13. 北美独行菜

学名：*Lepidium virginicum* L.

别名：大叶香荠、大叶香荠菜、独行菜、拉拉根、辣菜、辣辣根、琴叶独行菜、十字花、小白浆、星星菜、野独行菜。

分布：安徽、重庆、福建、甘肃、广东、广西、贵州、河北、河南、湖北、湖南、江苏、江西、辽宁、青海、山东、陕西、四川、云南、浙江。

14. 涩芥

学名：*Malcolmia africana*（L.）R.Br.

别名：辣辣菜、离蕊芥 。

分布：安徽、甘肃、河北、河南、江苏、宁夏、青海、陕西、山西、四川、西藏、新疆。

15. 广州蔊菜

学名：*Rorippa cantoniensis*（Lour.）Ohwi

分布：安徽、福建、广东、广西、贵州、河北、河南、湖北、湖南、江苏、江西、辽宁、陕西、山东、四川、云南、浙江。

16. 无瓣蔊菜

学名：*Rorippa dubia*（Pers.）Hara

分布：安徽、福建、甘肃、广东、广西、贵州、河北、河南、湖北、湖南、江苏、江西、辽宁、陕西、山东、四川、西藏、云南、浙江。

17. 蔊菜

学名：*Rorippa indica*（L.）Hiern

分布：安徽、福建、甘肃、广东、广西、贵州、河北、河南、湖北、湖南、江苏、江西、辽宁、青海、山东、山西、陕西、四川、西藏、新疆、云南、浙江。

18. 沼生蔊菜

学名：*Rorippa islandica*（Oed.）Borb.

别名：风花菜、风花菜蔊、岗地菜、蔊菜、黄花荠菜、那木根－萨日布（蒙古族名）、水萝卜、香荠菜、沼泽蔊菜。

分布：北京、甘肃、广东、广西、黑龙江、河北、河南、吉林、辽宁、内蒙古、山东、山西、江苏、云南。

19. 遏蓝菜

学名：*Thalaspi arvense* L.

分布：安徽、北京、重庆、福建、甘肃、广东、广西、贵州、河北、河南、黑龙江、湖北、湖南、吉林、江苏、江西、辽宁、内蒙古、宁夏、青海、山东、山西、陕西、上海、四川、天津、西藏、新疆、云南、浙江。

石竹科

1. 蚤缀

学名：*Arenaria serpyllifolia* L.

别名：鹅不食草。

分布：安徽、北京、重庆、福建、广东、甘肃、贵州、湖北、河北、黑龙江、河南、湖南、吉林、江苏、江西、辽宁、内蒙古、宁夏、青海、四川、重庆、山东、上海、陕西、山西、天津、新疆、西藏、云南、浙江。

2. 卷耳

学名：*Cerastium arvense* L.

分布：甘肃、河北、湖北、内蒙古、宁夏、青海、陕西、山西、四川、新疆。

3. 簇生卷耳

学名：*Cerastium fontanum* Baumg. subsp. *triviale*（Link）Jalas

别名：狭叶泉卷耳。

分布：安徽、重庆、福建、甘肃、广西、贵州、河北、河南、湖北、湖南、江苏、宁夏、青海、山西、陕西、四川、新疆、云南、浙江。

4. 缘毛卷耳

学名：*Cerastium furcatum* Cham. et Schlecht.

分布：甘肃、贵州、河南、湖南、吉林、宁夏、山西、陕西、四川、西藏、云南、浙江。

5. 薄蒴草

学名：*Lepyrodiclis holosteoides*（C. A. Meyer）Fenzl. ex Fisher et C. A. Meyer

别名：高如存－额布苏（蒙古族名）、蓝布衫、娘娘菜。

分布：甘肃、河南、内蒙古、宁夏、青海、陕西、四川、西藏、新疆。

6. 牛繁缕

学名：*Myosoton aquaticum*（L.）Moench

别名：鹅肠菜、鹅儿肠、抽筋草、大鹅儿肠、鹅肠草、石灰菜、额叠申细苦、伸筋草。

分布：安徽、北京、福建、甘肃、广东、广西、贵州、河北、黑龙江、河南、湖北、湖南、江苏、江西、吉林、辽宁、内蒙古、宁夏、青海、陕西、山东、上海、山西、四川、重庆、天津、新疆、西藏、云南、浙江。

7. 漆姑草

学名：*Sagina japonica*（Sw.）Ohwi

别名：虎牙草。

分布：安徽、重庆、福建、甘肃、广东、广西、贵州、河北、河南、黑龙江、湖北、湖南、江苏、江西、辽宁、内蒙古、青海、山东、山西、陕西、四川、天津、西藏、云南、浙江。

8. 麦瓶草

学名：*Silene conoidea* L.

分布：安徽、北京、甘肃、贵州、河北、河南、湖北、湖南、江苏、江西、宁夏、青海、山东、山西、陕西、上海、四川、天津、西藏、新疆、浙江。

9. 拟漆姑草

学名：*Spergularia salina* J. et C. Presl

别名：牛漆姑草。

分布：甘肃、河北、河南、黑龙江、吉林、江苏、湖南、内蒙古、宁夏、青海、山东、陕西、四川、新疆、云南。

10. 雀舌草

学名：*Stellaria alsine* Grimm

别名：天蓬草、滨繁缕、米鹅儿肠、蛇牙草、泥泽繁缕、雀舌繁缕、雀舌苹、雀石草、石灰草。

分布：安徽、重庆、福建、甘肃、广东、广西、贵州、河北、河南、湖北、湖南、江苏、江西、内蒙古、陕西、四川、西藏、云南、浙江。

11. 繁缕

学名：*Stellaria media*（L.）Villars

别名：鹅肠草。

分布：安徽、重庆、福建、甘肃、广东、广西、贵州、河北、河南、湖北、湖南、江苏、江西、吉林、辽宁、内蒙古、宁夏、青海、陕西、山东、山西、上海、四川、西藏、云南、浙江。

12. 麦蓝菜

学名：*Vaccaria segetalis*（Neck.）Garcke

别名：王不留行、麦蓝子。

分布：安徽、重庆、北京、福建、甘肃、贵州、河北、河南、黑龙江、湖北、湖南、吉林、江苏、江西、辽宁、内蒙古、宁夏、青海、山东、山西、陕西、上海、四川、天津、西藏、新疆、云南、浙江。

藤黄科

地耳草

学名：*Hypericum japonicum* Thunb. ex Murray

别名：田基黄。

分布：安徽、重庆、福建、甘肃、广东、广西、贵州、湖北、湖南、江苏、江西、辽宁、山东、陕西、四川、云南、浙江。

苋科

1. 牛膝

学名：*Achyranthes bidentata* Blume

别名：土牛膝。

分布：安徽、重庆、福建、甘肃、广东、广西、贵州、河北、河南、黑龙江、湖北、湖南、吉林、江苏、江西、辽宁、内蒙古、宁夏、青海、山东、山西、陕西、四川、西藏、云南、浙江。

2. 空心莲子草

学名：*Alternanthera philoxeroides*（Mart.）Griseb.

别名：水花生、水苋菜。

分布：重庆、贵州、河南、湖北、陕西、四川、云南、浙江。

3. 莲子草

学名：*Alternanthera sessilis*（L.）DC.

别名：虾钳菜。

分布：甘肃、贵州、云南、浙江。

4. 凹头苋

学名：*Amaranthus blitum* L.

别名：野苋、人情菜、野苋菜。

分布：北京、重庆、甘肃、贵州、河北、河南、黑龙江、湖北、江苏、宁夏、山东、山西、陕西、四川、新疆、云南、浙江。

5. 反枝苋

学名：*Amaranthus retroflexus* L.

别名：西风谷、阿日白－诺高（蒙古族名）、反齿苋、家鲜谷、人苋菜、忍建菜、西风古、苋菜、野风古、野米谷、野千穗谷、野苋菜。

分布：安徽、重庆、北京、甘肃、河北、河南、黑龙江、湖北、江苏、宁夏、山东、山西、陕西、四川、天津、新疆、云南。

6. 刺苋

学名：*Amaranthus spinosus* L.

别名：刺苋菜、野苋菜。

分布：贵州、河北、陕西、新疆、云南、浙江。

7. 苋

学名：*Amaranthus tricolor* L.

分布：贵州、河北、陕西、新疆、云南、浙江。

8. 皱果苋

学名：*Amaranthus viridis* L.

别名：绿苋、白苋、红苋菜、假苋菜、糠苋、里苋、绿苋菜、鸟苋、人青菜、细苋、苋菜、野见、野米苋、野苋、野苋菜、猪苋、紫苋菜。

分布：新疆。

9. 青葙

学名：*Celosia argentea* L.

别名：野鸡冠花、狗尾巴、狗尾苋、牛尾花。

分布：贵州、重庆。

玄参科

1. 泥花草

学名：*Lindernia antipoda*（L.）Alston

别名：泥花母草。

分布：安徽、重庆、福建、广东、广西、湖北、湖南、江苏、江西、陕西、四川、云南、浙江。

2. 母草

学名：*Lindernia crustacea*（L.）F. Muell

别名：公母草、旱田草、开怀草、牛耳花、四方草、四方拳草。

分布：安徽、重庆、福建、广东、广西、贵州、河南、湖北、湖南、江苏、江西、陕西、四川、西藏、云南、浙江。

3. 陌上菜

学名：*Lindernia procumbens*（Krock.）Borbas

别名：额、吉日根纳、母草、水白菜。

分布：安徽、重庆、福建、广东、广西、贵州、河南、黑龙江、湖北、湖南、江苏、江西、吉林、陕西、四川、云南、浙江。

4. 通泉草

学名：*Mazus japonicus*（Thunb.）O. Kuntze

分布：安徽、北京、重庆、福建、甘肃、广东、广西、河北、河南、湖北、湖南、江苏、江西、青海、山东、陕西、四川、云南、浙江。

5. 匍茎通泉草

学名：*Mazus miquelii* Makino

别名：米格通泉草、匍茎通泉草。

分布：安徽、重庆、福建、广西、贵州、湖北、湖南、江苏、江西、四川、浙江。

6. 马先蒿

学名：*Pedicularis reaupinanta* L.

分布：安徽、甘肃、贵州、河北、黑龙江、吉林、辽宁、内蒙古、山东、山西、陕西、四川。

7. 地黄

学名：*Rehmannia glutinosa*（Gaert.）Libosch. ex Fisch. et Mey.

别名：婆婆丁、米罐棵、蜜糖管。

分布：北京、甘肃、广东、贵州、河北、河南、湖北、江苏、辽宁、内蒙古、山东、山西、陕西、四川、天津、云南。

8. 直立婆婆纳

学名：*Veronica arvensis* L.

别名：脾寒草、玄桃。

分布：安徽、福建、广西、贵州、河南、湖北、湖南、江苏、江西、山东、陕西、四川、云南。

9. 蚊母草

学名：*Veronica peregrina* L.

别名：奥思朝盖－侵达干（蒙古族名）、病痯草、接骨草、接骨仙桃草、水蓑衣、水簑衣、蚊母婆婆纳、无风自动草、仙桃草、小伤力草、小头红。

分布：安徽、福建、广西、贵州、河南、黑龙江、湖北、湖南、吉林、江苏、江西、辽宁、内蒙古、山东、四川、陕西、上海、西藏、云南、浙江。

10. 阿拉伯婆婆纳

学名：*Veronica persica* Poir.

别名：波斯婆婆纳、大婆婆纳、灯笼草、肚肠草、花被草、卵子草、肾子草、小将军。

分布：安徽、重庆、福建、甘肃、广西、贵州、湖北、湖南、江苏、江西、四川、新疆、西藏、云南、浙江。

11. 婆婆纳

学名：*Veronica polita* Fries

分布：安徽、北京、重庆、福建、甘肃、广西、贵州、河北、河南、湖北、湖南、江苏、江西、辽宁、青海、山东、山西、陕西、上海、四川、新疆、云南、浙江。

12. 水苦荬

学名：*Veronica undulata* Wall.

别名：水莴苣、水菠菜。

分布：安徽、北京、福建、甘肃、广东、广西、贵州、河北、河南、黑龙江、湖北、湖南、吉林、江苏、江西、辽宁、山东、山西、陕西、上海、四川、天津、新疆、云南、浙江。

旋花科

1. 打碗花

学名：*Calystegia hederacea* Wall.

别名：小旋花、兔耳草。

分布：安徽、北京、重庆、福建、甘肃、广东、广西、贵州、河北、河南、黑龙江、湖北、湖南、吉林、江苏、江西、辽宁、内蒙古、宁夏、青海、山东、山西、陕西、上海、四川、天津、新疆、云南、浙江。

2. 田旋花

学名：*Convolvulus arvensis* L.

别名：中国旋花、箭叶旋花。

分布：安徽、北京、福建、甘肃、广东、广西、贵州、河北、河南、黑龙江、湖北、湖南、吉林、江苏、江西、辽宁、内蒙古、宁夏、青海、山东、山西、陕西、上海、四川、西藏、新疆、云南、浙江。

3. 菟丝子

学名：*Cuscuta chinensis* Lam.

别名：金丝藤、豆寄生、无根草。

分布：安徽、北京、重庆、福建、甘肃、广东、广西、贵州、河北、河南、黑龙江、湖北、湖南、吉林、江苏、江西、辽宁、内蒙古、宁夏、青海、山东、山西、陕西、上海、四川、天津、西藏、新疆、云南、浙江。

4. 马蹄金

学名：*Dichondra repens* Forst.

别名：黄胆草、金钱草。

分布：安徽、北京、重庆、福建、广东、广西、贵州、湖北、湖南、江苏、江西、上海、四川、云南、浙江。

5. 小旋花

学名：*Jacquemontia paniculata*（N. L. Burman）H. Hallier

别名：小牵牛 、假牵牛、娥房藤、小旋花。

分布：安徽、重庆、甘肃、广东、广西、贵州、河北、湖北、辽宁、内蒙古、宁夏、山东、四川、云南。

6. 裂叶牵牛

学名：*Pharbitis nil*（L.）Ching

别名：牵牛、白丑、常春藤叶牵牛、二丑、黑丑、喇叭花、喇叭花子、牵牛花、牵牛子。

分布：北京、重庆、福建、甘肃、广东、广西、贵州、河北、河南、湖北、湖南、江苏、江西、宁夏、山东、山西、陕西、上海、四川、天津、西藏、新疆、云南、浙江。

7. 圆叶牵牛

学名：*Pharbitis purpurea*（L.）Voigt.

别名：紫花牵牛、喇叭花、毛牵牛、牵牛花、紫牵牛。

分布：北京、重庆、福建、甘肃、广东、广西、河北、河南、湖北、吉林、江苏、江西、辽宁、内蒙古、宁夏、青海、山东、山西、陕西、上海、四川、新疆、云南、浙江。

罂粟科

紫堇

学名：*Corydalis edulis* Maxim.

别名：断肠草、麦黄草、闷头草、闷头花、牛尿草、炮仗花、蜀堇、虾子菜、蝎子草、蝎子花、野花生、野芹菜。

分布：安徽、北京、重庆、福建、甘肃、贵州、河北、河南、湖北、江西、江苏、辽宁、山西、陕西、四川、云南、浙江。

远志科

瓜子金

学名：*Polygala japonica* Houtt.

别名：金牛草、紫背金牛。

分布：福建、广东、甘肃、贵州、广西、湖北、湖南、江苏、江西、四川、山东、陕西、云南、浙江。

紫草科

1. 斑种草

学名：*Bothriospermum chinense* Bge.

别名：斑种、斑种细累子草、蛤蟆草、细叠子草。

分布：北京、重庆、贵州、甘肃、广东、河北、湖北、湖南、江苏、辽宁、山东、山西、陕西、四川、云南。

2. 柔弱斑种草

学名：*Bothriospermum tenellum*（Hornem.）Fisch. et Mey.

分布：重庆、甘肃、广西、河南、宁夏、陕西。

3. 琉璃草

学名：*Cynoglossum furcatum* Wall.

别名：大琉璃草、枇杷、七贴骨散、粘娘娘、猪尾巴。

分布：福建、甘肃、广东、广西、贵州、河南、湖南、江苏、江西、陕西、四川、云南、浙江。

4. 麦家公

学名：*Lithospermum arvense* L.

别名：大紫草、花荠荠、狼紫草、毛妮菜、涩涩荠。

分布：安徽、北京、甘肃、贵州、河北、河南、黑龙江、湖北、湖南、吉林、江苏、江西、辽宁、宁夏、山东、山西、陕西、四川、新疆、浙江。

5. 微孔草

学名：*Microula sikkimensis*（Clarke）Hemsl.

别名：西顺、锡金微孔草、野菠菜。

分布：甘肃、青海、陕西、四川、西藏、云南。

6. 盾果草

学名：*Thyrocarpus sampsonii* Hance

别名：盾形草、毛和尚、铺地根、森氏盾果草。

分布：安徽、广东、广西、贵州、河北、湖北、湖南、江苏、江西、陕西、四川、云南、浙江。

7. 附地菜

学名：*Trigonotis peduncularis*(Trev.)Benth. ex Baker et Moore

别名：地胡椒。

分布：福建、北京、重庆、甘肃、广西、贵州、河北、黑龙江、湖北、湖南、吉林、江苏、江西、辽宁、内蒙古、宁夏、山东、山西、陕西、四川、天津、西藏、新疆、云南、浙江。

单子叶植物杂草

百合科

1. 野葱

学名：*Allium chrysanthum* Regel

别名：黄花韭、黄花葱、黄花菲。

分布：重庆、贵州、甘肃、湖北、湖南、江苏、青海、陕西、四川、西藏、云南、浙江。

2. 薤白

学名：*Allium macrostemon* Bunge

别名：小根蒜、大蕊葱、胡葱、胡葱子、胡蒜、苦蒜、密花小根蒜、山韭菜。

分布：安徽、北京、福建、甘肃、广东、广西、贵州、河北、河南、黑龙江、湖北、湖南、江苏、江西、吉林、辽宁、内蒙古、宁夏、山东、山西、上海、陕西、四川、天津、西藏、云南。

3. 黄花菜

学名：*Hemerocallis citrina* Baroni

别名：金针菜、黄花、黄花苗、黄金萱、金针。

分布：甘肃、贵州、江苏、内蒙古、陕西、云南、浙江。

4. 野百合

学名：*Lilium brownii* F. E. Brown ex Miellez

别名：白花百合、百合、淡紫百合。

分布：安徽、福建、甘肃、广东、广西、贵州、河北、河南、湖北、湖南、江苏、江西、内蒙古、青海、陕西、山西、四川、云南、浙江。

灯芯草科

灯心草

学名：*Juncus effusus* L.

别名：灯草、水灯花、水灯心。

分布：安徽、重庆、福建、甘肃、广东、广西、贵州、河北、河南、黑龙江、湖北、湖南、吉林、江苏、江西、辽宁、山东、陕西、上海、四川、西藏、云南、浙江。

禾本科

1. 节节麦

学名：*Aegilops tauschii* Coss.（*Aegilops squarrosa* L.）

别名：山羊草

分布：安徽、北京、甘肃、贵州、河北、河南、湖北、湖南、江苏、内蒙古、宁夏、青海、山东、山西、陕西、四川、云南、西藏、新疆、浙江。

2. 冰草

学名：*Agropyron cristatum*（L.）Gaertn.

别名：野麦子、扁穗冰草、羽状小麦草。

分布：甘肃、河北、黑龙江、内蒙古、宁夏、青海、新疆。

3. 匍匐冰草

学名：*Agropyron repens*（L.）P.Beauv.〔*Elymus repens*（L.）Gould.〕

分布：甘肃、青海、陕西。

4. 看麦娘

学名：*Alopecurus aequalis* Sobol.

别名：褐蕊看麦娘。

分布：安徽、北京、重庆、福建、甘肃、广东、广西、贵州、河北、黑龙江、湖北、吉林、江苏、江西、辽宁、天津、河南、内蒙古、宁夏、青海、山东、陕西、上海、四川、西藏、新疆、云南、浙江。

5. 日本看麦娘

学名：*Alopecurus japonicus* Steud.

别名：麦娘娘、麦陀陀草、稍草。

分布：安徽、重庆、福建、甘肃、广东、广西、贵州、河北、河南、湖北、湖南、江苏、江西、山东、山西、陕西、上海、四川、天津、新疆、云南、浙江。

6. 茅香

学名：*Anthoxanthum nitens*（Weber）Y. Schouten et Veldkamp

分布：甘肃、贵州、河北、河南、黑龙江、内蒙古、宁夏、青海、山东、山西、陕西、四川、新疆、西藏、云南。

7. 荩草

学名：*Arthraxon hispidus*（Thunb.）Makino

别名：绿竹。

分布：安徽、北京、重庆、福建、广东、广西、贵州、河北、河南、黑龙江、湖北、湖南、吉林、江苏、江西、内蒙古、宁夏、山东、陕西、四川、新疆、云南、浙江。

8. 野古草

学名：*Arundinella anomala* Stend.

别名：白牛公、拟野古草、瘦瘠野古草、乌骨草、硬骨草。

分布：安徽、北京、重庆、福建、甘肃、广东、广西、贵州、河北、河南、黑龙江、湖北、湖南、吉林、江苏、江西、辽宁、内蒙古、宁夏、山东、山西、陕西、上海、四川、天津、云南、浙江。

9. 野燕麦

学名：*Avena fatua* L.

别名：乌麦、燕麦草。

分布：安徽、北京、重庆、福建、甘肃、广东、广西、贵州、河北、河南、黑龙江、湖北、湖南、江苏、江西、内蒙古、宁夏、青海、山东、山西、陕西、上海、四川、天津、西藏、新疆、云南、浙江。

10. 菵草

学名：*Beckmannia syzigachne*（Steud.）Fern.

别名：水稗子、菵米、鱼子草。

分布：安徽、北京、重庆、甘肃、广西、贵州、河北、河南、黑龙江、湖北、湖南、吉林、江苏、江西、辽东、辽宁、内蒙古、宁夏、青海、山东、山西、陕西、上海、四川、天津、西藏、新疆、云南、浙江。

11. 白羊草

学名：*Bothriochloa ischcemum*（L.）Keng

别名：白半草、白草、大王马针草、黄草、蓝茎草、苏伯格乐吉、鸭嘴草蜀黍、鸭嘴孔颖草。

分布：安徽、福建、河北、湖北、江苏、陕西、云南、四川。

12. 雀麦

学名：*Bromus japonicus* Thunb. ex Murr.

别名：瞌睡草、扫高布日、山大麦、山稷子、野燕麦。

分布：安徽、北京、重庆、甘肃、贵州、河北、河南、湖北、湖南、江苏、江西、辽宁、内蒙古、青海、山东、山西、陕西、上海、四川、天津、西藏、新疆、云南、浙江。

13. 虎尾草

学名：*Chloris virgata* Sw.

别名：棒锤草、刷子头、盘草。

分布：安徽、北京、重庆、甘肃、广东、广西、贵州、河北、河南、黑龙江、湖北、湖南、吉林、江苏、辽宁、内蒙古、宁夏、青海、山东、陕西、山西、四川、新疆、西藏、云南、浙江。

14. 橘草

学名：*Cymbopogon goeringii*（Steud.）A. Camus

别名：臭草、朵儿茅、桔草、茅草、香茅、香茅草、野香茅。

分布：甘肃。

15. 狗牙根

学名：*Cynodon dactylon*（L.）Pers.

别名：绊根草、爬根草、感沙草、铁线草。

分布：安徽、重庆、福建、甘肃、广东、广西、贵州、河北、河南、黑龙江、湖北、吉林、江苏、江西、辽宁、宁夏、青海、山东、山西、陕西、上海、四川、天津、新疆、云南、浙江。

16. 升马唐

学名：*Digitaria ciliaris*（Retz.）Koel.

别名：拌根草、白草、俭草、乱草子、马唐、毛马唐、爬毛抓秧草、乌斯图－西巴棍－塔布格（蒙古族名）、蟋蟀草、抓地龙。

分布：重庆。

17. 止血马唐

学名：*Digitaria ischaemum*（Schreb.）

别名：叉子草、哈日－西巴棍－塔布格（蒙古族名）、红茎马唐、鸡爪子草、马唐、熟地草、鸭茅马唐、鸭嘴马唐、抓秧草。

分布：陕西。

18. 马唐

学名：*Digitaria sanguinalis*（L.）Scop.

别名：大抓根草、红水草、鸡爪子草、假马唐、俭草、面条筋、盘鸡头草、秫秸秧子、哑用、抓地龙、抓根草。

分布：安徽、北京、重庆、甘肃、贵州、河北、河南、黑龙江、湖北、江苏、内蒙古、宁夏、山东、山西、陕西、上海、四川、西藏、新疆、云南、浙江。

19. 紫马唐

学名：*Digitaria violascens* Link

别名：莩草、五指草。

分布：贵州。

20. 光头稗

学名：*Echinochloa colonum*（L.）Link

别名：光头稗子、芒稷。

分布：甘肃、青海

21. 稗

学名：*Echinochloa crusgali*（L.）Beauv.

别名：野稗、稗草、稗子、稗子草、水稗、水稗子、水䅎子、野䅎子、䅎子草。

分布：北京、甘肃、贵州、河北、河南、黑龙江、湖北、江苏、内蒙古、宁夏、青海、山东、陕西、四川、新疆、云南、浙江。

22. 旱稗

学名：*Echinochloa hispidula*（Retz.）Nees

别名：水田稗、乌日特－奥存－好努格（蒙古族名）。

分布：安徽、甘肃、河北、湖北、宁夏、青海、山东、陕西、新疆、云南、浙江。

23. 牛筋草

学名：*Eleusine indica*（L.）Gaertn.

别名：蟋蟀草。

分布：安徽、北京、重庆、甘肃、贵州、河北、河南、黑龙江、湖北、江苏、内蒙古、宁夏、山东、山西、陕西、四川、新疆、云南、浙江。

24. 披碱草

学名：*Elymus dahuricus* Turcz.

别名：硷草、碱草、披硷草、扎巴干－黑雅嘎、直穗大麦草。

分布：河北、河南、黑龙江、内蒙古、宁夏、青海、山东、山西、陕西、四川、西藏、新疆、云南。

25. 大画眉草

学名：*Eragrostis cilianensis*（All.）Link ex Vignolo-Lutati

别名：画连画眉草、画眉草、宽叶草、套木－呼日嘎拉吉（蒙古族名）、蚊子草、西连画眉草、星星草。

分布：贵州、河北、青海、陕西。

26. 知风草

学名：*Eragrostis ferruginea*（Thunb.）Beauv.

别名：程咬金、香草、知风画眉草。

分布：甘肃、陕西。

27. 乱草

学名：*Eragrostis japonica*（Thunb.）Trin.

别名：碎米知风草、旱田草、碎米、香榧草、须须草、知风草。

分布：陕西。

28. 小画眉草

学名：*Eragrostis minor* Host

别名：蚊蚊草、吉吉格－呼日嘎拉吉（蒙古族名）。

分布：青海、陕西、西藏。

29. 画眉草

学名：*Eragrostis pilosa*（L.）Beauv.

别名：星星草、蚊子草、榧子草、狗尾巴草、呼日嘎拉吉、蚊蚊草、绣花草。

分布：甘肃、贵州、河南、黑龙江、湖北、内蒙古、宁夏、青海、山东、山西、陕西、四川、西藏、新疆。

30. 无毛画眉草

学名：*Eragrostis pilosa*（L.）Beauv. var. *imberbis* Franch.

别名：给鲁给日－呼日嘎拉吉（蒙古族名）。

分布：陕西。

31. 牛鞭草

学名：*Hemarthria sibirica*（Gand.）Ohwi

别名：西伯利亚牛鞭草。

分布：甘肃、云南、浙江。

32. 白茅

学名：*Imperata cylindrica*（L.）Beauv.

别名：茅针、茅根、白茅根、黄茅、尖刀草、兰根、毛根、茅草、茅茅根、茅针花、丝毛草、丝茅草、丝茅根、甜根、甜根草、乌毛根。

分布：安徽、北京、重庆、福建、甘肃、广东、广西、贵州、河北、河南、黑龙江、湖北、湖南、江苏、江西、辽宁、内蒙古、山东、山西、陕西、上海、四川、天津、西藏、新疆、云南、浙江。

33. 假稻

学名：*Leersia japonica*（Makino）Honda

别名：粃壳草、关门草、李氏禾、蚂蝗秧子、鞘糠。

分布：陕西。

34. 千金子

学名：*Leptochloa chinensis*（L.）Nees

别名：雀儿舌头、畔茅、绣花草、油草、油麻。

分布：安徽、重庆、河北、湖北、山东、四川、浙江。

35. 虮子草

学名：*Leptochloa panicea*（Retz.）Ohwi

别名：细千金子。

分布：安徽、四川。

36. 赖草

学名：*Leymus secalinus*（Georgi）Tzvel.

别名：老披碱、宾草。

分布：河北、黑龙江、甘肃、吉林、辽宁、内蒙古、宁夏、青海、陕西、山西、四川、新疆。

37. 多花黑麦草

学名：*Lolium multiflorum* Lam.

别名：多花黑燕麦、意大利黑麦草。

分布：安徽、福建、贵州、河北、河南、湖北、湖南、江苏、江西、内蒙古、宁夏、青海、山西、陕西、四川、新疆、云南、浙江。

38. 毒麦

学名：*Lolium temulentum* L.

别名：鬼麦、小尾巴草。

分布：安徽、贵州、甘肃、河北、河南、黑龙江、湖南、江苏、青海、陕西、上海、新疆、浙江。

39. 双穗雀稗

学名：*Paspalum distichum* L.

别名：游草、游水筋、双耳草、双稳雀稗、铜线草。

分布：安徽、重庆、福建、甘肃、广东、广西、贵州、湖北、河北、河南、黑龙江、湖南、江苏、江西、辽宁、山东、山西、陕西、上海、天津、四川、新疆、云南、浙江。

40. 圆果雀稗

学名：*Paspalum orbiculare* Forst.

分布：新疆。

41. 雀稗

学名：*Paspalum thunbergii* Kunth ex Steud.

别名：龙背筋、鸭乸草、鱼眼草、猪儿草。

分布：重庆、贵州、江苏、宁夏、山东、陕西、新疆、云南、浙江。

42. 狼尾草

学名：*Pennisetum alopecuroides*（L.）Spreng.

别名：狗尾巴草、芮草、老鼠狼、狗仔尾。

分布：黑龙江、湖北、宁夏、陕西、云南、浙江。

43. 蜡烛草

学名：*Phleum paniculatum* Huds.

分布：安徽、河南、湖北、甘肃、贵州、江苏、山西、陕西、四川、新疆、云南、浙江。

44. 芦苇

学名：*Phragmites australis*（Cav.）Trin. ex Steud.

别名：好鲁苏、呼勒斯、呼勒斯鹅、葭、蒹、芦、芦草、芦柴、芦头、芦芽、苇、苇葭、苇子。

分布：安徽、北京、重庆、福建、甘肃、广东、广西、贵州、河北、河南、黑龙江、湖北、湖南、吉林、江苏、江西、辽宁、内蒙古、宁夏、青海、山东、山西、陕西、上海、四川、天津、西藏、新疆、云南、浙江。

45. 白顶早熟禾

学名：*Poa acroleuca* Steud.

别名：细叶早熟禾。

分布：安徽、福建、甘肃、广东、广西、贵州、河南、湖北、湖南、江苏、江西、山东、陕西、四川、西藏、云南、浙江。

46. 早熟禾

学名：*Poa annua* L.

别名：伯页力格－额布苏（蒙古族名）、发汗草、冷草、麦峰草、绒球草、稍草、踏不烂、小鸡草、小青草、羊毛胡子草。

分布：安徽、北京、重庆、福建、甘肃、广东、广西、贵州、河北、河南、黑龙江、湖北、湖南、吉林、江苏、江西、辽宁、内蒙古、宁夏、青海、山东、山西、陕西、上海、四川、天津、西藏、新疆、云南、浙江。

47. 棒头草

学名：*Polypogon fugax* Nees ex Steud.

别名：狗尾稍草、麦毛草、稍草。

分布：安徽、重庆、福建、甘肃、广东、广西、贵州、河南、湖北、湖南、江苏、江西、内蒙古、宁夏、青海、山东、山西、陕西、上海、四川、西藏、新疆、云南、浙江。

48. 长芒棒头草

学名：*Polypogon monspeliensis*（L.）Desf.

别名：棒头草、长棒芒头草、搔日特－萨木白（蒙古族名）。

分布：安徽、重庆、福建、甘肃、广东、广西、河北、河南、江苏、江西、内蒙古、宁夏、青海、山东、山西、陕西、四川、西藏、新疆、云南、浙江。

49. 短药碱茅

学名：*Puccinellia hauptiana*（Trin.）Krecz.

别名：大连硷茅、短药硷茅、青碱茅、色日特格日－乌龙（蒙古族名）、微药碱茅、小林硷茅、小林碱茅。

分布：安徽、甘肃、河北、黑龙江、江苏、吉林、辽宁、内蒙古、青海、山东、山西、陕西、新疆。

50. 碱茅

学名：*Puccinellia tenuiflora*（Griseb.）Scribn. et Merr.

分布：河北、河南、宁夏、青海、山东、陕西、四川、天津、新疆。

51. 鹅观草

学名：*Roegneria kamoji* Ohwi

别名：鹅冠草、黑雅嘎拉吉、麦麦草、茅草箭、茅灵芝、莓串草、弯鹅观草、弯穗鹅观草、野麦葶。

分布：重庆、湖北、江苏、陕西、四川、云南、浙江。

52. 硬草

学名：*Sclerochloa kengiana*（Ohwi）Tzvel.

别名：耿氏碱茅、花管草。

分布：安徽、贵州、湖北、湖南、江苏、江西、山东、陕西、四川。

53. 大狗尾草

学名：*Setaria faberii* Herrm.

别名：法氏狗尾草。

分布：北京、宁夏、青海、山西、陕西、新疆。

54. 金色狗尾草

学名：*Setaria glauca*（L.）Beauv.

分布：安徽、北京、重庆、甘肃、贵州、黑龙江、湖北、内蒙古、宁夏、山东、山西、陕西、四川、新疆。

55. 狗尾草

学名：*Setaria viridis*（L.）Beauv.

别名：谷莠子、莠。

分布：安徽、重庆、北京、甘肃、贵州、河北、河南、黑龙江、湖北、内蒙古、宁夏、青海、山东、山西、陕西、上海、四川、天津、西藏、新疆、云南、浙江。

莎草科

1. 异型莎草

学名：*Cyperus difformis* L.

分布：贵州、宁夏、云南、浙江。

2. 碎米莎草

学名：*Cyperus iria* L.

分布：重庆、宁夏、陕西、云南。

3. 白鳞莎草

学名：*Cyperus nipponicus* Franch. et Savat.

分布：河北、湖南、江苏、江西、山西、陕西、浙江。

4. 香附子

学名：*Cyperus rotundus* L.

别名：香头草。

分布：安徽、北京、重庆、福建、甘肃、广东、广西、贵州、河北、河南、黑龙江、湖北、湖南、吉林、江苏、江西、辽宁、内蒙古、宁夏、山东、山西、陕西、上海、四川、新疆、云南、浙江。

5. 扁秆藨草

学名：*Scirpus planiculmis* Fr. Schmidt

别名：紧穗三棱草、野荆三棱。

分布：宁夏、陕西。

6. 藨草

学名：*Scirpus triqueter* L.

分布：浙江。

石蒜科

石蒜

学名：*Lycoris radiata*（L' Hér.）Herb.

别名：老鸦蒜、龙爪花、山乌毒、叉八花、臭大蒜、毒大蒜、毒蒜、独脚、伞独蒜、鬼蒜、寒露花、红花石蒜。

分布：安徽、甘肃、福建、广东、广西、贵州、河南、湖北、湖南、江苏、江西、山东、陕西、四川、云南、浙江。

鸭跖草科

1. 鸭跖草

学名：*Commelina communis* L.

别名：竹叶菜、兰花竹叶。

分布：安徽、北京、重庆、福建、甘肃、广东、广西、贵州、河北、河南、黑龙江、湖北、湖南、吉林、江苏、江西、辽宁、内蒙古、宁夏、山东、山西、陕西、上海、四川、天津、云南、浙江。

2. 竹节菜

学名：*Commelina diffusa* N. L. Burm.

别名：节节菜、节节草、竹蒿草、竹节草、竹节花、竹叶草。

分布：甘肃、广东、广西、贵州、湖北、湖南、江苏、山东、四川、西藏、云南、新疆。

附录：

3. 玉米田杂草

玉米田杂草科属种数（1）

植物种类	科	属	种
孢子植物	1	1	2
蕨类植物	1	1	2
被子植物	52	141	199
双子叶植物	47	113	157
单子叶植物	5	28	42
总计	53	142	201

玉米田杂草科属种数（2）

科	属	种	科	属	种
蕨类植物			马鞭草科	1	1
木贼科	1	2	马齿苋科	1	1
双子叶植物			牻牛儿苗科	1	1
白花菜科	1	1	毛莨科	1	1
白花丹科	1	1	葡萄科	1	1
车前科	1	3	千屈菜科	1	1
唇形科	10	11	荨麻科	2	2
酢浆草科	1	1	茜草科	1	1
大戟科	3	6	蔷薇科	3	3
大麻科	1	1	茄科	2	4
豆科	7	8	伞形科	2	2
番杏科	1	1	十字花科	5	7
葫芦科	2	2	石竹科	4	4
蒺藜科	1	1	苋科	3	7
夹竹桃科	1	1	玄参科	3	4
堇菜科	1	1	旋花科	3	4
锦葵科	5	6	紫草科	3	3
菊科	27	36	**单子叶植物**		
爵床科	1	1	百合科	1	1
藜科	5	9	禾本科	22	30
蓼科	4	17	莎草科	3	7
柳叶菜科	1	1	天南星科	1	1
萝藦科	2	2	鸭跖草科	1	3

玉米田杂草名录

孢子植物杂草

蕨类植物杂草

木贼科

1. 问荆

学名： *Equisetum arvense* L.

别名： 马蜂草、土麻黄、笔头草。

分布： 安徽、北京、重庆、福建、甘肃、贵州、河北、河南、黑龙江、湖北、湖南、江苏、江西、吉林、辽宁、内蒙古、宁夏、陕西、山东、上海、山西、四川、天津、新疆、云南、浙江。

2. 节节草

学名： *Equisetum ramosissimum* Desf.

别名： 土麻黄、草麻黄、木贼草。

分布： 北京、重庆、福建、甘肃、广东、广西、贵州、海南、河北、河南、黑龙江、湖北、湖南、吉林、江苏、江西、辽宁、内蒙古、宁夏、山东、山西、陕西、上海、四川、天津、新疆、云南、浙江。

被子植物杂草

双子叶植物杂草

白花菜科

臭矢菜

学名： *Cleome viscosa* L.

别名： 黄花菜、野油菜、黄花草。

分布：广东、广西、贵州、河南、江苏、云南、浙江。

白花丹科

二色补血草

学名：*Limonium bicolor*(Bunge) Kuntze.

别名：苍蝇花、蝇子草。

分布：甘肃、广西。

车前科

1. 车前

学名：*Plantago asiatica* L.

别名：车前子。

分布：安徽、福建、甘肃、广东、广西、贵州、海南、河北、河南、黑龙江、湖北、湖南、吉林、江苏、江西、辽宁、内蒙古、山东、山西、陕西、四川、新疆、云南、浙江。

2. 大车前

学名：*Plantago major* L.

分布：福建、甘肃、广西、海南、黑龙江、河北、吉林、江苏、辽宁、内蒙古、山东、陕西、山西、四川、西藏、新疆、云南。

3. 小车前

学名：*Plantago minuta* Pall.

别名：条叶车前、打锣鼓棰、细叶车前。

分布：广西、甘肃、河北、河南、黑龙江、湖北、湖南、江苏、辽宁、内蒙古、宁夏、山东、山西、陕西、天津、新疆、西藏、云南。

唇形科

1. 水棘针

学名：*Amethystea caerulea* L.

别名：土荆芥、巴西戈、达达香、兰萼草、石荠草、细叶山紫苏、细叶紫苏。

分布：安徽、甘肃、河北、河南、湖北、吉林、黑龙江、辽宁、内蒙古、山东、山西、陕西、四川、新疆、云南。

2. 风轮菜

学名：*Clinopodium chinense*(Benth.) O. Ktze.

别名：野凉粉草、苦刀草。

分布：安徽、重庆、福建、广东、广西、贵州、湖北、湖南、江苏、江西、山东、四川、云南、浙江。

3. 香青兰

学名：*Dracocephalum moldavica* L.

别名：野薄荷、枝子花、摩眼子、山薄荷、白赖洋、臭蒿、臭青兰。

分布：重庆、甘肃、广西、河北、河南、黑龙江、湖北、吉林、辽宁、内蒙古、山西、陕西、新疆、四川、云南、浙江。

4. 香薷

学名：*Elsholtzia ciliata*（Thunb.）Hyland.

分布：安徽、北京、重庆、福建、甘肃、广东、广西、贵州、海南、河北、河南、黑龙江、湖北、湖南、内蒙古、宁夏、江苏、江西、吉林、辽宁、山东、山西、陕西、上海、四川、天津、云南、浙江。

5. 密花香薷

学名：*Elsholtzia densa* Benth.

别名：咳嗽草、野紫苏。

分布：重庆、甘肃、河北、辽宁、山西、陕西、四川、新疆、云南。

6. 鼬瓣花

学名：*Galeopsis bifida* Boenn.

别名：黑苏子、套日朝格、套心朝格、野苏子、野芝麻。

分布：甘肃、贵州、黑龙江、湖北、吉林、内蒙古、山西、陕西、四川、云南。

7. 夏至草

学名：*Lagopsis supina*（Steph. ex Willd.）Ik.-Gal. ex Knorr.

别名：灯笼棵、白花夏枯草。

分布：安徽、北京、福建、甘肃、广东、广西、贵州、河北、河南、黑龙江、湖北、湖南、江西、江苏、吉林、辽宁、内蒙古、宁夏、山东、山西、陕西、上海、四川、天津、重庆、新疆、云南、浙江。

8. 宝盖草

学名：*Lamium amplexicaule* L.

别名：佛座、珍珠莲、接骨草。

分布：安徽、重庆、福建、甘肃、广西、贵州、河北、河南、湖北、湖南、江苏、宁夏、山东、山西、陕西、四川、新疆、云南、浙江。

9. 益母草

学名：*Leonurus japonicus* Houttuyn.

别名：茺蔚、茺蔚子、茺玉子、灯笼草、地母草。

分布：安徽、北京、重庆、福建、甘肃、广东、广西、贵州、海南、河北、河南、黑龙江、湖北、湖南、吉林、江苏、江西、辽宁、内蒙古、宁夏、山东、山西、陕西、上海、四川、天津、新疆、云南、浙江。

10. 薄荷

学名：*Mentha canadensis* L.

别名：水薄荷、鱼香草、苏薄荷。

分布：安徽、北京、重庆、福建、甘肃、广东、广西、贵州、海南、河北、河南、黑龙江、湖北、湖南、吉林、江苏、江西、辽宁、内蒙古、宁夏、山东、山西、陕西、上海、四川、天津、新疆、云南、浙江。

11. 荔枝草

学名：*Salvia plebeia* R. Br.

别名：雪见草、蛤蟆皮、土荆芥、猴臂草。

分布：北京、重庆、甘肃、广东、广西、贵州、海南、河北、河南、湖北、湖南、江苏、江西、辽宁、山东、山西、陕西、上海、四川、云南、浙江。

酢浆草科

酢浆草

学名：*Oxalis corniculata* L.

别名：老鸭嘴、满天星、黄花酢酱草、鸠酸、酸味草。

分布：安徽、北京、重庆、福建、甘肃、广东、广西、贵州、海南、河北、河南、湖北、湖南、内蒙古、江苏、江西、辽宁、山东、山西、陕西、上海、四川、天津、云南、浙江。

大戟科

1. 铁苋菜

学名：*Acalypha australis* L.

别名：榎草、海蚌含珠。

分布：安徽、北京、重庆、福建、甘肃、广东、广西、贵州、海南、河北、河南、黑龙江、湖北、湖南、吉林、江苏、江西、辽宁、内蒙古、宁夏、山东、山西、陕西、上海、四川、天津、新疆、云南、浙江。

2. 泽漆

学名：*Euphorbia helioscopia* L.

别名：五朵云、五风草。

分布：安徽、重庆、福建、甘肃、广东、广西、贵州、海南、河北、河南、黑龙江、湖北、湖南、吉林、江苏、江西、辽宁、内蒙古、宁夏、山东、山西、陕西、上海、四川、新疆、云南、浙江。

3. 飞扬草

学名：*Euphorbia hirta* L.

别名：大飞扬草、乳籽草。

分布：福建、重庆、甘肃、广东、广西、贵州、海南、河南、湖南、江西、四川、云南、浙江。

4. 地锦

学名：*Euphorbia humifusa* Willd.

别名：地锦草、红丝草、奶疳草。

分布：安徽、北京、重庆、福建、甘肃、广东、广西、贵州、海南、河北、河南、黑龙江、湖北、湖南、吉林、江苏、江西、辽宁、内蒙古、宁夏、山东、山西、陕西、上海、四川、天津、新疆、云南、浙江。

5. 斑地锦

学名：*Euphorbia maculata* L.

别名：大地锦、宽斑地锦、痢疾草、美洲地锦、奶汁草、铺地锦。

分布：北京、重庆、广东、广西、河北、湖北、湖南、江苏、江西、辽宁、宁夏、山东、陕西、上海、浙江。

6. 叶下珠

学名：*Phyllanthus urinaria* L.

别名：阴阳草、假油树、珍珠草。

分布：重庆、广东、广西、贵州、海南、河北、湖北、湖南、江苏、山西、陕西、四川、新疆、云南、浙江。

大麻科

葎草

学名：*Humulus scandens*（Lour.）Merr.

别名：拉拉藤、拉拉秧。

分布：安徽、北京、重庆、福建、甘肃、广东、广西、贵州、海南、河北、河南、黑龙江、湖北、湖南、江苏、江西、吉林、辽宁、山东、山西、陕西、上海、四川、天津、云南、浙江。

豆科

1. 决明

学名：*Cassia tora* L.

别名：马蹄决明、假绿豆。

分布：安徽、福建、广东、广西、贵州、海南、湖北、湖南、江苏、江西、辽宁、内蒙古、山东、陕西、四川、新疆、云南。

2. 野大豆

学名：*Glycine soja* Sieb. et Zucc.

别名：白豆、柴豆、大豆、河豆子、黑壳豆。

分布：安徽、北京、重庆、福建、甘肃、广东、广西、贵州、河北、河南、黑龙江、湖北、湖南、吉林、江苏、江西、辽宁、内蒙古、宁夏、山东、山西、陕西、上海、四川、天津、云南、浙江。

3. 甘草

学名：*Glycyrrhiza uralensis* Fisch.

别名：甜草。

分布：甘肃、河北、河南、黑龙江、吉林、辽宁、内蒙古、宁夏、山东、山西、陕西、新疆。

4. 长柄米口袋

学名：*Gueldenstaedtia harmsii* Ulbr.

别名：地丁、地槐、米布袋、米口袋。

分布：安徽、北京、甘肃、广西、河北、河南、湖北、江苏、宁夏、陕西、天津、云南。

5. 长萼鸡眼草

学名：*Kummerowia stipulacea*（Maxim.）Makino.

别名：鸡眼草。

分布：安徽、甘肃、河北、河南、黑龙江、湖北、吉林、江苏、江西、辽宁、山东、山西、陕西、云南、浙江。

6. 野苜蓿

学名：*Medicago falcata* L.

别名：连花生、豆豆苗、黄花苜蓿、黄苜蓿。

分布：甘肃、广西、河北、河南、黑龙江、辽宁、内蒙古、山西、四川、新疆。

7. 天蓝苜蓿

学名：*Medicago lupulina* L.

别名：黑荚苜蓿、杂花苜宿。

分布：安徽、北京、重庆、福建、甘肃、广东、广西、贵州、河北、河南、黑龙江、湖北、湖南、吉林、江苏、江西、辽宁、内蒙古、宁夏、山东、山西、陕西、四川、新疆、云南、浙江。

8. 野葛

学名：*Pueraria lobate*（Willd.）Ohwi.

分布：安徽、北京、重庆、福建、甘肃、广东、广西、贵州、海南、河北、河南、黑龙江、湖北、湖南、吉林、江苏、江西、辽宁、内蒙古、宁夏、山东、山西、陕西、上海、四川、天津、云南、浙江。

番杏科

粟米草

学名：*Mollugo stricta* L.

别名：飞蛇草、降龙草、万能解毒草、鸭脚瓜子草。

分布：安徽、重庆、福建、甘肃、广东、广西、贵州、海南、河南、湖北、湖南、江苏、江西、山东、陕西、四川、新疆、云南、浙江。

葫芦科

1. 马泡瓜

学名：*Cucumis melo* L. var. *agrestis* Naud.

别名：马交瓜、三棱瓜、野黄瓜。

分布：安徽、福建、广东、广西、河北、江苏、山东。

2. 马交儿

学名：*Zehneria indica*（Lour.）Keraudren.

别名：耗子拉冬瓜、扣子草、老鼠拉冬瓜、土白敛、野苦瓜。

分布：安徽、福建、广东、广西、贵州、湖北、湖南、江苏、江西、四川、云南、浙江。

蒺藜科

蒺藜

学名：*Tribulus terrester* L.

别名：蒺藜狗子、野菱角、七里丹、刺蒺藜、章古、伊曼－章古（蒙古族名）。

分布：安徽、北京、重庆、福建、甘肃、广东、广西、贵州、海南、河北、河南、黑龙江、湖北、湖南、吉林、江苏、江西、辽宁、内蒙古、宁夏、山东、山西、陕西、上海、四川、天津、新疆、云南、浙江。

夹竹桃科

罗布麻

学名：*Apocynum venetum* L.

别名：茶叶花、野麻、红麻。

分布：甘肃、湖北、广西、河北、江苏、辽宁、内蒙古、陕西、山东、山西、新疆、西藏。

堇菜科

犁头草

学名：*Viola inconspicua* Bl.

分布：安徽、重庆、福建、广东、广西、贵州、海南、河南、湖北、湖南、江苏、江西、四川、陕西、云南、浙江。

锦葵科

1. 苘麻

学名：*Abutilon theophrasti* Medicus.

别名：青麻、白麻。

分布：安徽、北京、重庆、福建、甘肃、广东、广西、贵州、河北、河南、黑龙江、湖北、湖南、吉林、江苏、江西、辽宁、内蒙古、宁夏、山东、山西、陕西、上海、四川、天津、新疆、云南、浙江。

2. 野西瓜苗

学名：*Hibiscus trionum* L.

别名：香铃草。

分布：安徽、北京、重庆、福建、甘肃、广东、广西、贵州、海南、河北、河南、黑龙江、湖北、湖南、吉林、江苏、江西、辽宁、内蒙古、宁夏、山东、山西、陕西、上海、四川、天津、新疆、云南、浙江。

3. 冬葵

学名：*Malva crispa* L.

别名：冬苋菜、冬寒菜。

分布：重庆、广西、甘肃、贵州、河北、湖南、吉林、江西、宁夏、山东、陕西、四川、云南。

4. 圆叶锦葵

学名：*Malva pusilla* Smith.

别名：野锦葵、金爬齿、托盘果、烧饼花。

分布：安徽、甘肃、贵州、河北、河南、江苏、广西、陕西、山东、山西、四川、新疆、西藏、云南。

5. 黄花稔

学名：*Sida acuta* Burm. f.

分布：福建、广东、广西、海南、湖北、四川、云南。

6. 地桃花

学名：*Urena lobata* L.

分布：安徽、福建、广东、广西、贵州、海南、湖南、江苏、江西、四川、西藏、云南、浙江。

菊科

1. 胜红蓟

学名：*Ageratum conyzoides* L.

别名：藿香蓟、臭垆草、咸虾花。

分布：安徽、重庆、福建、广东、广西、贵州、海南、湖北、湖南、江西、四川、云南、浙江。

2. 豚草

学名：*Ambrosia artemisiifolia* L.

别名：艾叶破布草、豕草。

分布：安徽、北京、广东、河北、黑龙江、湖北、江西、辽宁、山东、陕西、四川、云南、浙江。

3. 艾蒿

学名：*Artemisia argyi* Levl. et Vant.

别名：艾

分布：安徽、北京、重庆、福建、甘肃、广东、广西、贵州、湖南、河北、河南、黑龙江、湖北、湖南、江苏、江西、吉林、辽宁、内蒙古、宁夏、山东、山西、陕西、四川、天津、新疆、云南、浙江。

4. 青蒿

学名：*Artemisia carvifolia* Buch.–Ham. ex Roxb.

别名：香蒿、白染艮、草蒿、廪蒿、邪蒿。

分布：安徽、福建、广东、广西、贵州、河北、河南、湖北、湖南、江苏、江西、吉林、辽宁、陕西、山东、四川、云南、浙江。

5. 猪毛蒿

学名：*Artemisia scoparia* Waldst. et Kit.

别名：东北茵陈蒿、黄蒿、白蒿、白毛蒿、白绵蒿、白青蒿。

分布：安徽、北京、重庆、福建、甘肃、广东、广西、贵州、海南、河北、河南、黑龙江、湖北、湖南、吉林、江苏、江西、辽宁、内蒙古、宁夏、山东、山西、陕西、上海、四川、天津、西藏、新疆、云南、浙江。

6. 大籽蒿

学名：*Artemisia sieversiana* Ehrhart ex Willd.

分布：甘肃、贵州、河北、河南、黑龙江、江苏、广西、吉林、辽宁、内蒙古、宁夏、山东、山西、陕西、四川、新疆、西藏、云南。

7. 小花鬼针草

学名：*Bidens parviflora* Willd.

别名：鬼针草、锅叉草、小鬼叉。

分布：安徽、北京、甘肃、广东、广西、河北、河南、黑龙江、湖北、湖南、吉林、江苏、内蒙古、宁夏、山东、山西、陕西、四川、天津、西藏、云南。

8. 鬼针草

学名：*Bidens pilosa* L.

别名：三叶鬼针、鬼黄花、婆婆针、鬼骨针、鬼蒺藜。

分布：安徽、北京、重庆、福建、甘肃、广东、广西、河北、河南、黑龙江、湖北、吉林、江苏、江西、辽宁、内蒙古、山东、山西、陕西、四川、天津、云南、浙江。

9. 白花鬼针草

学名：*Bidens pilosa* L. var. *radiata* Sch.-Bip.

别名：叉叉菜、金盏银盘、三叶鬼针草 。

分布：福建、北京、重庆、甘肃、广东、广西、贵州、河北、江苏、辽宁、山东、陕西、四川、云南、浙江。

10. 狼把草

学名：*Bidens tripartita* L.

分布：重庆、甘肃、河北、湖北、湖南、吉林、江苏、江西、内蒙古、宁夏、辽宁、山西、陕西、四川、新疆、云南。

11. 飞廉

学名：*Carduus nutans* L.

分布：甘肃、广西、河北、河南、吉林、江苏、宁夏、山东、山西、陕西、四川、新疆、云南。

12. 天名精

学名：*Carpesium abrotanoides* L.

别名：天蔓青、地菘、鹤虱。

分布：重庆、甘肃、贵州、湖北、湖南、江苏、陕西、四川、云南、浙江。

13. 石胡荽

学名：*Centipeda minima*（L.）A. Br. et Aschers.

别名：球子草。

分布：安徽、福建、甘肃、广东、广西、贵州、海南、河北、河南、黑龙江、湖北、湖南、吉林、江苏、江西、辽宁、内蒙古、宁夏、山东、山西、陕西、四川、西藏、新疆、云南、浙江。

14. 刺儿菜

学名：*Cephalanoplos segetum*（Bunge）Kitam.

别名：小蓟。

分布：安徽、北京、重庆、福建、甘肃、广东、广西、贵州、海南、河北、河南、黑龙江、湖北、湖南、吉林、江苏、江西、辽宁、内蒙古、宁夏、山东、山西、陕西、上海、四川、天津、新疆、云南、浙江。

15. 大刺儿菜

学名：*Cephalanoplos setosum*（Willd.）Kitam.

别名：马刺蓟。

分布：北京、甘肃、广西、贵州、河北、河南、黑龙江、湖北、吉林、辽宁、内蒙古、宁夏、山东、山西、陕西、天津、四川、西藏、新疆、云南。

16. 菊苣

学名：*Cichorium intybus* L.

别名：卡斯尼、苦荬、苦叶生菜、蓝菊、欧菊苣、欧洲菊苣。

分布：北京、甘肃、广东、广西、黑龙江、江西、辽宁、山西、陕西、四川、新疆。

17. 香丝草

学名：*Conyza bonariensis*（L.）Cronq.

别名：野塘蒿、灰绿白酒草、蓬草、蓬头、蓑衣草、小白菊、野地黄菊、野圹蒿。

分布：重庆、福建、甘肃、广东、广西、贵州、海南、河北、河南、湖北、湖南、江苏、江西、山东、陕西、四川、西藏、云南、浙江。

18. 小蓬草

学名：*Conyza canadensis*（L.）Cronq.

别名：加拿大蓬、飞蓬、小飞蓬 。

分布：安徽、北京、重庆、福建、甘肃、广东、广西、贵州、海南、河北、河南、黑龙江、湖北、湖南、吉林、江苏、江西、辽宁、内蒙古、宁夏、山东、山西、陕西、上海、四川、天津、西藏、新疆、云南、浙江。

19. 鳢肠

学名：*Eclipta prostrata* L.

别名：旱莲草、墨草。

分布：安徽、北京、重庆、福建、甘肃、广东、广西、贵州、海南、河北、河南、黑龙江、湖北、湖南、吉林、江苏、江西、辽宁、内蒙古、宁夏、山东、山西、陕西、上海、四川、天津、西藏、新疆、云南、浙江。

20. 飞机草

学名：*Eupatorium odoratum* L.

别名：香泽兰。

分布：重庆、广东、广西、贵州、海南、湖南、四川、云南。

21. 牛膝菊

学名：*Galinsoga parviflora* Cav.

别名：辣子草、向阳花、珍珠草、铜锤草、嘎力苏干－额布苏（蒙古族名）、旱田菊、兔儿草、小米菊。

分布：安徽、北京、重庆、福建、广东、广西、甘肃、贵州、海南、河南、湖北、湖南、黑龙江、吉林、江苏、江西、辽宁、内蒙古、宁夏、山东、山西、上海、天津、陕西、四川、西藏、新疆、云南、浙江。

22. 鼠曲草

学名：*Gnaphalium affine* D. Don.

分布：福建、重庆、甘肃、广东、广西、贵州、海南、湖北、湖南、江苏、江西、山东、陕西、四川、西藏、新疆、云南、浙江。

23. 旋覆花

学名：*Inula japonica* Thunb.

别名：全佛草。

分布：安徽、北京、重庆、福建、甘肃、广东、广西、贵州、海南、河北、河南、黑龙江、湖北、湖南、吉林、江苏、江西、辽宁、内蒙古、宁夏、山东、山西、陕西、上海、四川、天津、西藏、新疆、云南、浙江。

24. 苦荬菜

学名：*Ixeris polycephala* Cass.

别名：多头苦荬菜、多头苦菜、多头苦荬、多头莴苣、还魂草、剪子股、老鹳菜。

分布：安徽、福建、广东、广西、贵州、湖南、江苏、江西、陕西、四川、云南、浙江。

25. 马兰

学名：*Kalimeris indica*（L.）Sch.-Bip.

别名：马兰头、鸡儿肠、红管药、北鸡儿肠、北马兰、红梗菜。

分布：安徽、重庆、福建、广东、广西、贵州、海南、河南、黑龙江、湖北、湖南、江西、江苏、吉林、宁夏、陕西、四川、西藏、云南、浙江。

26. 毛连菜

学名：*Picris hieracioides* L.

别名：毛柴胡、毛莲菜、毛牛耳大黄、枪刀菜。

分布：甘肃、广西、贵州、河北、河南、湖北、吉林、山东、山西、陕西、四川、云南。

27. 草地风毛菊

学名：*Saussurea amara* Less.

别名：驴耳凤毛菊、羊耳朵、草地凤毛菊、凤毛菊、驴耳朵草。

分布：北京、甘肃、河北、黑龙江、吉林、辽宁、内蒙古、山西、陕西、新疆。

28. 欧洲千里光

学名：*Senecio vulgaris* L.

别名：白顶草、北千里光、恩格音－给其根那（蒙古族名）、欧千里光、欧州千里光、欧洲狗舌草、普通千里光。

分布：贵州、吉林、辽宁、内蒙古、四川、西藏、云南。

29. 豨莶

学名：*Siegesbeckia orientalis* L.

别名：虾柑草、粘糊菜。

分布：安徽、重庆、福建、甘肃、广东、广西、贵州、河北、河南、湖南、吉林、江苏、江西、山东、陕西、四川、云南、浙江。

30. 腺梗豨莶

学名：*Siegesbeckia pubescens* Makino

别名：毛豨莶、棉苍狼、珠草。

分布：安徽、甘肃、、广东、广西、贵州、河北、河南、湖北、吉林、辽宁、江苏、江西、山西、陕西、四川、西藏、云南、浙江。

31. 苣荬菜

学名：*Sonchus arvensis* L.

别名：苦菜。

分布：安徽、北京、重庆、福建、甘肃、广东、广西、贵州、海南、河北、河南、黑龙江、湖北、湖南、吉林、江苏、江西、辽宁、内蒙古、宁夏、山东、山西、陕西、上海、四川、天津、新疆、浙江。

32. 蒲公英

学名：*Taraxacum mongolicum* Hand.-Mazz.

分布：安徽、北京、重庆、福建、甘肃、广东、广西、贵州、河北、河南、黑龙江、湖北、湖南、吉林、江苏、江西、辽宁、内蒙古、宁夏、山东、山西、陕西、上海、四川、天津、西藏、新疆、云南、浙江。

33. 碱菀

学名：*Tripolium vulgare* Nees

别名：竹叶菊、铁杆蒿、金盏菜。

分布：甘肃、吉林、江苏、辽宁、内蒙古、山东、陕西、山西、新疆、云南、浙江。

34. 夜香牛

学名：*Vernonia cinerea*（L.）Less.

别名：斑鸠菊、寄色草、假咸虾。

分布：福建、广东、广西、湖北、湖南、江西、四川、云南、浙江。

35. 苍耳

学名：*Xanthium sibiricum* Patrin ex Widder

别名：虱麻头、老苍子、青棘子。

分布：安徽、北京、重庆、福建、甘肃、广东、广西、贵州、海南、河北、河南、黑龙江、湖北、湖南、吉林、江苏、江西、辽宁、内蒙古、宁夏、山东、山西、陕西、四川、天津、西藏、新疆、云南、浙江。

36. 黄鹌菜

学名：*Youngia japonica*（L.）DC.

分布：安徽、北京、重庆、福建、甘肃、广东、广西、贵州、河北、河南、湖北、湖南、江苏、江西、山东、陕西、四川、西藏、云南、浙江。

爵床科

爵床

学名：*Rostellularia procumbens*（L.）Nees

分布：安徽、北京、重庆、福建、甘肃、广东、广西、贵州、海南、湖北、湖南、江苏、江西、山西、陕西、四川、西藏、云南、浙江。

藜科

1. 尖头叶藜

学名：*Chenopodium acuminatum* Willd.

别名：红眼圈灰菜、渐尖藜、金边儿灰菜、绿珠藜、砂灰菜、油杓杓、圆叶菜。

分布：甘肃、广西、贵州、河北、河南、黑龙江、吉林、辽宁、内蒙古、宁夏、山东、山西、陕西、天津、新疆、浙江。

2. 藜

学名：*Chenopodium album* L.

别名：灰菜、白藜、灰条菜、地肤子。

分布：安徽、北京、重庆、福建、甘肃、广东、广西、贵州、海南、河北、河南、黑龙江、湖北、湖南、吉林、江苏、江西、辽宁、内蒙古、宁夏、山东、山西、陕西、上海、四川、天津、西藏、新疆、云南、浙江。

3. 刺藜

学名：*Chenopodium aristatum* L.

分布：甘肃、广东、广西、贵州、湖北、河北、河南、黑龙江、吉林、辽宁、内蒙古、宁夏、山东、山西、陕西、四川、云南、新疆。

4. 灰绿藜

学名：*Chenopodium glaucum* L.

别名：碱灰菜、小灰菜、白灰菜。

分布：安徽、北京、甘肃、广东、广西、贵州、海南、河北、河南、黑龙江、湖北、湖南、吉林、江苏、江西、辽宁、内蒙古、宁夏、山东、山西、陕西、上海、四川、天津、新疆、西藏、云南、浙江。

5. 小藜

学名：*Chenopodium serotinum* L.

分布：安徽、北京、重庆、福建、甘肃、广东、广西、贵州、海南、河北、河南、黑龙江、湖北、湖南、吉林、江苏、江西、辽宁、内蒙古、宁夏、山东、山西、陕西、上海、四川、天津、新疆、云南、浙江。

6. 土荆芥

学名：*Dysphania ambrosioides*（L.）Mosyakin et Clemants

别名：醒头香、香草、省头香、罗勒、胡椒菜、九层塔。

分布：福建、重庆、甘肃、广东、广西、贵州、河北、河南、湖北、湖南、江苏、江西、陕西、四川、云南、浙江。

7. 地肤

学名：*Kochia scoparia*（L.）Schrad.

别名：扫帚菜。

分布：安徽、北京、重庆、福建、甘肃、广东、广西、贵州、河北、河南、黑龙江、湖北、湖南、吉林、江苏、江西、辽宁、内蒙古、宁夏、山东、山西、陕西、四川、天津、西藏、新疆、云南、浙江。

8. 猪毛菜

学名：*Salsola collina* Pall.

别名：扎蓬棵、山叉明棵。

分布：安徽、北京、甘肃、广西、贵州、河北、河南、黑龙江、湖北、湖南、吉林、江苏、辽宁、内蒙古、宁夏、山东、山西、陕西、四川、西藏、新疆、云南、浙江。

9. 盐地碱蓬

学名：*Suaeda salsa*（L.）Pall.

别名：翅碱蓬、黄须菜、哈日－和日斯（蒙古族名）、碱葱、碱蓬棵、盐篙子、盐蒿子、盐蓬。

分布：甘肃、河北、黑龙江、辽宁、吉林、江苏、内蒙古、宁夏、山东、陕西、山西、新疆、浙江。

蓼科

1. 卷茎蓼

学名：*Fallopia convolvula*（L.）A. Löve

分布：安徽、北京、福建、甘肃、广东、广西、贵州、黑龙江、河北、河南、湖北、吉林、江苏、江西、辽宁、内蒙古、宁夏、山东、山西、陕西、四川、新疆、云南。

2. 两栖蓼

学名：*Polygonum amphibium* L.

分布：安徽、甘肃、广西、贵州、海南、河北、黑龙江、湖北、湖南、吉林、江苏、辽宁、内蒙古、宁夏、山东、山西、陕西、四川、西藏、新疆、云南。

3. 萹蓄

学名：*Polygonum aviculare* L.

别名：鸟蓼、扁竹。

分布：安徽、重庆、福建、甘肃、广东、广西、贵州、海南、河北、河南、黑龙江、湖北、湖南、吉林、江苏、江西、辽宁、内蒙古、宁夏、山东、山西、陕西、四川、重庆、西藏、新疆、云南、浙江。

4. 柳叶刺蓼

学名：*Polygonum bungeanum* Turcz.

别名：本氏蓼、刺蓼、刺毛马蓼、蓼吊子、蚂蚱腿、蚂蚱子腿、胖孩子腿、青蛙子腿、乌日格斯图－塔日纳（蒙古族名）。

分布：安徽、福建、广东、广西、贵州、甘肃、河北、河南、黑龙江、湖北、湖南、吉林、江苏、辽宁、内蒙古、宁夏、山东、山西、陕西、四川、新疆、云南。

5. 叉分蓼

学名：*Polygonum divaricatum* L.

别名：大骨节蓼吊、分叉蓼、尼牙罗、酸不溜、酸梗儿、酸姜、酸浆、酸溜子草、酸模、乌亥尔塔尔纳、希没乐得格、义分蓼。

分布：河北、河南、黑龙江、湖北、吉林、辽宁、内蒙古、山东、山西。

6. 蚕茧蓼

学名：*Polygonum japonicum* Meisn.

别名：蚕茧蓼、长花蓼、大花蓼、旱蓼、红蓼子、蓼子草、日本蓼、香烛干子、小红蓼、小蓼子、小蓼子草。

分布：安徽、福建、广东、广西、贵州、河南、湖北、湖南、江苏、江西、山东、陕西、四川、西藏、云南、浙江。

7. 酸模叶蓼

学名：*Polygonum lapathifolium* L.

别名：旱苗蓼。

分布：安徽、北京、重庆、福建、甘肃、广东、广西、贵州、海南、河北、河南、黑龙江、湖北、湖南、吉林、江苏、江西、辽宁、内蒙古、宁夏、山东、山西、陕西、上海、四川、新疆、云南、浙江。

8. 绵毛酸模叶蓼

学名：*Polygonum lapathifolium* L. var. *salicifolium* Sibth.

别名：白毛蓼、白胖子、白绒蓼、柳叶大马蓼、柳叶蓼、绵毛大马蓼、绵毛旱苗蓼、棉毛酸模叶蓼。

分布：安徽、北京、重庆、福建、甘肃、广东、广西、贵州、海南、河北、河南、黑龙江、湖北、湖南、吉林、江苏、江西、辽宁、内蒙古、宁夏、山东、山西、陕西、上海、四川、天津、新疆、云南、浙江。

9. 大戟叶蓼

学名：*Polygonum maackianum* Regel

别名：吉丹－希没乐得格（蒙古族名）、马氏蓼。

分布：安徽、甘肃、广东、广西、河北、河南、黑龙江、湖南、吉林、江苏、江西、辽宁、内蒙古、山东、陕西、四川、云南、浙江。

10. 尼泊尔蓼

学名：*Polygonum nepalense* Meisn.

分布：安徽、福建、甘肃、广东、广西、贵州、海南、河北、河南、黑龙江、湖北、湖南、吉林、江苏、江西、辽宁、内蒙古、宁夏、山东、山西、陕西、四川、云南、浙江。

11. 红蓼

学名：*Polygonum orientale* L.

别名：东方蓼。

分布：安徽、福建、甘肃、广东、广西、贵州、海南、河北、河南、黑龙江、湖北、湖南、吉林、江苏、江西、辽宁、内蒙古、宁夏、山东、山西、陕西、四川、天津、新疆、云南、浙江。

12. 刺蓼

学名：*Polygonum senticosum*（Meisn.）Franch. et Sav.

别名：廊茵、红梗豺狗舌头草、红花蛇不过、红火老鸦酸草、急解索、廊菌、蚂蚱腿、猫舌草、貓儿刺、蛇不钻、蛇倒退。

分布：安徽、福建、甘肃、广东、广西、贵州、河北、河南、黑龙江、湖北、湖南、吉林、江苏、江西、辽宁、内蒙古、山东、山西、陕西、上海、四川、云南、浙江。

13. 西伯利亚蓼

学名：*Polygonum sibiricum* Laxm.

别名：剪刀股、醋柳、哈拉布达、面留留、面条条、曲玛子、酸姜、酸溜溜、西伯日－希没乐得格（蒙古族名）、子子沙曾。

分布：安徽、甘肃、贵州、河北、河南、黑龙江、湖北、吉林、江苏、辽宁、内蒙古、宁夏、山东、山西、陕西、四川、天津、云南。

14. 翼蓼

学名：*Pteroxygonum giraldii* Damm. et Diels

别名：白药子、红药子、红要子、金荞仁、老驴蛋、荞麦蔓、荞麦七、荞麦头、山首乌、石天荞。

分布：甘肃、河北、河南、湖北、山西、陕西、四川。

15. 皱叶酸模

学名：*Rumex crispus* L.

别名：羊蹄叶。

分布：福建、甘肃、贵州、广西、河北、河南、黑龙江、湖北、湖南、吉林、江苏、辽宁、内蒙古、宁夏、山东、山西、陕西、四川、天津、新疆、云南。

16. 齿果酸模

学名：*Rumex dentatus* L.

分布：安徽、重庆、福建、甘肃、贵州、河北、河南、湖北、湖南、江苏、江西、内蒙古、宁夏、山东、山西、陕西、四川、新疆、云南、浙江。

17. 巴天酸模

学名：*Rumex patientia* L.

别名：洋铁叶、洋铁酸模、牛舌头棵。

分布：北京、甘肃、河北、河南、黑龙江、湖北、湖南、吉林、江苏、辽宁、内蒙古、宁夏、山东、山西、陕西、四川、新疆、西藏。

柳叶菜科

草龙

学名：*Ludwigia hyssopifolia*（G. Don）exell.

别名：红叶丁香蓼、细叶水丁香、线叶丁香蓼。

分布：安徽、重庆、福建、海南、广东、广西、湖北、江苏、江西、辽宁、陕西、四川、云南。

萝藦科

1. 鹅绒藤

学名：*Cynanchum chinense* R. Br.

分布：甘肃、河北、河南、江苏、广西、吉林、辽宁、宁夏、陕西、山东、山西。

2. 萝藦

学名：*Metaplexis japonica*（Thunb.）Makino

别名：天将壳、飞来鹤、赖瓜瓢。

分布：安徽、北京、福建、甘肃、广东、广西、贵州、河北、河南、黑龙江、湖北、湖南、吉林、江苏、江西、辽宁、内蒙古、宁夏、陕西、山东、山西、上海、四川、天津、云南、浙江。

马鞭草科

黄荆

学名：*Vitex negundo* L.

别名：五指柑、五指风、布荆。

分布：安徽、重庆、福建、甘肃、广东、广西、贵州、海南、河南、湖北、湖南、江苏、江西、山东、陕西、四川、云南、浙江。

马齿苋科

马齿苋

学名：*Portulaca oleracea* L.

别名：马蛇子菜、马齿菜。

分布：安徽、北京、重庆、福建、甘肃、广东、广西、贵州、海南、河北、河南、黑龙江、湖北、湖南、江苏、江西、吉林、辽宁、内蒙古、宁夏、山东、山西、陕西、上海、四川、天津、新疆、云南、浙江。

牻牛儿苗科

牻牛儿苗

学名：*Erodium stephanianum* Willd.

分布：安徽、重庆、甘肃、贵州、河北、河南、黑龙江、湖北、湖南、江苏、江西、吉林、辽宁、内蒙古、宁夏、陕西、山西、四川、新疆、西藏。

毛茛科

辣蓼铁线莲

学名：*Clematis terniflora* DC. var. *mandshurica*（Rupr.）Ohwi

别名：东北铁线莲。

分布：黑龙江、吉林、辽宁、内蒙古。

葡萄科

乌蔹莓

学名： *Cayratia japonica*（Thunb.）Gagnep.

别名： 五爪龙、五叶薄、地五加。

分布： 安徽、重庆、福建、甘肃、广东、广西、贵州、海南、河北、河南、湖北、湖南、江苏、山东、陕西、上海、四川、云南、浙江。

千屈菜科

节节菜

学名： *Rotala indica*（Willd.）Koehne

分布： 安徽、北京、重庆、福建、甘肃、广东、广西、贵州、河北、河南、黑龙江、湖北、湖南、江苏、江西、云南、吉林、辽宁、内蒙古、山西、陕西、四川、新疆、浙江。

荨麻科

1. 野线麻

学名： *Boehmeria japonica*（Linn. f.）Miquel

分布： 安徽、福建、甘肃、广东、广西、贵州、河南、黑龙江、湖北、湖南、江苏、江西、山东、陕西、四川、云南、浙江。

2. 雾水葛

学名： *Pouzolzia zeylanica*（L.）Benn.

别名： 白石薯、啜脓羔、啜脓膏、水麻秧、多枝雾水葛、石薯、粘榔根、粘榔果。

分布： 安徽、福建、甘肃、广东、广西、贵州、湖北、湖南、江西、四川、云南、浙江。

茜草科

猪殃殃

学名： *Galium aparine* var. *echinospermum*（Wallr.）Cuf.

别名： 拉拉秧。

分布： 安徽、北京、重庆、福建、甘肃、广东、广西、贵州、海南、河北、河南、黑龙江、湖北、湖南、吉林、江苏、江西、辽宁、内蒙古、宁夏、山东、山西、陕西、上海、四川、天津、新疆、云南、浙江。

蔷薇科

1. 龙芽草

学名：*Agrimonia pilosa* Ledeb.

别名：散寒珠。

分布：安徽、北京、福建、甘肃、广东、广西、贵州、海南、河北、河南、黑龙江、湖北、湖南、吉林、江苏、江西、辽宁、山东、山西、陕西、上海、四川、新疆、云南、浙江。

2. 蛇莓

学名：*Duchesnea indica*（Andr.）Focke

别名：蛇泡草、龙吐珠、三爪风。

分布：安徽、北京、重庆、福建、甘肃、广东、广西、贵州、海南、河北、河南、湖北、湖南、吉林、江苏、江西、辽宁、宁夏、山东、山西、陕西、上海、四川、新疆、云南、浙江。

3. 委陵菜

学名：*Potentilla chinensis* Ser.

别名：白草、生血丹、扑地虎、五虎噙血、天青地白。

分布：安徽、甘肃、广东、广西、贵州、河北、河南、黑龙江、湖北、湖南、吉林、江苏、江西、辽宁、内蒙古、陕西、宁夏、山东、山西、四川、天津、云南。

茄科

1. 苦蘵

学名：*Physalis angulata* L.

分布：安徽、重庆、福建、甘肃、广东、广西、海南、河南、湖北、湖南、江苏、江西、陕西、浙江。

2. 小酸浆

学名：*Physalis minima* L.

分布：安徽、重庆、甘肃、广东、广西、贵州、河北、河南、黑龙江、湖北、湖南、吉林、江苏、江西、陕西、四川、云南、浙江。

3. 白英

学名：*Solanum lyratum* Thunberg

别名：山甜菜、蔓茄、北凤藤。

分布：安徽、福建、甘肃、广东、广西、贵州、河南、湖北、湖南、江苏、江西、山东、山西、陕西、四川、云南。

4. 龙葵

学名：*Solanum nigrum* L.

别名：野海椒、苦葵、野辣虎。

分布：安徽、北京、重庆、福建、甘肃、广东、广西、贵州、河北、河南、黑龙江、湖北、湖南、吉林、江苏、江西、辽宁、内蒙古、山东、山西、陕西、上海、四川、天津、新疆、云南、浙江。

伞形科

1. 毒芹

学名：*Cicuta virosa* L.

别名：杈子芹、钩吻叶芹、好日图－朝古日（蒙古族名）、河毒、芹叶钩吻、细叶毒芹、野芹、野芹菜花、叶钩吻、走马芹。

分布：甘肃、河北、黑龙江、吉林、辽宁、内蒙古、陕西、山西、四川、新疆、云南。

2. 蛇床

学名：*Cnidium monnieri*（L.）Cuss.

分布：安徽、北京、重庆、福建、甘肃、广东、广西、贵州、海南、河北、河南、黑龙江、湖北、湖南、吉林、江苏、江西、辽宁、内蒙古、宁夏、山东、山西、陕西、上海、四川、天津、新疆、云南、浙江。

十字花科

1. 白菜型油菜自生苗

学名：*Brassica campestris* L.

别名：油菜。

分布：重庆、甘肃、广东、广西、贵州、河北、河南、湖北、湖南、江苏、内蒙古、宁夏、陕西、四川、新疆、云南、浙江。

2. 野芥菜

学名：*Brassica juncea*（L.）Czern et Coss. var. *gracilis* Tsen et Lee

别名：野油菜、野辣菜。

分布：重庆、甘肃、广西、湖北、宁夏、山东、四川、新疆、云南。

3. 甘蓝型油菜自生苗

学名：*Brassica napus* L.

别名：油菜。

分布：广东、广西、重庆、河北、河南、湖北、江苏、江西、陕西、四川、浙江。

4. 荠菜

学名：*Capsella bursa-pastoris*（L.）Medic.

别名：荠、荠荠菜。

分布：安徽、北京、重庆、福建、甘肃、广东、广西、贵州、海南、河北、河南、黑龙江、湖北、湖南、吉林、江苏、江西、辽宁、内蒙古、宁夏、山东、山西、陕西、上海、四川、天津、新疆、云南、浙江。

5. 播娘蒿

学名：*Descurainia sophia*（L.）Webb ex Prantl

分布：安徽、北京、重庆、福建、甘肃、广东、广西、贵州、海南、河北、河南、黑龙江、湖北、湖南、吉林、江苏、江西、辽宁、内蒙古、宁夏、山东、山西、陕西、上海、四川、天津、新疆、云南、浙江。

6. 独行菜

学名：*Lepidium apetalum* Willd.

别名：辣辣。

分布：安徽、北京、甘肃、广西、贵州、河北、河南、黑龙江、湖北、湖南、吉林、江西、江苏、辽宁、内蒙古、宁夏、陕西、山东、山西、四川、新疆、云南、浙江。

7. 沼生蔊菜

学名：*Rorippa islandica*（Oed.）Borb.

别名：风花菜、风花菜蔊、岗地菜、蔊菜、黄花荠菜、那木根－萨日布（蒙古族名）、水萝卜、香荠菜、沼泽蔊菜。

分布：北京、甘肃、广西、广东、黑龙江、吉林、江苏、辽宁、河北、河南、内蒙古、山东、山西、云南。

石竹科

1. 牛繁缕

学名：*Myosoton aquaticum*（L.）Moench

别名：鹅肠菜、鹅儿肠、抽筋草、大鹅儿肠、鹅肠草、石灰菜、额叠申细苦、伸筋草。

分布：安徽、北京、重庆、福建、甘肃、广东、广西、贵州、海南、河北、河南、黑龙江、湖北、湖南、吉林、江苏、江西、辽宁、内蒙古、宁夏、陕西、山东、山西、上海、四川、天津、新疆、云南、浙江。

2. 漆姑草

学名：*Sagina japonica*（Sw.）Ohwi

别名：虎牙草。

分布：安徽、重庆、福建、甘肃、广东、广西、贵州、河北、河南、黑龙江、湖北、湖南、江苏、江西、辽宁、内蒙古、陕西、山东、山西、四川、天津、云南、浙江。

3. 麦瓶草

学名：*Silene conoidea* L.

分布：安徽、北京、甘肃、贵州、河北、河南、湖北、湖南、江西、江苏、宁夏、山东、陕西、山西、上海、四川、天津、新疆、浙江。

4. 繁缕

学名：*Stellaria media*（L.）Villars

别名：鹅肠草。

分布：安徽、重庆、福建、甘肃、广东、广西、贵州、河北、河南、湖北、湖南、吉林、江苏、江西、辽宁、内蒙古、宁夏、山东、山西、陕西、四川、上海、云南、浙江。

苋科

1. 空心莲子草

学名：*Alternanthera philoxeroides*（Mart.）Griseb.

别名：水花生、水苋菜。

分布：安徽、重庆、福建、甘肃、广东、广西、贵州、河南、湖北、湖南、江苏、江西、四川、陕西、上海、云南、浙江。

2. 莲子草

学名：*Alternanthera sessilis*（L.）DC.

别名：虾钳菜。

分布：安徽、重庆、福建、甘肃、广东、广西、贵州、河南、湖北、湖南、江苏、江西、山东、四川、上海、云南、浙江。

3. 凹头苋

学名：*Amaranthus blitum* L.

别名：野苋、人情菜、野苋菜。

分布：安徽、北京、重庆、福建、甘肃、广东、广西、贵州、海南、河北、河南、黑龙江、湖北、湖南、吉林、江苏、江西、辽宁、内蒙古、山东、山西、陕西、上海、四川、新疆、云南、浙江。

4. 反枝苋

学名：*Amaranthus retroflexus* L.

别名：西风谷、阿日白－诺高（蒙古族名）、反齿苋、家鲜谷、人苋菜、忍建菜、西风古、苋菜、野风古、野米谷、野千穗谷、野苋菜。

分布：安徽、北京、重庆、福建、甘肃、广东、广西、贵州、海南、河北、河南、黑龙江、湖北、湖南、吉林、江苏、江西、辽宁、内蒙古、宁夏、山东、山西、陕西上海、、四川、天津、新疆、云南、浙江。

5. 刺苋

学名：*Amaranthus spinosus* L.

别名：刺苋菜、野苋菜。

分布：安徽、福建、广东、广西、贵州、河南、湖北、湖南、江苏、江西、山东、山西、陕西、四川、云南、浙江。

6. 皱果苋

学名：*Amaranthus viridis* L.

别名：绿苋、白苋、红苋菜、假苋菜、糠苋、里苋、绿苋菜、鸟苋、人青菜、细苋、苋菜、野见、野米苋、野苋、野苋菜、猪苋、紫苋菜。

分布：甘肃、广东、广西、贵州、河北、山东、上海、四川、新疆、浙江。

7. 青葙

学名：*Celosia argentea* L.

别名：野鸡冠花、狗尾巴、狗尾苋、牛尾花。

分布：安徽、北京、重庆、福建、甘肃、广东、广西、贵州、海南、河北、河南、黑龙江、湖北、湖南、吉林、江苏、江西、辽宁、内蒙古、宁夏、山东、山西、陕西、四川、新疆、云南、浙江。

玄参科

1. 泥花草

学名：*Lindernia antipoda*（L.）Alston

别名：泥花母草。

分布：安徽、重庆、福建、广东、广西、湖北、湖南、江苏、江西、四川、陕西、云南、浙江。

2. 通泉草

学名：*Mazus japonicus*（Thunb.）Kuntze

分布：安徽、北京、重庆、福建、甘肃、广东、广西、河北、河南、湖北、湖南、江苏、江西、山东、陕西、四川、云南、浙江。

3. 匍茎通泉草

学名：*Mazus miquelii* Makino

别名：米格通泉草、匍茎通泉草。

分布：安徽、重庆、福建、广西、贵州、湖北、湖南、江苏、江西、四川、浙江。

4. 地黄

学名：*Rehmannia glutinosa*（Gaert.）Libosch. ex Fisch. et Mey.

别名：婆婆丁、米罐棵、蜜糖管。

分布：北京、甘肃、广东、贵州、河北、河南、湖北、辽宁、内蒙古、江苏、山东、山西、陕西、四川、天津、云南。

旋花科

1. 打碗花

学名： *Calystegia hederacea* Wall.

别名： 小旋花、兔耳草。

分布： 安徽、北京、重庆、福建、甘肃、广东、广西、贵州、海南、河北、河南、黑龙江、湖北、湖南、吉林、江苏、江西、辽宁、内蒙古、宁夏、山东、山西、陕西、上海、四川、天津、新疆、云南、浙江。

2. 田旋花

学名： *Convolvulus arvensis* L.

别名： 中国旋花、箭叶旋花。

分布： 安徽、北京、福建、甘肃、广东、广西、贵州、海南、河北、河南、黑龙江、湖北、湖南、吉林、江苏、江西、辽宁、内蒙古、宁夏、山东、山西、陕西、上海、四川、新疆、云南、浙江。

3. 裂叶牵牛

学名： *Pharbitis nil*（L.）Ching

别名： 牵牛、白丑、常春藤叶牵牛、二丑、黑丑、喇叭花、喇叭花子、牵牛花、牵牛子。

分布： 北京、重庆、福建、甘肃、广东、广西、贵州、海南、河北、河南、湖北、湖南、江苏、江西、宁夏、山东、山西、陕西、上海、四川、天津、新疆、云南、浙江。

4. 圆叶牵牛

学名： *Pharbitis purpurea*（L.）Voigt.

别名： 紫花牵牛、喇叭花、毛牵牛、牵牛花、园叶牵牛、紫牵牛。

分布： 北京、重庆、福建、甘肃、广东、广西、海南、河北、河南、湖北、吉林、江苏、江西、辽宁、内蒙古、宁夏、山东、山西、陕西、上海、四川、新疆、云南、浙江。

紫草科

1. 柔弱斑种草

学名： *Bothriospermum tenellum*（Hornem.）Fisch. et Mey.

分布： 重庆、甘肃、广西、河南、宁夏、陕西。

2. 象鼻草

学名： *Heliotropium indicum* L.

别名： 象鼻草、金虫草、狗尾菜、狗尾草、狗尾虫、全虫草、天芥菜、鱿鱼草。

分布： 福建、广西、海南、云南。

3. 狼紫草

学名：*Lycopsis orientalis* L.

分布：甘肃、广东、广西、河北、河南、内蒙古、宁夏、陕西、山西、西藏、新疆。

单子叶植物杂草

百合科

薤白

学名：*Allium macrostemon* Bunge

别名：小根蒜、大蕊葱、胡葱、胡葱子、胡蒜、苦蒜、密花小根蒜、山韭菜。

分布：安徽、北京、福建、甘肃、广东、广西、贵州、河北、河南、黑龙江、湖北、湖南、吉林、江苏、江西、辽宁、内蒙古、宁夏、山东、山西、陕西、上海、四川、天津、云南。

禾本科

1. 匍茎剪股颖

学名：*Agrostis stolonifera* L.

分布：安徽、甘肃、贵州、黑龙江、内蒙古、宁夏、山东、山西、陕西、新疆、云南。

2. 荩草

学名：*Arthraxon hispidus*（Thunb.）Makino

别名：绿竹。

分布：安徽、北京、重庆、福建、广东、广西、贵州、海南、河北、河南、黑龙江、湖北、湖南、吉林、江苏、江西、内蒙古、宁夏、山东、陕西、四川、新疆、云南、浙江。

3. 野燕麦

学名：*Avena fatua* L.

别名：乌麦、燕麦草。

分布：安徽、北京、重庆、福建、甘肃、广东、广西、贵州、河北、河南、黑龙江、湖北、湖南、江苏、江西、内蒙古、宁夏、山东、山西、陕西、上海、四川、天津、新疆、云南、浙江。

4. 菵草

学名：*Beckmannia syzigachne*（Steud.）Fern.

别名：水稗子、菵米、鱼子草。

分布：安徽、北京、重庆、甘肃、广西、贵州、河北、河南、黑龙江、湖北、湖南、吉林、江苏、江西、辽东、辽宁、内蒙古、宁夏、山东、山西、陕西、上海、四川、天津、新疆、云南、浙江。

5. 毛臂形草

学名：*Brachiaria villosa*（Ham.）A. Camus

别名：臂形草。

分布：安徽、福建、甘肃、广东、广西、贵州、河南、湖北、湖南、江西、四川、陕西、上海、云南、浙江。

6. 虎尾草

学名：*Chloris virgata* Sw.

别名：棒锤草、刷子头、盘草。

分布：安徽、北京、重庆、甘肃、广东、广西、贵州、河北、河南、黑龙江、湖北、湖南、吉林、江苏、辽宁、内蒙古、宁夏、山东、山西、陕西、四川、新疆、云南、浙江。

7. 狗牙根

学名：*Cynodon dactylon*（L.）Pers.

别名：绊根草、爬根草、感沙草、铁线草。

分布：安徽、重庆、福建、甘肃、广东、广西、贵州、海南、河北、河南、黑龙江、湖北、吉林、江苏、江西、辽宁、宁夏、山东、山西、陕西、上海、四川、天津、新疆、云南、浙江。

8. 升马唐

学名：*Digitaria ciliaris*（Retz.）Koel.

别名：拌根草、白草、俭草、乱草子、马唐、毛马唐、爬毛抓秧草、乌斯图－西巴棍－塔布格（蒙古族名）、蟋蟀草、抓地龙。

分布：安徽、重庆、福建、广东、广西、贵州、海南、河北、河南、黑龙江、湖北、吉林、江苏、江西、辽宁、内蒙古、宁夏、山东、山西、陕西、上海、四川、天津、新疆、云南、浙江。

9. 马唐

学名：*Digitaria sanguinalis*（L.）Scop.

别名：大抓根草、红水草、鸡爪子草、假马唐、俭草、面条筋、盘鸡头草、秫秸秧子、哑用、抓地龙、抓根草。

分布：安徽、重庆、北京、福建、甘肃、广东、广西、贵州、海南、河北、河南、黑龙江、湖北、湖南、吉林、江苏、江西、辽宁、内蒙古、宁夏、山东、山西、陕西、上海、四川、天津、西藏、新疆、云南、浙江。

10. 稗

学名：*Echinochloa crusgali*（L.）Beauv.

别名：野稗、稗草、稗子、稗子草、水稗、水稗子、水䅟子、野䅟子、䅟子草。

分布：安徽、北京、重庆、福建、甘肃、广东、广西、贵州、海南、河北、河南、

黑龙江、湖北、湖南、吉林、江苏、江西、辽宁、内蒙古、宁夏、山东、山西、陕西、上海、四川、天津、新疆、云南、浙江。

11. 旱稗

学名：*Echinochloa hispidula*（Retz.）Nees

别名：水田稗、乌日特－奥存－好努格（蒙古族名）。

分布：安徽、北京、重庆、甘肃、广东、贵州、海南、河北、河南、黑龙江、湖北、湖南、吉林、江苏、江西、辽宁、内蒙古、宁夏、山东、山西、陕西、四川、天津、新疆、云南、浙江。

12. 水稗

学名：*Echinochloa phyllopogon*（Stapf）Koss.

别名：稻稗。

分布：北京、重庆、广东、广西、河北、河南、湖南、吉林、江苏、江西、宁夏、上海、天津、云南、浙江。

13. 牛筋草

学名：*Eleusine indica*（L.）Gaertn.

别名：蟋蟀草。

分布：安徽、北京、重庆、福建、甘肃、广东、贵州、海南、黑龙江、河北、河南、湖北、湖南、吉林、江苏、江西、辽宁、内蒙古、宁夏、山东、山西、陕西、上海、四川、天津、新疆、云南、浙江。

14. 披碱草

学名：*Elymus dahuricus* Turcz.

别名：硷草、碱草、披硷草、扎巴干－黑雅嘎（蒙古族名）、直穗大麦草。

分布：河北、河南、黑龙江、内蒙古、宁夏、山东、山西、陕西、四川、新疆、云南。

15. 大画眉草

学名：*Eragrostis cilianensis*（All.）Link ex Vignolo-Lutati

别名：画连画眉草、画眉草、宽叶草、套木－呼日嘎拉吉（蒙古族名）、蚊子草、西连画眉草、星星草。

分布：安徽、北京、重庆、福建、甘肃、广东、广西、贵州、海南、河北、河南、黑龙江、湖北、湖南、辽宁、内蒙古、宁夏、山东、陕西、四川、天津、新疆、云南、浙江。

16. 乱草

学名：*Eragrostis japonica*（Thunb.）Trin.

别名：碎米知风草、旱田草、碎米、香榧草、须须草、知风草。

分布：安徽、重庆、福建、广东、广西、贵州、河南、湖北、江苏、江西、陕西、四川、云南、浙江。

17. 画眉草

学名：*Eragrostis pilosa*（L.）Beauv.

别名：星星草、蚊子草、榧子草、狗尾巴草、呼日嘎拉吉、蚊蚊草、绣花草。

分布：安徽、北京、重庆、福建、甘肃、广东、广西、贵州、海南、河北、河南、黑龙江、湖北、湖南、江苏、江西、辽宁、内蒙古、宁夏、山东、山西、陕西、四川、新疆、云南、浙江。

18. 野黍

学名：*Eriochloa villosa*（Thunb.）Kunth

别名：大籽稗、大子草、额力也格乐吉、哈拉木、秏子食、唤猪草、拉拉草、山铲子、嗅猪草、野糜子、猪儿草。

分布：安徽、北京、福建、甘肃、广东、广西、贵州、河北、河南、黑龙江、湖北、吉林、江苏、江西、内蒙古、山东、陕西、四川、天津、云南、浙江。

19. 白茅

学名：*Imperata cylindrica*（L.）Beauv.

别名：茅针、茅根、白茅根、黄茅、尖刀草、兰根、毛根、茅草、茅茅根、茅针花、丝毛草、丝茅草、丝茅根、甜根、甜根草、乌毛根。

分布：安徽、北京、重庆、福建、甘肃、广东、广西、贵州、海南、河北、河南、黑龙江、湖北、湖南、江苏、江西、辽宁、内蒙古、山东、山西、陕西、四川、上海、天津、新疆、云南、浙江。

20. 千金子

学名：*Leptochloa chinensis*（L.）Nees

别名：雀儿舌头、畔茅、绣花草、油草、油麻。

分布：安徽、重庆、福建、甘肃、广东、广西、贵州、海南、河北、河南、黑龙江、湖北、湖南、吉林、江苏、江西、辽宁、内蒙古、山东、山西、陕西、上海、四川、新疆、云南、浙江。

21. 虮子草

学名：*Leptochloa panicea*（Retz.）Ohwi

别名：细千金子。

分布：安徽、重庆、福建、广东、广西、贵州、海南、河南、湖北、湖南、江苏、江西、四川、陕西、云南、浙江。

22. 芒

学名：*Miscanthus sinensis* Anderss.

分布：广西、湖北、江西、四川、浙江。

23. 铺地黍

学名：*Panicum repens* L.

别名：枯骨草、舗地黍、硬骨草。

分布：福建、重庆、甘肃、广东、广西、贵州、海南、江西、山西、四川、云南、浙江。

24. 双穗雀稗

学名：*Paspalum distichum* L.

别名：游草、游水筋、双耳草、双稳雀稗、铜线草。

分布：安徽、重庆、福建、甘肃、广东、广西、贵州、海南、河北、河南、黑龙江、湖北、湖南、江苏、江西、辽宁、山东、山西、陕西、上海、四川、天津、新疆、云南、浙江。

25. 圆果雀稗

学名：*Paspalum orbiculare* Forst.

分布：福建、广东、广西、贵州、湖北、江苏、江西、四川、天津、新疆、云南、浙江。

26. 芦苇

学名：*Phragmites australis*（Cav.）Trin. ex Steud.

别名：好鲁苏、呼勒斯、呼勒斯鹅、葭、蒹、芦、芦草、芦柴、芦头、芦芽、苇、苇葭、苇子。

分布：安徽、北京、重庆、福建、甘肃、广东、广西、贵州、海南、河北、河南、黑龙江、湖北、湖南、吉林、江苏、江西、辽宁、内蒙古、宁夏、山东、山西、陕西、上海、四川、天津、新疆、云南、浙江。

27. 金色狗尾草

学名：*Setaria glauca*（L.）Beauv.

分布：安徽、北京、重庆、福建、甘肃、广东、广西、贵州、海南、河北、河南、黑龙江、湖北、湖南、吉林、江苏、江西、辽宁、内蒙古、宁夏、山东、山西、陕西、上海、四川、天津、新疆、云南、浙江。

28. 狗尾草

学名：*Setaria viridis*（L.）Beauv.

别名：谷莠子、莠。

分布：安徽、北京、重庆、福建、甘肃、广东、广西、贵州、河北、河南、黑龙江、湖北、湖南、吉林、江苏、江西、辽宁、内蒙古、宁夏、山东、山西、陕西、上海、四川、天津、新疆、云南、浙江。

29. 虱子草

学名：*Tragus bertesonianus* Schult.

分布：甘肃、广西、河北、黑龙江、吉林、辽宁、内蒙古、宁夏、山西、陕西、四川。

30. 小麦自生苗

学名：*Triticum aestivum* L.

分布：安徽、北京、甘肃、广西、贵州、河北、河南、湖北、江苏、内蒙古、宁夏、山东、陕西、四川、天津、云南、浙江。

莎草科

1. 异型莎草

学名：*Cyperus difformis* L.

分布：安徽、北京、重庆、福建、甘肃、广东、广西、贵州、海南、河北、河南、黑龙江、湖北、湖南、吉林、江苏、江西、辽宁、内蒙古、宁夏、山东、山西、陕西、上海、四川、天津、新疆、云南、浙江。

2. 碎米莎草

学名：*Cyperus iria* L.

分布：安徽、北京、重庆、福建、甘肃、广东、广西、贵州、海南、河北、河南、黑龙江、湖北、湖南、吉林、江苏、江西、辽宁、宁夏、山东、山西、陕西、上海、四川、新疆、云南、浙江。

3. 具芒碎米莎草

学名：*Cyperus microiria* Steud.

别名：黄鳞莎草、黄颖莎草、回头香、三棱草、西日－萨哈拉－额布苏（蒙古族名）、小碎米莎草。

分布：安徽、福建、贵州、广西、河北、河南、湖北、湖南、江苏、吉林、辽宁、山东、山西、陕西、四川、云南、浙江。

4. 香附子

学名：*Cyperus rotundus* L.

别名：香头草。

分布：安徽、北京、重庆、福建、甘肃、广东、广西、贵州、海南、河北、河南、黑龙江、湖北、湖南、吉林、江苏、江西、辽宁、内蒙古、宁夏、山东、山西、陕西、上海、四川、新疆、云南、浙江。

5. 水虱草

学名：*Fimbristylis miliacea*（L.）Vahl

别名：日照飘拂草、扁机草、扁排草、扁头草、牛毛草、飘拂草、球花关。

分布：安徽、重庆、福建、广东、广西、贵州、海南、河北、河南、湖北、湖南、江苏、江西、辽宁、陕西、四川、云南、浙江。

6. 扁秆藨草

学名：*Scirpus planiculmis* Fr. Schmidt

别名：紧穗三棱草、野荆三棱。

分布：安徽、重庆、福建、广东、广西、河北、河南、黑龙江、湖北、湖南、吉林、江苏、江西、辽宁、内蒙古、宁夏、山西、陕西、上海、四川、天津、新疆、云南、浙江。

7. 荆三棱

学名： *Scirpus yagara* Ohwi

别名： 铁荸荠、野荸荠、三棱子、沙囊果。

分布： 重庆、广东、广西、贵州、黑龙江、湖南、吉林、江苏、辽宁、四川、浙江。

天南星科

半夏

学名： *Pinellia ternata*（Thunb.）Breit.

别名： 半月莲、三步跳、地八豆。

分布： 安徽、重庆、福建、甘肃、广东、广西、贵州、海南、河北、河南、黑龙江、湖北、湖南、吉林、江苏、江西、辽宁、宁夏、山东、山西、陕西、四川、云南、浙江。

鸭跖草科

1. 饭包草

学名： *Commelina bengalensis* L.

别名： 火柴头、饭苞草、卵叶鸭跖草、马耳草、竹叶菜。

分布： 安徽、重庆、福建、甘肃、广东、广西、海南、河北、河南、湖北、湖南、江苏、江西、山东、陕西、四川、云南、浙江。

2. 鸭跖草

学名： *Commelina communis* L.

别名： 竹叶菜、兰花竹叶。

分布： 安徽、北京、重庆、福建、甘肃、广东、广西、贵州、海南、河北、河南、黑龙江、湖北、湖南、吉林、江苏、江西、辽宁、内蒙古、宁夏、山东、山西、陕西、上海、四川、天津、云南、浙江。

3. 竹节菜

学名： *Commelina diffusa* N. L. Burm.

别名： 节节菜、节节草、竹蒿草、竹节草、竹节花、竹叶草。

分布： 甘肃、广东、广西、贵州、海南、湖北、湖南、江苏、山东、四川、新疆、云南。

附录：

4. 油菜田杂草

油菜田杂草科属种数（1）

植物种类	科	属	种
孢子植物	3	3	3
蕨类植物	3	3	3
被子植物	48	186	292
双子叶植物	43	145	230
单子叶植物	6	41	62
总计	51	189	295

油菜田杂草科属种数（2）

科	属	种	科	属	种
蕨类植物			菊科	26	37
凤尾蕨科	1	1	爵床科	2	2
海金沙科	1	1	藜科	6	10
木贼科	1	1	蓼科	5	23
双子叶植物			马鞭草科	1	1
败酱科	1	1	马齿苋科	1	1
报春花科	3	4	马兜铃科	1	1
车前科	1	2	牻牛儿苗科	2	2
唇形科	13	16	毛茛科	1	3
酢浆草科	1	2	葡萄科	1	1
大戟科	3	6	荨麻科	1	1
大麻科	1	1	茜草科	3	7
豆科	8	13	蔷薇科	3	7
番杏科	1	1	茄科	3	3
蒺藜科	1	1	三白草科	1	1
金丝桃科	1	1	伞形科	6	6
堇菜科	1	3	桑科	1	1
锦葵科	2	2	商陆科	1	1
景天科	1	2	十字花科	11	17
桔梗科	2	2	石竹科	9	12

（续表）

科	属	种	科	属	种
藤黄科	1	2	**单子叶植物**		
苋科	4	10	百合科	4	5
玄参科	4	10	灯芯草科	1	1
旋花科	5	5	禾本科	31	52
罂粟科	1	3	莎草科	2	2
远志科	1	1	石蒜科	1	1
紫草科	4	5	鸭跖草科	1	1

油菜田杂草名录

孢子植物杂草

蕨类植物杂草

凤尾蕨科

欧洲凤尾蕨

学名： *Pteris cretica* L.

别名： 长齿凤尾蕨、粗糙凤尾蕨、大叶井口边草、凤尾蕨。

分布： 重庆、福建、甘肃、广东、广西、贵州、河南、湖北、湖南、江西、陕西、山西、四川、云南、浙江。

海金沙科

海金沙

学名： *Lygodium japonicum*（Thunb.）Sw.

别名： 蛤蟆藤、罗网藤、铁线藤。

分布： 安徽、重庆、福建、甘肃、广东、广西、贵州、河南、湖北、湖南、江苏、江西、陕西、上海、四川、西藏、云南、浙江。

木贼科

问荆

学名： *Equisetum arvense* L.

别名： 马蜂草、土麻黄、笔头草。

分布： 安徽、重庆、福建、甘肃、贵州、河北、河南、黑龙江、湖北、湖南、江苏、江西、辽宁、内蒙古、宁夏、青海、陕西、山东、上海、山西、四川、新疆、西藏、云南、浙江。

被子植物杂草

双子叶植物杂草

败酱科

异叶败酱

学名：*Patrinia heterophylla* Bunge

分布：安徽、重庆、河南、湖北、湖南、江西、山东、四川、云南、浙江。

报春花科

1. 琉璃繁缕

学名：*Anagallis arvensis* L.

别名：海绿、火金姑。

分布：福建、贵州、广东、陕西、浙江。

2. 点地梅

学名：*Androsace umbellata*（Lour.）Merr.

分布：安徽、福建、广东、广西、贵州、河北、黑龙江、湖北、湖南、江苏、江西、辽宁、内蒙古、宁夏、山东、山西、陕西、四川、西藏、云南、浙江。

3. 泽珍珠菜

学名：*Lysimachia candida* Lindl.

别名：泽星宿菜、白水花、单条草、水硼砂、香花、星宿菜。

分布：安徽、福建、广东、广西、贵州、河南、湖北、湖南、江苏、江西、山东、陕西、四川、西藏、云南、浙江。

4. 小叶珍珠菜

学名：*Lysimachia parvifolia* Franch. ex Hemsl.

别名：小叶排草、小叶星宿、小叶星宿菜。

分布：安徽、福建、广东、贵州、湖北、湖南、江西、四川、云南、浙江。

车前科

1. 车前

学名：*Plantago asiatica* L.

别名：车前子。

分布：安徽、福建、甘肃、广东、广西、贵州、河北、河南、黑龙江、湖北、湖南、江苏、江西、辽宁、内蒙古、山东、山西、陕西、四川、西藏、新疆、云南、浙江。

2. 大车前

学名：*Plantago major* L.

分布：福建、甘肃、广西、河北、黑龙江、江苏、辽宁、内蒙古、青海、陕西、山西、新疆、山东、四川、西藏、云南。

唇形科

1. 风轮菜

学名：*Clinopodium chinense*（Benth.）O. Ktze.

别名：野凉粉草、苦刀草。

分布：安徽、重庆、福建、广东、广西、贵州、湖北、湖南、江苏、江西、山东、四川、云南、浙江。

2. 细风轮菜

学名：*Clinopodium gracile*（Benth.）Kuntze

别名：瘦风轮菜、剪刀草、玉如意、野仙人草、臭草、光风轮、红上方。

分布：安徽、重庆、福建、广东、广西、贵州、湖北、湖南、江苏、江西、陕西、四川、云南、浙江。

3. 香薷

学名：*Elsholtzia ciliata*（Thunb.）Hyland.

分布：安徽、福建、甘肃、广东、广西、贵州、河北、黑龙江、河南、湖北、湖南、内蒙古、宁夏、江苏、江西、辽宁、陕西、青海、山东、上海、山西、四川、重庆、西藏、云南、浙江。

4. 密花香薷

学名：*Elsholtzia densa* Benth.

别名：咳嗽草、野紫苏。

分布：重庆、甘肃、河北、辽宁、青海、陕西、山西、四川、新疆、西藏、云南。

5. 小野芝麻

学名：*Galeobdolon chinense*（Benth.）C. Y. Wu

别名：假野芝麻、中华野芝麻。

分布：安徽、甘肃、福建、广东、广西、湖南、江苏、江西、陕西、四川、浙江。

6. 鼬瓣花

学名：*Galeopsis bifida* Boenn.

别名：黑苏子、套日朝格、套心朝格、野苏子、野芝麻。

分布：甘肃、贵州、黑龙江、湖北、内蒙古、青海、陕西、山西、四川、西藏、云南。

7. 白透骨消

学名：*Glechoma biondiana*（Diels）C. Y. Wu et C. Chen

别名：连钱草、见肿消、大铜钱草、苗东、透骨消、小毛铜钱草。

分布：陕西、浙江。

8. 宝盖草

学名：*Lamium amplexicaule* L.

别名：佛座、珍珠莲、接骨草。

分布：安徽、福建、甘肃、贵州、河北、湖北、湖南、广西、河南、江苏、青海、宁夏、陕西、山东、山西、四川、重庆、新疆、西藏、云南、浙江。

9. 野芝麻

学名：*Lamium barbatum* Sieb. et Zucc.

别名：山麦胡、龙脑薄荷、地蚤。

分布：安徽、甘肃、贵州、河北、黑龙江、河南、湖北、湖南、江苏、辽宁、内蒙古、陕西、山东、山西、四川、浙江。

10. 益母草

学名：*Leonurus japonicus* Houttuyn

别名：茺蔚、茺蔚子、茺玉子、灯笼草、地母草。

分布：安徽、福建、甘肃、广东、广西、贵州、河北、黑龙江、河南、湖北、湖南、江苏、江西、辽宁、内蒙古、宁夏、青海、陕西、四川、重庆、山东、山西、上海、新疆、西藏、云南、浙江。

11. 薄荷

学名：*Mentha canadensis* L.

别名：水薄荷、鱼香草、苏薄荷。

分布：安徽、重庆、福建、甘肃、广东、广西、贵州、河北、河南、黑龙江、湖北、湖南、江苏、江西、辽宁、内蒙古、宁夏、青海、山东、山西、陕西、上海、四川、西藏、新疆、云南、浙江。

12. 石荠宁

学名：*Mosla scabra*（Thunb.）C. Y. Wu et H. W. Li

别名：母鸡窝、痱子草、叶进根、紫花草。

分布：安徽、福建、甘肃、广东、广西、河北、湖北、湖南、江苏、江西、辽宁、陕西、四川、浙江。

13. 紫苏

学名：*Perilla frutescens*（L.）Britt.

别名：白苏、白紫苏、般尖、黑苏、红苏。

分布：福建、广东、广西、贵州、河北、湖北、湖南、江苏、江西、山西、四川、重庆、西藏、甘肃、陕西、云南、浙江。

14. 夏枯草

学名：*Prunella vulgaris* L.

别名：铁线夏枯草、铁色草、乃东、燕面。

分布：福建、甘肃、广东、广西、贵州、河北、湖北、湖南、江西、陕西、四川、新疆、西藏、云南、浙江。

15. 荔枝草

学名：*Salvia plebeia* R. Br.

别名：雪见草、蛤蟆皮、土荆芥、猴臂草。

分布：重庆、甘肃、广东、广西、贵州、河北、河南、湖北、湖南、江苏、江西、辽宁、山东、山东、山西、陕西、陕西、上海、四川、云南、浙江。

16. 半枝莲

学名：*Scutellaria barbata* D. Don

别名：并头草、牙刷草、四方马兰。

分布：福建、广东、广西、贵州、河北、河南、湖北、湖南、江苏、江西、陕西、山东、四川、云南、浙江。

酢浆草科

1. 酢浆草

学名：*Oxalis corniculata* L.

别名：老鸭嘴、满天星、黄花酢浆草、鸠酸、酸味草。

分布：安徽、重庆、福建、甘肃、广东、广西、贵州、河北、河南、湖北、湖南、内蒙古、江苏、江西、辽宁、青海、山东、山西、陕西、上海、四川、西藏、云南、浙江。

2. 红花酢浆草

学名：*Oxalis corymbosa* DC.

别名：铜锤草、百合还阳、大花酢酱草、大老鸦酸、大酸味草、大叶酢浆草。

分布：安徽、重庆、福建、甘肃、广东、广西、贵州、河北、河南、湖北、湖南、江苏、江西、山东、山西、陕西、四川、云南、新疆、浙江。

大戟科

1. 铁苋菜

学名：*Acalypha australis* L.

别名：榎草、海蚌含珠。

分布：安徽、重庆、广西、贵州、湖北、湖南、江苏、山西、陕西、四川、云南、浙江。

2. 泽漆

学名：*Euphorbia helioscopia* L.

别名：五朵云、五风草。

分布：安徽、福建、甘肃、广东、广西、贵州、河北、河南、黑龙江、湖北、湖南、江苏、上海、江西、辽宁、内蒙古、宁夏、青海、山东、山西、陕西、四川、重庆、西藏、新疆、云南、浙江。

3. 地锦

学名：*Euphorbia humifusa* Willd.

别名：地锦草、红丝草、奶疳草。

分布：安徽、重庆、福建、甘肃、广东、广西、贵州、河北、河南、黑龙江、湖北、湖南、江苏、江西、辽宁、内蒙古、宁夏、青海、山东、山西、陕西、上海、四川、西藏、新疆、云南、浙江。

4. 斑地锦

学名：*Euphorbia maculata* L.

别名：班地锦、大地锦、宽斑地锦、痢疾草、美洲地锦、奶汁草、铺地锦。

分布：重庆、广东、广西、河北、湖北、湖南、江苏、江西、辽宁、宁夏、山东、陕西、上海、浙江。

5. 叶下珠

学名：*Phyllanthus urinaria* L.

别名：阴阳草、假油树、珍珠草。

分布：重庆、广东、广西、贵州、河北、湖北、湖南、江苏、山西、陕西、四川、西藏、新疆、云南、浙江。

6. 黄珠子草

学名：*Phyllanthus virgatus* Forst. F.

别名：细叶油柑、细叶油树。

分布：重庆、广东、广西、贵州、河北、河南、湖北、湖南、陕西、山西、四川、云南、浙江。

大麻科

葎草

学名：*Humulus scandens* (Lour.) Merr.

别名：拉拉藤、拉拉秧。

分布：安徽、重庆、福建、甘肃、广东、广西、贵州、河北、河南、黑龙江、湖北、湖南、江苏、江西、辽宁、陕西、上海、山东、山西、四川、西藏、云南、浙江。

豆科

1. 紫云英

学名：*Astragalus sinicus* L.

别名：沙蒺藜、马苕子、米布袋。

分布：重庆、福建、甘肃、广东、广西、贵州、河北、河南、湖北、湖南、江苏、江西、陕西、上海、四川、云南、浙江。

2. 小鸡藤

学名：*Dumasia forrestii* Diels

别名：雀舌豆、大苞山黑豆、光叶山黑豆。

分布：四川、西藏、云南。

3. 野大豆

学名：*Glycine soja* Sieb. et Zucc.

别名：白豆、柴豆、大豆、河豆子、黑壳豆。

分布：安徽、重庆、福建、甘肃、广东、广西、贵州、河北、河南、黑龙江、湖北、湖南、江苏、江西、辽宁、内蒙古、宁夏、山东、山西、陕西、上海、四川、云南、浙江。

4. 鸡眼草

学名：*Kummerowia striata*（Thunb.）Schindl.

别名：掐不齐、牛黄黄、公母草。

分布：安徽、重庆、福建、甘肃、广东、广西、贵州、河北、黑龙江、湖北、湖南、江苏、江西、辽宁、山东、四川、云南、浙江。

5. 天蓝苜蓿

学名：*Medicago lupulina* L.

别名：黑荚苜蓿、杂花苜宿。

分布：安徽、重庆、福建、甘肃、广东、广西、贵州、河北、河南、黑龙江、湖北、湖南、江苏、江西、辽宁、内蒙古、宁夏、青海、山东、山西、陕西、四川、西藏、新疆、云南、浙江。

6. 小苜蓿

学名：*Medicago minima*（L.）Grufb.

别名：破鞋底、野苜蓿。

分布：安徽、重庆、河北、甘肃、河南、湖北、湖南、广西、江苏、陕西、山西、四川、贵州、新疆、云南、浙江。

7. 紫苜蓿

学名：*Medicago sativa* L.

别名：紫花苜蓿、蓿草、苜蓿。

分布：安徽、甘肃、广东、广西、河北、河南、黑龙江、湖北、湖南、江苏、辽宁、内蒙古、宁夏、青海、山东、山西、陕西、四川、西藏、新疆、云南。

8. 草木樨

学名：*Melilotus suaveolens* Ledeb.

别名：黄花草、黄花草木樨、香马料木樨、野木樨。

分布：安徽、甘肃、广西、贵州、河北、河南、黑龙江、江苏、江西、湖南、辽宁、内蒙古、青海、山东、山西、陕西、宁夏、四川、西藏、新疆、云南、浙江。

9. 含羞草

学名：*Mimosa pudica* L.

别名：知羞草、怕丑草、刺含羞草、感应草、喝呼草。

分布：福建、贵州、湖南、广东、广西、四川、云南、浙江。

10. 小巢菜

学名：*Vicia hirsuta*（L.）S. F. Gray

别名：硬毛果野豌豆、雀野豆。

分布：安徽、重庆、福建、甘肃、广东、广西、贵州、河北、河南、湖北、湖南、江苏、江西、陕西、上海、四川、云南、浙江。

11. 大巢菜

学名：*Vicia sativa* L.

别名：野绿豆、野菜豆、救荒野豌豆。

分布：安徽、重庆、福建、甘肃、广东、广西、贵州、河北、河南、黑龙江、湖北、湖南、江苏、江西、辽宁、内蒙古、宁夏、青海、山东、山西、陕西、上海、四川、西藏、新疆、云南、浙江。

12. 四籽野豌豆

学名：*Vicia tetrasperma*（L.）Schreber

别名：乌喙豆。

分布：安徽、重庆、甘肃、贵州、河南、湖南、湖北、江苏、陕西、四川、云南、浙江。

13. 广布野豌豆

学名：*Vicia cracca* L.

别名：豆豆苗、芦豆苗。

分布：安徽、北京、重庆、福建、甘肃、广东、广西、贵州、河北、河南、黑龙江、湖北、湖南、吉林、江苏、江西、辽宁、内蒙古、宁夏、青海、山东、山西、陕西、上海、四川、天津、西藏、新疆、云南、浙江。

番杏科

粟米草

学名：*Mollugo stricta* L.

别名：飞蛇草、降龙草、万能解毒草、鸭脚瓜子草。

分布：安徽、重庆、福建、甘肃、广东、广西、贵州、河南、湖北、湖南、江苏、江西、山东、陕西、四川、西藏、新疆、云南、浙江。

蒺藜科

蒺藜

学名：*Tribulus terrester* L.

别名：蒺藜狗子、野菱角、七里丹、刺蒺藜、章古、伊曼－章古（蒙古族名）。

分布：安徽、重庆、福建、甘肃、广东、广西、贵州、河北、河南、黑龙江、湖北、湖南、江苏、江西、辽宁、内蒙古、宁夏、青海、山东、山西、陕西、上海、四川、西藏、新疆、云南、浙江。

金丝桃科

元宝草

学名：*Hypericum sampsonii* Hance

别名：对月莲、合掌草。

分布：安徽、福建、广东、广西、贵州、河南、湖北、湖南、江苏、江西、陕西、四川、云南、浙江。

堇菜科

1. 犁头草

学名：*Viola inconspicua* Bl.

分布：安徽、重庆、福建、广东、广西、贵州、河南、湖北、湖南、江苏、江西、陕西、四川、云南、浙江。

2. 白花地丁

学名：*Viola patrinii* DC. ex Ging.

别名：白花堇菜、柴布日－尼勒－其其格（蒙古族名）、长头尖、地丁、丁毒草、窄叶白花犁头草、紫草地丁。

分布：黑龙江、河北、辽宁、内蒙古。

3. 紫花地丁

学名：*Viola philippica* Cav.

分布：安徽、重庆、福建、甘肃、广东、广西、贵州、河北、河南、黑龙江、湖北、湖南、江苏、江西、辽宁、内蒙古、宁夏、山东、山西、陕西、四川、云南、浙江。

锦葵科

1. 苘麻

学名：*Abutilon theophrasti* Medicus

别名：青麻、白麻。

分布：安徽、福建、甘肃、广东、广西、贵州、河北、河南、黑龙江、湖北、湖南、江苏、江西、辽宁、内蒙古、宁夏、山东、山西、陕西、上海、四川、重庆、新疆、云南、浙江。

2. 冬葵

学名：*Malva crispa* L.

别名：冬苋菜、冬寒菜。

分布：重庆、甘肃、广西、贵州、河北、湖南、江西、青海、宁夏、山东、陕西、四川、云南、西藏。

景天科

1. 凹叶景天

学名：*Sedum emarginatum* Migo

别名：石马苋、马牙半支莲。

分布：安徽、重庆、甘肃、湖北、湖南、江苏、江西、陕西、四川、云南、浙江。

2. 垂盆草

学名：*Sedum sarmentosum* Bunge

别名：狗牙齿、鼠牙半枝莲。

分布：安徽、重庆、福建、甘肃、贵州、河北、河南、湖北、湖南、江苏、江西、辽宁、陕西、山东、山西、四川、浙江。

桔梗科

1. 半边莲

学名：*Lobelia chinensis* Lour.

别名：急解索、细米草、瓜仁草。

分布：安徽、福建、广东、广西、贵州、湖北、湖南、江苏、江西、四川、云南、浙江。

2. 蓝花参

学名：*Wahlenbergia marginata*（Thunb.）A. DC.

分布：安徽、重庆、福建、甘肃、广东、广西、贵州、河南、湖北、湖南、江苏、江西、四川、云南、浙江。

菊科

1. 胜红蓟

学名：*Ageratum conyzoides* L.

别名：藿香蓟、臭垆草、咸虾花。

分布：重庆、福建、广东、广西、贵州、湖南、湖北、江西、四川、云南、浙江。

2. 黄花蒿

学名：*Artemisia annua* L.

别名：臭蒿。

分布：安徽、福建、甘肃、广东、广西、贵州、河北、黑龙江、河南、湖北、湖南、江苏、江西、辽宁、内蒙古、宁夏、青海、陕西、山东、上海、山西、四川、新疆、西藏、云南、浙江。

3. 艾蒿

学名：*Artemisia argyi* Levl. et Vant.

别名：艾

分布：安徽、重庆、福建、甘肃、广东、广西、贵州、河北、黑龙江、河南、湖北、湖南、江苏、江西、辽宁、内蒙古、宁夏、青海、山西、山东、陕西、四川、新疆、云南、浙江。

4. 狭叶青蒿

学名：*Artemisia dracunculus* L.

别名：龙蒿。

分布：重庆、贵州、甘肃、湖北、辽宁、内蒙古、宁夏、青海、山西、陕西、四川、新疆。

5. 牡蒿

学名：*Artemisia japonica* Thunb.

分布：安徽、福建、甘肃、广东、广西、贵州、河北、河南、湖北、湖南、江苏、江西、辽宁、山东、山西、陕西、四川、西藏、云南、浙江。

6. 野艾蒿

学名：*Artemisia lavandulaefolia* DC.

分布：安徽、甘肃、宁夏、青海、广东、广西、贵州、河北、河南、黑龙江、湖北、湖南、江苏、江西、辽宁、内蒙古、山东、山西、陕西、四川、重庆、云南。

7. 窄叶紫菀

学名：*Aster subulatus* Michx.

别名：钻形紫菀、白菊花、九龙箭、瑞连草、土紫胡、野红梗菜。

分布：重庆、广西、江西、四川、云南、浙江。

8. 鬼针草

学名：*Bidens pilosa* L.

分布：安徽、重庆、福建、甘肃、广东、广西、河北、河南、黑龙江、湖北、江苏、江西、辽宁、内蒙古、山东、山西、陕西、四川、云南、浙江。

9. 白花鬼针草

学名：*Bidens pilosa* L. var. *radiata* Sch.-Bip.

别名：叉叉菜、金盏银盘、三叶鬼针草 。

分布：福建、重庆、甘肃、广东、广西、贵州、河北、江苏、辽宁、山东、陕西、四川、云南、浙江。

10. 天名精

学名：*Carpesium abrotanoides* L.

别名：天蔓青、地菘、鹤虱。

分布：重庆、甘肃、贵州、湖北、湖南、江苏、陕西、四川、云南、浙江。

11. 矢车菊

学名：*Centaurea cyanus* L.

别名：蓝芙蓉、车轮花、翠兰、兰芙蓉、荔枝菊。

分布：甘肃、广东、河北、湖北、湖南、江苏、青海、山东、陕西、四川、西藏、新疆、云南。

12. 刺儿菜

学名：*Cephalanoplos segetum*（Bunge）Kitam.

别名：小蓟。

分布：安徽、重庆、福建、甘肃、广东、广西、贵州、河北、河南、黑龙江、湖北、湖南、江苏、江西、辽宁、内蒙古、宁夏、青海、山东、山西、陕西、上海、四川、新疆、云南、浙江。

13. 野菊

学名：*Chrysanthemum indicum* Thunb.

别名：东篱菊、甘菊花、汉野菊、黄花草、黄菊花、黄菊仔、黄菊子。

分布：甘肃、贵州、陕西、四川、西藏、云南、浙江。

14. 香丝草

学名：*Conyza bonariensis*（L.）Cronq.

别名：野塘蒿、灰绿白酒草、蓬草、蓬头、蓑衣草、小白菊、野地黄菊、野圹蒿。

分布：福建、重庆、甘肃、广东、广西、贵州、河北、河南、湖北、湖南、江苏、江西、山东、陕西、四川、西藏、云南、浙江。

15. 小蓬草

学名：*Conyza canadensis*（L.）Cronq.

别名：加拿大蓬、飞蓬、小飞蓬 。

分布：安徽、重庆、福建、甘肃、广东、广西、贵州、河北、河南、黑龙江、湖北、湖南、江苏、江西、辽宁、内蒙古、宁夏、青海、山东、山西、陕西、上海、四川、西藏、新疆、云南、浙江。

16. 芫荽菊

学名：*Cotula anthemoides* L.

别名：山芫荽、山莞荽、莞荽菊。

分布：福建、重庆、甘肃、广东、湖南、江苏、陕西、四川、云南。

17. 鳢肠

学名：*Eclipta prostrata* L.

别名：旱莲草、墨草。

分布：重庆、贵州、河南、湖北、湖南、江苏、陕西、四川、西藏、云南、浙江。

18. 一年蓬

学名：*Erigeron annuus*（L.）Pers.

别名：千层塔、治疟草、野蒿、贵州毛菊花、黑风草、姬女苑、蓬头草、神州蒿、向阳菊。

分布：安徽、重庆、福建、甘肃、广西、贵州、河北、河南、湖北、湖南、江苏、江西、山东、上海、四川、西藏、浙江。

19. 牛膝菊

学名：*Galinsoga parviflora* Cav.

别名：辣子草、向阳花、珍珠草、铜锤草、嘎力苏干－额布苏（蒙古族名）、旱田菊、兔儿草、小米菊。

分布：安徽、重庆、福建、广东、广西、甘肃、贵州、河南、湖北、湖南、黑龙江、江苏、江西、辽宁、内蒙古、宁夏、青海、山东、山西、上海、陕西、四川、西藏、新疆、云南、浙江。

20. 鼠曲草

学名：*Gnaphalium affine* D. Don

分布：福建、重庆、甘肃、广东、广西、贵州、湖北、湖南、江苏、江西、山东、陕西、四川、西藏、新疆、云南、浙江。

21. 秋鼠曲草

学名：*Gnaphalium hypoleucum* DC.

分布：安徽、福建、甘肃、广东、广西、贵州、湖北、湖南、江苏、江西、宁夏、青海、陕西、四川、新疆、西藏、云南、浙江。

22. 细叶鼠曲草

学名：*Gnaphalium japonicum* Thunb.

分布：广东、广西、贵州、河南、湖北、湖南、江西、青海、陕西、四川、云南、浙江。

23. 多茎鼠曲草

学名：*Gnaphalium polycaulon* Pers.

别名：多茎鼠曲草

分布：福建、广东、贵州、云南、浙江。

24. 泥胡菜

学名：*Hemistepta lyrata*（Bunge）Bunge

别名：秃苍个儿。

分布：安徽、重庆、福建、甘肃、广东、广西、贵州、河北、河南、黑龙江、湖北、湖南、江苏、江西、辽宁、内蒙古、宁夏、青海、山东、山西、陕西、上海、四川、云南、浙江。

25. 旋覆花

学名：*Inula japonica* Thunb.

别名：全佛草。

分布：安徽、重庆、福建、甘肃、广东、广西、贵州、河北、河南、黑龙江、湖北、湖南、江苏、江西、辽宁、内蒙古、宁夏、青海、山东、山西、陕西、上海、四川、西藏、新疆、云南、浙江。

26. 多头苦荬菜

学名：*Ixeris polycephala* Cass.

分布：安徽、重庆、福建、广东、广西、贵州、湖南、江苏、江西、陕西、四川、云南、浙江、甘肃、河北、河南、黑龙江、辽宁、内蒙古、青海、山东、山西、新疆。

27. 马兰

学名：*Kalimeris indica*（L.）Sch.-Bip.

别名：马兰头、鸡儿肠、红管药、北鸡儿肠、北马兰、红梗菜。

分布：安徽、重庆、福建、广东、广西、贵州、河南、黑龙江、湖北、湖南、江西、江苏、宁夏、陕西、四川、西藏、云南、浙江。

28. 稻槎菜

学名：*Lapsana apogonoides* Maxim.

分布：安徽、重庆、福建、广东、广西、贵州、江西、河南、湖北、湖南、江苏、山西、陕西、上海、四川、云南、浙江。

29. 抱茎苦荬菜

学名：*Ixeris sonchifolia* Hance

分布：安徽、重庆、福建、广东、广西、贵州、河北、河南、黑龙江、湖北、湖南、江苏、江西、辽宁、山东、山西、上海、四川、云南、浙江。

30. 豨莶

学名：*Siegesbeckia orientalis* L.

别名：虾柑草、粘糊菜。

分布：安徽、重庆、福建、甘肃、广东、广西、贵州、河北、河南、湖南、江苏、江西、山东、陕西、四川、云南、浙江。

31. 裸柱菊

学名：*Soliva anthemifolia*（Juss.）R. Br.

别名：座地菊。

分布：福建、广东、湖南、江西、云南。

32. 苣荬菜

学名：*Sonchus arvensis* L.

别名：苦菜。

分布：安徽、重庆、福建、江苏、甘肃、广东、广西、贵州、河北、河南、黑龙江、湖北、湖南、江西、辽宁、内蒙古、宁夏、青海、山东、山西、陕西、上海、四川、新疆、浙江。

33. 苦苣菜

学名：*Sonchus oleraceus* L.

别名：苦菜、滇苦菜、田苦卖菜、尖叶苦菜。

分布：安徽、福建、甘肃、广东、广西、黑龙江、内蒙古、贵州、河北、河南、湖北、湖南、江苏、江西、辽宁、青海、宁夏、山东、山西、陕西、四川、重庆、西藏、新疆、云南、浙江。

34. 蒲公英

学名：*Taraxacum mongolicum* Hand.-Mazz.

分布：安徽、重庆、福建、甘肃、广东、广西、贵州、河北、河南、黑龙江、湖北、湖南、江苏、江西、辽宁、内蒙古、宁夏、青海、山东、山西、陕西、上海、四川、西藏、新疆、云南、浙江。

35. 苍耳

学名：*Xanthium sibiricum* Patrin ex Widder

别名：虱麻头、老苍子、青棘子。

分布：安徽、重庆、福建、甘肃、广东、广西、贵州、河北、河南、黑龙江、湖北、湖南、江苏、江西、辽宁、内蒙古、宁夏、青海、山东、山西、陕西、四川、西藏、新疆、云南、浙江。

36. 异叶黄鹌菜

学名：*Youngia heterophylla*（Hemsl.）Babc. et Stebbins

别名：花叶猴子屁股、黄狗头。

分布：广西、贵州、湖北、湖南、江西、陕西、四川、云南。

37. 黄鹌菜

学名：*Youngia japonica*（L.）DC.

分布：安徽、重庆、福建、甘肃、广东、广西、贵州、河北、河南、湖北、湖南、江苏、江西、山东、陕西、四川、西藏、云南、浙江。

爵床科

1. 水蓑衣

学名：*Hygrophila salicifolia*（Vahl）Nees

分布：安徽、重庆、福建、广东、广西、贵州、湖北、湖南、江苏、江西、四川、云南、浙江。

2. 爵床

学名：*Rostellularia procumbens*（L.）Nees

分布：安徽、重庆、福建、甘肃、广东、广西、贵州、湖北、湖南、江苏、江西、山西、陕西、四川、西藏、云南、浙江。

藜科

1. 中亚滨藜

学名：*Atriplex centralasiatica* Iljin

别名：道木达 - 阿贼音 - 绍日乃（蒙古族名）、麻落粒、马灰条、软蒺藜、演藜、中亚粉藜。

分布：贵州、陕西、甘肃、河北、辽宁、内蒙古、宁夏、青海、山西、新疆、西藏。

2. 野滨藜

学名：*Atriplex fera*（L.）Bunge

别名：碱钵子菜、三齿滨藜、三齿粉藜、希日古恩 - 绍日乃（蒙古族名）。

分布：甘肃、河北、黑龙江、内蒙古、青海、山西、陕西、新疆。

3. 西伯利亚滨藜

学名：*Atriplex sibirica* L.

别名：刺果粉藜、大灰藜、灰菜、麻落粒、软蒺藜、西北利亚滨藜、西伯日 - 绍日乃（蒙古族名）。

分布：甘肃、河北、黑龙江、辽宁、内蒙古、宁夏、青海、陕西、新疆。

4. 藜

学名：*Chenopodium album* L.

别名：灰菜、白藜、灰条菜、地肤子。

分布：安徽、重庆、福建、甘肃、广东、广西、贵州、河北、河南、黑龙江、湖北、湖南、江苏、江西、辽宁、内蒙古、宁夏、青海、山东、山西、陕西、上海、四川、西藏、新疆、云南、浙江。

5. 灰绿藜

学名：*Chenopodium glaucum* L.

别名：碱灰菜、小灰菜、白灰菜。

分布：安徽、广东、广西、贵州、江西、山东、上海、四川、西藏、云南、甘肃、河北、河南、黑龙江、湖北、湖南、辽宁、内蒙古、宁夏、陕西、山西、青海、新疆、江苏、浙江。

6. 小藜

学名：*Chenopodium serotinum* L.

分布：安徽、重庆、福建、甘肃、广东、广西、贵州、河北、河南、黑龙江、湖北、湖南、江苏、江西、辽宁、内蒙古、宁夏、青海、山东、山西、陕西、上海、四川、新疆、云南、浙江。

7. 土荆芥

学名：*Dysphania ambrosioides*（L.）Mosyakin et Clemants

别名：醒头香、香草、省头香、罗勒、胡椒菜、九层塔。

分布：福建、重庆、甘肃、广东、广西、贵州、河北、河南、湖北、湖南、江苏、江西、陕西、四川、云南、浙江。

8. 地肤

学名：*Kochia scoparia*（L.）Schrad.

别名：扫帚菜。

分布：安徽、重庆、福建、甘肃、广东、广西、贵州、河北、河南、黑龙江、湖北、湖南、江苏、江西、辽宁、内蒙古、宁夏、青海、山东、山西、陕西、四川、西藏、新疆、云南、浙江。

9. 猪毛菜

学名：*Salsola collina* Pall.

别名：扎蓬棵、山叉明棵。

分布：安徽、广西、甘肃、贵州、河北、河南、黑龙江、湖北、湖南、江苏、辽宁、内蒙古、宁夏、青海、山东、山西、陕西、四川、西藏、新疆、云南、浙江。

10. 灰绿碱蓬

学名：*Suaeda glauca* Bunge

别名：碱蓬。

分布：甘肃、黑龙江、河北、河南、江苏、内蒙古、宁夏、青海、山东、山西、陕西、新疆、浙江。

蓼科

1. 金荞麦

学名：*Fagopyrum dibotrys*（D. Don）Hara

别名：野荞麦、苦荞头、荞麦三七、荞麦当归、开金锁、铁拳头、铁甲将军草、野南荞。

分布：安徽、福建、甘肃、广东、广西、贵州、河南、湖北、江苏、江西、陕西、四川、西藏、云南、浙江。

2. 卷茎蓼

学名：*Fallopia convolvula*（L.）A. Löve

分布：安徽、福建、甘肃、广东、广西、贵州、河北、河南、黑龙江、湖北、江苏、江西、辽宁、内蒙古、宁夏、青海、山东、山西、陕西、四川、新疆、云南。

3. 何首乌

学名：*Fallopia multiflora*（Thunb.）Harald.

别名：夜交藤。

分布：安徽、福建、甘肃、广东、广西、贵州、河北、黑龙江、湖北、湖南、江苏、江西、山东、陕西、四川、重庆、云南、浙江。

4. 萹蓄

学名：*Polygonum aviculare* L.

别名：鸟蓼、扁竹。

分布：安徽、重庆、福建、甘肃、广东、广西、贵州、河北、河南、黑龙江、湖北、湖南、江苏、江西、辽宁、内蒙古、宁夏、青海、山东、山西、陕西、四川、西藏、新疆、云南、浙江。

5. 毛蓼

学名：*Polygonum barbatum* L.

别名：毛脉两栖蓼、冉毛蓼、水辣蓼、香草、哑放兰姆。

分布：福建、广东、广西、贵州、湖北、湖南、江西、四川、云南、甘肃、山西、陕西、浙江。

6. 柳叶刺蓼

学名：*Polygonum bungeanum* Turcz.

别名：本氏蓼、刺蓼、刺毛马蓼、蓼吊子、蚂蚱腿、蚂蚱子腿、胖孩子腿、青蛙子腿、乌日格斯图－塔日纳（蒙古族名）。

分布：安徽、福建、甘肃、广东、广西、贵州、河北、河南、湖北、湖南、黑龙江、江苏、辽宁、内蒙古、宁夏、山西、山东、陕西、四川、新疆、云南。

7. 蓼子草

学名：*Polygonum criopolitanum* Hance

别名：半年粮、细叶一枝蓼、小莲蓬、猪蓼子草。

分布：安徽、福建、广东、广西、河南、湖北、湖南、江苏、江西、陕西、浙江。

8. 水蓼

学名：*Polygonum hydropiper* L.

别名：辣蓼。

分布：安徽、福建、广东、甘肃、贵州、湖北、河北、黑龙江、河南、湖南、江苏、江西、辽宁、内蒙古、宁夏、青海、四川、重庆、山东、陕西、山西、新疆、西藏、云南、浙江。

9. 蚕茧蓼

学名：*Polygonum japonicum* Meisn.

别名：蚕茧蓼、长花蓼、大花蓼、旱蓼、红蓼子、蓼子草、日本蓼、香烛干子、小红蓼、小蓼子、小蓼子草 。

分布：安徽、福建、广东、广西、贵州、江西、河南、湖北、湖南、江苏、山东、陕西、四川、西藏、云南、浙江。

10. 酸模叶蓼

学名：*Polygonum lapathifolium* L.

别名：旱苗蓼。

分布：安徽、重庆、福建、甘肃、广东、广西、贵州、河北、河南、黑龙江、湖北、湖南、江苏、江西、辽宁、内蒙古、宁夏、青海、山东、山西、陕西、上海、四川、西藏、新疆、云南、浙江。

11. 绵毛酸模叶蓼

学名：*Polygonum lapathifolium* L. var. *salicifolium* Sibth.

别名：白毛蓼、白胖子、白绒蓼、柳叶大马蓼、柳叶蓼、绵毛大马蓼、绵毛旱苗蓼、棉毛酸模叶蓼。

分布：安徽、重庆、福建、甘肃、广东、广西、贵州、河北、河南、黑龙江、湖北、湖南、江苏、江西、辽宁、内蒙古、宁夏、青海、山东、山西、陕西、上海、四川、西藏、新疆、云南、浙江。

12. 大戟叶蓼

学名：*Polygonum maackianum* Regel

别名：吉丹 – 希没乐得格（蒙古族名）、马氏蓼。

分布：安徽、甘肃、广东、广西、河北、河南、黑龙江、湖南、江苏、江西、辽宁、内蒙古、山东、陕西、四川、云南、浙江。

13. 红蓼

学名：*Polygonum orientale* L.

别名：东方蓼。

分布：安徽、福建、甘肃、广东、广西、贵州、河北、河南、黑龙江、湖北、湖南、江苏、江西、辽宁、内蒙古、宁夏、青海、山东、山西、陕西、四川、新疆、云南、浙江。

14. 杠板归

学名：*Polygonum perfoliatum* L.

别名：犁头刺、蛇倒退。

分布：安徽、福建、甘肃、广东、广西、贵州、河北、河南、黑龙江、湖北、湖南、江苏、江西、辽宁、内蒙古、山东、山西、陕西、四川、西藏、云南、浙江。

15. 腋花蓼

学名：*Polygonum plebeium* R. Br.

分布：安徽、福建、广东、广西、重庆、四川、贵州、湖南、江西、江苏、西藏、云南。

16. 伏毛蓼

学名：*Polygonum pubescens* Blume

别名：辣蓼、无辣蓼

分布：安徽、福建、甘肃、广东、广西、贵州、河南、湖北、湖南、江苏、江西、辽宁、陕西、陕西、上海、四川、云南、浙江。

17. 西伯利亚蓼

学名：*Polygonum sibiricum* Laxm.

别名：剪刀股、醋柳、哈拉布达、面留留、面条条、曲玛子、酸姜、酸溜溜、西伯日－希没乐得格（蒙古族名）、子子沙曾。

分布：安徽、甘肃、贵州、河北、河南、黑龙江、湖北、江苏、辽宁、内蒙古、宁夏、青海、山东、山西、陕西、四川、西藏、云南。

18. 箭叶蓼

学名：*Polygonum sieboldii* Meissn.

别名：长野芥麦草、刺蓼、大二郎箭、大蛇舌草、倒刺林、更生、河水红花、尖叶蓼、箭蓼、猫爪刺。

分布：福建、甘肃、贵州、河北、河南、黑龙江、湖北、江苏、江西、辽宁、内蒙古、山东、山西、陕西、四川、云南、浙江。

19. 戟叶蓼

学名：*Polygonum thunbergii* Sieb. et Zucc.

分布：安徽、重庆、福建、甘肃、广东、广西、贵州、河北、河南、黑龙江、湖北、湖南、江苏、江西、辽宁、内蒙古、山东、山西、陕西、四川、云南、浙江。

20. 虎杖

学名：*Reynoutria japonica* Houtt.

别名：川筋龙、酸汤杆、花斑竹根、斑庄根、大接骨、大叶蛇总管、酸桶芦、酸筒杆、酸筒梗。

分布：安徽、福建、甘肃、广东、广西、贵州、河南、湖北、湖南、江苏、江西、山东、陕西、四川、云南、浙江。

21. 酸模

学名：*Rumex acetosa* L.

别名：土大黄、酸模。

分布：安徽、重庆、福建、甘肃、广西、贵州、河南、黑龙江、湖北、湖南、江苏、辽宁、内蒙古、青海、山东、山西、陕西、四川、新疆、西藏、云南、浙江。

22. 齿果酸模

学名：*Rumex dentatus* L.

分布：安徽、福建、甘肃、贵州、河北、河南、湖北、湖南、江苏、江西、内蒙古、宁夏、青海、山东、山西、陕西、四川、重庆、新疆、云南、浙江。

23. 羊蹄

学名：*Rumex japonicus* Houtt.

分布：安徽、重庆、福建、甘肃、广东、广西、贵州、河北、河南、黑龙江、湖北、湖南、江苏、江西、辽宁、青海、山东、陕西、上海、四川、云南、浙江。

马鞭草科

马鞭草

学名：*Verbena officinalis* L.

别名：龙牙草、铁马鞭、凤颈草。

分布：安徽、福建、广东、广西、贵州、河南、湖北、湖南、江苏、江西、青海、陕西、四川、西藏、云南、浙江。

马齿苋科

马齿苋

学名：*Portulaca oleracea* L.

别名：马蛇子菜、马齿菜。

分布：安徽、重庆、福建、甘肃、广东、广西、贵州、河北、河南、黑龙江、湖北、湖南、江苏、江西、辽宁、内蒙古、宁夏、青海、山东、山西、陕西、上海、四川、西藏、新疆、云南、浙江。

马兜铃科

马兜铃

学名：*Aristolochia debilis* Sieb. et Zucc.

别名：青木香、土青木香。

分布：安徽、福建、广东、广西、贵州、河南、湖北、湖南、江苏、江西、山东、四川、云南、浙江、陕西、甘肃。

牻牛儿苗科

1. 牻牛儿苗

学名：*Erodium stephanianum* Willd.

分布：安徽、重庆、甘肃、贵州、河北、黑龙江、河南、湖北、湖南、江苏、江西、辽宁、内蒙古、宁夏、青海、陕西、山西、四川、新疆、西藏。

2. 野老鹳草

学名：*Geranium carolinianum* L.

别名：鸭脚草、短嘴老鹳草、见血愁、老观草、老鹤草、老鸦嘴、藤五爪、西木德格来、鸭脚老鹳草、一颗针、越西老鹳草。

分布：安徽、重庆、福建、甘肃、广西、贵州、河北、河南、黑龙江、湖北、湖南、江苏、江西、辽宁、内蒙古、青海、山东、陕西、上海、四川、云南、浙江。

毛茛科

1. 石龙芮

学名：*Ranunculus sceleratus* L.

别名：野芹菜。

分布：安徽、重庆、福建、甘肃、广东、广西、贵州、河北、河南、黑龙江、湖南、江苏、江西、辽宁、内蒙古、宁夏、山东、山西、陕西、上海、四川、新疆、云南、浙江。

2. 扬子毛茛

学名：*Ranunculus sieboldii* Miq.

别名：辣子草、地胡椒。

分布：安徽、福建、甘肃、广西、贵州、河南、湖北、湖南、江苏、江西、陕西、山东、四川、云南、浙江。

3. 猫爪草

学名：*Ranunculus ternatus* Thunb.

别名：小毛茛、三散草、黄花草。

分布：安徽、福建、广西、河南、湖北、湖南、江苏、江西、浙江。

葡萄科

乌蔹莓

学名：*Cayratia japonica*（Thunb.）Gagnep.

别名：五爪龙、五叶薄、地五加。

分布：安徽、重庆、福建、甘肃、广东、广西、贵州、河北、河南、湖北、上海、湖南、江苏、山东、陕西、四川、重庆、云南、浙江。

荨麻科

糯米团

学名：*Gonostegia hirta*（Bl.）Miq.

分布：安徽、福建、广东、广西、河南、江西、江苏、陕西、四川、西藏、云南、浙江。

茜草科

1. 猪殃殃

学名：*Galium aparine* var. *echinospermum*（Wallr.）Cuf.

别名：拉拉秧。

分布：安徽、重庆、福建、甘肃、广东、广西、贵州、河北、河南、黑龙江、湖北、湖南、江苏、江西、辽宁、内蒙古、宁夏、青海、山东、山西、陕西、上海、四川、西藏、新疆、云南、浙江。

2. 四叶葎

学名：*Galium bungei* Steud.

分布：安徽、重庆、福建、甘肃、广东、广西、贵州、河北、河南、黑龙江、湖北、湖南、江苏、江西、辽宁、内蒙古、宁夏、青海、山东、山西、陕西、上海、四川、西藏、新疆、云南、浙江。

3. 麦仁珠

学名：*Galium tricorne* Stokes

别名：锯齿草、拉拉蔓、破丹粘娃娃、三角猪殃殃、弯梗拉拉藤、粘粘子、猪殃殃。

分布：安徽、甘肃、贵州、河南、湖北、江苏、江西、山东、山西、陕西、四川、西藏、新疆、浙江。

4. 蓬子菜

学名：*Galium verum* L.

别名：松叶草。

分布：甘肃、贵州、河北、河南、黑龙江、辽宁、内蒙古、青海、山东、山西、陕西、四川、西藏、新疆、浙江。

5. 金毛耳草

学名：*Hedyotis chrysotricha*（Palib.）Merr.

别名：黄毛耳草。

分布：安徽、福建、广东、广西、贵州、湖北、湖南、江西、江苏、云南、浙江。

6. 白花蛇舌草

学名：*Hedyotis diffusa* Willd.

分布：安徽、广东、广西、贵州、湖南、江西、四川、云南、浙江。

7. 鸡矢藤

学名：*Paederia scandens*（Lour.）Merr.

分布：安徽、福建、甘肃、广东、广西、贵州、河南、湖南、江苏、江西、山东、陕西、四川、云南、浙江。

蔷薇科

1. 蛇莓

学名：*Duchesnea indica*（Andr.）Focke

别名：蛇泡草、龙吐珠、三爪风。

分布：安徽、重庆、福建、甘肃、广东、广西、贵州、河北、河南、湖北、湖南、江苏、江西、辽宁、宁夏、山东、山西、陕西、青海、上海、四川、西藏、新疆、云南、浙江。

2. 蕨麻

学名：*Potentilla anserina* L.

分布：甘肃、河北、黑龙江、辽宁、内蒙古、宁夏、青海、陕西、山西、四川、新疆、西藏、云南。

3. 二裂委陵菜

学名：*Potentilla bifurca* L.

别名：痔疮草、叉叶委陵菜。

分布：甘肃、河北、黑龙江、内蒙古、宁夏、青海、陕西、山东、山西、四川、新疆。

4. 三叶萎陵菜

学名：*Potentilla freyniana* Bornm.

分布：安徽、福建、甘肃、贵州、河北、黑龙江、湖北、湖南、江苏、江西、辽宁、陕西、山东、山西、四川、云南、浙江。

5. 多茎委陵菜

学名：*Potentilla multicaulis* Bge.

别名：多茎萎陵菜、多枝委陵菜、翻白草、猫爪子、毛鸡腿、委陵菜、细叶翻白草。

分布：甘肃、贵州、河北、河南、辽宁、内蒙古、宁夏、青海、山西、陕西、四川、新疆。

6. 朝天委陵菜

学名：*Potentilla supina* L.

别名：伏委陵菜、仰卧委陵菜、铺地委陵菜、鸡毛菜。

分布：安徽、甘肃、广东、广西、贵州、河北、黑龙江、河南、湖北、湖南、江苏、江西、辽宁、内蒙古、宁夏、陕西、青海、山东、山西、四川、新疆、西藏、云南、浙江。

7. 地榆

学名：*Sanguisorba officinalis* L.

别名：黄瓜香。

分布：安徽、甘肃、广东、广西、贵州、河北、河南、黑龙江、湖北、湖南、江苏、江西、辽宁、内蒙古、宁夏、青海、山东、山西、陕西、四川、西藏、新疆、云南、浙江。

茄科

1. 曼陀罗

学名：*Datura stramonium* L.

别名：醉心花、狗核桃。

分布：安徽、甘肃、广东、广西、贵州、河北、河南、湖北、湖南、江苏、辽宁、内蒙古、宁夏、青海、山东、陕西、四川、新疆、云南、浙江。

2. 小酸浆

学名：*Physalis minima* L.

分布：安徽、重庆、甘肃、广东、广西、江西、四川、云南、贵州、河南、河北、黑龙江、湖北、湖南、江苏、陕西、浙江。

3. 龙葵

学名：*Solanum nigrum* L.

别名：野海椒、苦葵、野辣虎。

分布：安徽、重庆、福建、甘肃、广东、广西、贵州、河北、河南、黑龙江、湖北、湖南、江苏、江西、辽宁、内蒙古、青海、山东、山西、陕西、上海、四川、新疆、西藏、云南、浙江。

白草科

鱼腥草

学名：*Houttuynia cordata* Thunb.

分布：安徽、福建、甘肃、广东、广西、贵州、河南、湖北、湖南、江西、陕西、四川、重庆、西藏、云南、浙江。

伞形科

1. 葛缕

学名：*Carum carvi* L.

分布：西藏、四川、陕西。

2. 积雪草

学名：*Centella asiatica*（L.）Urban

别名：崩大碗、落得打。

分布：安徽、福建、广东、广西、湖北、湖南、江苏、江西、陕西、四川、重庆、云南、浙江。

3. 细叶芹

学名：*Chaerophyllum villosum* Wall. ex DC.

别名：香叶芹。

分布：湖南、四川、重庆、西藏、云南、陕西、浙江。

4. 蛇床

学名：*Cnidium monnieri*（L.）Cuss.

分布：安徽、重庆、福建、甘肃、广东、广西、贵州、河北、河南、黑龙江、湖北、湖南、江苏、江西、辽宁、内蒙古、宁夏、青海、山东、山西、陕西、上海、四川、西藏、新疆、云南、浙江。

5. 野胡萝卜

学名：*Daucus carota* L.

分布：安徽、重庆、甘肃、贵州、河北、河南、湖北、江苏、江西、宁夏、青海、陕西、四川、浙江。

6. 窃衣

学名：*Torilis scabra*（Thunb.）DC.

别名：鹤虱、水防风、蚁菜、紫花窃衣。

分布：安徽、重庆、福建、甘肃、广东、广西、贵州、湖北、湖南、江苏、江西、陕西、四川。

桑科

水蛇麻

学名：*Fatoua villosa*（Thunb.）Nakai

别名：桑草、桑麻、水麻、小蛇麻。

分布：福建、甘肃、广东、广西、贵州、河北、湖北、江苏、江西、云南、浙江。

商陆科

商陆

学名：*Phytolacca acinosa* Roxb.

别名：当陆、山萝卜、牛萝卜。

分布：安徽、重庆、福建、甘肃、广东、广西、贵州、河北、河南、湖北、江苏、辽宁、山东、陕西、四川、西藏、云南、浙江。

十字花科

1. 鼠耳芥

学名：*Arabidopsis thaliana*（L.）Heynh.

别名：拟南芥、拟南芥菜。

分布：安徽、甘肃、贵州、河南、湖北、湖南、江苏、江西、宁夏、陕西、山东、四川、新疆、西藏、云南、浙江。

2. 荠菜

学名：*Capsella bursa-pastoris*（L.）Medic.

别名：荠、荠荠菜。

分布：安徽、福建、甘肃、广东、广西、贵州、河北、河南、黑龙江、湖北、湖南、江苏、江西、辽宁、内蒙古、宁夏、青海、山东、山西、陕西、上海、四川、重庆、西藏、新疆、云南、浙江。

3. 弯曲碎米荠

学名：*Cardamine flexuosa* With.

别名：碎米荠。

分布：安徽、福建、甘肃、广东、广西、贵州、河北、黑龙江、河南、湖北、湖南、江苏、江西、辽宁、内蒙古、宁夏、青海、陕西、山东、上海、山西、四川、重庆、新疆、西藏、云南、浙江。

4. 碎米荠

学名：*Cardamine hirsuta* L.

别名：白带草、宝岛碎米荠、见肿消、毛碎米荠、雀儿菜、碎米芥、小地米菜、小花菜、小岩板菜、硬毛碎米荠。

分布：安徽、重庆、福建、甘肃、广东、广西、贵州、河北、河南、黑龙江、湖北、湖南、江苏、江西、辽宁、内蒙古、宁夏、青海、山东、山西、陕西、上海、四川、西藏、新疆、云南、浙江。

5. 弹裂碎米荠

学名：*Cardamine impatiens* L.

别名：水花菜、大碎米荠、水菜花、弹裂碎米芥、弹射碎米荠、弹叶碎米荠。

分布：安徽、福建、甘肃、广西、贵州、河南、湖北、湖南、江苏、江西、辽宁、青海、陕西、四川、重庆、山西、新疆、西藏、云南、浙江。

6. 水田碎米荠

学名：*Cardamine lyrata* Bunge

别名：阿英久、奥存－照古其（蒙古族名）、黄骨头、琴叶碎米荠、水荠菜、水田芥、水田荠、水田碎米芥、小水田荠。

分布：安徽、重庆、福建、广西、贵州、河北、河南、黑龙江、湖北、湖南、江苏、江西、辽宁、内蒙古、山东、四川、浙江。

7. 离子芥

学名：*Chorispora tenella*（Pall.）DC.

别名：离子草、红花荠菜、荠儿菜、水萝卜棵。

分布：安徽、甘肃、河北、河南、辽宁、内蒙古、青海、山东、山西、陕西、新疆、四川、浙江。

8. 臭荠

学名：*Coronopus didymus*（L.）J. E. Smith

别名：臭滨芥、臭菜、臭蒿子、臭芥、肾果荠。

分布：安徽、福建、广东、贵州、湖北、江苏、江西、内蒙古、山东、陕西、四川、新疆、云南、浙江。

9. 播娘蒿

学名：*Descurainia sophia*（L.）Webb ex Prantl

分布：安徽、福建、甘肃、广东、广西、贵州、河北、河南、黑龙江、湖北、湖南、江苏、江西、辽宁、内蒙古、宁夏、青海、山东、山西、陕西、上海、四川、重庆、西藏、新疆、云南、浙江。

10. 小花糖芥

学名：*Erysimum cheiranthoides* L.

别名：桂行糖芥、野菜子。

分布：河北、河南、黑龙江、内蒙古、宁夏、山东、陕西、新疆。

11. 独行菜

学名：*Lepidium apetalum* Willd.

别名：辣辣。

分布：安徽、甘肃、广西、贵州、贵州、河北、河南、黑龙江、湖北、湖南、江西、江苏、辽宁、内蒙古、宁夏、青海、陕西、山东、山西、四川、新疆、西藏、云南、浙江。

12. 北美独行菜

学名：*Lepidium virginicum* L.

别名：大叶香荠、大叶香荠菜、独行菜、拉拉根、辣菜、辣辣根、琴叶独行菜、十字花、小白浆、星星菜、野独行菜。

分布：安徽、重庆、福建、甘肃、广东、广西、贵州、河北、河南、湖北、湖南、江苏、江西、辽宁、青海、山东、陕西、四川、云南、浙江。

13. 涩芥

学名：*Malcolmia africana*（L.）R.Br.

别名：辣辣菜、离蕊芥 。

分布：安徽、甘肃、河北、河南、江苏、宁夏、青海、陕西、山西、四川、西藏、新疆。

14. 广州焊菜

学名：*Rorippa cantoniensis*（Lour.）Ohwi

分布：安徽、福建、广东、广西、贵州、河北、河南、湖北、湖南、江苏、江西、辽宁、陕西、山东、四川、云南、浙江。

15. 无瓣焊菜

学名：*Rorippa dubia*（Pers.）Hara

分布：安徽、福建、甘肃、广东、广西、贵州、河北、河南、湖北、湖南、江苏、江西、辽宁、陕西、山东、四川、西藏、云南、浙江。

16. 焊菜

学名：*Rorippa indica*（L.）Hiern

分布：安徽、福建、甘肃、广东、广西、贵州、河北、河南、湖北、湖南、江苏、江西、辽宁、青海、山东、山西、陕西、四川、西藏、新疆、云南、浙江。

17. 遏蓝菜

学名：*Thalaspi arvense* L.

分布：安徽、重庆、福建、甘肃、广东、广西、贵州、河北、河南、黑龙江、湖北、湖南、江苏、江西、辽宁、内蒙古、宁夏、青海、山东、山西、陕西、上海、四川、西藏、新疆、云南、浙江。

石竹科

1. 蚤缀

学名：*Arenaria serpyllifolia* L.

别名：鹅不食草 。

分布：安徽、重庆、福建、广东、甘肃、贵州、湖北、河北、黑龙江、河南、湖南、江苏、江西、辽宁、内蒙古、宁夏、青海、四川、重庆、山东、上海、陕西、山西、新疆、西藏、云南、浙江。

2. 簇生卷耳

学名：*Cerastium fontanum* Baumg. subsp. *triviale*（Link）Jalas

别名：狭叶泉卷耳。

分布：安徽、福建、甘肃、河北、河南、湖北、湖南、广西、贵州、重庆、江苏、宁夏、青海、山西、陕西、四川、新疆、云南、浙江。

3. 缘毛卷耳

学名：*Cerastium furcatum* Cham. et Schlecht.

分布：甘肃、贵州、河南、湖南、宁夏、山西、陕西、四川、西藏、云南、浙江。

4. 球序卷耳

学名：*Cerastium glomeratum* Thuill.（*Cerastium viscosum* L.）

别名：粘毛卷耳、婆婆指甲、锦花草、猫耳朵草、黏毛卷耳、山马齿苋、圆序卷耳、卷耳。

分布：福建、广西、贵州、河南、湖北、湖南、江苏、江西、辽宁、山东、西藏、云南、浙江。

5. 薄蒴草

学名：*Lepyrodiclis holosteoides*（C. A. Meyer）Fenzl. ex Fisher et C. A. Meyer

别名：高如存－额布苏（蒙古族名）、蓝布衫、娘娘菜。

分布：甘肃、河南、湖南、江西、内蒙古、宁夏、青海、陕西、四川、西藏、新疆。

6. 牛繁缕

学名：*Myosoton aquaticum*（L.）Moench

别名：鹅肠菜、鹅儿肠、抽筋草、大鹅儿肠、鹅肠草、石灰菜、额叠申细苦、伸筋草。

分布：安徽、福建、甘肃、广东、广西、贵州、河北、黑龙江、河南、湖北、湖南、江苏、江西、辽宁、内蒙古、宁夏、青海、陕西、山东、上海、山西、四川、重庆、新疆、西藏、云南、浙江。

7. 漆姑草

学名：*Sagina japonica*（Sw.）Ohwi

别名：虎牙草。

分布：安徽、福建、甘肃、广东、广西、贵州、河北、黑龙江、河南、湖北、湖南、江苏、江西、辽宁、内蒙古、青海、陕西、山东、山西、四川、重庆、西藏、云南、浙江。

8. 麦瓶草

学名：*Silene conoidea* L.

分布：安徽、甘肃、贵州、河北、河南、湖北、湖南、江西、江苏、宁夏、青海、山东、山西、陕西、上海、四川、西藏、新疆、浙江。

9. 拟漆姑草

学名：*Spergularia salina* J. et C. Presl

别名：牛漆姑草。

分布：甘肃、河北、河南、黑龙江、江苏、湖南、内蒙古、宁夏、青海、山东、陕西、四川、新疆、云南。

10. 雀舌草

学名：*Stellaria alsine* Grimm

别名：天蓬草、滨繁缕、米鹅儿肠、蛇牙草、泥泽繁缕、雀舌繁缕、雀舌苹、雀石草、石灰草。

分布：安徽、重庆、福建、甘肃、广东、广西、贵州、河北、河南、湖北、湖南、江苏、江西、内蒙古、四川、陕西、西藏、云南、浙江。

11. 繁缕

学名：*Stellaria media*（L.）Villars

别名：鹅肠草。

分布：安徽、重庆、福建、甘肃、广东、广西、贵州、河北、河南、湖北、湖南、江苏、江西、辽宁、内蒙古、宁夏、青海、陕西、上海、山东、山西、四川、西藏、云南、浙江。

12. 麦蓝菜

学名：*Vaccaria segetalis*（Neck.）Garcke

别名：王不留行、麦蓝子。

分布：安徽、福建、甘肃、贵州、河北、黑龙江、河南、湖北、湖南、江苏、江西、辽宁、内蒙古、宁夏、青海、陕西、山东、上海、山西、四川、重庆、新疆、西藏、云南、浙江。

藤黄科

1. 黄海棠

学名：*Hypericum ascyron* L.

分布：安徽、福建、甘肃、广东、广西、河北、黑龙江、河南、湖北、湖南、江苏、江西、辽宁、内蒙古、宁夏、青海、陕西、山东、上海、山西、四川、重庆、贵州、新疆、云南、浙江。

2. 地耳草

学名：*Hypericum japonicum* Thunb. ex Murray

别名：田基黄。

分布：安徽、重庆、福建、甘肃、广东、广西、贵州、湖北、湖南、江苏、江西、辽宁、山东、陕西、四川、云南、浙江。

苋科

1. 牛膝

学名：*Achyranthes bidentata* Blume

别名：土牛膝。

分布：安徽、重庆、福建、甘肃、广东、广西、贵州、河北、黑龙江、河南、湖北、湖南、江苏、江西、辽宁、内蒙古、宁夏、青海、陕西、山东、山西、四川、西藏、云南、浙江。

2. 空心莲子草

学名：*Alternanthera philoxeroides*（Mart.）Griseb.

别名：水花生、水苋菜。

分布：安徽、重庆、甘肃、广西、贵州、河南、湖南、江苏、陕西、四川、云南、浙江。

3. 莲子草

学名：*Alternanthera sessilis*（L.）DC.

别名：虾钳菜。

分布：重庆、甘肃、广西、贵州、河南、四川、云南。

4. 凹头苋

学名：*Amaranthus blitum* L.

别名：野苋、人情菜、野苋菜。

分布：重庆、甘肃、贵州、湖南、江苏、陕西、四川、新疆、云南、浙江。

5. 尾穗苋

学名：*Amaranthus caudatus* L.

分布：贵州、四川。

6. 反枝苋

学名：*Amaranthus retroflexus* L.

别名：西风谷、阿日白－诺高（蒙古族名）、反齿苋、家鲜谷、人苋菜、忍建菜、西风古、苋菜、野风古、野米谷、野千穗谷、野苋菜。

分布：重庆、安徽、甘肃、贵州、河南、湖南、江苏、内蒙古、陕西、四川、新疆、云南。

7. 刺苋

学名：*Amaranthus spinosus* L.

别名：刺苋菜、野苋菜。

分布：重庆、甘肃、贵州、河南、江苏、陕西、四川、云南、浙江。

8. 苋

学名：*Amaranthus tricolor* L.

分布：安徽、重庆、甘肃、贵州、河南、湖北、湖南、江苏、江西、内蒙古、山西、陕西、四川、新疆、云南、浙江。

9. 皱果苋

学名：*Amaranthus viridis* L.

别名：绿苋、白苋、红苋菜、假苋菜、糠苋、里苋、绿苋菜、鸟苋、人青菜、细苋、苋菜、野见、野米苋、野苋、野苋菜、猪苋、紫苋菜。

分布：甘肃、贵州、四川、新疆。

10. 青葙

学名：*Celosia argentea* L.

别名：野鸡冠花、狗尾巴、狗尾苋、牛尾花。

分布：重庆、甘肃、贵州、河南。

玄参科

1. 母草

学名：*Lindernia crustacea*（L.）F. Muell

别名：公母草、旱田草、开怀草、牛耳花、四方草、四方拳草。

分布：安徽、重庆、福建、广东、广西、贵州、河南、湖北、湖南、江苏、江西、陕西、四川、西藏、云南、浙江。

2. 陌上菜

学名：*Lindernia procumbens*（Krock.）Borbas

别名：额、吉日根纳、母草、水白菜。

分布：安徽、重庆、福建、河南、广东、广西、贵州、黑龙江、湖北、湖南、江苏、江西、陕西、四川、云南、浙江。

3. 通泉草

学名：*Mazus japonicus*（Thunb.）Kuntze

分布：安徽、重庆、福建、甘肃、广东、广西、河北、河南、湖北、湖南、江苏、江西、青海、山东、陕西、四川、云南、浙江。

4. 匍茎通泉草

学名：*Mazus miquelii* Makino

别名：米格通泉草、匍茎通泉草。

分布：安徽、重庆、福建、广西、贵州、湖北、湖南、江苏、江西、四川、浙江。

5. 地黄

学名：*Rehmannia glutinosa*（Gaert.）Libosch. ex Fisch. et Mey.

别名：婆婆丁、米罐棵、蜜糖管。

分布：甘肃、广东、贵州、河北、河南、湖北、江苏、辽宁、内蒙古、山东、陕西、山西、四川、云南。

6. 直立婆婆纳

学名：*Veronica arvensis* L.

别名：脾寒草、玄桃。

分布：安徽、福建、广西、贵州、河南、湖北、湖南、江苏、江西、山东、陕西、四川、云南。

7. 蚊母草

学名：*Veronica peregrina* L.

别名：奥思朝盖－侵达干（蒙古族名）、病疳草、接骨草、接骨仙桃草、水蓑衣、蚊母婆婆纳、无风自动草、仙桃草、小伤力草、小头红。

分布：安徽、福建、广西、贵州、河南、黑龙江、湖北、湖南、江苏、江西、辽宁、内蒙古、山东、陕西、上海、四川、西藏、云南、浙江。

8. 阿拉伯婆婆纳

学名：*Veronica persica* Poir.

别名：波斯婆婆纳、大婆婆纳、灯笼草、肚肠草、花被草、卵子草、肾子草、小将军 。

分布：安徽、重庆、福建、甘肃、广西、贵州、湖北、湖南、江苏、江西、四川、新疆、西藏、云南、浙江。

9. 婆婆纳

学名：*Veronica polita* Fries

分布：安徽、重庆、福建、甘肃、广西、贵州、河北、河南、湖北、湖南、江苏、江西、辽宁、青海、山东、山西、陕西、上海、四川、新疆、云南、浙江。

10. 水苦荬

学名：*Veronica undulata* Wall.

别名：水莴苣、水菠菜。

分布：安徽、福建、甘肃、广东、广西、贵州、河北、河南、黑龙江、湖北、湖南、江苏、江西、辽宁、山东、山西、陕西、上海、四川、新疆、云南、浙江。

旋花科

1. 打碗花

学名：*Calystegia hederacea* Wall.

别名：小旋花、兔耳草。

分布：安徽、重庆、福建、甘肃、广东、广西、贵州、河北、河南、黑龙江、湖北、湖南、江苏、江西、辽宁、内蒙古、宁夏、青海、山东、山西、陕西、上海、四川、新疆、云南、浙江。

2. 田旋花

学名：*Convolvulus arvensis* L.

别名：中国旋花、箭叶旋花。

分布：安徽、福建、甘肃、广东、广西、贵州、河北、河南、黑龙江、湖北、湖南、江苏、江西、辽宁、内蒙古、宁夏、青海、山东、山西、陕西、上海、四川、西藏、新疆、云南、浙江。

3. 菟丝子

学名：*Cuscuta chinensis* Lam.

别名：金丝藤、豆寄生、无根草。

分布：安徽、重庆、福建、甘肃、广东、广西、贵州、河北、河南、黑龙江、湖北、湖南、江苏、江西、辽宁、内蒙古、宁夏、青海、山东、山西、陕西、上海、四川、西藏、新疆、云南、浙江。

4. 马蹄金

学名：*Dichondra repens* Forst.

别名：黄胆草、金钱草。

分布：安徽、重庆、福建、广东、广西、贵州、湖北、湖南、江苏、江西、上海、四川、云南、浙江。

5. 裂叶牵牛

学名：*Pharbitis nil*（L.）Ching

别名：牵牛、白丑、常春藤叶牵牛、二丑、黑丑、喇叭花、喇叭花子、牵牛花、牵牛子。

分布：福建、甘肃、广东、广西、贵州、河北、河南、湖北、湖南、江苏、江西、宁夏、山东、山西、陕西、上海、四川、重庆、西藏、新疆、云南、浙江。

罂粟科

1. 伏生紫堇

学名：*Corydalis decumbens*（Thunb.）Pers.

分布：安徽、福建、湖北、湖南、江苏、江西、山西、四川、浙江。

2. 紫堇

学名：*Corydalis edulis* Maxim.

别名：断肠草、麦黄草、闷头草、闷头花、牛尿草、炮仗花、蜀堇、虾子菜、蝎子草、蝎子花、野花生、野芹菜。

分布：安徽、重庆、福建、甘肃、贵州、河北、河南、湖北、江西、江苏、辽宁、山西、陕西、四川、云南、浙江。

3. 刻叶紫堇

学名：*Corydalis incisa*（Thunb.）Pers.

别名：紫花鱼灯草。

分布：安徽、福建、甘肃、广西、河北、河南、湖北、湖南、江苏、陕西、山西、四川、浙江。

远志科

瓜子金

学名：*Polygala japonica* Houtt.

别名：金牛草、紫背金牛。

分布：福建、广东、甘肃、广西、贵州、湖北、湖南、江苏、江西、山东、陕西、四川、云南、浙江。

紫草科

1. 斑种草

学名：*Bothriospermum chinense* Bge.

别名：斑种、斑种细累子草、蛤蟆草、细叠子草。

分布：重庆、甘肃、广东、贵州、河北、湖北、湖南、江苏、辽宁、山东、山西、陕西、四川、云南。

2. 柔弱斑种草

学名：*Bothriospermum tenellum*（Hornem.）Fisch. et Mey.

分布：重庆、甘肃、广西、河南、宁夏、陕西。

3. 琉璃草

学名：*Cynoglossum furcatum* Wall.

别名：大琉璃草、枇杷、七贴骨散、粘娘娘、猪尾巴。

分布：福建、甘肃、广东、广西、贵州、河南、湖南、江苏、江西、陕西、四川、云南、浙江。

4. 麦家公

学名：*Lithospermum arvense* L.

别名：麦家公、大紫草、花荠荠、狼紫草、毛妮菜、涩涩荠。

分布：安徽、甘肃、贵州、河北、河南、黑龙江、湖北、湖南、江苏、江西、辽宁、宁夏、山东、山西、陕西、四川、新疆、浙江。

5. 附地菜

学名：*Trigonotis peduncularis*（Trev.）Benth. ex Baker et Moore

别名：地胡椒。

分布：福建、重庆、甘肃、广西、贵州、河北、黑龙江、湖北、湖南、江苏、江西、辽宁、内蒙古、宁夏、山东、山西、陕西、西藏、新疆、云南、四川、浙江。

单子叶植物杂草

百合科

1. 野葱

学名：*Allium chrysanthum* Regel

别名：黄花韭、黄花葱、黄花菲。

分布：重庆、甘肃、贵州、湖北、湖南、江苏、青海、陕西、四川、西藏、云南、浙江。

2. 薤白

学名：*Allium macrostemon* Bunge

别名：小根蒜、大蕊葱、胡葱、胡葱子、胡蒜、苦蒜、密花小根蒜、山韭菜。

分布：安徽、福建、甘肃、广东、广西、贵州、河北、河南、黑龙江、湖北、湖南、江苏、江西、辽宁、内蒙古、宁夏、陕西、山东、上海、山西、四川、西藏、云南。

3. 黄花菜

学名：*Hemerocallis citrina* Baroni

别名：金针菜、黄花、黄花苗、黄金萱、金针。

分布：甘肃、贵州、江苏、内蒙古、陕西、云南、浙江。

4. 野百合

学名：*Lilium brownii* F. E. Brown ex Miellez

别名：白花百合、百合、淡紫百合。

分布：安徽、福建、甘肃、广东、广西、贵州、河北、河南、湖北、湖南、江苏、江西、内蒙古、青海、陕西、山西、四川、云南、浙江。

5. 菝葜

学名：*Smilax china* L.

别名：金刚兜。

分布：四川。

灯芯草科

灯心草

学名：*Juncus effusus* L.

别名：灯草、水灯花、水灯心。

分布：安徽、重庆、福建、甘肃、广东、广西、贵州、河北、黑龙江、河南、湖北、湖南、江苏、江西、辽宁、山东、陕西、上海、四川、西藏、云南、浙江。

禾本科

1. 节节麦

学名：*Aegilops tauschii* Coss.（*Aegilops squarrosa* L.）

别名：山羊草。

分布：安徽、甘肃、贵州、河北、河南、湖北、湖南、江苏、内蒙古、宁夏、青海、山东、山西、陕西、四川、云南、西藏、新疆、浙江。

2. 看麦娘

学名：*Alopecurus aequalis* Sobol.

别名：褐蕊看麦娘。

分布：安徽、重庆、福建、甘肃、广东、广西、贵州、河北、河南、黑龙江、湖北、江苏、江西、辽宁、内蒙古、宁夏、青海、山东、陕西、上海、四川、新疆、西藏、云南、浙江。

3. 日本看麦娘

学名：*Alopecurus japonicus* Steud.

别名：麦娘娘、麦陀陀草、稍草。

分布：安徽、重庆、福建、甘肃、广东、广西、贵州、河北、河南、湖北、湖南、江苏、江西、山东、山西、陕西、上海、四川、新疆、云南、浙江。

4. 茅香

学名：*Anthoxanthum nitens*（Weber）Y. Schouten et Veldkamp

分布：甘肃、贵州、河北、河南、黑龙江、内蒙古、宁夏、青海、山东、山西、陕西、四川、新疆、西藏、云南。

5. 荩草

学名：*Arthraxon hispidus*（Trin.）Makino

别名：绿竹。

分布：安徽、重庆、福建、广东、广西、贵州、河北、河南、黑龙江、湖北、湖南、江苏、江西、内蒙古、宁夏、山东、陕西、四川、新疆、云南、浙江。

6. 匿芒荩草

学名：*Arthraxon hispidus*（Trin.）Makino var. *cryptatherus*（Hack.）Honda

别名：乱鸡窝。

分布：安徽、福建、广东、贵州、湖北、河北、黑龙江、河南、江苏、江西、内蒙古、宁夏、四川、山东、陕西、新疆、云南、浙江。

7. 野古草

学名：*Arundinella anomala* Stend.

别名：白牛公、拟野古草、瘦瘠野古草、乌骨草、硬骨草。

分布：安徽、重庆、福建、甘肃、广东、广西、贵州、河北、河南、黑龙江、湖北、湖南、江苏、江西、辽宁、内蒙古、宁夏、山东、山西、陕西、上海、四川、云南、浙江。

8. 野燕麦

学名：*Avena fatua* L.

别名：乌麦、燕麦草。

分布：安徽、重庆、福建、甘肃、广东、广西、贵州、河北、河南、黑龙江、湖北、湖南、江苏、江西、内蒙古、宁夏、青海、山东、山西、陕西、上海、四川、西藏、新疆、云南、浙江。

9. 菵草

学名：*Beckmannia syzigachne*（Steud.）Fern.

别名：水稗子、菵米、鱼子草。

分布：安徽、重庆、甘肃、河北、河南、广西、贵州、黑龙江、湖北、湖南、江苏、江西、辽宁、内蒙古、宁夏、青海、山东、山西、陕西、上海、四川、西藏、新疆、云南、浙江。

10. 白羊草

学名：*Bothriochloa ischcemum*（L.）Keng

别名：白半草、白草、大王马针草、黄草、蓝茎草、苏伯格乐吉、鸭嘴草蜀黍、鸭嘴孔颖草。

分布：安徽、福建、河北、湖北、江苏、陕西、四川、云南。

11. 雀麦

学名：*Bromus japonicus* Thunb. ex Murr.

别名：瞌睡草、扫高布日、山大麦、山稷子、野燕麦。

分布：安徽、重庆、甘肃、贵州、河北、河南、湖北、湖南、江苏、江西、辽宁、内蒙古、青海、山东、山西、陕西、上海、四川、新疆、西藏、云南、浙江。

12. 虎尾草

学名：*Chloris virgata* Sw.

别名：棒锤草、刷子头、盘草。

分布：安徽、重庆、甘肃、广东、广西、贵州、河北、河南、黑龙江、湖北、湖南、江苏、辽宁、内蒙古、宁夏、青海、山东、山西、陕西、四川、西藏、新疆、云南、浙江。

13. 橘草

学名：*Cymbopogon goeringii*（Steud.）A. Camus

别名：臭草、朶儿茅、橘草、茅草、香茅、香茅草、野香茅。

分布：贵州。

14. 狗牙根

学名：*Cynodon dactylon*（L.）Pers.

别名：绊根草、爬根草、感沙草、铁线草。

分布：安徽、重庆、福建、甘肃、广东、广西、贵州、河北、河南、黑龙江、湖北、江苏、江西、辽宁、宁夏、青海、山东、山西、陕西、上海、四川、新疆、云南、浙江。

15. 升马唐

学名：*Digitaria ciliaris*（Retz.）Koel.

别名：拌根草、白草、俭草、乱草子、马唐、毛马唐、爬毛抓秧草、乌斯图－西巴棍－塔布格（蒙古族名）、蟋蟀草、抓地龙。

分布：重庆、贵州、湖南、四川。

16. 止血马唐

学名：*Digitaria ischaemum* Schreb.

别名：叉子草、哈日－西巴棍－塔布格（蒙古族名）、红茎马唐、鸡爪子草、马唐、熟地草、鸭茅马唐、鸭嘴马唐、抓秧草。

分布：贵州、四川、浙江。

17. 马唐

学名：*Digitaria sanguinalis*（L.）Scop.

别名：大抓根草、红水草、鸡爪子草、假马唐、俭草、面条筋、盘鸡头草、秫秸秧子、哑用、抓地龙、抓根草。

分布：重庆、甘肃、贵州、河南、湖北、湖南、江苏、山西、陕西、四川、西藏、新疆、云南、浙江。

18. 紫马唐

学名：*Digitaria violascens* Link

别名：莩草、五指草。

分布：甘肃、贵州、四川。

19. 光头稗

学名：*Echinochloa colonum*（L.）Link

别名：光头稗子、芒稷。

分布：重庆、湖南。

20. 稗

学名：*Echinochloa crusgali*（L.）Beauv.

别名：野稗、稗草、稗子、稗子草、水稗、水稗子、水稊子、野稊子、稊子草。

分布：安徽、重庆、甘肃、贵州、河南、湖北、湖南、江苏、内蒙古、山西、陕西、四川、新疆、云南、浙江。

21. 无芒稗

学名：*Echinochloa crusgali*（L.）Beauv. var. *mitis*（Pursh）Peterm.Fl.

别名：落地稗、搔日归－奥存－好努格（蒙古族名）。

分布：陕西。

22. 旱稗

学名：*Echinochloa hispidula*（Retz.）Nees

别名：水田稗、乌日特－奥存－好努格（蒙古族名）。

分布：甘肃、贵州、湖南、江苏、青海、陕西、四川、浙江。

23. 牛筋草

学名：*Eleusine indica*（L.）Gaertn.

别名：蟋蟀草。

分布：重庆、甘肃、贵州、河南、湖北、湖南、江苏、山西、陕西、四川、新疆、云南、浙江。

24. 大画眉草

学名：*Eragrostis cilianensis*（All.）Link ex Vignolo-Lutati

别名：画连画眉草、画眉草、宽叶草、套木－呼日嘎拉吉（蒙古族名）、蚊子草、西连画眉草、星星草。

分布：重庆、甘肃、贵州、青海、陕西、四川。

25. 知风草

学名：*Eragrostis ferruginea*（Thunb.）Beauv.

别名：程咬金、香草、知风画眉草。

分布：陕西、四川、云南。

26. 乱草

学名：*Eragrostis japonica*（Thunb.）Trin.

别名：碎米知风草、旱田草、碎米、香榧草、须须草、知风草。

分布：重庆、贵州、陕西、四川。

27. 小画眉草

学名：*Eragrostis minor* Host

别名：蚊蚊草、吉吉格－呼日嘎拉吉（蒙古族名）。

分布：重庆、贵州、青海、陕西、四川。

28. 画眉草

学名：*Eragrostis pilosa*（L.）Beauv.

别名：星星草、蚊子草、榧子草、狗尾巴草、呼日嘎拉吉、蚊蚊草、绣花草。

分布：安徽、重庆、贵州、河南、江苏、陕西、四川、西藏、新疆、浙江。

29. 无毛画眉草

学名：*Eragrostis pilosa*（L.）Beauv. var. *imberbis* Franch.

别名：给鲁给日－呼日嘎拉吉（蒙古族名）。

分布：陕西、四川。

30. 牛鞭草

学名：*Hemarthria sibirica*（Gand.）Ohwi

别名：西伯利亚牛鞭草。

分布：重庆、贵州、湖北、湖南、陕西、四川。

31. 白茅

学名：*Imperata cylindrica*（L.）Beauv.

别名：茅针、茅根、白茅根、黄茅、尖刀草、兰根、毛根、茅草、茅茅根、茅针花、丝毛草、丝茅草、丝茅根、甜根、甜根草、乌毛根。

分布：安徽、重庆、福建、甘肃、广东、广西、贵州、河北、河南、黑龙江、湖北、湖南、江苏、江西、辽宁、内蒙古、山东、山西、陕西、上海、四川、西藏、新疆、云南、浙江。

32. 柳叶箬

学名：*Isachne globosa*（Thunb.）Kuntze

别名：百珠蓧、细叶蓧、百株筷、百珠（筱）、百珠篠、柳叶箬、万珠筱、细叶（筱）、细叶条、细叶筱、细叶篠。

分布：四川、重庆。

33. 千金子

学名：*Leptochloa chinensis*（L.）Nees

别名：雀儿舌头、畔茅、绣花草、油草、油麻。

分布：安徽、贵州、湖北、湖南、江苏、内蒙古、四川。

34. 多花黑麦草

学名：*Lolium multiflorum* Lam.

别名：多花黑燕麦、意大利黑麦草。

分布：安徽、福建、贵州、河北、河南、湖北、湖南、江苏、江西、内蒙古、宁夏、青海、山西、陕西、四川、新疆、云南、浙江。

35. 毒麦

学名：*Lolium temulentum* L.

别名：鬼麦、小尾巴草。

分布：安徽、甘肃、贵州、河北、河南、黑龙江、湖南、江苏、青海、陕西、上海、新疆、浙江。

36. 莠竹

学名：*Microstegium nodosum*（Kom.）Tzvel.

别名：竹叶茅、竹谱。

分布：重庆、广东、贵州、江苏、山东、陕西、四川、云南。

37. 柔枝莠竹

学名：*Microstegium vimineum*（Trin.）A. Camus

分布：安徽、重庆、福建、广东、广西、贵州、河北、河南、湖北、湖南、江苏、江西、山东、山西、陕西、四川、云南、浙江。

38. 双穗雀稗

学名：*Paspalum distichum* L.

别名：游草、游水筋、双耳草、双稳雀稗、铜线草。

分布：安徽、重庆、福建、甘肃、广东、广西、贵州、河北、河南、黑龙江、湖北、湖南、江苏、江西、辽宁、山东、山西、陕西、上海、四川、新疆、云南、浙江。

39. 圆果雀稗

学名：*Paspalum orbiculare* Forst.

分布：四川。

40. 雀稗

学名：*Paspalum thunbergii* Kunth ex Steud.

别名：龙背筋、鸭嶍草、鱼眼草、猪儿草。

分布：重庆、贵州、湖南、陕西、四川、浙江。

41. 狼尾草

学名：*Pennisetum alopecuroides*（L.）Spreng.

别名：狗尾巴草、芮草、老鼠狼、狗仔尾。

分布：重庆、甘肃、贵州、湖南、陕西、四川。

42. 蜡烛草

学名：*Phleum paniculatum* Huds.

分布：安徽、甘肃、贵州、河南、湖北、江苏、山西、陕西、四川、新疆、云南、浙江。

43. 芦苇

学名：*Phragmites australis*（Cav.）Trin. ex Steud.

别名：好鲁苏、呼勒斯、呼勒斯鹅、葭、蒹、芦、芦草、芦柴、芦头、芦芽、苇、苇葭、苇子。

分布：安徽、重庆、福建、甘肃、广东、广西、贵州、河北、河南、黑龙江、湖北、湖南、江苏、江西、辽宁、内蒙古、宁夏、青海、山东、山西、陕西、上海、四川、西藏、新疆、云南、浙江。

44. 白顶早熟禾

学名：*Poa acroleuca* Steud.

别名：细叶早熟禾。

分布：安徽、福建、甘肃、广东、广西、贵州、河南、湖北、湖南、江苏、江西、陕西、山东、四川、西藏、云南、浙江。

45. 早熟禾

学名：*Poa annua* L.

别名：伯页力格－额布苏（蒙古族名）、发汗草、冷草、麦峰草、绒球草、稍草、踏不烂、小鸡草、小青草、羊毛胡子草。

分布：安徽、重庆、福建、甘肃、广东、广西、贵州、河北、河南、黑龙江、湖北、湖南、江苏、江西、辽宁、内蒙古、宁夏、青海、山东、山西、陕西、上海、四川、西藏、新疆、云南、浙江。

46. 棒头草

学名：*Polypogon fugax* Nees ex Steud.

别名：狗尾稍草、麦毛草、稍草。

分布：安徽、重庆、福建、甘肃、广东、广西、贵州、河南、湖北、湖南、江苏、江西、内蒙古、宁夏、青海、山东、山西、陕西、上海、四川、新疆、西藏、云南、浙江。

47. 长芒棒头草

学名：*Polypogon monspeliensis*（L.）Desf.

别名：棒头草、长棒芒头草、搔日特－萨木白（蒙古族名）。

分布：安徽、重庆、福建、甘肃、广东、广西、河北、河南、江苏、江西、内蒙古、宁夏、青海、山东、山西、陕西、四川、西藏、新疆、云南、浙江。

48. 鹅观草

学名：*Roegneria kamoji* Ohwi

别名：鹅冠草、黑雅嘎拉吉、麦麦草、茅草箭、茅灵芝、莓串草、弯鹅观草、弯穗鹅观草、野麦葶。

分布：重庆、湖北、江苏、陕西、四川、云南、浙江。

49. 硬草

学名：*Sclerochloa kengiana*（Ohwi）Tzvel.

别名：耿氏碱茅、花管草。

分布：安徽、贵州、湖北、湖南、江苏、江西、山东、陕西、四川。

50. 大狗尾草

学名：*Setaria faberii* Herrm.

别名：法氏狗尾草。

分布：重庆、贵州、湖南、江苏、陕西、四川。

51. 金色狗尾草

学名：*Setaria glauca*（L.）Beauv.

分布：重庆、甘肃、贵州、江苏、陕西、四川。

52. 狗尾草

学名：*Setaria viridis*（L.）Beauv.

别名：谷莠子、莠。

分布：重庆、甘肃、贵州、河南、湖南、江苏、内蒙古、山西、陕西、四川、西藏、新疆、浙江。

莎草科

1. 碎米莎草

学名：*Cyperus iria* L.

分布：重庆、贵州、湖南、江苏、陕西、四川、云南。

2. 香附子

学名：*Cyperus rotundus* L.

别名：香头草。

分布：安徽、重庆、甘肃、贵州、河南、湖北、湖南、江西、山西、陕西、上海、四川、云南、浙江。

石蒜科

石蒜

学名：*Lycoris radiata*（L' Hér.）Herb.

别名：老鸦蒜、龙爪花、山乌毒、叉八花、臭大蒜、毒大蒜、毒蒜、独脚、伞独蒜、鬼蒜、寒露花、红花石蒜。

分布：安徽、甘肃、福建、广东、广西、贵州、河南、湖北、湖南、江苏、江西、山东、陕西、四川、云南、浙江。

鸭跖草科

鸭跖草

学名：*Commelina communis* L.

别名：竹叶菜、兰花竹叶。

分布：安徽、重庆、福建、甘肃、广东、广西、贵州、河北、河南、黑龙江、湖北、湖南、江苏、江西、辽宁、内蒙古、宁夏、山东、山西、陕西、上海、四川、云南、浙江。

附录：

5. 大豆田杂草

大豆田杂草科属种数（1）

植物种类	科	属	种
孢子植物	1	1	1
蕨类植物	1	1	1
被子植物	29	72	90
双子叶植物	24	55	71
单子叶植物	5	17	19
总计	30	73	91

大豆田杂草科属种数（2）

科	属	种	科	属	种
蕨类植物			千屈菜科	1	1
木贼科	1	1	荨麻科	1	1
双子叶植物			茜草科	1	1
车前科	1	1	蔷薇科	1	1
唇形科	6	6	茄科	2	2
酢浆草科	1	1	十字花科	3	4
大戟科	3	4	石竹科	1	2
大麻科	1	1	苋科	3	6
豆科	2	2	玄参科	1	1
蒺藜科	1	1	旋花科	3	4
堇菜科	1	1	**单子叶植物**		
锦葵科	1	1	百合科	1	1
菊科	12	17	禾本科	12	14
藜科	3	3	莎草科	2	2
蓼科	4	8	天南星科	1	1
柳叶菜科	1	1	鸭跖草科	1	1
马齿苋科	1	1			

大豆田杂草名录

孢子植物杂草

蕨类植物杂草

木贼科

问荆

学名：*Equisetum arvense* L.

别名：马蜂草、土麻黄、笔头草。

分布：安徽、北京、重庆、福建、甘肃、贵州、河北、河南、黑龙江、湖北、湖南、江苏、江西、吉林、辽宁、内蒙古、宁夏、陕西、山东、上海、山西、四川、天津、新疆、西藏、云南、浙江。

被子植物杂草

双子叶植物杂草

车前科

车前

学名：*Plantago asiatica* L.

别名：车前子。

分布：安徽、福建、甘肃、广东、广西、贵州、海南、河北、河南、黑龙江、湖北、湖南、吉林、江苏、江西、辽宁、内蒙古、山东、山西、陕西、四川、西藏、新疆、云南、浙江。

唇形科

1. 水棘针

学名：*Amethystea caerulea* L.

别名：土荆芥、巴西戈、达达香、兰萼草、石荠草、细叶山紫苏、细叶紫苏。

分布：安徽、甘肃、河北、河南、黑龙江、湖北、吉林、辽宁、内蒙古、陕西、山东、山西、四川、西藏、新疆、云南。

2. 香青兰

学名：*Dracocephalum moldavica* L

别名：野薄荷、枝子花、摩眼子、山薄荷、白赖洋、臭蒿、臭青兰。

分布：重庆、甘肃、广西、河北、河南、黑龙江、湖北、吉林、辽宁、内蒙古、山西、陕西、新疆、四川、云南、浙江。

3. 香薷

学名：*Elsholtzia ciliata*（Thunb.）Hyland.

分布：安徽、北京、重庆、福建、甘肃、广东、广西、贵州、海南、河北、河南、黑龙江、湖北、湖南、吉林、江苏、江西、辽宁、内蒙古、宁夏、山东、山西、陕西、上海、四川、天津、西藏、云南、浙江。

4. 鼬瓣花

学名：*Galeopsis bifida* Boenn.

别名：黑苏子、套日朝格、套心朝格、野苏子、野芝麻。

分布：甘肃、贵州、黑龙江、湖北、吉林、江苏、内蒙古、山西、陕西、四川、西藏、云南。

5. 宝盖草

学名：*Lamium amplexicaule* L.

别名：佛座、珍珠莲、接骨草。

分布：安徽、重庆、福建、甘肃、广西、贵州、河北、河南、湖北、湖南、江苏、宁夏、山东、山西、陕西、四川、西藏、新疆、云南、浙江。

6. 荔枝草

学名：*Salvia plebeia* R. Br.

别名：雪见草、蛤蟆皮、土荆芥、猴臂草。

分布：北京、重庆、甘肃、广东、广西、贵州、海南、河北、河南、湖北、湖南、江苏、江西、辽宁、山东、山西、陕西、上海、四川、云南、浙江。

酢浆草科

酢浆草

学名：*Oxalis corniculata* L.

别名：老鸭嘴、满天星、黄花酢浆草、鸠酸、酸味草。

分布：安徽、北京、重庆、福建、甘肃、广东、广西、贵州、海南、河北、河南、湖北、湖南、江苏、江西、辽宁、内蒙古、山东、山西、陕西、上海、四川、天津、西藏、云南、浙江。

大戟科

1. 铁苋菜

学名：*Acalypha australis* L.

别名：榎草、海蚌含珠。

分布：安徽、北京、重庆、福建、甘肃、广东、广西、贵州、海南、河北、河南、黑龙江、湖北、湖南、吉林、江苏、江西、辽宁、内蒙古、宁夏、山东、山西、陕西、上海、四川、天津、西藏、新疆、云南、浙江。

2. 地锦

学名：*Euphorbia humifusa* Willd.

别名：地锦草、红丝草、奶疳草。

分布：安徽、北京、重庆、福建、甘肃、广东、广西、贵州、海南、河北、河南、黑龙江、湖北、湖南、吉林、江苏、江西、辽宁、内蒙古、宁夏、山东、山西、陕西、上海、四川、天津、西藏、新疆、云南、浙江。

3. 斑地锦

学名：*Euphorbia maculata* L.

别名：班地锦、大地锦、宽斑地锦、痢疾草、美洲地锦、奶汁草、铺地锦。

分布：北京、重庆、广东、广西、河北、湖北、湖南、江西、江苏、辽宁、宁夏、山东、陕西、上海、浙江。

4. 叶下珠

学名：*Phyllanthus urinaria* L.

别名：阴阳草、假油树、珍珠草。

分布：重庆、广东、广西、贵州、海南、河北、湖北、湖南、江苏、山西、陕西、四川、西藏、新疆、云南、浙江。

大麻科

葎草

学名：*Humulus scandens*(Lour.) Merr.

别名：拉拉藤、拉拉秧。

分布：安徽、北京、重庆、福建、甘肃、广东、广西、贵州、海南、河北、河南、黑龙江、湖北、湖南、吉林、江苏、江西、辽宁、山东、山西、陕西、上海、四川、天津、西藏、云南、浙江。

豆科

1. 野大豆

学名：*Glycine soja* Sieb. et Zucc.

别名：白豆、柴豆、大豆、河豆子、黑壳豆。

分布：安徽、北京、重庆、福建、甘肃、广东、广西、贵州、河北、河南、黑龙江、湖北、湖南、吉林、江苏、江西、辽宁、内蒙古、宁夏、山东、山西、陕西、上海、四川、天津、浙江、云南。

2. 广布野豌豆

学名：*Vicia cracca* L.

别名：草藤、细叶落豆秧、肥田草。

分布：安徽、福建、甘肃、广东、广西、贵州、河南、黑龙江、湖北、吉林、江西、辽宁、陕西、四川、新疆、浙江。

蒺藜科

蒺藜

学名：*Tribulus terrester* L.

别名：蒺藜狗子、野菱角、七里丹、刺蒺藜、章古、伊曼－章古(蒙古族名)。

分布：安徽、北京、重庆、福建、甘肃、广东、广西、贵州、海南、河北、河南、黑龙江、湖北、湖南、吉林、江苏、江西、辽宁、内蒙古、宁夏、山东、山西、陕西、上海、四川、天津、西藏、新疆、云南、浙江。

堇菜科

紫花地丁

学名：*Viola philippica* Cav.

分布：安徽、北京、重庆、福建、甘肃、广东、广西、贵州、海南、河北、河南、黑龙江、湖北、湖南、吉林、江苏、江西、辽宁、内蒙古、宁夏、山东、山西、陕西、

上海、四川、天津、云南、浙江。

锦葵科

苘麻

学名：*Abutilon theophrasti* Medicus

别名：青麻、白麻。

分布：安徽、北京、福建、甘肃、广东、广西、贵州、河北、河南、黑龙江、湖北、湖南、吉林、江苏、江西、辽宁、内蒙古、宁夏、山东、山西、陕西、上海、四川、重庆、天津、新疆、云南、浙江。

菊科

1. 胜红蓟

学名：*Ageratum conyzoides* L.

别名：藿香蓟、臭垆草、咸虾花。

分布：安徽、重庆、福建、广东、广西、贵州、海南、湖北、湖南、江苏、江西、四川、云南、浙江。

2. 黄花蒿

学名：*Artemisia annua* L.

别名：臭蒿。

分布：安徽、北京、福建、甘肃、广东、广西、贵州、海南、河北、河南、黑龙江、湖北、湖南、吉林、江苏、江西、辽宁、内蒙古、宁夏、山东、山西、陕西、上海、四川、天津、新疆、西藏、云南、浙江。

3. 野艾蒿

学名：*Artemisia lavandulaefolia* DC.

分布：安徽、重庆、宁夏、甘肃、广东、广西、贵州、河北、河南、黑龙江、湖北、湖南、吉林、江苏、江西、辽宁、内蒙古、山东、山西、陕西、四川、云南。

4. 猪毛蒿

学名：*Artemisia scoparia* Waldst. et Kit.

别名：东北茵陈蒿、猪毛蒿、黄蒿、白蒿、白毛蒿、白绵蒿、白青蒿。

分布：安徽、北京、重庆、福建、甘肃、广东、广西、贵州、海南、河北、河南、黑龙江、湖北、湖南、吉林、江苏、江西、辽宁、内蒙古、宁夏、山东、山西、陕西、上海、四川、天津、西藏、新疆、云南、浙江。

5. 蒌蒿

学名：*Artemisia selengensis* Turcz. ex Bess.

分布：安徽、甘肃、广东、广西、贵州、河北、河南、黑龙江、湖北、湖南、江苏、江西、吉林、辽宁、内蒙古、山东、山西、陕西、四川、云南。

6. 鬼针草

学名：*Bidens pilosa* L.

分布：安徽、北京、重庆、福建、甘肃、广东、广西、河北、河南、黑龙江、湖北、吉林、江苏、江西、辽宁、内蒙古、山东、山西、陕西、四川、天津、云南、浙江。

7. 狼把草

学名：*Bidens tripartita* L.

分布：重庆、甘肃、河北、湖北、湖南、吉林、辽宁、内蒙古、宁夏、江苏、江西、山西、陕西、四川、新疆、云南。

8. 刺儿菜

学名：*Cephalanoplos segetum*（Bunge）Kitam.

别名：小蓟。

分布：安徽、北京、重庆、福建、甘肃、广东、广西、贵州、海南、河北、河南、黑龙江、湖北、湖南、吉林、江苏、江西、辽宁、内蒙古、宁夏、山东、山西、陕西、上海、四川、天津、新疆、云南、浙江。

9. 小蓬草

学名：*Conyza canadensis*（L.）Cronq.

别名：加拿大蓬、飞蓬、小飞蓬 。

分布：安徽、北京、重庆、福建、甘肃、广东、广西、贵州、海南、河北、河南、黑龙江、湖北、湖南、吉林、江苏、江西、辽宁、内蒙古、宁夏、山东、山西、陕西、上海、四川、天津、西藏、新疆、云南、浙江。

10. 鳢肠

学名：*Eclipta prostrata* L.

别名：旱莲草、墨草。

分布：安徽、北京、重庆、福建、甘肃、广东、广西、贵州、海南、河北、河南、黑龙江、湖北、湖南、吉林、江苏、江西、辽宁、内蒙古、宁夏、山东、山西、陕西、上海、四川、天津、西藏、新疆、云南、浙江。

11. 紫茎泽兰

学名：*Eupatorium adenophorum* Spreng.

别名：大黑草、花升麻、解放草、马鹿草、破坏草、细升麻。

分布：重庆、广西、贵州、湖北、四川、云南。

12. 飞机草

学名：*Eupatorium odoratum* L.

别名：香泽兰。

分布：重庆、广东、广西、贵州、海南、湖南、四川、云南。

13. 牛膝菊

学名：*Galinsoga parviflora* Cav.

别名：辣子草、向阳花、珍珠草、铜锤草、嘎力苏干 – 额布苏（蒙古族名）、旱田菊、兔儿草、小米菊。

分布：安徽、北京、重庆、福建、甘肃、广东、广西、贵州、海南、河南、黑龙江、湖北、湖南、吉林、江苏、江西、辽宁、内蒙古、宁夏、山东、山西、陕西、上海、四川、天津、西藏、新疆、云南、浙江。

14. 苦荬菜

学名：*Ixeris polycephala* Cass.

别名：多头苦荬菜、多头苦菜、多头苦荬、多头莴苣、还魂草、剪子股、老鹳菜。

分布：安徽、福建、广东、广西、贵州、湖南、江苏、江西、陕西、四川、云南、浙江。

15. 裸柱菊

学名：*Soliva anthemifolia*（Juss.）R. Br.

别名：座地菊。

分布：福建、广东、湖南、江西、云南。

16. 苣荬菜

学名：*Sonchus arvensis* L.

别名：苦菜。

分布：安徽、北京、重庆、福建、甘肃、广东、广西、贵州、海南、河北、河南、黑龙江、湖北、湖南、吉林、江苏、江西、辽宁、内蒙古、宁夏、山东、山西、陕西、上海、四川、天津、新疆、浙江。

17. 苍耳

学名：*Xanthium sibiricum* Patrin ex Widder

别名：虱麻头、老苍子、青棘子。

分布：安徽、北京、重庆、福建、甘肃、广东、广西、贵州、海南、河北、河南、黑龙江、湖北、湖南、吉林、江苏、江西、辽宁、内蒙古、宁夏、山东、山西、陕西、四川、天津、西藏、新疆、云南、浙江。

藜科

1. 藜

学名：*Chenopodium album* L.

别名：灰菜、白藜、灰条菜、地肤子。

分布：安徽、北京、重庆、福建、甘肃、广东、广西、贵州、海南、河北、河南、黑龙江、湖北、湖南、吉林、江苏、江西、辽宁、内蒙古、宁夏、山东、山西、陕西、

上海、四川、天津、西藏、新疆、云南、浙江。

2. 地肤

学名：*Kochia scoparia*（L.）Schrad.

别名：扫帚菜。

分布：安徽、北京、重庆、福建、甘肃、广东、广西、贵州、河北、河南、黑龙江、湖北、湖南、吉林、江苏、江西、辽宁、内蒙古、宁夏、山东、山西、陕西、四川、天津、西藏、新疆、云南、浙江。

3. 猪毛菜

学名：*Salsola collina* Pall.

别名：扎蓬棵、山叉明棵。

分布：安徽、北京、甘肃、广西、贵州、河北、河南、黑龙江、湖北、湖南、吉林、江苏、辽宁、内蒙古、宁夏、山东、山西、陕西、四川、西藏、新疆、云南、浙江。

蓼科

1. 苦荞麦

学名：*Fagopyrum tataricum*（L.）Gaertn.

别名：野荞麦、鞑靼荞麦、虎日－萨嘎得（蒙古族名）。

分布：甘肃、广西、贵州、河北、河南、黑龙江、湖北、湖南、吉林、辽宁、内蒙古、宁夏、陕西、山西、四川、新疆、西藏、云南。

2. 卷茎蓼

学名：*Fallopia convolvula*（L.）A. Löve

分布：安徽、北京、福建、甘肃、广东、广西、贵州、河北、河南、黑龙江、湖北、吉林、江苏、江西、辽宁、内蒙古、宁夏、山东、山西、陕西、四川、新疆、云南。

3. 灰绿蓼

学名：*Polygonum acetosum* Bieb.

别名：酸蓼。

分布：北京、甘肃、河北、河南、湖北、云南。

4. 柳叶刺蓼

学名：*Polygonum bungeanum* Turcz.

别名：本氏蓼、刺蓼、刺毛马蓼、蓼吊子、蚂蚱腿、蚂蚱子腿、胖孩子腿、青蛙子腿、乌日格斯图－塔日纳（蒙古族名）。

分布：安徽、福建、甘肃、广东、广西、贵州、河北、河南、黑龙江、湖北、湖南、吉林、江苏、辽宁、内蒙古、宁夏、山东、山西、陕西、四川、新疆、云南。

5. 酸模叶蓼

学名：*Polygonum lapathifolium* L.

别名：旱苗蓼。

分布：安徽、北京、重庆、福建、甘肃、广东、广西、贵州、海南、河北、河南、黑龙江、湖北、湖南、吉林、江苏、江西、辽宁、内蒙古、宁夏、山东、山西、陕西、上海、四川、西藏、新疆、云南、浙江。

6. 绵毛酸模叶蓼

学名：*Polygonum lapathifolium* L. var. *salicifolium* Sibth.

别名：白毛蓼、白胖子、白绒蓼、柳叶大马蓼、柳叶蓼、绵毛大马蓼、绵毛旱苗蓼、棉毛酸模叶蓼。

分布：安徽、北京、重庆、福建、甘肃、广东、广西、贵州、海南、河北、河南、黑龙江、湖北、湖南、吉林、江苏、江西、辽宁、内蒙古、宁夏、山东、山西、陕西、上海、四川、天津、西藏、新疆、云南、浙江。

7. 杠板归

学名：*Polygonum perfoliatum* L.

别名：犁头刺、蛇倒退。

分布：安徽、福建、甘肃、广东、广西、贵州、海南、河北、河南、黑龙江、湖北、湖南、吉林、江苏、江西、辽宁、内蒙古、山东、山西、陕西、四川、西藏、云南、浙江。

8. 黑水酸模

学名：*Rumex amurensis* F. Schm. ex Maxim.

别名：阿穆尔酸模、东北酸模、黑水酸模、小半蹄叶、羊蹄叶、野菠菜。

分布：安徽、河北、河南、黑龙江、湖北、吉林、江苏、辽宁、山东。

柳叶菜科

丁香蓼

学名：*Ludwigia prostrata* Roxb.

分布：安徽、重庆、福建、广东、广西、贵州、河北、河南、黑龙江、湖北、湖南、吉林、江苏、江西、辽宁、山东、陕西、上海、四川、云南、浙江。

马齿苋科

马齿苋

学名：*Portulaca oleracea* L.

别名：马蛇子菜、马齿菜。

分布：安徽、北京、重庆、福建、甘肃、广东、广西、贵州、海南、河北、河南、黑龙江、湖北、湖南、吉林、江苏、江西、辽宁、内蒙古、宁夏、山东、山西、陕西、上海、四川、天津、新疆、西藏、云南、浙江。

千屈菜科

节节菜

学名：*Rotala indica*(Willd.)Koehne

分布：安徽、北京、重庆、福建、甘肃、广东、广西、贵州、河北、河南、黑龙江、湖北、湖南、吉林、江苏、江西、辽宁、内蒙古、山西、陕西、四川、新疆、云南、浙江。

荨麻科

雾水葛

学名：*Pouzolzia zeylanica*(L.)Benn.

别名：白石薯、啜脓羔、啜脓膏、水麻秧、多枝雾水葛、石薯、粘榔根、粘榔果。

分布：安徽、福建、甘肃、广东、广西、贵州、湖北、湖南、江西、四川、云南、浙江。

茜草科

猪殃殃

学名：*Galium aparine var. echinospermum*(Wallr.)Cuf.

别名：拉拉秧。

分布：安徽、北京、重庆、福建、甘肃、广东、广西、贵州、海南、河北、河南、黑龙江、湖北、湖南、吉林、江苏、江西、辽宁、内蒙古、宁夏、山东、山西、陕西、上海、四川、天津、西藏、新疆、云南、浙江。

蔷薇科

鹅绒萎陵菜

学名：*Potentilla anserina* L.

分布：甘肃、湖北、河南、河北、黑龙江、吉林、辽宁、内蒙古、宁夏、山西、陕西、四川、西藏、新疆、云南。

茄科

1. 小酸浆

学名：*Physalis minima* L.

分布：安徽、重庆、甘肃、广东、广西、贵州、河北、河南、黑龙江、湖北、湖南、吉林、江苏、江西、陕西、四川、云南、浙江。

2. 龙葵

学名：*Solanum nigrum* L.

别名：野海椒、苦葵、野辣虎。

分布：安徽、北京、重庆、福建、甘肃、广东、广西、贵州、河北、河南、黑龙江、湖北、湖南、吉林、江苏、江西、辽宁、内蒙古、山东、山西、陕西、上海、四川、天津、西藏、新疆、云南、浙江。

十字花科

1. 白菜型油菜自生苗

学名：*Brassica campestris* L.

别名：油菜。

分布：重庆、甘肃、广东、广西、贵州、河北、河南、湖北、湖南、江苏、内蒙古、宁夏、陕西、四川、西藏、新疆、云南、浙江。

2. 甘蓝型油菜自生苗

学名：*Brassica napus* L.

别名：油菜。

分布：重庆、广东、广西、河北、河南、湖北、江苏、江西、陕西、四川、浙江。

3. 荠菜

学名：*Capsella bursa-pastoris*（L.）Medic.

别名：荠、荠荠菜。

分布：安徽、北京、重庆、福建、甘肃、广东、广西、贵州、海南、河北、河南、黑龙江、湖北、湖南、吉林、江苏、江西、辽宁、内蒙古、宁夏、山东、山西、陕西、上海、四川、天津、西藏、新疆、云南、浙江。

4. 沼生蔊菜

学名：*Rorippa islandica*（Oed.）Borb.

别名：风花菜、风花菜蔊、岗地菜、蔊菜、黄花荠菜、那木根－萨日布（蒙古族名）、水萝卜、香荠菜、沼泽蔊菜。

分布：北京、甘肃、广西、广东、河北、河南、黑龙江、吉林、江苏、辽宁、内蒙古、山东、山西、云南。

石竹科

1. 繁缕

学名：*Stellaria media*（L.）Villars

别名：鹅肠草。

分布：安徽、重庆、福建、甘肃、广东、广西、贵州、河北、河南、湖北、湖南、吉林、江苏、江西、辽宁、内蒙古、宁夏、山东、山西、陕西、上海、四川、西藏、云南、浙江。

2. 缝瓣繁缕

学名：*Stellaria radians* L.

别名：垂梗繁缕、查察日根－阿吉干纳（蒙古族名）、垂梀繁缕、遂瓣繁缕。

分布：河北、黑龙江、吉林、辽宁、内蒙古、云南。

苋科

1. 空心莲子草

学名：*Alternanthera philoxeroides*（Mart.）Griseb.

别名：水花生、水苋菜。

分布：安徽、北京、重庆、福建、甘肃、广东、广西、贵州、河北、河南、湖北、湖南、江苏、江西、山东、陕西、上海、四川、新疆、云南、浙江。

2. 凹头苋

学名：*Amaranthus blitum* L.

别名：野苋、人情菜、野苋菜。

分布：安徽、北京、重庆、福建、甘肃、广东、广西、贵州、海南、河北、河南、黑龙江、湖北、湖南、吉林、江苏、江西、辽宁、内蒙古、山东、山西、陕西、上海、四川、新疆、云南、浙江。

3. 反枝苋

学名：*Amaranthus retroflexus* L.

别名：西风谷、阿日白－诺高（蒙古族名）、反齿苋、家鲜谷、人苋菜、忍建菜、西风古、苋菜、野风古、野米谷、野千穗谷、野苋菜。

分布：安徽、北京、重庆、福建、甘肃、广东、广西、贵州、海南、河北、河南、黑龙江、湖北、湖南、吉林、江苏、江西、辽宁、内蒙古、宁夏、山东、山西、陕西、上海、四川、天津、新疆、云南、浙江。

4. 刺苋

学名：*Amaranthus spinosus* L.

别名：刺苋菜、野苋菜。

分布：安徽、福建、广东、广西、贵州、河南、湖北、湖南、江苏、江西、山东、山西、陕西、四川、云南、浙江。

5. 苋

学名：*Amaranthus tricolor* L.

分布：安徽、北京、重庆、福建、甘肃、广东、广西、贵州、海南、河北、河南、黑龙江、湖北、湖南、吉林、江苏、江西、辽宁、内蒙古、宁夏、山东、山西、陕西、上海、四川、天津、西藏、新疆、云南、浙江。

6. 青葙

学名：*Celosia argentea* L.

别名：野鸡冠花、狗尾巴、狗尾苋、牛尾花。

分布：安徽、北京、重庆、福建、甘肃、广东、广西、贵州、海南、河北、河南、黑龙江、湖北、湖南、吉林、江苏、江西、辽宁、内蒙古、宁夏、山东、山西、陕西、四川、西藏、新疆、云南、浙江。

玄参科

通泉草

学名：*Mazus japonicus*（Thunb.）Kuntze

分布：安徽、北京、重庆、福建、甘肃、广东、广西、河北、河南、湖北、湖南、江苏、江西、山东、陕西、四川、云南、浙江。

旋花科

1. 打碗花

学名：*Calystegia hederacea* Wall.

别名：小旋花、兔耳草。

分布：安徽、北京、重庆、福建、甘肃、广东、广西、贵州、海南、河北、黑龙江、河南、湖北、湖南、吉林、江苏、江西、辽宁、内蒙古、宁夏、山东、山西、陕西、上海、四川、天津、新疆、云南、浙江。

2. 田旋花

学名：*Convolvulus arvensis* L.

别名：中国旋花、箭叶旋花。

分布：安徽、北京、福建、甘肃、广东、广西、贵州、海南、河北、河南、黑龙江、湖北、湖南、吉林、江苏、江西、辽宁、内蒙古、宁夏、山东、山西、陕西、上海、四川、西藏、新疆、云南、浙江。

3. 菟丝子

学名：*Cuscuta chinensis* Lam.

别名：金丝藤、豆寄生、无根草。

分布：安徽、北京、重庆、福建、甘肃、广东、广西、贵州、海南、河北、河南、黑龙江、湖北、湖南、吉林、江苏、江西、辽宁、内蒙古、宁夏、山东、山西、陕西、上海、四川、天津、西藏、新疆、云南、浙江。

4. 欧洲菟丝子

学名：*Cuscuta europaea* L.

别名：大菟丝子、金灯藤、苜蓿菟丝子、欧菟丝子、套木－希日－奥日义羊古（蒙古族名)、菟丝子、无娘藤。

分布:甘肃、黑龙江、湖北、内蒙古、山西、陕西、四川、西藏、新疆、云南。

单子叶植物杂草

百合科

薤白

学名:*Allium macrostemon* Bunge

别名:小根蒜、大蕊葱、胡葱、胡葱子、胡蒜、苦蒜、密花小根蒜、山韭菜。

分布:安徽、北京、福建、甘肃、广东、广西、贵州、河北、河南、黑龙江、湖北、湖南、吉林、江苏、江西、辽宁、内蒙古、宁夏、山东、山西、陕西、上海、四川、天津、西藏、云南。

禾本科

1. 看麦娘

学名:*Alopecurus aequalis* Sobol.

别名:褐蕊看麦娘。

分布:安徽、北京、重庆、福建、甘肃、广东、广西、贵州、河北、河南、黑龙江、湖北、吉林、江苏、江西、辽宁、内蒙古、宁夏、山东、陕西、上海、四川、天津、新疆、西藏、云南、浙江。

2. 野燕麦

学名:*Avena fatua* L.

别名:乌麦、燕麦草。

分布:安徽、北京、重庆、福建、甘肃、广东、广西、贵州、河北、河南、黑龙江、湖北、湖南、江苏、江西、内蒙古、宁夏、山东、山西、陕西、上海、天津、四川、西藏、新疆、云南、浙江。

3. 狗牙根

学名:*Cynodon dactylon*(L.)Pers.

别名:绊根草、爬根草、感沙草、铁线草。

分布:安徽、重庆、福建、甘肃、广东、广西、贵州、海南、河南、河北、黑龙江、湖北、吉林、江苏、江西、辽宁、宁夏、山东、山西、陕西、上海、四川、天津、新疆、云南、浙江。

4. 马唐

学名：*Digitaria sanguinalis*（L.）Scop.

别名：大抓根草、红水草、鸡爪子草、假马唐、俭草、面条筋、盘鸡头草、秫秸秧子、哑用、抓地龙、抓根草。

分布：安徽、北京、重庆、福建、甘肃、广东、广西、贵州、海南、河北、河南、黑龙江、湖北、湖南、吉林、江苏、江西、辽宁、内蒙古、宁夏、山东、山西、陕西、上海、四川、天津、西藏、新疆、云南、浙江。

5. 稗

学名：*Echinochloa crusgali*（L.）Beauv.

别名：野稗、稗草、稗子、稗子草、水稗、水稗子、水䅟子、野䅟子、䅟子草。

分布：安徽、北京、重庆、福建、甘肃、广东、广西、贵州、海南、河北、河南、黑龙江、湖北、湖南、吉林、江苏、江西、辽宁、内蒙古、宁夏、山东、山西、陕西、上海、四川、天津、西藏、新疆、云南、浙江。

6. 牛筋草

学名：*Eleusine indica*（L.）Gaertn.

别名：蟋蟀草。

分布：安徽、北京、重庆、福建、甘肃、广东、贵州、海南、河北、河南、黑龙江、湖北、湖南、吉林、江苏、江西、辽宁、内蒙古、宁夏、山东、山西、陕西、上海、四川、天津、西藏、新疆、云南、浙江。

7. 野黍

学名：*Eriochloa villosa*（Thunb.）Kunth

别名：大籽稗、大子草、额力也格乐吉、哈拉木、耗子食、唤猪草、拉拉草、山铲子、嗅猪草、野糜子、猪儿草。

分布：安徽、北京、福建、甘肃、广东、广西、贵州、河北、河南、黑龙江、湖北、吉林、江苏、江西、内蒙古、山东、陕西、四川、天津、云南、浙江。

8. 千金子

学名：*Leptochloa chinensis*（L.）Nees

别名：雀儿舌头、畔茅、绣花草、油草、油麻。

分布：安徽、重庆、福建、甘肃、广东、广西、贵州、海南、河北、河南、黑龙江、湖北、湖南、吉林、江苏、江西、辽宁、内蒙古、山东、山西、陕西、上海、四川、新疆、云南、浙江。

9. 虮子草

学名：*Leptochloa panicea*（Retz.）Ohwi

别名：细千金子。

分布：安徽、重庆、福建、广东、广西、贵州、海南、河南、湖北、湖南、江苏、江西、陕西、四川、云南、浙江。

10. 双穗雀稗

学名：*Paspalum distichum* L.

别名：游草、游水筋、双耳草、双稳雀稗、铜线草。

分布：安徽、重庆、福建、甘肃、广东、广西、贵州、海南、河北、河南、黑龙江、湖北、湖南、江苏、江西、辽宁、山东、山西、陕西、上海、四川、天津、新疆、云南、浙江。

11. 芦苇

学名：*Phragmites australis*（Cav.）Trin. ex Steud.

别名：好鲁苏、呼勒斯、呼勒斯鹅、葭、蒹、芦、芦草、芦柴、芦头、芦芽、苇、苇葭、苇子。

分布：安徽、北京、重庆、福建、甘肃、广东、广西、贵州、海南、河北、河南、黑龙江、湖北、湖南、吉林、江苏、江西、辽宁、内蒙古、宁夏、山东、山西、陕西、上海、四川、天津、西藏、新疆、云南、浙江。

12. 金色狗尾草

学名：*Setaria glauca*（L.）Beauv.

分布：安徽、北京、重庆、福建、甘肃、广东、广西、贵州、海南、河北、河南、黑龙江、湖北、湖南、吉林、江苏、江西、辽宁、内蒙古、宁夏、山东、山西、陕西、上海、四川、天津、西藏、新疆、云南、浙江。

13. 狗尾草

学名：*Setaria viridis*（L.）Beauv.

别名：谷莠子、莠。

分布：安徽、北京、重庆、福建、甘肃、广东、广西、贵州、河北、河南、黑龙江、湖北、湖南、吉林、江苏、江西、辽宁、内蒙古、宁夏、山东、山西、陕西、上海、四川、天津、西藏、新疆、云南、浙江。

14. 小麦自生苗

学名：*Triticum aestivum* L.

分布：安徽、北京、甘肃、广西、贵州、河北、河南、湖北、江苏、内蒙古、宁夏、山东、陕西、四川、天津、云南、浙江。

莎草科

1. 碎米莎草

学名：*Cyperus iria* L.

分布：安徽、北京、重庆、福建、甘肃、广东、广西、贵州、海南、河北、河南、黑龙江、湖北、湖南、吉林、江苏、江西、辽宁、宁夏、山东、山西、陕西、上海、四川、新疆、云南、浙江。

2. 香附子

学名：*Cyperus rotundus* L.

别名：香头草。

分布：安徽、北京、重庆、福建、甘肃、广东、广西、贵州、海南、河北、河南、湖北、湖南、黑龙江、吉林、江苏、江西、辽宁、内蒙古、宁夏、山东、山西、陕西、上海、四川、新疆、云南、浙江。

天南星科

半夏

学名：*Pinellia ternata*（Thunb.）Breit.

别名：半月莲、三步跳、地八豆。

分布：安徽、重庆、福建、甘肃、广东、广西、贵州、海南、河北、河南、黑龙江、湖北、湖南、吉林、江苏、江西、辽宁、宁夏、山东、山西、陕西、四川、云南、浙江。

鸭跖草科

鸭跖草

学名：*Commelina communis* L.

别名：竹叶菜、兰花竹叶。

分布：安徽、北京、重庆、福建、甘肃、广东、广西、贵州、海南、河北、河南、黑龙江、湖北、湖南、吉林、江苏、江西、辽宁、内蒙古、宁夏、山东、山西、陕西、上海、四川、天津、云南、浙江。

附录：

6. 花生田杂草

花生田杂草科属种数（1）

植物种类	科	属	种
孢子植物	1	1	1
蕨类植物	1	1	1
被子植物	21	58	75
双子叶植物	18	42	54
单子叶植物	3	16	21
总计	22	59	76

花生田杂草科属种数（2）

科	属	种
蕨类植物		
木贼科	1	1
双子叶植物		
唇形科	4	4
大戟科	3	3
大麻科	1	1
蒺藜科	1	1
锦葵科	1	1
菊科	11	15
藜科	2	3
蓼科	2	5
柳叶菜科	1	1
萝藦科	1	1
马齿苋科	1	1
茜草科	1	1
茄科	2	2
十字花科	2	3
苋科	3	5
玄参科	1	1
旋花科	4	5
紫草科	1	1
单子叶植物		
禾本科	13	18
莎草科	2	2
鸭跖草科	1	1

花生田杂草名录

孢子植物杂草

蕨类植物杂草

木贼科

问荆

学名：*Equisetum arvense* L.

别名：马蜂草、土麻黄、笔头草。

分布：安徽、北京、重庆、福建、甘肃、贵州、河北、河南、黑龙江、湖北、湖南、江苏、江西、吉林、辽宁、内蒙古、宁夏、山东、山西、陕西、上海、四川、天津、新疆、西藏、云南、浙江。

双子叶植物杂草

唇形科

1. 水棘针

学名：*Amethystea caerulea* L.

别名：土荆芥、巴西戈、达达香、兰萼草、石荠草、细叶山紫苏、细叶紫苏。

分布：安徽、甘肃、河北、河南、湖北、吉林、黑龙江、辽宁、内蒙古、陕西、山东、山西、四川、新疆、西藏、云南。

2. 香薷

学名：*Elsholtzia ciliata*（Thunb.）Hyland.

分布：安徽、北京、重庆、福建、甘肃、广东、广西、贵州、海南、河北、河南、黑龙江、湖北、湖南、吉林、江苏、江西、辽宁、内蒙古、宁夏、山东、山西、陕西、上海、四川、天津、西藏、云南、浙江。

3. 鼬瓣花

学名：*Galeopsis bifida* Boenn.

别名：黑苏子、套日朝格、套心朝格、野苏子、野芝麻。

分布：甘肃、贵州、黑龙江、湖北、吉林、江苏、内蒙古、山西、陕西、四川、西藏、云南。

4. 宝盖草

学名：*Lamium amplexicaule* L.

别名：佛座、珍珠莲、接骨草。

分布：安徽、重庆、福建、甘肃、贵州、河北、湖北、湖南、广西、河南、江苏、宁夏、山东、山西、陕西、四川、西藏、新疆、云南、浙江。

大戟科

1. 铁苋菜

学名：*Acalypha australis* L.

别名：榎草、海蚌含珠。

分布：安徽、北京、重庆、福建、甘肃、广东、广西、贵州、海南、河北、河南、黑龙江、湖北、湖南、吉林、江苏、江西、辽宁、内蒙古、宁夏、山东、山西、陕西、上海、四川、天津、西藏、新疆、云南、浙江。

2. 地锦

学名：*Euphorbia humifusa* Willd.

别名：地锦草、红丝草、奶疳草。

分布：安徽、北京、重庆、福建、甘肃、广东、广西、贵州、海南、河北、河南、黑龙江、湖北、湖南、吉林、江苏、江西、辽宁、内蒙古、宁夏、山东、山西、陕西、上海、四川、天津、西藏、新疆、云南、浙江。

3. 叶下珠

学名：*Phyllanthus urinaria* L.

别名：阴阳草、假油树、珍珠草。

分布：重庆、广东、广西、贵州、海南、河北、湖北、湖南、江苏、山西、陕西、四川、西藏、新疆、云南、浙江。

大麻科

葎草

学名：*Humulus scandens*（Lour.）Merr.

别名：拉拉藤、拉拉秧。

分布：安徽、北京、重庆、福建、甘肃、广东、广西、贵州、海南、河北、河南、黑龙江、湖北、湖南、吉林、江苏、江西、辽宁、山东、山西、陕西、上海、四川、天津、西藏、云南、浙江。

蒺藜科

蒺藜

学名：*Tribulus terrester* L.

别名：蒺藜狗子、野菱角、七里丹、刺蒺藜、章古、伊曼－章古（蒙古族名）。

分布：安徽、北京、重庆、福建、甘肃、广东、广西、贵州、海南、河北、河南、黑龙江、湖北、湖南、吉林、江苏、江西、辽宁、内蒙古、宁夏、山东、山西、陕西、上海、四川、天津、西藏、新疆、云南、浙江。

锦葵科

苘麻

学名：*Abutilon theophrasti* Medicus

别名：青麻、白麻。

分布：安徽、北京、重庆、福建、甘肃、广东、广西、贵州、河北、河南、黑龙江、湖北、湖南、吉林、江苏、江西、辽宁、内蒙古、宁夏、山东、山西、陕西、上海、四川、天津、新疆、云南、浙江。

菊科

1. 胜红蓟

学名：*Ageratum conyzoides* L.

别名：藿香蓟、臭垆草、咸虾花。

分布：重庆、福建、广东、广西、贵州、海南、湖北、湖南、江西、山西、四川、云南、浙江。

2. 黄花蒿

学名：*Artemisia annua* L.

别名：臭蒿。

分布：安徽、北京、福建、甘肃、广东、广西、贵州、海南、河北、黑龙江、河南、湖北、湖南、江苏、江西、吉林、辽宁、内蒙古、宁夏、陕西、山东、上海、山西、四川、天津、新疆、西藏、云南、浙江。

3. 艾蒿

学名：*Artemisia argyi* Levl. et Vant.

别名：艾。

分布：安徽、北京、重庆、福建、甘肃、广东、广西、贵州、河北、河南、黑龙江、湖北、湖南、吉林、江苏、江西、辽宁、内蒙古、宁夏、山东、山西、陕西、四川、天津、云南、浙江、新疆。

4. 蒌蒿

学名：*Artemisia selengensis* Turcz. ex Bess.

分布：安徽、甘肃、广东、广西、贵州、河北、河南、黑龙江、湖北、湖南、吉林、江苏、江西、辽宁、内蒙古、山东、山西、陕西、四川、云南。

5. 刺儿菜

学名：*Cephalanoplos segetum*（Bunge）Kitam.

别名：小蓟。

分布：安徽、北京、重庆、福建、甘肃、广东、广西、贵州、海南、河北、河南、黑龙江、湖北、湖南、吉林、江苏、江西、辽宁、内蒙古、宁夏、山东、山西、陕西、上海、四川、天津、新疆、云南、浙江。

6. 小蓬草

学名：*Conyza canadensis*（L.）Cronq.

别名：加拿大蓬、飞蓬、小飞蓬 。

分布：安徽、北京、重庆、福建、甘肃、广东、广西、贵州、海南、河北、河南、黑龙江、湖北、湖南、吉林、江苏、江西、辽宁、内蒙古、宁夏、山东、山西、陕西、上海、四川、天津、西藏、新疆、云南、浙江。

7. 鳢肠

学名：*Eclipta prostrata* L.

别名：旱莲草、墨草。

分布：安徽、北京、重庆、福建、甘肃、广东、广西、贵州、海南、河北、河南、黑龙江、湖北、湖南、吉林、江苏、江西、辽宁、内蒙古、宁夏、山东、山西、陕西、上海、四川、天津、西藏、新疆、云南、浙江。

8. 紫茎泽兰

学名：*Eupatorium adenophorum* Spreng.

别名：大黑草、花升麻、解放草、马鹿草、破坏草、细升麻。

分布：重庆、广西、贵州、湖北、四川、云南。

9. 飞机草

学名：*Eupatorium odoratum* L.

别名：香泽兰。

分布：重庆、广东、广西、贵州、海南、湖南、四川、云南。

10. 牛膝菊

学名：*Galinsoga parviflora* Cav.

别名：辣子草、向阳花、珍珠草、铜锤草、嘎力苏干－额布苏（蒙古族名）、旱田菊、兔儿草、小米菊。

分布：安徽、北京、重庆、福建、广东、广西、甘肃、贵州、海南、河南、湖北、湖南、黑龙江、吉林、江苏、江西、辽宁、内蒙古、宁夏、山东、山西、上海、天津、陕西、四川、西藏、新疆、云南、浙江。

11. 山苦荬

学名：*Ixeris chinensis*（Thunb.）Nakai

别名：苦菜、燕儿尾、陶来音－伊达日阿（蒙古族名）。

分布：福建、重庆、甘肃、广东、广西、贵州、河北、黑龙江、湖南、江苏、江西、辽宁、宁夏、山东、山西、陕西、四川、天津、云南、浙江。

12. 苣荬菜

学名：*Sonchus arvensis* L.

别名：苦菜。

分布：安徽、北京、重庆、福建、甘肃、广东、广西、贵州、海南、河北、河南、黑龙江、湖北、湖南、吉林、江苏、江西、辽宁、内蒙古、宁夏、山东、山西、陕西、上海、四川、天津、新疆、浙江。

13. 苦苣菜

学名：*Sonchus oleraceus* L.

别名：苦菜、滇苦荬、田苦荬菜、尖叶苦菜。

分布：安徽、北京、重庆、福建、甘肃、广东、广西、贵州、河北、河南、黑龙江、湖北、湖南、江苏、江西、辽宁、内蒙古、宁夏、山东、山西、陕西、四川、天津、西藏、新疆、云南、浙江。

14. 蒲公英

学名：*Taraxacum mongolicum* Hand.-Mazz.

分布：安徽、北京、重庆、福建、甘肃、广东、广西、贵州、河北、河南、黑龙江、湖北、湖南、吉林、江苏、江西、辽宁、内蒙古、宁夏、山东、山西、陕西、上海、四川、天津、西藏、新疆、云南、浙江。

15. 苍耳

学名：*Xanthium sibiricum* Patrin ex Widder

别名：虱麻头、老苍子、青棘子。

分布：安徽、北京、重庆、福建、甘肃、广东、广西、贵州、海南、河北、河南、黑龙江、湖北、湖南、吉林、江苏、江西、辽宁、内蒙古、宁夏、山东、山西、陕西、

四川、天津、西藏、新疆、云南、浙江。

藜科

1. 藜

学名：*Chenopodium album* L.

别名：灰菜、白藜、灰条菜、地肤子。

分布：安徽、北京、重庆、福建、甘肃、广东、广西、贵州、海南、河北、河南、黑龙江、湖北、湖南、吉林、江苏、江西、辽宁、内蒙古、宁夏、山东、山西、陕西、上海、四川、天津、西藏、新疆、云南、浙江。

2. 小藜

学名：*Chenopodium serotinum* L.

分布：安徽、北京、重庆、福建、甘肃、广东、广西、贵州、海南、河北、河南、黑龙江、湖北、湖南、吉林、江苏、江西、辽宁、内蒙古、宁夏、山东、山西、陕西、上海、四川、天津、新疆、云南、浙江。

3. 灰绿碱蓬

学名：*Suaeda glauca* Bunge

别名：碱蓬。

分布：甘肃、河北、河南、黑龙江、江苏、内蒙古、宁夏、山东、山西、陕西、新疆、浙江。

蓼科

1. 卷茎蓼

学名：*Fallopia convolvula*（L.）A. Löve

分布：安徽、北京、福建、甘肃、广东、广西、贵州、河北、河南、黑龙江、湖北、吉林、江苏、江西、辽宁、内蒙古、宁夏、山东、山西、陕西、四川、新疆、云南。

2. 萹蓄

学名：*Polygonum aviculare* L.

别名：鸟蓼、扁竹。

分布：安徽、重庆、福建、甘肃、广东、广西、贵州、海南、河北、河南、黑龙江、湖北、湖南、吉林、江苏、江西、辽宁、内蒙古、宁夏、山东、山西、陕西、四川、西藏、新疆、云南、浙江。

3. 柳叶刺蓼

学名：*Polygonum bungeanum* Turcz.

别名：本氏蓼、刺蓼、刺毛马蓼、蓼吊子、蚂蚱腿、蚂蚱子腿、胖孩子腿、青蛙子腿、乌日格斯图－塔日纳（蒙古族名）。

分布：安徽、福建、甘肃、广东、广西、贵州、河北、河南、黑龙江、湖北、湖南、吉林、江苏、辽宁、内蒙古、宁夏、山东、山西、陕西、四川、新疆、云南。

4. 酸模叶蓼

学名：*Polygonum lapathifolium* L.

别名：旱苗蓼。

分布：安徽、北京、重庆、福建、甘肃、广东、广西、贵州、海南、河北、河南、黑龙江、湖北、湖南、吉林、江苏、江西、辽宁、内蒙古、宁夏、山东、山西、陕西、上海、四川、西藏、新疆、云南、浙江。

5. 绵毛酸模叶蓼

学名：*Polygonum lapathifolium* L. var. *salicifolium* Sibth.

别名：白毛蓼、白胖子、白绒蓼、柳叶大马蓼、柳叶蓼、绵毛大马蓼、绵毛旱苗蓼、棉毛酸模叶蓼。

分布：安徽、北京、重庆、福建、甘肃、广东、广西、贵州、海南、河北、河南、黑龙江、湖北、湖南、吉林、江苏、江西、辽宁、内蒙古、宁夏、山东、山西、陕西、上海、四川、天津、西藏、新疆、云南、浙江。

柳叶菜科

丁香蓼

学名：*Ludwigia prostrata* Roxb.

分布：安徽、重庆、福建、广东、广西、贵州、河北、河南、黑龙江、湖北、湖南、吉林、江苏、江西、辽宁、山东、陕西、上海、四川、云南、浙江。

萝藦科

萝藦

学名：*Metaplexis japonica*（Thunb.）Makino

别名：天将壳、飞来鹤、赖瓜瓢。

分布：安徽、北京、福建、甘肃、广东、广西、贵州、河北、河南、黑龙江、湖北、湖南、吉林、江苏、江西、辽宁、内蒙古、宁夏、山东、山西、陕西、上海、四川、天津、西藏、云南、浙江。

马齿苋科

马齿苋

学名：*Portulaca oleracea* L.

别名：马蛇子菜、马齿菜。

分布：安徽、北京、重庆、福建、甘肃、广东、广西、贵州、海南、河北、河南、

黑龙江、湖北、湖南、吉林、江苏、江西、辽宁、内蒙古、宁夏、山东、山西、陕西、上海、四川、天津、西藏、新疆、云南、浙江。

茜草科

猪殃殃

学名：*Galium aparine var. echinospermum*（Wallr.）Cuf.

别名：拉拉秧。

分布：安徽、北京、重庆、福建、甘肃、广东、广西、贵州、海南、河北、河南、黑龙江、湖北、湖南、吉林、江苏、江西、辽宁、内蒙古、宁夏、山东、山西、陕西、上海、四川、天津、西藏、新疆、云南、浙江。

茄科

1. 曼陀罗

学名：*Datura stramonium* L.

别名：醉心花、狗核桃。

分布：安徽、北京、甘肃、广东、广西、贵州、河北、河南、湖北、湖南、江苏、辽宁、内蒙古、宁夏、山东、陕西、四川、新疆、云南、浙江。

2. 龙葵

学名：*Solanum nigrum* L.

别名：野海椒、苦葵、野辣虎。

分布：安徽、北京、重庆、福建、甘肃、广东、广西、河南、贵州、河北、黑龙江、湖北、湖南、吉林、江苏、江西、辽宁、内蒙古、山东、山西、陕西、上海、四川、天津、西藏、新疆、云南、浙江。

十字花科

1. 白菜型油菜自生苗

学名：*Brassica campestris* L.

别名：油菜。

分布：重庆、甘肃、广东、广西、贵州、河北、河南、湖北、湖南、江苏、内蒙古、宁夏、陕西、四川、西藏、新疆、云南、浙江。

2. 甘蓝型油菜自生苗

学名：*Brassica napus* L.

别名：油菜。

分布：重庆、广东、广西、河北、河南、湖北、江苏、江西、陕西、四川、浙江。

3. 荠菜

学名：*Capsella bursa-pastoris*（L.）Medic.

别名：荠、荠荠菜。

分布：安徽、北京、重庆、福建、甘肃、广东、广西、贵州、海南、河北、河南、黑龙江、湖北、湖南、吉林、江苏、江西、辽宁、内蒙古、宁夏、山东、山西、陕西、上海、四川、天津、西藏、新疆、云南、浙江。

苋科

1. 空心莲子草

学名：*Alternanthera philoxeroides*（Mart.）Griseb.

别名：水花生、水苋菜。

分布：安徽、重庆、福建、甘肃、广东、广西、贵州、河南、湖北、湖南、江苏、江西、山东、陕西、上海、四川、云南、浙江。

2. 凹头苋

学名：*Amaranthus blitum* L.

别名：野苋、人情菜、野苋菜。

分布：安徽、北京、重庆、福建、甘肃、广东、广西、贵州、海南、河北、河南、黑龙江、湖北、湖南、吉林、江苏、江西、辽宁、内蒙古、山东、山西、陕西、上海、四川、新疆、云南、浙江。

3. 反枝苋

学名：*Amaranthus retroflexus* L.

别名：西风谷、阿日白－诺高（蒙古族名）、反齿苋、家鲜谷、人苋菜、忍建菜、西风古、苋菜、野风古、野米谷、野千穗谷、野苋菜。

分布：安徽、北京、重庆、福建、甘肃、广东、广西、贵州、海南、河北、河南、黑龙江、湖北、湖南、吉林、江苏、江西、辽宁、内蒙古、宁夏、山东、山西、陕西、上海、四川、天津、新疆、云南、浙江。

4. 苋

学名：*Amaranthus tricolor* L.

分布：安徽、北京、重庆、福建、甘肃、广东、广西、贵州、海南、河北、黑龙江、河南、湖北、湖南、吉林、江苏、江西、辽宁、内蒙古、宁夏、山东、山西、陕西、上海、四川、天津、西藏、新疆、云南、浙江。

5. 青葙

学名：*Celosia argentea* L.

别名：野鸡冠花、狗尾巴、狗尾苋、牛尾花。

分布：安徽、北京、重庆、福建、甘肃、广东、广西、贵州、海南、河北、河南、

黑龙江、湖北、湖南、吉林、江苏、江西、辽宁、内蒙古、宁夏、山东、山西、陕西、四川、西藏、新疆、云南、浙江。

玄参科

通泉草

学名：*Mazus japonicus*（Thunb.）Kuntze

分布：安徽、北京、重庆、福建、甘肃、广东、广西、河北、河南、湖北、湖南、江苏、江西、山东、陕西、四川、云南、浙江。

旋花科

1. 打碗花

学名：*Calystegia hederacea* Wall.

别名：小旋花、兔耳草。

分布：安徽、北京、重庆、福建、甘肃、广东、广西、贵州、海南、河北、河南、黑龙江、湖北、湖南、吉林、江苏、江西、辽宁、内蒙古、宁夏、山东、山西、陕西、上海、四川、天津、新疆、云南、浙江。

2. 田旋花

学名：*Convolvulus arvensis* L.

别名：中国旋花、箭叶旋花。

分布：安徽、北京、福建、甘肃、广东、广西、贵州、海南、河北、黑龙江、河南、湖北、湖南、吉林、江苏、江西、辽宁、内蒙古、宁夏、山东、山西、陕西、上海、四川、西藏、新疆、云南、浙江。

3. 菟丝子

学名：*Cuscuta chinensis* Lam.

别名：金丝藤、豆寄生、无根草。

分布：安徽、北京、重庆、福建、甘肃、广东、广西、贵州、海南、河北、河南、黑龙江、湖北、湖南、吉林、江苏、江西、辽宁、内蒙古、宁夏、山东、山西、陕西、上海、四川、天津、西藏、新疆、云南、浙江。

4. 裂叶牵牛

学名：Pharbitis nil（L.）Ching

别名：牵牛、白丑、常春藤叶牵牛、二丑、黑丑、喇叭花、喇叭花子、牵牛花、牵牛子。

分布：北京、重庆、福建、甘肃、广东、广西、贵州、海南、河北、河南、湖北、湖南、江苏、江西、宁夏、山东、山西、陕西、上海、四川、天津、西藏、新疆、云南、浙江。

5. 圆叶牵牛

学名：*Pharbitis purpurea*（L.）Voigt.

别名：紫花牵牛、喇叭花、毛牵牛、牵牛花、园叶牵牛、紫牵牛。

分布：北京、重庆、福建、甘肃、广东、广西、海南、河北、河南、湖北、吉林、江苏、江西、辽宁、内蒙古、宁夏、山东、山西、陕西、四川、新疆、云南、上海、浙江。

紫草科

附地菜

学名：*Trigonotis peduncularis*（Trev.）Benth. ex Baker et Moore

别名：地胡椒。

分布：北京、重庆、福建、甘肃、广西、贵州、河北、黑龙江、湖北、湖南、吉林、江苏、江西、辽宁、内蒙古、宁夏、山东、山西、陕西、四川、天津、西藏、新疆、云南、浙江。

单子叶植物杂草

禾本科

1. 野燕麦

学名：*Avena fatua* L.

别名：乌麦、燕麦草。

分布：北京、甘肃、贵州、河北、河南、黑龙江、内蒙古、宁夏、山东、山西、陕西、四川、天津、西藏、新疆、云南。

2. 虎尾草

学名：*Chloris virgata* Sw.

别名：棒锤草、刷子头、盘草。

分布：安徽、北京、重庆、甘肃、广东、广西、贵州、湖北、湖南、河北、河南、黑龙江、吉林、江苏、辽宁、内蒙古、宁夏、山东、陕西、山西、四川、西藏、新疆、云南、浙江。

3. 狗牙根

学名：*Cynodon dactylon*（L.）Pers.

别名：绊根草、爬根草、感沙草、铁线草。

分布：安徽、重庆、福建、甘肃、广东、广西、贵州、海南、河北、河南、黑龙江、湖北、吉林、江苏、江西、辽宁、宁夏、山东、山西、陕西、上海、四川、天津、新疆、云南、浙江。

4. 升马唐

学名：*Digitaria ciliaris*（Retz.）Koel.

别名：拌根草、白草、俭草、乱草子、马唐、毛马唐、爬毛抓秧草、乌斯图－西巴根－塔布格（蒙古族名）、蟋蟀草、抓地龙。

分布：安徽、重庆、福建、广东、广西、贵州、海南、河北、河南、黑龙江、湖北、吉林、江苏、江西、辽宁、内蒙古、宁夏、山东、山西、陕西、上海、四川、天津、西藏、新疆、云南、浙江。

5. 马唐

学名：*Digitaria sanguinalis*（L.）Scop.

别名：大抓根草、红水草、鸡爪子草、假马唐、俭草、面条筋、盘鸡头草、秫秸秧子、哑用、抓地龙、抓根草。

分布：安徽、北京、重庆、福建、甘肃、广东、广西、贵州、海南、河北、河南、黑龙江、湖北、湖南、吉林、江苏、江西、辽宁、内蒙古、宁夏、山东、山西、陕西、上海、四川、天津、西藏、新疆、云南、浙江。

6. 光头稗

学名：*Echinochloa colonum*（L.）Link.

别名：光头稗子、芒稷。

分布：安徽、北京、重庆、福建、广东、广西、贵州、海南、河北、河南、湖北、湖南、吉林、江苏、江西、辽宁、内蒙古、宁夏、山东、四川、西藏、新疆、云南、浙江。

7. 牛筋草

学名：*Eleusine indica*（L.）Gaertn.

别名：蟋蟀草。

分布：安徽、北京、重庆、福建、甘肃、广东、贵州、海南、河北、河南、黑龙江、湖北、湖南、吉林、江苏、江西、辽宁、内蒙古、宁夏、山东、山西、陕西、上海、四川、天津、西藏、新疆、云南、浙江。

8. 大画眉草

学名：*Eragrostis cilianensis*（All.）Link ex Vignolo-Lutati

别名：画连画眉草、画眉草、宽叶草、套木－呼日嘎拉吉（蒙古族名）、蚊子草、西连画眉草、星星草。

分布：安徽、北京、重庆、福建、甘肃、广东、广西、贵州、海南、河北、河南、黑龙江、湖北、湖南、辽宁、内蒙古、宁夏、山东、陕西、四川、天津、新疆、云南、浙江。

9. 小画眉草

学名：*Eragrostis minor* Host

别名：蚊蚊草、吉吉格－呼日嘎拉吉（蒙古族名）。

分布：安徽、北京、重庆、福建、甘肃、广东、广西、贵州、海南、河北、河南、黑龙江、湖北、湖南、吉林、江苏、江西、辽宁、内蒙古、宁夏、山东、山西、陕西、上海、四川、天津、西藏、新疆、云南、浙江。

10. 画眉草

学名：*Eragrostis pilosa*（L.）Beauv.

别名：星星草、蚊子草、榧子草、狗尾巴草、呼日嘎拉吉、蚊蚊草、绣花草。

分布：安徽、北京、重庆、福建、甘肃、广东、广西、贵州、海南、河北、河南、黑龙江、湖北、湖南、江苏、江西、辽宁、内蒙古、宁夏、山东、山西、陕西、四川、西藏、新疆、云南、浙江。

11. 白茅

学名：*Imperata cylindrica*（L.）Beauv.

别名：茅针、茅根、白茅根、黄茅、尖刀草、兰根、毛根、茅草、茅茅根、茅针花、丝毛草、丝茅草、丝茅根、甜根、甜根草、乌毛根。

分布：安徽、北京、重庆、福建、甘肃、广东、广西、贵州、海南、河北、河南、黑龙江、湖北、湖南、江苏、江西、辽宁、内蒙古、山东、山西、陕西、上海、四川、天津、西藏、新疆、云南、浙江。

12. 千金子

学名：*Leptochloa chinensis*（L.）Nees

别名：雀儿舌头、畔茅、绣花草、油草、油麻。

分布：安徽、重庆、福建、甘肃、广东、广西、贵州、海南、河北、河南、黑龙江、湖北、湖南、吉林、江苏、江西、辽宁、内蒙古、山东、山西、陕西、上海、四川、新疆、云南、浙江。

13. 虮子草

学名：*Leptochloa panicea*（Retz.）Ohwi

别名：细千金子。

分布：安徽、重庆、福建、广东、广西、贵州、海南、河南、湖北、湖南、江苏、江西、陕西、四川、云南、浙江。

14. 芦苇

学名：*Phragmites australis*（Cav.）Trin. ex Steud.

别名：好鲁苏、呼勒斯、呼勒斯鹅、葭、蒹、芦、芦草、芦柴、芦头、芦芽、苇、苇葭、苇子。

分布：安徽、北京、重庆、福建、甘肃、广东、广西、贵州、海南、河北、河南、黑龙江、湖北、湖南、吉林、江苏、江西、辽宁、内蒙古、宁夏、山东、山西、陕西、上海、四川、天津、西藏、新疆、云南、浙江。

15. 金色狗尾草

学名：*Setaria glauca*（L.）Beauv.

分布：安徽、北京、重庆、福建、甘肃、广东、广西、贵州、海南、河北、河南、黑龙江、湖北、湖南、吉林、江苏、江西、辽宁、内蒙古、宁夏、山东、山西、陕西、上海、四川、天津、西藏、新疆、云南、浙江。

16. 狗尾草

学名： *Setaria viridis*（L.）Beauv.

别名： 谷莠子、莠。

分布： 安徽、北京、重庆、福建、甘肃、广东、广西、贵州、河北、河南、黑龙江、湖北、湖南、吉林、江苏、江西、辽宁、内蒙古、宁夏、山东、山西、陕西、上海、四川、天津、西藏、新疆、云南、浙江。

17. 小麦自生苗

学名： *Triticum aestivum* L.

分布： 安徽、北京、甘肃、广西、贵州、河北、河南、湖北、江苏、内蒙古、宁夏、山东、陕西、四川、天津、云南、浙江。

18. 结缕草

学名： *Zoysia japonica* Steud.

别名： 老虎皮草、延地青、锥子草。

分布： 广东、河北、湖北、江苏、江西、辽宁、山东、四川、浙江。

莎草科

1. 碎米莎草

学名： *Cyperus iria* L.

分布： 安徽、北京、重庆、福建、甘肃、广东、广西、贵州、海南、河北、河南、黑龙江、湖北、湖南、吉林、江苏、江西、辽宁、宁夏、山东、山西、陕西、上海、四川、新疆、云南、浙江。

2. 香附子

学名： *Cyperus rotundus* L.

别名： 香头草。

分布： 安徽、北京、重庆、福建、甘肃、广东、广西、贵州、海南、河北、河南、黑龙江、湖北、湖南、吉林、江苏、江西、辽宁、内蒙古、宁夏、山东、山西、陕西、上海、四川、新疆、云南、浙江。

鸭跖草科

鸭跖草

学名： *Commelina communis* L.

别名： 竹叶菜、兰花竹叶。

分布： 安徽、北京、重庆、福建、甘肃、广东、广西、贵州、海南、河北、河南、黑龙江、湖北、湖南、吉林、江苏、江西、辽宁、内蒙古、宁夏、山东、山西、陕西、上海、四川、天津、云南、浙江。

附录：

7. 马铃薯田杂草

马铃薯田杂草科属种数（1）

植物种类	科	属	种
孢子植物	1	1	1
蕨类植物	1	1	1
被子植物	19	49	59
双子叶植物	15	33	39
单子叶植物	4	16	20
总计	20	50	60

马铃薯田杂草科属种数（2）

科	属	种	科	属	种
蕨类植物			茄科	1	1
木贼科	1	1	十字花科	5	5
双子叶植物			石竹科	2	2
唇形科	4	4	苋科	1	2
大戟科	2	2	玄参科	1	1
豆科	1	1	旋花科	3	3
锦葵科	1	1	**单子叶植物**		
菊科	6	7	百合科	1	1
藜科	2	3	禾本科	13	16
蓼科	2	5	莎草科	1	2
马齿苋科	1	1	鸭跖草科	1	1
茜草科	1	1			

马铃薯田杂草名录

孢子植物杂草

蕨类植物杂草

木贼科

问荆

学名：*Equisetum arvense* L.

别名：马蜂草、土麻黄、笔头草。

分布：安徽、重庆、福建、甘肃、贵州、河北、河南、黑龙江、湖北、湖南、江西、吉林、辽宁、内蒙古、宁夏、青海、陕西、山东、山西、四川、新疆、西藏、云南、浙江。

被子植物杂草

双子叶植物杂草

唇形科

1. 香薷

学名：*Elsholtzia ciliata*（Thunb.）Hyland.

分布：安徽、重庆、福建、甘肃、广东、贵州、河北、河南、黑龙江、湖北、湖南、内蒙古、宁夏、江西、吉林、辽宁、青海、山东、山西、陕西、四川、西藏、云南、浙江。

2. 鼬瓣花

学名：*Galeopsis bifida* Boenn.

别名：黑苏子、套日朝格、套心朝格、野苏子、野芝麻。

分布：甘肃、贵州、黑龙江、湖北、吉林、内蒙古、青海、山西、陕西、四川、西藏、云南。

3. 宝盖草

学名：*Lamium amplexicaule* L.

别名：佛座、珍珠莲、接骨草。

分布：安徽、重庆、福建、甘肃、贵州、河北、湖北、湖南、河南、宁夏、青海、山东、山西、陕西、四川、西藏、新疆、云南、浙江。

4. 甘露子

学名：*Stachys sieboldi* Miq.

分布：安徽、甘肃、广东、贵州、河北、河南、湖南、江西、辽宁、青海、山东、山西、陕西、四川、云南、浙江。

大戟科

1. 铁苋菜

学名：*Acalypha australis* L.

别名：榎草、海蚌含珠。

分布：安徽、重庆、福建、甘肃、广东、贵州、河北、河南、黑龙江、湖北、湖南、吉林、江西、辽宁、内蒙古、宁夏、青海、山东、山西、陕西、四川、西藏、新疆、云南、浙江。

2. 地锦

学名：*Euphorbia humifusa* Willd.

别名：地锦草、红丝草、奶疳草。

分布：安徽、重庆、福建、甘肃、广东、贵州、河北、河南、黑龙江、湖北、湖南、吉林、江西、辽宁、内蒙古、宁夏、青海、山东、山西、陕西、四川、西藏、新疆、云南、浙江。

豆科

大巢菜

学名：*Vicia sativa* L.

别名：野绿豆、野菜豆、救荒野豌豆。

分布：安徽、重庆、福建、甘肃、广东、贵州、河北、河南、黑龙江、湖北、湖南、吉林、江西、辽宁、内蒙古、宁夏、青海、山东、山西、陕西、四川、西藏、新疆、云南、浙江。

锦葵科

苘麻

学名：*Abutilon theophrasti* Medicus

别名：青麻、白麻。

分布：安徽、重庆、福建、甘肃、广东、贵州、河北、河南、黑龙江、湖北、湖南、吉林、江西、辽宁、内蒙古、宁夏、山东、山西、陕西、四川、新疆、云南、浙江。

菊科

1. 狼把草

学名：*Bidens tripartita* L.

分布：重庆、甘肃、河北、湖北、湖南、吉林、江西、辽宁、内蒙古、宁夏、山西、陕西、四川、新疆、云南。

2. 刺儿菜

学名：*Cephalanoplos segetum*（Bunge）Kitam.

别名：小蓟。

分布：安徽、重庆、福建、甘肃、广东、贵州、河北、河南、黑龙江、湖北、湖南、吉林、江西、辽宁、内蒙古、宁夏、青海、山东、山西、陕西、四川、新疆、云南、浙江。

3. 牛膝菊

学名：*Galinsoga parviflora* Cav.

别名：辣子草、向阳花、珍珠草、铜锤草、嘎力苏干－额布苏（蒙古族名）、旱田菊、兔儿草、小米菊。

分布：安徽、重庆、福建、广东、甘肃、贵州、河南、黑龙江、湖北、湖南、吉林、江西、辽宁、内蒙古、宁夏、青海、山东、山西、陕西、四川、西藏、新疆、云南、浙江。

4. 泥胡菜

学名：*Hemistepta lyrata* Bunge

别名：秃苍个儿。

分布：安徽、北京、重庆、福建、甘肃、广东、广西、贵州、河北、河南、黑龙江、湖北、湖南、吉林、江苏、江西、辽宁、内蒙古、宁夏、青海、山东、山西、陕西、上海、四川、天津、云南、浙江。

5. 苦荬菜

学名：*Ixeris polycephala* Cass.

别名：多头苦荬菜、多头苦菜、多头苦荬、多头莴苣、还魂草、剪子股、老鹳菜。

分布：安徽、福建、广东、贵州、湖南、江西、陕西、四川、云南、浙江。

6. 苣荬菜

学名：*Sonchus arvensis* L.

别名：苦菜。

分布：安徽、重庆、福建、甘肃、广东、贵州、河北、河南、黑龙江、湖北、湖南、吉林、江西、辽宁、内蒙古、宁夏、青海、山东、山西、陕西、四川、新疆、浙江。

7. 苍耳

学名：*Xanthium sibiricum* Patrin ex Widder

别名：虱麻头、老苍子、青棘子。

分布：安徽、重庆、福建、甘肃、广东、贵州、河北、河南、黑龙江、湖北、湖南、吉林、江西、辽宁、内蒙古、宁夏、青海、山东、山西、陕西、四川、西藏、新疆、云南、浙江。

藜科

1. 藜

学名：*Chenopodium album* L.

别名：灰菜、白藜、灰条菜、地肤子。

分布：安徽、重庆、福建、甘肃、广东、贵州、河北、河南、黑龙江、湖北、湖南、吉林、江西、辽宁、内蒙古、宁夏、青海、山东、山西、陕西、四川、西藏、新疆、云南、浙江。

2. 小藜

学名：*Chenopodium serotinum* L.

分布：安徽、重庆、福建、甘肃、广东、贵州、河北、河南、黑龙江、湖北、湖南、吉林、江西、辽宁、内蒙古、宁夏、青海、山东、山西、陕西、四川、新疆、云南、浙江。

3. 猪毛菜

学名：*Salsola collina* Pall.

别名：扎蓬棵、山叉明棵。

分布：安徽、甘肃、贵州、河北、河南、黑龙江、湖北、湖南、吉林、辽宁、内蒙古、宁夏、青海、山东、山西、陕西、四川、西藏、新疆、云南、浙江。

蓼科

1. 卷茎蓼

学名：*Fallopia convolvula*（L.）A. Löve

分布：安徽、福建、甘肃、广东、贵州、河北、河南、黑龙江、湖北、吉林、江西、辽宁、内蒙古、宁夏、青海、山东、山西、陕西、四川、新疆、云南。

2. 萹蓄

学名：*Polygonum aviculare* L.

别名：鸟蓼、扁竹。

分布：安徽、重庆、福建、甘肃、广东、贵州、河北、河南、黑龙江、湖北、湖南、吉林、江西、辽宁、内蒙古、宁夏、青海、山东、山西、陕西、四川、西藏、新疆、云南、浙江。

3. 柳叶刺蓼

学名：*Polygonum bungeanum* Turcz.

别名：本氏蓼、刺蓼、刺毛马蓼、蓼吊子、蚂蚱腿、蚂蚱子腿、胖孩子腿、青蛙子腿、乌日格斯图－塔日纳（蒙古族名）。

分布：安徽、福建、甘肃、广东、贵州、河北、河南、黑龙江、湖北、湖南、吉林、辽宁、内蒙古、宁夏、山东、山西、陕西、四川、新疆、云南。

4. 酸模叶蓼

学名：*Polygonum lapathifolium* L.

别名：旱苗蓼。

分布：安徽、重庆、福建、广东、贵州、甘肃、河北、河南、黑龙江、湖北、湖南、吉林、江西、辽宁、内蒙古、宁夏、青海、四川、山东、山西、陕西、西藏、新疆、云南、浙江。

5. 尼泊尔蓼

学名：*Polygonum nepalense* Meisn.

分布：安徽、福建、甘肃、广东、贵州、河北、河南、黑龙江、湖北、湖南、吉林、江西、辽宁、内蒙古、宁夏、青海、山东、山西、陕西、四川、西藏、云南、浙江。

马齿苋科

马齿苋

学名：*Portulaca oleracea* L.

别名：马蛇子菜、马齿菜。

分布：安徽、重庆、福建、甘肃、广东、贵州、河北、河南、黑龙江、湖北、湖南、吉林、江西、辽宁、内蒙古、宁夏、青海、山东、山西、陕西、四川、西藏、新疆、云南、浙江。

茜草科

猪殃殃

学名：*Galium aparine var. echinospermum*（Wallr.）Cuf.

别名：拉拉秧。

分布：安徽、重庆、福建、甘肃、广东、贵州、河北、河南、黑龙江、湖北、湖南、吉林、江西、辽宁、内蒙古、宁夏、青海、山东、山西、陕西、四川、西藏、新疆、云南、浙江。

茄科

龙葵

学名：*Solanum nigrum* L.

别名：野海椒、苦葵、野辣虎。

分布：安徽、重庆、福建、甘肃、广东、贵州、河南、河北、黑龙江、湖北、湖南、吉林、江西、辽宁、内蒙古、青海、山东、山西、陕西、四川、西藏、新疆、云南、浙江。

十字花科

1. 荠菜

学名：*Capsella bursa-pastoris*（L.）Medic.

别名：荠、荠荠菜。

分布：安徽、重庆、福建、甘肃、广东、贵州、河北、河南、黑龙江、湖北、湖南、吉林、江西、辽宁、内蒙古、宁夏、青海、山东、山西、陕西、四川、西藏、新疆、云南、浙江。

2. 碎米荠

学名：*Cardamine hirsuta* L.

别名：白带草、宝岛碎米荠、见肿消、毛碎米荠、雀儿菜、碎米芥、小地米菜、小花菜、小岩板菜、硬毛碎米荠。

分布：安徽、重庆、福建、甘肃、广东、贵州、河北、河南、黑龙江、湖北、湖南、吉林、江西、辽宁、内蒙古、宁夏、青海、山东、山西、陕西、四川、西藏、新疆、云南、浙江。

3. 播娘蒿

学名：*Descurainia sophia*（L.）Webb ex Prantl

分布：安徽、重庆、福建、甘肃、广东、贵州、河北、河南、黑龙江、湖北、湖南、吉林、江西、辽宁、内蒙古、宁夏、青海、山东、山西、陕西、四川、西藏、新疆、云南、浙江。

4. 涩芥

学名：*Malcolmia africana*（L.）R.Br.

别名：辣辣菜、离蕊芥 。

分布：安徽、甘肃、河北、河南、宁夏、青海、山西、陕西、四川、西藏、新疆。

5. 遏蓝菜

学名：*Thalaspi arvense* L.

分布：安徽、重庆、福建、甘肃、广东、贵州、河北、河南、黑龙江、湖北、湖南、吉林、江西、辽宁、内蒙古、宁夏、青海、山东、山西、陕西、四川、西藏、新疆、云南、浙江。

石竹科

1. 牛繁缕

学名：*Myosoton aquaticum*（L.）Moench

别名：鹅肠菜、鹅儿肠、抽筋草、大鹅儿肠、鹅肠草、石灰菜、额叠申细苦、伸筋草。

分布：安徽、重庆、福建、甘肃、广东、贵州、河北、河南、黑龙江、湖北、湖南、江西、吉林、辽宁、内蒙古、宁夏、青海、山东、山西、陕西、四川、西藏、新疆、云南、浙江。

2. 繁缕

学名：*Stellaria media*（L.）Villars

别名：鹅肠草。

分布：安徽、重庆、福建、甘肃、广东、贵州、河北、河南、湖北、湖南、江西、吉林、辽宁、内蒙古、宁夏、青海、陕西、山东、山西、四川、西藏、云南、浙江。

苋科

1. 凹头苋

学名：*Amaranthus blitum* L.

别名：野苋、人情菜、野苋菜。

分布：安徽、重庆、福建、甘肃、广东、贵州、河北、河南、黑龙江、湖北、湖南、吉林、江西、辽宁、内蒙古、山东、山西、陕西、四川、新疆、云南、浙江。

2. 反枝苋

学名：*Amaranthus retroflexus* L.

别名：西风谷、阿日白－诺高（蒙古族名）、反齿苋、家鲜谷、人苋菜、忍建菜、西风古、苋菜、野风古、野米谷、野千穗谷、野苋菜。

分布：安徽、重庆、福建、甘肃、广东、贵州、河北、河南、黑龙江、湖北、湖南、吉林、江西、辽宁、内蒙古、宁夏、青海、山东、山西、陕西、四川、新疆、云南、浙江。

玄参科

通泉草

学名：*Mazus japonicus*（Thunb.）Kuntze

分布：安徽、重庆、福建、甘肃、广东、河北、河南、湖北、湖南、江西、青海、山东、陕西、四川、云南、浙江。

旋花科

1. 田旋花

学名：*Convolvulus arvensis* L.

别名：中国旋花、箭叶旋花。

分布：安徽、福建、甘肃、广东、贵州、河北、河南、黑龙江、湖北、湖南、吉林、江西、辽宁、内蒙古、宁夏、青海、山东、山西、陕西、四川、西藏、新疆、云南、浙江。

2. 菟丝子

学名：*Cuscuta chinensis* Lam.

别名：金丝藤、豆寄生、无根草。

分布：安徽、重庆、福建、甘肃、广东、贵州、河北、河南、黑龙江、湖北、湖南、吉林、江西、辽宁、内蒙古、宁夏、青海、山东、山西、陕西、四川、西藏、新疆、云南、浙江。

3. 小旋花

学名：*Jacquemontia paniculata*（N. L. Burman）H. Hallier

别名：小牵牛 、假牵牛、娥房藤、小旋花。

分布：安徽、重庆、甘肃、广东、贵州、河北、湖北、辽宁、内蒙古、宁夏、山东、四川、云南。

单子叶植物杂草

百合科

薤白

学名：*Allium macrostemon* Bunge

别名：小根蒜、大蕊葱、胡葱、胡葱子、胡蒜、苦蒜、密花小根蒜、山韭菜。

分布：安徽、福建、甘肃、广东、贵州、河北、河南、黑龙江、湖北、湖南、江西、吉林、辽宁、内蒙古、宁夏、山东、山西、陕西、四川、西藏、云南。

禾本科

1. 看麦娘

学名：*Alopecurus aequalis* Sobol.

别名：褐蕊看麦娘。

分布：安徽、重庆、福建、甘肃、广东、贵州、河北、河南、黑龙江、湖北、吉林、江西、辽宁、内蒙古、宁夏、青海、山东、陕西、四川、西藏、新疆、云南、浙江。

2. 日本看麦娘

学名：*Alopecurus japonicus* Steud.

别名：麦娘娘、麦陀陀草、稍草。

分布：安徽、重庆、福建、甘肃、广东、贵州、河北、河南、湖北、湖南、江西、山东、山西、陕西、四川、新疆、云南、浙江。

3. 野燕麦

学名：*Avena fatua* L.

别名：乌麦、燕麦草。

分布：安徽、重庆、福建、甘肃、广东、贵州、河北、河南、黑龙江、湖北、湖南、江西、内蒙古、宁夏、青海、山东、山西、陕西、四川、西藏、新疆、云南、浙江。

4. 狗牙根

学名：*Cynodon dactylon*（L.）Pers.

别名：绊根草、爬根草、感沙草、铁线草。

分布：安徽、重庆、福建、甘肃、广东、贵州、河南、河北、黑龙江、湖北、吉林、江西、辽宁、宁夏、青海、山东、山西、陕西、四川、新疆、云南、浙江。

5. 马唐

学名：*Digitaria sanguinalis*（L.）Scop.

别名：大抓根草、红水草、鸡爪子草、假马唐、俭草、面条筋、盘鸡头草、秫秸秧子、哑用、抓地龙、抓根草。

分布：安徽、重庆、福建、甘肃、广东、贵州、河北、河南、黑龙江、湖北、湖南、吉林、江西、辽宁、内蒙古、宁夏、青海、山东、山西、陕西、四川、西藏、新疆、云南、浙江。

6. 稗

学名：*Echinochloa crusgali*（L.）Beauv.

别名：野稗、稗草、稗子、稗子草、水稗、水稗子、水䅟子、野䅟子、䅟子草。

分布：安徽、重庆、福建、甘肃、广东、贵州、河北、河南、黑龙江、湖北、湖南、吉林、江西、辽宁、内蒙古、宁夏、青海、山东、山西、陕西、四川、西藏、新疆、云南、浙江。

7. 牛筋草

学名：*Eleusine indica*（L.）Gaertn.

别名：蟋蟀草。

分布：安徽、重庆、甘肃、福建、广东、贵州、河北、河南、黑龙江、湖北、湖南、吉林、江西、辽宁、内蒙古、宁夏、山东、山西、陕西、四川、西藏、新疆、云南、浙江。

8. 白茅

学名：*Imperata cylindrica*（L.）Beauv.

别名：茅针、茅根、白茅根、黄茅、尖刀草、兰根、毛根、茅草、茅茅根、茅针花、丝毛草、丝茅草、丝茅根、甜根、甜根草、乌毛根。

分布：安徽、重庆、福建、甘肃、广东、贵州、河北、河南、黑龙江、湖北、湖南、江西、辽宁、内蒙古、四川、山东、山西、陕西、四川、西藏、新疆、云南、浙江。

9. 千金子

学名：*Leptochloa chinensis*（L.）Nees

别名：雀儿舌头、畔茅、绣花草、油草、油麻。

分布：安徽、重庆、福建、甘肃、广东、贵州、河北、河南、黑龙江、湖北、湖南、吉林、江西、辽宁、内蒙古、山东、山西、陕西、四川、新疆、云南、浙江。

10. 虮子草

学名：*Leptochloa panicea*（Retz.）Ohwi

别名：细千金子。

分布：安徽、重庆、福建、广东、贵州、河南、湖北、湖南、江西、陕西、四川、云南、浙江。

11. 双穗雀稗

学名：*Paspalum distichum* L.

别名：游草、游水筋、双耳草、双稳雀稗、铜线草。

分布：安徽、重庆、福建、甘肃、广东、贵州、河北、河南、黑龙江、湖北、湖南、江西、辽宁、山东、山西、陕西、四川、新疆、云南、浙江。

12. 芦苇

学名：*Phragmites australis*（Cav.）Trin. ex Steud.

别名：好鲁苏、呼勒斯、呼勒斯鹅、葭、蒹、芦、芦草、芦柴、芦头、芦芽、苇、苇葭、苇子。

分布：安徽、重庆、福建、甘肃、广东、贵州、河北、河南、黑龙江、湖北、湖南、吉林、江西、辽宁、内蒙古、宁夏、青海、山东、山西、陕西、四川、西藏、新疆、云南、浙江。

13. 早熟禾

学名：*Poa annua* L.

别名：伯页力格－额布苏（蒙古族名）、发汗草、冷草、麦峰草、绒球草、稍草、踏不烂、小鸡草、小青草、羊毛胡子草。

分布：安徽、重庆、福建、甘肃、广东、贵州、河北、河南、黑龙江、湖北、湖南、吉林、江西、辽宁、内蒙古、宁夏、青海、山东、山西、陕西、四川、西藏、新疆、云南、浙江。

14. 棒头草

学名：*Polypogon fugax* Nees ex Steud.

别名：狗尾稍草、麦毛草、稍草。

分布：安徽、重庆、福建、甘肃、广东、贵州、河南、湖北、湖南、江西、内蒙古、宁夏、青海、山东、山西、陕西、四川、西藏、新疆、云南、浙江。

15. 金色狗尾草

学名：*Setaria glauca*（L.）Beauv.

分布：安徽、重庆、福建、甘肃、广东、贵州、河北、河南、黑龙江、湖北、湖南、吉林、江西、辽宁、内蒙古、宁夏、青海、山东、山西、陕西、四川、西藏、新疆、云南、浙江。

16. 狗尾草

学名：*Setaria viridis*（L.）Beauv.

别名：谷莠子、莠。

分布：安徽、重庆、福建、甘肃、广东、贵州、河北、河南、黑龙江、湖北、湖南、吉林、江西、辽宁、内蒙古、宁夏、青海、四川、山东、陕西、山西、西藏、新疆、云南、浙江。

莎草科

1. 油莎草

学名：*Cyperus esculentus* L. var. *sativus* Boeck

别名：铁荸荠、地下板栗、地下核桃、人参果、人参豆。

分布：甘肃、广东、江西、湖北、山东、四川。

2. 香附子

学名：*Cyperus rotundus* L.

别名：香头草。

分布：安徽、重庆、福建、甘肃、广东、贵州、河北、河南、黑龙江、湖北、湖南、江西、吉林、辽宁、内蒙古、宁夏、山东、山西、陕西、四川、新疆、云南、浙江。

鸭跖草科

鸭跖草

学名：*Commelina communis* L.

别名：竹叶菜、兰花竹叶。

分布：安徽、重庆、福建、甘肃、广东、贵州、河北、河南、黑龙江、湖北、湖南、吉林、江西、辽宁、内蒙古、宁夏、山东、山西、陕西、四川、云南、浙江。

附录：

8. 甘蔗田杂草

甘蔗田杂草科属种数（1）

植物种类	科	属	种
孢子植物	2	2	2
蕨类植物	2	2	2
被子植物	29	90	127
双子叶植物	26	68	91
单子叶植物	3	22	36
总计	31	92	129

甘蔗田杂草科属种数（2）

科	属	种
蕨类植物		
木贼科	1	1
蘋科	1	1
双子叶植物		
车前科	1	2
唇形科	1	1
酢浆草科	1	2
大戟科	3	4
大麻科	1	1
豆科	5	5
蒺藜科	1	1
锦葵科	4	4
菊科	18	23
藜科	2	3
蓼科	1	6
柳叶菜科	1	1
马鞭草科	2	2
马齿苋科	1	1
荨麻科	1	1
茜草科	2	3
蔷薇科	1	1
茄科	2	4
伞形科	2	2
十字花科	4	4
石竹科	1	1
梧桐科	1	1
苋科	4	8
玄参科	2	3
旋花科	4	5
紫草科	2	2
单子叶植物		
禾本科	17	26
莎草科	4	8
鸭跖草科	1	2

甘蔗田杂草名录

孢子植物杂草

蕨类植物杂草

木贼科

节节草

学名：*Equisetum ramosissimum* Desf.

别名：土麻黄、草麻黄、木贼草。

分布：重庆、福建、广东、广西、贵州、海南、河南、湖北、湖南、江苏、江西、陕西、上海、四川、云南、浙江。

蘋科

蘋

学名：*Marsilea quadrifolia* L.

别名：田字草、破铜钱、四叶菜、夜合草。

分布：重庆、福建、广东、广西、贵州、海南、河南、湖北、湖南、江苏、江西、陕西、上海、四川、云南、浙江。

被子植物杂草

双子叶植物杂草

车前科

1. 车前

学名：*Plantago asiatica* L.

别名：车前子。

分布：安徽、福建、广东、广西、贵州、海南、河南、湖北、湖南、江苏、江西、陕西、四川、云南、浙江。

2. 大车前

学名：*Plantago major* L.

分布：广西、海南、陕西、江苏、福建、四川、云南。

唇形科

夏至草

学名：*Lagopsis supina*（Steph. ex Willd.）Ik.-Gal. ex Knorr.

别名：灯笼棵、白花夏枯草。

分布：安徽、重庆、福建、广东、广西、贵州、河南、湖南、湖北、江西、江苏、陕西、上海、四川、云南、浙江。

酢浆草科

1. 酢浆草

学名：*Oxalis corniculata* L.

别名：老鸭嘴、满天星、黄花酢酱草、鸠酸、酸味草。

分布：安徽、重庆、福建、广东、广西、贵州、海南、河南、湖北、湖南、江苏、江西、陕西、上海、四川、云南、浙江。

2. 红花酢浆草

学名：*Oxalis corymbosa* DC.

别名：铜锤草、百合还阳、大花酢酱草、大老鸦酸、大酸味草、大叶酢浆草。

分布：安徽、重庆、福建、广东、广西、贵州、海南、河南、湖北、湖南、江苏、江西、四川、陕西、云南、浙江。

大戟科

1. 铁苋菜

学名：*Acalypha australis* L.

别名：榎草、海蚌含珠。

分布：安徽、重庆、福建、广东、广西、贵州、海南、河南、湖北、湖南、江苏、江西、陕西、上海、四川、云南、浙江。

2. 飞扬草

学名：*Euphorbia hirta* L.

别名：大飞扬草、乳籽草。

分布：重庆、福建、广东、广西、贵州、海南、湖南、江西、四川、河南、云南、浙江。

3. 千根草

学名：*Euphorbia thymifolia* L.

别名：小飞杨草、细叶飞扬草、小奶浆草、小乳汁草、苍蝇翅。

分布：福建、广东、广西、海南、湖南、江西、江苏、云南、浙江。

4. 叶下珠

学名：*Phyllanthus urinaria* L.

别名：阴阳草、假油树、珍珠草。

分布：重庆、广东、广西、贵州、海南、湖北、湖南、江苏、陕西、四川、云南、浙江。

大麻科

葎草

学名：*Humulus scandens*（Lour.）Merr.

别名：拉拉藤、拉拉秧。

分布：安徽、重庆、福建、广东、广西、贵州、海南、河南、湖北、湖南、江苏、江西、上海、陕西、四川、云南、浙江。

豆科

1. 合萌

学名：*Aeschynomene indica* Burm. f.

别名：田皂角、白梗通梳子树、菖麦、割镰草。

分布：广东、广西、贵州、河南、湖北、湖南、江苏、江西、四川、云南、陕西、浙江。

2. 链荚豆

学名：*Alysicarpus vaginalis*（L.）DC. var. *diversifolius* Chun

别名：假花生。

分布：福建、广东、广西、海南、云南。

3. 鸡眼草

学名：*Kummerowia striata*（Thunb.）Schindl.

别名：掐不齐、牛黄黄、公母草。

分布：安徽、重庆、福建、广东、广西、贵州、湖北、湖南、江苏、江西、四川、云南、浙江。

4. 草木樨

学名：*Melilotus suaveolens* Ledeb.

别名：黄花草、黄花草木樨、香马料木樨、野木樨。

分布：安徽、河南、江苏、江西、湖南、广西、陕西、四川、贵州、云南、浙江。

5. 含羞草

学名：*Mimosa pudica* L.

别名：知羞草、怕丑草、刺含羞草、感应草、喝呼草。

分布：福建、贵州、广东、广西、海南、河南、湖北、湖南、江苏、陕西、四川、云南、浙江。

蒺藜科

蒺藜

学名：*Tribulus terrester* L.

别名：蒺藜狗子、野菱角、七里丹、刺蒺藜、章古、伊曼－章古（蒙古族名）。

分布：安徽、重庆、福建、广东、广西、贵州、海南、河南、湖北、湖南、江苏、江西、陕西、上海、四川、云南、浙江。

锦葵科

1. 苘麻

学名：*Abutilon theophrasti* Medicus

别名：青麻、白麻。

分布：安徽、重庆、福建、广东、广西、贵州、河南、湖北、湖南、江苏、江西、陕西、上海、四川、云南、浙江。

2. 赛葵

学名：*Malvastrum coromandelianum*（L.）Gurcke

别名：黄花草、黄花棉、大叶黄花猛、山黄麻、山桃仔。

分布：福建、广东、广西、海南、云南。

3. 黄花稔

学名：*Sida acuta* Burm. f.

分布：福建、广东、广西、海南、云南、湖北、四川。

4. 地桃花

学名：*Urena lobata* L.

分布：安徽、福建、广东、广西、贵州、海南、湖南、江苏、江西、四川、云南、浙江。

菊科

1. 胜红蓟

学名：*Ageratum conyzoides* L.

别名：藿香蓟、臭垆草、咸虾花。

分布：安徽、重庆、福建、广东、广西、贵州、海南、河南、湖北、湖南、江苏、江西、四川、云南、浙江。

2. 鬼针草

学名：*Bidens pilosa* L.

分布：安徽、重庆、福建、广东、广西、河南、湖北、江西、江苏、陕西、四川、云南、浙江。

3. 白花鬼针草

学名：*Bidens pilosa* L. var. *radiata* Sch.-Bip.

别名：叉叉菜、金盏银盘、三叶鬼针草 。

分布：重庆、福建、广东、广西、贵州、江苏、陕西、四川、云南、浙江。

4. 狼把草

学名：*Bidens tripartita* L.

分布：重庆、湖北、湖南、江西、江苏、陕西、四川、云南。

5. 刺儿菜

学名：*Cephalanoplos segetum*（Bunge）Kitam.

别名：小蓟。

分布：安徽、重庆、福建、广东、广西、贵州、海南、河南、湖北、湖南、江苏、江西、陕西、上海、四川、云南、浙江。

6. 小蓬草

学名：*Conyza canadensis*（L.）Cronq.

别名：加拿大蓬、飞蓬、小飞蓬 。

分布：安徽、重庆、福建、广东、广西、贵州、海南、河南、湖北、湖南、江苏、江西、陕西、上海、四川、云南、浙江。

7. 野茼蒿

学名：*Crassocephalum crepidioides*（Benth.）S. Moore

别名：革命菜、草命菜、灯笼草、关冬委妞、凉干药、啪哑裸、胖头芋、野蒿茼、野蒿筒属、野木耳菜、野青菜、一点红。

分布：福建、重庆、广东、广西、贵州、湖北、湖南、江西、四川、云南、江苏、浙江。

8. 鳢肠

学名：*Eclipta prostrata* L.

别名：旱莲草、墨草。

分布：安徽、重庆、福建、广东、广西、贵州、海南、河南、湖北、湖南、江苏、江西、陕西、上海、四川、云南、浙江。

9. 一点红

学名：*Emilia sonchifolia*（L.）DC.

分布：安徽、福建、广东、广西、贵州、海南、湖北、湖南、江苏、江西、四川、云南、浙江。

10. 梁子菜

学名：*Erechthites hieracifolia*（L.）Raffin ex DC.

分布：福建、广东、广西、贵州、四川、云南。

11. 紫茎泽兰

学名：*Eupatorium adenophorum* Spreng.

别名：大黑草、花升麻、解放草、马鹿草、破坏草、细升麻。

分布：重庆、广西、贵州、湖北、四川、云南。

12. 飞机草

学名：*Eupatorium odoratum* L.

别名：香泽兰。

分布：广东、广西、海南、湖南、四川、重庆、贵州、云南。

13. 鼠麴草

学名：*Gnaphalium affine* D. Don

分布：重庆、福建、广东、广西、贵州、海南、湖北、湖南、江西、江苏、陕西、四川、云南、浙江。

14. 细叶鼠曲草

学名：*Gnaphalium japonicum* Thunb.

分布：广东、广西、贵州、河南、湖北、湖南、江西、陕西、四川、云南、浙江。

15. 田基黄

学名：*Grangea maderaspatana*（L.）Poir.

别名：荔枝草、黄花球、黄花珠、田黄菜。

分布：广东、广西、海南、云南。

16. 银胶菊

学名：*Parthenium hysterophorus* L.

别名：西南银胶菊、野益母艾、野益母岩。

分布：广东、广西、贵州、海南、云南。

17. 豨莶

学名：*Siegesbeckia orientalis* L.

别名：虾柑草、粘糊菜。

分布：安徽、重庆、福建、广东、广西、贵州、河南、湖南、江苏、江西、陕西、四川、云南、浙江。

18. 苣荬菜

学名：*Sonchus arvensis* L.

别名：苦菜。

分布：安徽、重庆、福建、广东、广西、贵州、海南、河南、湖北、湖南、江苏、江西、陕西、上海、四川、浙江。

19. 苦苣菜

学名：*Sonchus oleraceus* L.

别名：苦菜、滇苦菜、田苦荬菜、尖叶苦菜。

分布：安徽、重庆、福建、广东、广西、贵州、河南、湖北、湖南、江苏、江西、陕西、四川、云南、浙江。

20. 金腰箭

学名：*Synedrella nodiflora*（L.）Gaertn.

别名：苞壳菊、黑点旧、苦草、水慈姑、猪毛草。

分布：福建、广东、广西、海南、云南。

21. 夜香牛

学名：*Vernonia cinerea*（L.）Less.

别名：斑鸠菊、寄色草、假咸虾。

分布：福建、广东、广西、湖北、湖南、江西、四川、云南、浙江。

22. 苍耳

学名：*Xanthium sibiricum* Patrin ex Widder

别名：虱麻头、老苍子、青棘子。

分布：安徽、重庆、福建、广东、广西、贵州、海南、河南、湖北、湖南、江苏、江西、陕西、四川、云南、浙江。

23. 黄鹌菜

学名：*Youngia japonica*（L.）DC.

分布：安徽、重庆、福建、广东、广西、河南、湖北、湖南、江苏、江西、陕西、四川、贵州、云南、浙江。

藜科

1. 藜

学名：*Chenopodium album* L.

别名：灰菜、白藜、灰条菜、地肤子。

分布：安徽、重庆、福建、广东、广西、贵州、海南、河南、湖北、湖南、江苏、江西、陕西、上海、四川、云南、浙江。

2. 小藜

学名：*Chenopodium serotinum* L.

分布：安徽、重庆、福建、广东、广西、贵州、海南、河南、湖北、湖南、江苏、江西、陕西、上海、四川、云南、浙江。

3. 土荆芥

学名：*Dysphania ambrosioides*（L.）Mosyakin et Clemants

别名：醒头香、香草、省头香、罗勒、胡椒菜、九层塔。

分布：福建、重庆、贵州、河南、广东、广西、湖北、湖南、江苏、江西、陕西、四川、云南、浙江。

蓼科

1. 水蓼

学名：*Polygonum hydropiper* L.

别名：辣蓼。

分布：安徽、重庆、福建、广东、贵州、海南、河南、湖北、湖南、江苏、江西、陕西、四川、云南、浙江。

2. 酸模叶蓼

学名：*Polygonum lapathifolium* L.

别名：旱苗蓼。

分布：安徽、重庆、福建、广东、广西、贵州、海南、河南、湖北、湖南、江苏、江西、陕西、上海、四川、云南、浙江。

3. 杠板归

学名：*Polygonum perfoliatum* L.

别名：犁头刺、蛇倒退。

分布：安徽、福建、广东、广西、贵州、海南、河南、湖北、湖南、江苏、江西、陕西、四川、云南、浙江。

4. 腋花蓼

学名：*Polygonum plebeium* R. Br.

分布：安徽、重庆、福建、广东、广西、贵州、湖南、江西、江苏、四川、云南。

5. 丛枝蓼

学名：*Polygonum posumbu* Buch.–Ham. ex D. Don

分布：安徽、重庆、福建、广东、广西、贵州、海南、河南、湖北、湖南、江苏、江西、陕西、四川、云南、浙江。

6. 伏毛蓼

学名：*Polygonum pubescens* Blume

别名：辣蓼、无辣蓼

分布：安徽、福建、广东、广西、贵州、海南、河南、湖北、湖南、江苏、江西、上海、陕西、四川、云南、浙江。

柳叶菜科

草龙

学名：*Ludwigia hyssopifolia*（G. Don）Exell.

别名：红叶丁香蓼、细叶水丁香、线叶丁香蓼。

分布：安徽、重庆、福建、海南、广东、广西、湖北、江苏、江西、陕西、四川、云南。

马鞭草科

1. 马缨丹

学名：*Lantana camara* L.

别名：五色梅、臭草、七变花。

分布：福建、广东、广西、海南、四川、云南。

2. 马鞭草

学名：*Verbena officinalis* L.

别名：龙牙草、铁马鞭、风颈草。

分布：安徽、福建、广东、广西、贵州、海南、河南、湖北、湖南、江苏、江西、陕西、四川、云南、浙江。

马齿苋科

马齿苋

学名：*Portulaca oleracea* L.

别名：马蛇子菜、马齿菜。

分布：安徽、重庆、福建、广东、广西、贵州、海南、河南、湖北、湖南、江苏、江西、上海、陕西、四川、云南、浙江。

荨麻科

雾水葛

学名：*Pouzolzia zeylanica*（L.）Benn.

别名：白石薯、啜脓羔、啜脓膏、水麻秧、多枝雾水葛、石薯、粘榔根、粘榔果。

分布：安徽、福建、广东、广西、湖北、湖南、江西、四川、贵州、云南、浙江。

茜草科

1. 猪殃殃

学名：*Galium aparine* var. *echinospermum*（Wallr.）Cuf.

别名：拉拉秧。

分布：安徽、重庆、福建、广东、广西、贵州、海南、河南、湖北、湖南、江苏、江西、陕西、上海、四川、云南、浙江。

2. 白花蛇舌草

学名：*Hedyotis diffusa* Willd.

分布：安徽、广东、广西、海南、湖南、江西、四川、云南、贵州、浙江。

3. 粗叶耳草

学名：*Hedyotis verticillata*（L.）Lam.

别名：糙叶耳草。

分布：广东、广西、贵州、海南、云南、浙江。

蔷薇科

朝天委陵菜

学名：*Potentilla supina* L.

别名：伏委陵菜、仰卧委陵菜、铺地委陵菜、鸡毛菜。

分布：安徽、广东、广西、贵州、河南、湖北、湖南、江苏、江西、陕西、四川、云南、浙江。

茄科

1. 曼陀罗

学名：*Datura stramonium* L.

别名：醉心花、狗核桃。

分布：安徽、广东、广西、贵州、河南、湖北、湖南、江苏、陕西、四川、云南、浙江。

2. 龙葵

学名：*Solanum nigrum* L.

别名：野海椒、苦葵、野辣虎。

分布：安徽、重庆、福建、广东、广西、贵州、河南、湖北、湖南、江苏、江西、上海、陕西、四川、云南、浙江。

3. 少花龙葵

学名：*Solanum photeinocarpum* Nakam. et Odash.

分布：福建、广东、广西、海南、湖南、江西、四川、云南。

4. 水茄

学名：*Solanum torvum* Swartz

别名：山颠茄、刺茄、刺番茄、大苦子、黄天茄、金钮扣、金衫扣、木哈蒿、青茄、天茄子、西好、鸭卡、洋毛辣、野茄子。

分布：福建、广东、广西、贵州、海南、云南。

伞形科

1. 积雪草

学名：*Centella asiatica*（L.）Urban

别名：崩大碗、落得打。

分布：安徽、重庆、福建、广东、广西、湖北、湖南、江苏、江西、陕西、四川、云南、浙江。

2. 蛇床

学名：*Cnidium monnieri*（L.）Cuss.

分布：安徽、重庆、福建、广东、广西、贵州、海南、河南、湖北、湖南、江苏、江西、陕西、上海、四川、云南、浙江。

十字花科

1. 野芥菜

学名：*Brassica juncea*（L.）Czern et Coss. var. *gracilis* Tsen et Lee

别名：野油菜、野辣菜。

分布：重庆、广西、湖北、四川、云南。

2. 荠菜

学名：*Capsella bursa-pastoris*（L.）Medic.

别名：荠、荠荠菜。

分布：安徽、重庆、福建、广东、广西、贵州、海南、河南、湖北、湖南、江苏、江西、陕西、上海、四川、云南、浙江。

3. 碎米荠

学名：*Cardamine hirsuta* L.

别名：白带草、宝岛碎米荠、见肿消、毛碎米荠、雀儿菜、碎米芥、小地米菜、小花菜、小岩板菜、硬毛碎米荠。

分布：安徽、重庆、福建、广东、广西、贵州、海南、河南、湖北、湖南、江苏、江西、陕西、上海、四川、云南、浙江。

4. 独行菜

学名：*Lepidium apetalum* Willd.

别名：辣辣。

分布：安徽、广西、贵州、河南、湖北、湖南、江西、江苏、陕西、四川、云南、浙江。

石竹科

繁缕

学名：*Stellaria media*（L.）Villars

别名：鹅肠草。

分布：安徽、重庆、福建、广东、广西、贵州、河南、湖北、湖南、江苏、江西、上海、陕西、四川、云南、浙江。

梧桐科

马松子

学名：*Melochia corchorifolia* L.

别名：野路葵、野棉花秸、白洋蒜、路葵子、野棉花、野棉花稭。

分布：安徽、重庆、福建、广东、广西、贵州、江苏、江西、湖北、湖南、海南、四川、云南、浙江。

苋科

1. 土牛膝

学名：*Achyranthes aspera* L.

分布：福建、广东、广西、贵州、海南、湖北、湖南、江西、四川、云南、浙江。

2. 空心莲子草

学名：*Alternanthera philoxeroides*（Mart.）Griseb.

别名：水花生、水苋菜。

分布：安徽、重庆、福建、广东、广西、贵州、河南、湖北、湖南、江苏、江西、上海、陕西、四川、云南、浙江。

3. 莲子草

学名：*Alternanthera sessilis*（L.）DC.

别名：虾钳菜。

分布：安徽、重庆、福建、广东、广西、贵州、河南、湖北、湖南、江苏、江西、上海、四川、云南、浙江。

4. 凹头苋

学名：*Amaranthus blitum* L.

别名：野苋、人情菜、野苋菜。

分布：安徽、重庆、福建、广东、广西、贵州、海南、河南、湖北、湖南、江苏、江西、上海、陕西、四川、云南、浙江。

5. 反枝苋

学名： *Amaranthus retroflexus* L.

别名： 西风谷、阿日白－诺高（蒙古族名）、反齿苋、家鲜谷、人苋菜、忍建菜、西风古、苋菜、野风古、野米谷、野千穗谷、野苋菜。

分布： 安徽、重庆、福建、广东、广西、贵州、海南、河南、湖北、湖南、江苏、江西、上海、陕西、四川、云南、浙江。

6. 刺苋

学名： *Amaranthus spinosus* L.

别名： 刺苋菜、野苋菜。

分布： 安徽、福建、广东、广西、贵州、河南、湖北、湖南、江苏、江西、陕西、四川、云南、浙江。

7. 皱果苋

学名： *Amaranthus viridis* L.

别名： 绿苋、白苋、红苋菜、假苋菜、糠苋、里苋、绿苋菜、鸟苋、人青菜、细苋、苋菜、野苋、野米苋、野苋菜、猪苋、紫苋菜。

分布： 广东、广西、贵州、上海、四川、浙江。

8. 青葙

学名： *Celosia argentea* L.

别名： 野鸡冠花、狗尾巴、狗尾苋、牛尾花。

分布： 安徽、重庆、福建、广东、广西、贵州、海南、河南、湖北、湖南、江苏、江西、陕西、四川、云南、浙江。

玄参科

1. 母草

学名： *Lindernia crustacea*（L.）F. Muell

别名： 公母草、旱田草、开怀草、牛耳花、四方草、四方拳草。

分布： 安徽、重庆、福建、广东、广西、贵州、海南、河南、湖北、湖南、江苏、江西、陕西、四川、云南、浙江。

2. 陌上菜

学名： *Lindernia procumbens*（Krock.）Borbas

别名： 额、吉日根纳、母草、水白菜。

分布： 安徽、福建、重庆、河南、广东、广西、贵州、湖北、湖南、江苏、江西、陕西、四川、云南、浙江。

3. 通泉草

学名： *Mazus japonicus*（Thunb.）Kuntze

分布：安徽、重庆、福建、广东、广西、河南、湖北、湖南、江苏、江西、陕西、四川、云南、浙江。

旋花科

1. 打碗花

学名：*Calystegia hederacea* Wall.

别名：小旋花、兔耳草。

分布：安徽、重庆、福建、广东、广西、贵州、海南、河南、湖北、湖南、江苏、江西、上海、陕西、四川、云南、浙江。

2. 菟丝子

学名：*Cuscuta chinensis* Lam.

别名：金丝藤、豆寄生、无根草。

分布：安徽、福建、广东、广西、贵州、海南、河南、湖北、湖南、江苏、江西、陕西、上海、四川、重庆、云南、浙江。

3. 鱼黄草

学名：*Merremia hederacea*（Burm. F.）Hall. F.

别名：篱栏网、三裂叶鸡矢藤、百仔、蛤仔藤、广西百仔、过天网、金花茉栾藤、犁头网、篱栏、篱网藤。

分布：福建、广东、广西、海南、江西、云南。

4. 裂叶牵牛

学名：*Pharbitis nil*（L.）Ching

别名：牵牛、白丑、常春藤叶牵牛、二丑、黑丑、喇叭花、喇叭花子、牵牛花、牵牛子。

分布：福建、重庆、广东、广西、贵州、海南、河南、湖北、湖南、江苏、江西、上海、陕西、四川、云南、浙江。

5. 圆叶牵牛

学名：*Pharbitis purpurea*（L.）Voigt.

别名：紫花牵牛、喇叭花、毛牵牛、牵牛花、紫牵牛。

分布：福建、重庆、广东、广西、海南、河南、湖北、江苏、江西、上海、陕西、四川、云南、浙江。

紫草科

1. 斑种草

学名：*Bothriospermum chinense* Bge.

别名：斑种、斑种细累子草、蛤蟆草、细叠子草。

分布：重庆、广东、贵州、湖北、湖南、江苏、陕西、四川、云南。

2. 大尾摇

学名：*Heliotropium indicum* L.

别名：象鼻草、金虫草、狗尾菜、狗尾草、狗尾虫、全虫草、天芥菜、鱿鱼草。

分布：福建、广西、海南、云南。

单子叶植物杂草

禾本科

1. 看麦娘

学名：*Alopecurus aequalis* Sobol.

别名：褐蕊看麦娘。

分布：安徽、重庆、福建、广东、广西、贵州、河南、湖北、江苏、江西、上海、陕西、四川、云南、浙江。

2. 日本看麦娘

学名：*Alopecurus japonicus* Steud.

别名：麦娘娘、麦陀陀草、稍草。

分布：安徽、重庆、福建、广东、广西、贵州、河南、湖北、湖南、江苏、江西、陕西、上海、四川、云南、浙江。

3. 竹节草

学名：*Chrysopogon aciculatus*（Retz.）Trin.

别名：粘人草、草子花、地路蜈蚣、鸡谷草、鸡谷子、鸡骨根、黏人草、蜈蚣草、粘身草、紫穗茅香。

分布：福建、广东、广西、贵州、海南、云南。

4. 狗牙根

学名：*Cynodon dactylon*（L.）Pers.

别名：绊根草、爬根草、感沙草、铁线草。

分布：安徽、重庆、福建、广东、广西、贵州、海南、河南、湖北、江苏、江西、上海、陕西、四川、云南、浙江。

5. 龙爪茅

学名：*Dactyloctenium aegyptium*（L.）Beauv.

别名：风车草、油草。

分布：福建、广东、广西、贵州、海南、四川、云南、浙江。

6. 升马唐

学名：*Digitaria ciliaris*（Retz.）Koel.

别名：拌根草、白草、俭草、乱草子、马唐、毛马唐、爬毛抓秧草、乌斯图－西巴棍－塔布格（蒙古族名）、蟋蟀草、抓地龙。

分布：安徽、重庆、福建、广东、广西、贵州、海南、河南、湖北、江苏、上海、陕西、四川、云南、浙江。

7. 马唐

学名：*Digitaria sanguinalis*（L.）Scop.

别名：大抓根草、红水草、鸡爪子草、假马唐、俭草、面条筋、盘鸡头草、秫秸秧子、哑用、抓地龙、抓根草。

分布：安徽、重庆、福建、广东、广西、贵州、海南、河南、湖北、湖南、江苏、江西、上海、陕西、四川、云南、浙江。

8. 光头稗

学名：*Echinochloa colonum*（L.）Link

别名：光头稗子、芒稷。

分布：安徽、重庆、福建、广东、广西、贵州、海南、河南、湖北、湖南、江苏、江西、四川、云南、浙江。

9. 稗

学名：*Echinochloa crusgali*（L.）Beauv.

别名：野稗、稗草、稗子、稗子草、水稗、水稗子、水䅟子、野䅟子、䅟子草。

分布：安徽、重庆、福建、广东、广西、贵州、海南、河南、湖北、湖南、江苏、江西、陕西、上海、四川、云南、浙江。

10. 牛筋草

学名：*Eleusine indica*（L.）Gaertn.

别名：蟋蟀草。

分布：安徽、重庆、福建、广东、贵州、海南、湖北、河南、湖北、湖南、江苏、江西、陕西、上海、四川、云南、浙江。

11. 画眉草

学名：*Eragrostis pilosa*（L.）Beauv.

别名：星星草、蚊子草、榧子草、狗尾巴草、呼日嘎拉吉（蒙古族名）、蚊蚊草、绣花草。

分布：安徽、重庆、福建、广东、广西、贵州、海南、河南、湖北、湖南、江苏、江西、四川、陕西、云南、浙江。

12. 鲫鱼草

学名：*Eragrostis tenella*（L.）Beauv. ex Roem. et Schult.

别名：乱草、南部知风草、碎米知风草、小画眉。

分布：安徽、重庆、福建、贵州、广东、广西、海南、湖北、江苏、陕西、四川、云南、浙江。

13. 白茅

学名：*Imperata cylindrica*（L.）Beauv.

别名：茅针、茅根、白茅根、黄茅、尖刀草、兰根、毛根、茅草、茅茅根、茅针花、丝毛草、丝茅草、丝茅根、甜根、甜根草、乌毛根。

分布：安徽、重庆、福建、广东、广西、贵州、海南、河南、湖北、湖南、江苏、江西、上海、陕西、四川、云南、浙江。

14. 李氏禾

学名：*Leersia hexandra* Swartz

别名：假稻、六蕊稻草、六蕊假稻、蓉草、水游草、游草、游丝草。

分布：福建、重庆、广东、广西、贵州、海南、河南、湖南、四川、云南、浙江。

15. 千金子

学名：*Leptochloa chinensis*（L.）Nees

别名：雀儿舌头、畔茅、绣花草、油草、油麻。

分布：安徽、重庆、福建、广东、广西、贵州、海南、河南、湖北、湖南、江苏、江西、上海、陕西、四川、云南、浙江。

16. 虮子草

学名：*Leptochloa panicea*（Retz.）Ohwi

别名：细千金子。

分布：安徽、重庆、福建、广东、广西、贵州、海南、河南、湖北、湖南、江苏、江西、四川、陕西、云南、浙江。

17. 铺地黍

学名：*Panicum repens* L.

别名：枯骨草、匍地黍、硬骨草。

分布：重庆、福建、广东、广西、贵州、海南、江西、四川、云南、浙江。

18. 两耳草

学名：*Paspalum conjugatum* Berg.

别名：叉仔草、双穗草。

分布：福建、广东、广西、海南、云南。

19. 双穗雀稗

学名：*Paspalum distichum* L.

别名：游草、游水筋、双耳草、双稳雀稗、铜线草。

分布：安徽、重庆、福建、广东、广西、贵州、海南、湖北、湖南、河南、江苏、江西、上海、陕西、四川、云南、浙江。

20. 圆果雀稗

学名：*Paspalum orbiculare* Forst.

分布：福建、广东、广西、贵州、湖北、江苏、江西、四川、云南、浙江。

21. 雀稗

学名：*Paspalum thunbergii* Kunth ex Steud.

别名：龙背筋、鸭嘴草、鱼眼草、猪儿草。

分布：安徽、重庆、福建、广东、广西、贵州、海南、河南、湖北、湖南、江苏、江西、陕西、四川、云南、浙江。

22. 芦苇

学名：*Phragmites australis*（Cav.）Trin. ex Steud.

别名：好鲁苏、呼勒斯、呼勒斯鹅、葭、蒹、芦、芦草、芦柴、芦头、芦芽、苇、苇葭、苇子。

分布：安徽、重庆、福建、广东、广西、贵州、海南、河南、湖北、湖南、江苏、江西、上海、陕西、四川、云南、浙江。

23. 筒轴茅

学名：*Rottboellia exaltata* Linn. f.

别名：罗氏草。

分布：福建、广东、广西、贵州、四川、云南。

24. 金色狗尾草

学名：*Setaria glauca*（L.）Beauv.

分布：安徽、重庆、福建、广东、广西、贵州、海南、河南、湖北、湖南、江苏、江西、陕西、上海、四川、云南、浙江。

25. 狗尾草

学名：*Setaria viridis*（L.）Beauv.

别名：谷莠子、莠。

分布：安徽、重庆、福建、广东、广西、贵州、湖北、河南、湖南、江苏、江西、四川、陕西、上海、云南、浙江。

26. 鼠尾粟

学名：*Sporobolus fertilis*（Steud.）W. D. Glayt.

别名：钩耜草、牛筋草、鼠尾栗。

分布：安徽、福建、广东、贵州、海南、湖北、河南、湖南、江苏、江西、四川、陕西、云南、浙江。

莎草科

1. 扁穗莎草

学名：*Cyperus compressus* L.

别名：硅子叶莎草、沙田草、莎田草、水虱草、砖子叶莎草。

分布：安徽、重庆、福建、广东、广西、河南、陕西、贵州、海南、湖北、湖南、江苏、江西、四川、云南、浙江。

2. 异型莎草

学名：*Cyperus difformis* L.

分布：安徽、重庆、福建、广东、广西、贵州、河南、海南、湖北、湖南、江苏、江西、陕西、上海、四川、云南、浙江。

3. 碎米莎草

学名：*Cyperus iria* L.

分布：安徽、重庆、福建、广东、广西、贵州、海南、河南、湖北、湖南、江苏、江西、陕西、上海、四川、云南、浙江。

4. 香附子

学名：*Cyperus rotundus* L.

别名：香头草。

分布：安徽、重庆、福建、广东、广西、贵州、海南、河南、湖北、湖南、江苏、江西、陕西、上海、四川、云南、浙江。

5. 夏飘拂草

学名：*Fimbristylis aestivalis*（Retz.）Vahl

别名：小畦畔飘拂草。

分布：福建、江西、广东、广西、海南、四川、云南、浙江。

6. 水虱草

学名：*Fimbristylis miliacea*（L.）Vahl

别名：日照飘拂草、扁机草、扁排草、扁头草、木虱草、牛毛草、飘拂草、球花关。

分布：安徽、重庆、福建、广东、广西、贵州、海南、河南、湖北、湖南、江苏、江西、陕西、四川、云南、浙江。

7. 牛毛毡

学名：*Heleocharis yokoscensis*（Franch. et Savat.）Tang et Wang

分布：安徽、重庆、福建、广东、广西、贵州、海南、河南、湖北、湖南、江苏、江西、陕西、上海、四川、云南、浙江。

8. 水蜈蚣

学名：*Kyllinga brevifolia* Rottb.

分布：安徽、福建、广东、广西、贵州、江苏、江西、湖北、湖南、四川、云南、浙江。

鸭跖草科

1. 鸭跖草

学名：*Commelina communis* L.

别名：竹叶菜、兰花竹叶。

分布：安徽、重庆、福建、广东、广西、贵州、海南、河南、湖北、湖南、江苏、江西、陕西、上海、四川、云南、浙江。

2. 竹节菜

学名：*Commelina diffusa* N. L. Burm.

别名：节节菜、节节草、竹蒿草、竹节草、竹节花、竹叶草。

分布：四川、广东、广西、贵州、海南、湖北、湖南、江苏、云南。

附录：

9. 甜菜田杂草

甜菜田杂草科属种数（1）

植物种类	科	属	种
孢子植物	1	1	1
蕨类植物	1	1	1
被子植物	15	40	44
双子叶植物	13	30	33
单子叶植物	2	10	11
总计	16	41	45

甜菜田杂草科属种数（2）

科	属	种	科	属	种
蕨类植物			马齿苋科	1	1
木贼科	1	1	茜草科	1	1
双子叶植物			茄科	2	2
车前科	1	1	十字花科	4	4
大戟科	1	1	苋科	1	2
豆科	2	2	旋花科	3	3
锦葵科	2	2	**单子叶植物**		
菊科	6	7	禾本科	9	9
藜科	3	3	鸭跖草科	1	2
蓼科	3	4			

甜菜田杂草名录

孢子植物杂草

蕨类植物杂草

木贼科

问荆

学名：*Equisetum arvense* L.

别名：马蜂草、土麻黄、笔头草。

分布：甘肃、贵州、河北、黑龙江、江苏、吉林、辽宁、内蒙古、宁夏、青海、陕西、山东、山西、四川、新疆、云南。

被子植物杂草

双子叶植物杂草

车前科

车前

学名：*Plantago asiatica* L.

别名：车前子。

分布：甘肃、贵州、河北、黑龙江、吉林、江苏、辽宁、内蒙古、山东、山西、陕西、四川、新疆、云南。

大戟科

铁苋菜

学名：*Acalypha australis* L.

别名：榎草、海蚌含珠。

分布：甘肃、贵州、河北、黑龙江、吉林、江苏、辽宁、内蒙古、宁夏、青海、山东、山西、陕西、四川、新疆、云南。

豆科

1. 甘草

学名：*Glycyrrhiza uralensis* Fisch.

别名：甜草。

分布：甘肃、河北、黑龙江、内蒙古、吉林、辽宁、宁夏、青海、陕西、山东、山西、新疆。

2. 苦马豆

学名：*Sphaerophysa salsula*（Pall.）DC.

别名：爆竹花、红花苦豆子、红花土豆子、红苦豆。

分布：甘肃、内蒙古、吉林、辽宁、宁夏、青海、陕西、山西、新疆。

锦葵科

1. 苘麻

学名：*Abutilon theophrasti* Medicus

别名：青麻、白麻。

分布：甘肃、贵州、河北、黑龙江、吉林、江苏、辽宁、内蒙古、宁夏、山东、山西、陕西、四川、新疆、云南。

2. 野西瓜苗

学名：*Hibiscus trionum* L.

别名：香铃草。

分布：甘肃、贵州、河北、黑龙江、吉林、江苏、辽宁、内蒙古、宁夏、青海、山东、山西、陕西、四川、新疆、云南。

菊科

1. 黄花蒿

学名：*Artemisia annua* L.

别名：臭蒿。

分布：甘肃、贵州、河北、黑龙江、江苏、吉林、辽宁、内蒙古、宁夏、青海、陕西、山东、山西、四川、新疆、云南。

2. 飞廉

学名：*Carduus nutans* L.

分布：甘肃、河北、吉林、江苏、宁夏、青海、山东、山西、陕西、四川、云南、新疆。

3. 刺儿菜

学名：*Cephalanoplos segetum*（Bunge）Kitam.

别名：小蓟。

分布：甘肃、贵州、河北、黑龙江、吉林、江苏、辽宁、内蒙古、宁夏、青海、山东、山西、陕西、四川、新疆、云南。

4. 大刺儿菜

学名：*Cephalanoplos setosum*（Willd.）Kitam.

别名：马刺蓟。

分布：甘肃、贵州、河北、黑龙江、吉林、江苏、辽宁、内蒙古、宁夏、青海、山东、山西、陕西、四川、新疆、云南。

5. 苣荬菜

学名：*Sonchus arvensis* L.

别名：苦菜。

分布：甘肃、贵州、河北、黑龙江、吉林、江苏、辽宁、内蒙古、宁夏、青海、山东、山西、陕西、四川、新疆。

6. 蒲公英

学名：*Taraxacum mongolicum* Hand.-Mazz.

分布：甘肃、贵州、河北、黑龙江、吉林、江苏、辽宁、内蒙古、宁夏、青海、山东、山西、陕西、四川、新疆、云南。

7. 苍耳

学名：*Xanthium sibiricum* Patrin ex Widder

别名：虱麻头、老苍子、青棘子。

分布：甘肃、贵州、河北、黑龙江、吉林、江苏、辽宁、内蒙古、宁夏、青海、山东、山西、陕西、四川、新疆、云南。

藜科

1. 藜

学名：*Chenopodium album* L.

别名：灰菜、白藜、灰条菜、地肤子。

分布：甘肃、贵州、河北、黑龙江、吉林、江苏、辽宁、内蒙古、宁夏、青海、山东、山西、陕西、四川、新疆、云南。

2. 猪毛菜

学名：*Salsola collina* Pall.

别名：扎蓬棵、山叉明棵。

分布：甘肃、贵州、河北、黑龙江、吉林、江苏、辽宁、内蒙古、宁夏、青海、山东、山西、陕西、四川、新疆、云南。

3. 盐地碱蓬

学名：*Suaeda salsa*（L.）Pall.

别名：翅碱蓬、黄须菜、哈日－和日斯（蒙古族名）、碱葱、碱蓬棵、盐篙子、盐蒿子、盐蓬。

分布：甘肃、河北、黑龙江、辽宁、吉林、江苏、内蒙古、宁夏、青海、山东、陕西、山西、新疆。

蓼科

1. 苦荞麦

学名：*Fagopyrum tataricum*（L.）Gaertn.

别名：野荞麦、鞑靼荞麦、虎日－萨嘎得（蒙古族名）。

分布：甘肃、贵州、河北、黑龙江、吉林、辽宁、内蒙古、宁夏、青海、陕西、山西、四川、新疆、云南。

2. 卷茎蓼

学名：*Fallopia convolvula*（L.）A. Löve

分布：甘肃、贵州、河北、黑龙江、吉林、江苏、辽宁、内蒙古、宁夏、青海、山东、山西、陕西、四川、新疆、云南。

3. 萹蓄

学名：*Polygonum aviculare* L.

别名：鸟蓼、扁竹。

分布：甘肃、贵州、河北、黑龙江、吉林、江苏、辽宁、内蒙古、宁夏、青海、山东、山西、陕西、四川、新疆、云南。

4. 酸模叶蓼

学名：*Polygonum lapathifolium* L.

别名：旱苗蓼。

分布：甘肃、贵州、河北、黑龙江、吉林、江苏、辽宁、内蒙古、宁夏、青海、山东、山西、陕西、四川、新疆、云南。

马齿苋科

马齿苋

学名：*Portulaca oleracea* L.

别名：马蛇子菜、马齿菜。

分布：甘肃、贵州、河北、黑龙江、江苏、吉林、辽宁、内蒙古、宁夏、青海、陕西、山东、山西、四川、新疆、云南。

茜草科

猪殃殃

学名：*Galium aparine var. echinospermum*（Wallr.）Cuf.

别名：拉拉秧。

分布：甘肃、贵州、河北、黑龙江、吉林、江苏、辽宁、内蒙古、宁夏、青海、山东、山西、陕西、四川、新疆、云南。

茄科

1. 曼陀罗

学名：*Datura stramonium* L.

别名：醉心花、狗核桃。

分布：甘肃、贵州、河北、江苏、辽宁、内蒙古、宁夏、青海、山东、陕西、四川、新疆、云南。

2. 龙葵

学名：*Solanum nigrum* L.

别名：野海椒、苦葵、野辣虎。

分布：甘肃、贵州、河北、黑龙江、吉林、江苏、辽宁、内蒙古、青海、山东、山西、陕西、新疆、四川、云南。

十字花科

1. 荠菜

学名：*Capsella bursa-pastoris*（L.）Medic.

别名：荠、荠荠菜。

分布：甘肃、贵州、河北、黑龙江、吉林、江苏、辽宁、内蒙古、宁夏、青海、山东、山西、陕西、四川、新疆、云南。

2. 播娘蒿

学名：*Descurainia sophia*（L.）Webb ex Prantl

分布：甘肃、贵州、河北、黑龙江、吉林、江苏、辽宁、内蒙古、宁夏、青海、山东、山西、陕西、四川、新疆、云南。

3. 独行菜

学名：*Lepidium apetalum* Willd.

别名：辣辣。

分布：甘肃、贵州、河北、黑龙江、吉林、江苏、辽宁、内蒙古、宁夏、青海、山东、山西、陕西、四川、新疆、云南。

4. 遏蓝菜

学名：*Thalaspi arvense* L.

分布：甘肃、贵州、河北、黑龙江、吉林、江苏、辽宁、内蒙古、宁夏、青海、山东、山西、陕西、四川、新疆、云南。

苋科

1. 凹头苋

学名：*Amaranthus blitum* L.

别名：野苋、人情菜、野苋菜。

分布：甘肃、贵州、河北、黑龙江、吉林、江苏、辽宁、内蒙古、山东、山西、陕西、四川、新疆、云南。

2. 反枝苋

学名：*Amaranthus retroflexus* L.

别名：西风谷、阿日白－诺高（蒙古族名）、反齿苋、家鲜谷、人苋菜、忍建菜、西风古、苋菜、野风古、野米谷、野千穗谷、野苋菜。

分布：甘肃、贵州、河北、黑龙江、吉林、江苏、辽宁、内蒙古、宁夏、青海、山东、山西、陕西、四川、新疆、云南。

旋花科

1. 打碗花

学名：*Calystegia hederacea* Wall.

别名：小旋花、兔耳草。

分布：甘肃、贵州、河北、黑龙江、吉林、江苏、辽宁、内蒙古、宁夏、青海、山东、山西、陕西、四川、新疆、云南。

2. 田旋花

学名：*Convolvulus arvensis* L.

别名：中国旋花、箭叶旋花。

分布：甘肃、贵州、河北、黑龙江、吉林、江苏、辽宁、内蒙古、宁夏、青海、山东、山西、陕西、四川、新疆、云南。

3. 菟丝子

学名：*Cuscuta chinensis* Lam.

别名：金丝藤、豆寄生、无根草。

分布：甘肃、贵州、河北、黑龙江、吉林、江苏、辽宁、内蒙古、宁夏、青海、山东、山西、陕西、四川、新疆、云南。

单子叶植物杂草

禾本科

1. 野燕麦

学名：*Avena fatua* L.

别名：乌麦、燕麦草。

分布：甘肃、贵州、河北、黑龙江、江苏、宁夏、内蒙古、青海、山东、山西、陕西、四川、新疆、云南。

2. 狗牙根

学名：*Cynodon dactylon*（L.）Pers.

别名：绊根草、爬根草、感沙草、铁线草。

分布：甘肃、贵州、河北、黑龙江、吉林、江苏、辽宁、宁夏、青海、山东、山西、陕西、四川、新疆、云南。

3. 马唐

学名：*Digitaria sanguinalis*（L.）Scop.

别名：大抓根草、红水草、鸡爪子草、假马唐、俭草、面条筋、盘鸡头草、秣秸秧子、哑用、抓地龙、抓根草。

分布：甘肃、贵州、河北、黑龙江、吉林、江苏、辽宁、内蒙古、宁夏、青海、山东、山西、陕西、四川、新疆、云南。

4. 稗

学名：*Echinochloa crusgali*（L.）Beauv.

别名：野稗、稗草、稗子、稗子草、水稗、水稗子、水䅟子、野䅟子、䅟子草。

分布：甘肃、贵州、河北、黑龙江、吉林、江苏、辽宁、内蒙古、宁夏、青海、山东、山西、陕西、四川、新疆、云南。

5. 牛筋草

学名：*Eleusine indica*（L.）Gaertn.

别名：蟋蟀草。

分布：甘肃、贵州、河北、黑龙江、吉林、江苏、辽宁、内蒙古、宁夏、山东、山西、陕西、四川、新疆、云南。

6. 画眉草

学名：*Eragrostis pilosa*（L.）Beauv.

别名：星星草、蚊子草、榧子草、狗尾巴草、呼日嘎拉吉（蒙古族名）、蚊蚊草、绣花草。

分布：甘肃、贵州、河北、黑龙江、江苏、辽宁、内蒙古、宁夏、青海、山东、山西、陕西、四川、新疆、云南。

7. 白茅

学名：*Imperata cylindrica*（L.）Beauv.

别名：茅针、茅根、白茅根、黄茅、尖刀草、兰根、毛根、茅草、茅茅根、茅针花、丝毛草、丝茅草、丝茅根、甜根、甜根草、乌毛根。

分布：甘肃、贵州、河北、黑龙江、江苏、辽宁、内蒙古、山东、山西、陕西、四川、新疆、云南。

8. 芦苇

学名：*Phragmites australis*（Cav.）Trin. ex Steud.

别名：好鲁苏、呼勒斯、呼勒斯鹅、葭、蒹、芦、芦草、芦柴、芦头、芦芽、苇、苇葭、苇子。

分布：甘肃、贵州、河北、黑龙江、吉林、江苏、辽宁、内蒙古、宁夏、青海、山东、山西、陕西、四川、新疆、云南。

9. 狗尾草

学名：*Setaria viridis*（L.）Beauv.

别名：谷莠子、莠。

分布：甘肃、贵州、河北、黑龙江、吉林、江苏、辽宁、内蒙古、宁夏、青海、山东、山西、陕西、四川、新疆、云南。

鸭跖草科

1. 鸭跖草

学名：*Commelina communis* L.

别名：竹叶菜、兰花竹叶。

分布：甘肃、贵州、河北、黑龙江、吉林、江苏、辽宁、内蒙古、宁夏、山东、山西、陕西、四川、云南。

2. 竹节菜

学名：*Commelina diffusa* N. L. Burm.

别名：节节菜、节节草、竹蒿草、竹节草、竹节花、竹叶草。

分布：甘肃、贵州、江苏、山东、四川、新疆、云南。

附录：

10. 棉花田杂草

棉花田杂草科属种数（1）

植物种类	科	属	种
孢子植物	1	1	1
蕨类植物	1	1	1
被子植物	29	91	107
双子叶植物	24	69	78
单子叶植物	5	22	29
总计	30	92	108

棉花田杂草科属种数（2）

科	属	种
蕨类植物		
木贼科	1	1
双子叶植物		
车前科	1	1
唇形科	3	3
大戟科	3	5
大麻科	1	1
豆科	7	7
番杏科	1	1
蒺藜科	2	2
夹竹桃科	1	1
锦葵科	2	2
菊科	16	18
藜科	5	7
蓼科	1	1
萝藦科	2	2
马齿苋科	1	1
牻牛儿苗科	1	1
荨麻科	1	1
茄科	3	3
十字花科	4	5
石竹科	3	3
梧桐科	1	1
苋科	3	4
玄参科	4	5
旋花科	2	2
紫草科	1	1
单子叶植物		
百合科	1	1
禾本科	15	18
莎草科	4	7
天南星科	1	1
鸭跖草科	1	2

棉花田杂草名录

孢子植物杂草

蕨类植物杂草

木贼科

问荆

学名：*Equisetum arvense* L.

别名：马蜂草、土麻黄、笔头草。

分布：安徽、北京、重庆、福建、甘肃、贵州、河北、河南、黑龙江、湖北、湖南、江苏、江西、吉林、辽宁、内蒙古、宁夏、青海、陕西、山东、上海、山西、四川、天津、新疆、西藏、云南、浙江。

被子植物杂草

双子叶植物杂草

车前科

车前

学名：*Plantago asiatica* L.

别名：车前子。

分布：安徽、福建、甘肃、广东、广西、贵州、海南、河北、河南、黑龙江、湖北、湖南、吉林、江苏、江西、辽宁、内蒙古、山东、山西、陕西、四川、西藏、新疆、云南、浙江。

唇形科

1. 香青兰

学名：*Dracocephalum moldavica* L.

别名：野薄荷、枝子花、摩眼子、山薄荷、白赖洋、臭蒿、臭青兰。

分布：甘肃、河北、广西、黑龙江、河南、吉林、辽宁、内蒙古、青海、陕西、山西、湖北、新疆、四川、重庆、云南、浙江。

2. 益母草

学名：*Leonurus japonicus* Houttuyn

别名：茺蔚、茺蔚子、茺玉子、灯笼草、地母草。

分布：安徽、北京、福建、甘肃、广东、广西、贵州、海南、河北、黑龙江、河南、湖北、湖南、江苏、江西、吉林、辽宁、内蒙古、宁夏、青海、陕西、四川、重庆、山东、山西、上海、天津、新疆、西藏、云南、浙江。

3. 紫苏

学名：*Perilla frutescens*（L.）Britt.

别名：白苏、白紫苏、般尖、黑苏、红苏。

分布：福建、广东、广西、贵州、河北、湖北、湖南、江苏、江西、山西、四川、重庆、西藏、甘肃、陕西、云南、浙江。

大戟科

1. 铁苋菜

学名：*Acalypha australis* L.

别名：榎草、海蚌含珠。

分布：安徽、北京、重庆、福建、甘肃、广东、广西、贵州、海南、河北、河南、黑龙江、湖北、湖南、吉林、江苏、江西、辽宁、内蒙古、宁夏、青海、山东、山西、陕西、上海、四川、天津、西藏、新疆、云南、浙江。

2. 泽漆

学名：*Euphorbia helioscopia* L.

别名：五朵云、五风草。

分布：安徽、福建、甘肃、广东、广西、贵州、海南、河北、河南、黑龙江、湖北、湖南、吉林、江苏、上海、江西、辽宁、内蒙古、宁夏、青海、山东、山西、陕西、四川、重庆、西藏、新疆、云南、浙江。

3. 地锦

学名：*Euphorbia humifusa* Willd.

别名：地锦草、红丝草、奶疳草。

分布：北京、天津、福建、甘肃、广东、广西、海南、贵州、河北、河南、黑龙江、湖北、湖南、吉林、上海、安徽、江苏、江西、辽宁、内蒙古、宁夏、青海、山东、山西、陕西、四川、重庆、西藏、新疆、云南、浙江。

4. 斑地锦

学名：*Euphorbia maculata* L.

别名：班地锦、大地锦、宽斑地锦、痢疾草、美洲地锦、奶汁草、铺地锦。

分布：北京、河北、广东、广西、湖北、湖南、江西、江苏、辽宁、山东、陕西、上海、浙江、重庆、宁夏。

5. 叶下珠

学名：*Phyllanthus urinaria* L.

别名：阴阳草、假油树、珍珠草。

分布：广东、广西、贵州、海南、河北、湖北、湖南、江苏、山西、陕西、四川、西藏、新疆、云南、浙江、重庆。

大麻科

律草

学名：*Humulus scandens* (Lour.) Merr.

别名：拉拉藤、拉拉秧。

分布：北京、天津、安徽、重庆、福建、广东、广西、贵州、海南、河北、黑龙江、河南、湖北、湖南、江苏、江西、吉林、辽宁、陕西、山东、山西、四川、西藏、云南、浙江、甘肃、上海。

豆科

1. 骆驼刺

学名：*Alhagi camelorum* Fisch.

别名：刺蜜、史塔克、疏叶骆驼刺、延塔克、疏花骆驼刺、羊塔克。

分布：甘肃、内蒙古、新疆、陕西。

2. 皂荚

学名：*Gleditsia sinensis* Lam.

别名：皂角、田皂荚。

分布：安徽、福建、甘肃、广东、广西、贵州、河北、黑龙江、河南、湖北、湖南、内蒙古、江苏、江西、吉林、辽宁、陕西、山东、山西、四川、云南、浙江。

3. 甘草

学名：*Glycyrrhiza uralensis* Fisch.

别名：甜草。

分布：甘肃、河北、河南、黑龙江、内蒙古、吉林、辽宁、宁夏、青海、陕西、山东、山西、新疆。

4. 草木樨

学名：*Melilotus suaveolens* Ledeb.

别名：黄花草、黄花草木樨、香马料木樨、野木樨。

分布：安徽、甘肃、河北、河南、黑龙江、吉林、江苏、江西、湖南、广西、辽宁、内蒙古、青海、山东、山西、陕西、宁夏、四川、贵州、西藏、云南、浙江、新疆。

5. 苦豆子

学名：*Sophora alopecuroides* L.

别名：西豆根、苦甘草。

分布：甘肃、河北、河南、内蒙古、宁夏、青海、陕西、山西、新疆、西藏。

6. 苦马豆

学名：*Sphaerophysa salsula*（Pall.）DC.

别名：爆竹花、红花苦豆子、红花土豆子、红苦豆。

分布：甘肃、湖北、内蒙古、吉林、辽宁、宁夏、青海、陕西、山西、新疆、浙江。

7. 大巢菜

学名：*Vicia hirsuta*（L.）S. F. Gray

别名：硬毛果野豌豆、雀野豆。

分布：安徽、福建、甘肃、广东、广西、贵州、河北、河南、湖北、湖南、江苏、江西、陕西、上海、四川、云南、浙江、重庆。

番杏科

粟米草

学名：*Mollugo stricta* L.

别名：飞蛇草、降龙草、万能解毒草、鸭脚瓜子草。

分布：安徽、福建、广东、广西、贵州、海南、河南、湖北、湖南、江苏、江西、山东、陕西、四川、重庆、西藏、新疆、云南、浙江、甘肃。

蒺藜科

1. 骆驼蓬

学名：*Peganum harmala* L.

别名：臭古都、老哇爪、苦苦菜、臭草、阿地熟斯忙、乌姆希－乌布斯（蒙古族名）。

分布：甘肃、河北、内蒙古、宁夏、青海、山西、新疆、西藏。

2. 蒺藜

学名：*Tribulus terrester* L.

别名：蒺藜狗子、野菱角、七里丹、刺蒺藜、章古、伊曼－章古（蒙古族名）。

分布：安徽、北京、重庆、福建、甘肃、广东、广西、贵州、海南、河北、河南、黑龙江、湖北、湖南、吉林、江苏、江西、辽宁、内蒙古、宁夏、青海、山东、山西、陕西、上海、四川、天津、西藏、新疆、云南、浙江。

夹竹桃科

大叶白麻

学名：*Poacynum hendersonii*（Hook. f.）Woodson

别名：野麻、大花罗布麻、大花白麻、大花较布麻、罗布麻。

分布：甘肃、青海、新疆。

锦葵科

1. 苘麻

学名：*Abutilon theophrasti* Medicus

别名：青麻、白麻。

分布：安徽、北京、福建、甘肃、广东、广西、贵州、河北、河南、黑龙江、湖北、湖南、吉林、江苏、江西、辽宁、内蒙古、宁夏、山东、山西、陕西、上海、四川、重庆、天津、新疆、云南、浙江。

2. 野西瓜苗

学名：*Hibiscus trionum* L.

别名：香铃草。

分布：安徽、北京、福建、甘肃、广东、广西、贵州、海南、河北、河南、黑龙江、湖北、湖南、吉林、江苏、江西、辽宁、内蒙古、宁夏、青海、山东、山西、陕西、上海、四川、重庆、天津、西藏、新疆、云南、浙江。

菊科

1. 顶羽菊

学名：*Acroptilon repens*（L.）DC.

别名：苦蒿。

分布：甘肃、河北、内蒙古、青海、山西、陕西、新疆、浙江。

2. 胜红蓟

学名：*Ageratum conyzoides* L.

别名：藿香蓟、臭垆草、咸虾花。

分布：江苏、安徽、福建、湖南、湖北、广东、广西、海南、贵州、江西、四川、云南、重庆、甘肃、河南、山西、浙江。

3. 黄花蒿

学名：*Artemisia annua* L.

别名：臭蒿。

分布：安徽、北京、福建、甘肃、广东、广西、贵州、海南、河北、黑龙江、河南、湖北、湖南、江苏、江西、吉林、辽宁、内蒙古、宁夏、青海、陕西、山东、上海、山西、四川、天津、新疆、西藏、云南、浙江。

4. 艾蒿

学名：*Artemisia argyi* Levl. et Vant.

别名：艾

分布：北京、天津、安徽、福建、甘肃、广东、广西、贵州、河北、黑龙江、河南、湖北、湖南、江苏、江西、吉林、辽宁、内蒙古、宁夏、陕西、山西、山东、四川、云南、重庆、浙江、新疆、青海。

5. 窄叶紫菀

学名：*Aster subulatus* Michx.

别名：钻形紫菀、白菊花、九龙箭、瑞连草、土紫胡、野红梗菜。

分布：重庆、广西、江西、四川、云南、浙江。

6. 鬼针草

学名：*Bidens pilosa* L.

分布：安徽、北京、甘肃、河北、河南、黑龙江、湖北、吉林、江西、辽宁、内蒙古、山东、山西、天津、福建、广东、广西、江苏、陕西、四川、重庆、云南、浙江。

7. 飞廉

学名：*Carduus nutans* L.

分布：甘肃、广西、河北、河南、吉林、江苏、宁夏、青海、山东、山西、陕西、四川、云南、新疆。

8. 刺儿菜

学名：*Cephalanoplos segetum*（Bunge）Kitam.

别名：小蓟。

分布：安徽、北京、重庆、福建、甘肃、广东、广西、贵州、海南、河北、河南、黑龙江、湖北、湖南、吉林、江苏、江西、辽宁、内蒙古、宁夏、青海、山东、山西、陕西、上海、四川、天津、新疆、云南、浙江。

9. 小蓬草

学名：*Conyza canadensis*（L.）Cronq.

别名：加拿大蓬、飞蓬、小飞蓬 。

分布：安徽、北京、重庆、福建、甘肃、广东、广西、贵州、海南、河北、河南、黑龙江、湖北、湖南、吉林、江苏、江西、辽宁、内蒙古、宁夏、青海、山东、山西、陕西、上海、四川、天津、西藏、新疆、云南、浙江。

10. 鳢肠

学名：*Eclipta prostrata* L.

别名：旱莲草、墨草。

分布：安徽、北京、重庆、福建、甘肃、广东、广西、贵州、海南、河北、河南、黑龙江、湖北、湖南、吉林、江苏、江西、辽宁、内蒙古、宁夏、青海、山东、山西、陕西、上海、四川、天津、西藏、新疆、云南、浙江。

11. 蓼子朴

学名：*Inula salsoloides*（Turcz.）Ostenf.

别名：沙地旋覆花、黄喇嘛、秃女子草。

分布：甘肃、河北、辽宁、内蒙古、青海、新疆、陕西、山西。

12. 剪刀股

学名：*Ixeris japonica*（Burm. F.）Nakai

别名：低滩苦荬菜。

分布：广东、广西、江西、浙江、安徽、福建、贵州、海南、河北、湖北、湖南、江苏、四川、云南。

13. 苦荬菜

学名：*Ixeris polycephala* Cass.

别名：多头苦荬菜、多头苦菜、多头苦荬、多头莴苣、还魂草、剪子股、老鹳菜。

分布：安徽、福建、广东、广西、贵州、湖南、江苏、江西、陕西、四川、云南、浙江。

14. 花花柴

学名：*Karelinia caspia*（Pall.）Less.

别名：胖姑娘娘、洪古日朝高那、胖姑娘。

分布：甘肃、陕西、内蒙古、青海、新疆。

15. 蒙山莴苣

学名：*Lactuca tatarica*（L.）C. A. Mey.

别名：鞑靼山莴苣、紫花山莴苣、苦苦菜。

分布：甘肃、河北、河南、江西、辽宁、内蒙古、宁夏、青海、山西、陕西、西藏、新疆。

16. 苣荬菜

学名：*Sonchus arvensis* L.

别名：苦菜。

分布：安徽、福建、北京、江苏、山东、天津、新疆、浙江、重庆、甘肃、广东、广西、贵州、海南、河北、河南、黑龙江、湖北、湖南、吉林、江西、辽宁、内蒙古、宁夏、青海、山西、陕西、上海、四川。

17. 蒲公英

学名：*Taraxacum mongolicum* Hand.–Mazz.

分布：北京、天津、安徽、福建、甘肃、广东、广西、贵州、河北、河南、黑龙江、湖北、湖南、吉林、上海、江苏、江西、辽宁、内蒙古、宁夏、青海、山东、山西、陕西、四川、重庆、云南、浙江、西藏、新疆。

18. 苍耳

学名：*Xanthium sibiricum Patrin* ex Widder

别名：虱麻头、老苍子、青棘子。

分布：安徽、北京、重庆、福建、甘肃、广东、广西、贵州、海南、河北、河南、黑龙江、湖北、湖南、吉林、江苏、江西、辽宁、内蒙古、宁夏、青海、山东、山西、陕西、四川、天津、西藏、新疆、云南、浙江。

藜科

1. 藜

学名：*Chenopodium album* L.

别名：灰菜、白藜、灰条菜、地肤子。

分布：安徽、北京、重庆、福建、甘肃、广东、广西、贵州、海南、河北、河南、黑龙江、湖北、湖南、吉林、江苏、江西、辽宁、内蒙古、宁夏、青海、山东、山西、陕西、上海、四川、天津、西藏、新疆、云南、浙江。

2. 灰绿藜

学名：*Chenopodium glaucum* L.

别名：碱灰菜、小灰菜、白灰菜。

分布：安徽、北京、广东、广西、贵州、江西、山东、上海、四川、天津、西藏、云南、甘肃、海南、河北、河南、黑龙江、湖北、湖南、吉林、辽宁、内蒙古、宁夏、陕西、山西、青海、新疆、江苏、浙江。

3. 小藜

学名：*Chenopodium serotinum* L.

分布：安徽、北京、重庆、福建、甘肃、广东、广西、贵州、海南、河北、河南、黑龙江、湖北、湖南、吉林、江苏、江西、辽宁、内蒙古、宁夏、青海、山东、山西、陕西、上海、四川、天津、新疆、云南、浙江。

4. 盐生草

学名：*Halogeton glomeratus*（Bieb.）C. A. Mey.

别名：好希－哈麻哈格（蒙古族名）。

分布：甘肃、青海、新疆、西藏。

5. 地肤

学名：*Kochia scoparia*（L.）Schrad.

别名：扫帚菜。

分布：北京、天津、安徽、福建、甘肃、广东、广西、贵州、河北、河南、黑龙江、湖北、湖南、吉林、江苏、江西、辽宁、内蒙古、宁夏、青海、山东、山西、陕西、四川、重庆、西藏、新疆、云南、浙江。

6. 刺沙蓬

学名：*Salsola ruthenica* Iljin

别名：刺蓬、大翅猪毛菜、风滚草、狗脑沙蓬、沙蓬、苏联猪毛菜、乌日格斯图－哈木呼乐（蒙古族名）、扎蓬棵、猪毛菜。

分布：东北、华北、西北、西藏、山东、江苏。

7. 灰绿蓬

学名：*Suaeda glauca* Bunge

别名：碱蓬。

分布：甘肃、黑龙江、江苏、河北、河南、内蒙古、宁夏、青海、山东、山西、新疆、浙江、陕西。

蓼科

1. 两栖蓼

学名：*Polygonum amphibium* L.

分布：安徽、甘肃、贵州、海南、河北、黑龙江、湖北、湖南、广西、吉林、江苏、辽宁、内蒙古、宁夏、青海、山东、山西、陕西、四川、西藏、新疆、云南。

2. 萹蓄

学名：*Polygonum aviculare* L.

别名：鸟蓼、扁竹。

分布：安徽、福建、甘肃、广东、广西、贵州、海南、河北、河南、黑龙江、湖北、湖南、吉林、江苏、江西、辽宁、内蒙古、宁夏、青海、山东、山西、陕西、四川、重庆、西藏、新疆、云南、浙江。

3. 酸模叶蓼

学名：*Polygonum lapathifolium* L.

别名：旱苗蓼。

分布：北京、安徽、福建、广东、广西、贵州、甘肃、海南、湖北、河北、黑龙江、河南、湖南、吉林、江苏、江西、辽宁、内蒙古、宁夏、青海、四川、山东、陕西、山西、西藏、云南、浙江、陕西、上海、新疆、重庆。

4. 春蓼

学名： *Polygonum persicaria* L.

别名： 桃叶蓼。

分布： 安徽、福建、甘肃、广西、贵州、河北、河南、黑龙江、湖北、湖南、吉林、江苏、江西、辽宁、内蒙古、宁夏、青海、山东、山西、陕西、四川、新疆、云南、浙江。

萝藦科

1. 羊角子草

学名： *Cynanchum cathayense* Tsiang

别名： 勤克立克、地梢瓜、少布给日－特木根－呼呼（蒙古族名）。

分布： 河北、陕西、甘肃、宁夏、新疆。

2. 萝藦

学名： *Metaplexis japonica*（Thunb.）Makino

别名： 天将壳、飞来鹤、赖瓜瓢。

分布： 安徽、北京、福建、甘肃、广东、广西、贵州、河北、黑龙江、河南、湖北、湖南、江苏、江西、吉林、辽宁、内蒙古、宁夏、青海、陕西、山东、上海、山西、四川、天津、西藏、云南、浙江。

马齿苋科

马齿苋

学名： *Portulaca oleracea* L.

别名： 马蛇子菜、马齿菜。

分布： 安徽、北京、福建、甘肃、广东、广西、贵州、海南、河北、黑龙江、河南、湖北、湖南、江苏、江西、吉林、辽宁、内蒙古、宁夏、青海、陕西、山东、上海、山西、四川、重庆、天津、新疆、西藏、云南、浙江。

牻牛儿苗科

野老鹳草

学名： *Geranium carolinianum* L.

别名： 野老芒草 。

分布： 安徽、重庆、福建、广西、湖北、湖南、江西、江苏、上海、四川、云南、浙江、河北、河南。

荨麻科

雾水葛

学名：*Pouzolzia zeylanica*（L.）Benn.

别名：白石薯、啜脓羔、啜脓膏、水麻秧、多枝雾水葛、石薯、粘榔根、粘榔果。

分布：安徽、福建、广东、广西、甘肃、湖北、湖南、江西、四川、贵州、云南、浙江。

茄科

1. 曼陀罗

学名：*Datura stramonium* L.

别名：醉心花、狗核桃。

分布：安徽、北京、甘肃、广东、广西、贵州、河北、河南、湖北、湖南、江苏、辽宁、内蒙古、宁夏、青海、山东、陕西、四川、新疆、云南、浙江。

2. 宁夏枸杞

学名：*Lycium barbarum* L.

别名：中宁枸杞、茨、枸杞。

分布：甘肃、河北、河南、内蒙古、宁夏、青海、陕西、四川、新疆。

3. 龙葵

学名：*Solanum nigrum* L.

别名：野海椒、苦葵、野辣虎。

分布：安徽、北京、甘肃、广东、河南、河北、黑龙江、湖北、吉林、江西、辽宁、内蒙古、青海、山东、山西、陕西、上海、天津、新疆、浙江、重庆、福建、广西、贵州、湖南、江苏、四川、西藏、云南。

十字花科

1. 白菜型油菜自生苗

学名：*Brassica campestris* L.

别名：油菜。

分布：广东、广西、河北、河南、湖北、湖南、江苏、陕西、四川、浙江、重庆、甘肃、贵州、内蒙古、宁夏、西藏、青海、新疆、云南。

2. 甘蓝型油菜自生苗

学名：*Brassica napus* L.

别名：油菜。

分布：广东、广西、重庆、河北、河南、湖北、江苏、江西、陕西、四川、浙江。

3. 荠菜

学名：*Capsella bursa-pastoris*（L.）Medic.

别名：荠、荠荠菜。

分布：安徽、北京、福建、甘肃、广东、广西、贵州、海南、河北、河南、黑龙江、湖北、湖南、吉林、江苏、江西、辽宁、内蒙古、宁夏、青海、山东、山西、陕西、上海、四川、重庆、天津、西藏、新疆、云南、浙江。

4. 宽叶独行菜

学名：*Lepidium latifolium* L.

别名：北独行菜、大辣辣、光果宽叶独行菜、乌日根－昌古（蒙古族名）、羊辣辣、止痢草。

分布：甘肃、河北、河南、黑龙江、辽宁、内蒙古、宁夏、青海、陕西、山东、山西、四川、西藏、新疆、浙江。

5. 焊菜

学名：*Rorippa indica*（L.）Hiern

分布：安徽、福建、甘肃、广东、广西、贵州、海南、河北、河南、湖北、湖南、江苏、江西、辽宁、青海、陕西、山东、山西、四川、西藏、云南、浙江、新疆。

石竹科

1. 牛繁缕

学名：*Myosoton aquaticum*（L.）Moench

别名：鹅肠菜、鹅儿肠、抽筋草、大鹅儿肠、鹅肠草、石灰菜、额叠申细苦、伸筋草。

分布：安徽、北京、福建、甘肃、广东、广西、贵州、海南、河北、黑龙江、河南、湖北、湖南、江苏、江西、吉林、辽宁、内蒙古、宁夏、青海、陕西、山东、上海、山西、四川、重庆、天津、新疆、西藏、云南、浙江。

2. 拟漆姑草

学名：*Spergularia salina* J. et C. Presl

别名：牛漆姑草。

分布：甘肃、河北、河南、黑龙江、吉林、江苏、湖南、内蒙古、宁夏、青海、山东、陕西、四川、新疆、云南。

3. 雀舌草

学名：*Stellaria alsine* Grimm

别名：天蓬草、滨繁缕、米鹅儿肠、蛇牙草、泥泽繁缕、雀舌繁缕、雀舌苹、雀石草、石灰草。

分布：安徽、福建、甘肃、广东、广西、贵州、河北、河南、湖北、湖南、江苏、江西、内蒙古、四川、重庆、西藏、云南、浙江、陕西。

梧桐科

马松子

学名：*Melochia corchorifolia* L.

别名：野路葵、野棉花秸、白洋蒜、路葵子、野棉花、野棉花稭。

分布：安徽、福建、广东、广西、贵州、江苏、江西、湖北、湖南、海南、四川、重庆、云南、浙江。

苋科

1. 空心莲子草

学名：*Alternanthera philoxeroides*（Mart.）Griseb.

别名：水花生、水苋菜。

分布：安徽、北京、重庆、福建、广东、广西、湖北、湖南、江苏、江西、青海、山东、陕西、上海、四川、云南、浙江、甘肃、贵州、河北、河南、新疆、重庆。

2. 凹头苋

学名：*Amaranthus blitum* L.

别名：野苋、人情菜、野苋菜。

分布：北京、安徽、福建、甘肃、广东、广西、贵州、海南、河北、河南、黑龙江、湖北、湖南、吉林、江苏、江西、辽宁、山东、山西、陕西、四川、新疆、云南、浙江、内蒙古、上海、重庆。

3. 反枝苋

学名：*Amaranthus retroflexus* L.

别名：西风谷、阿日白－诺高（蒙古族名）、反齿苋、家鲜谷、人苋菜、忍建菜、西风古、苋菜、野风古、野米谷、野千穗谷、野苋菜。

分布：北京、甘肃、海南、河北省、河南、黑龙江、湖北、吉林、江苏、江西、辽宁、内蒙古、宁夏、青海、山东、山西、陕西、四川、天津、新疆、安徽、福建、广东、广西、贵州、湖南、上海、云南、重庆、浙江。

4. 青葙

学名：*Celosia argentea* L.

别名：野鸡冠花、狗尾巴、狗尾苋、牛尾花。

分布：安徽、北京、福建、甘肃、广东、广西、贵州、海南、河北、河南、黑龙江、湖北、湖南、吉林、江苏、江西、辽宁、内蒙古、宁夏、青海、山东、山西、陕西、四川、重庆、西藏、新疆、云南、浙江。

玄参科

1. 野胡麻

学名：*Dodartia orientalis* L.

别名：刺儿草、倒打草、倒爪草、道爪草、多得草、多德草、呼热立格－其其格（蒙古族名）、牛哈水、牛含水、牛汉水、牛汗水、紫花草、紫花秧。

分布：浙江、陕西、甘肃、内蒙古、四川、新疆。

2. 陌上菜

学名：*Lindernia procumbens*（Krock.）Borbas

别名：额、吉日根纳、母草、水白菜。

分布：福建、河南、陕西、安徽、广东、广西、贵州、黑龙江、湖北、湖南、江苏、江西、吉林、四川、重庆、云南、浙江。

3. 通泉草

学名：*Mazus japonicus*（Thunb.）Kuntze

分布：安徽、福建、北京、重庆、甘肃、广东、广西、河北、河南、湖北、湖南、江苏、江西、山东、陕西、四川、云南、浙江、青海。

4. 婆婆纳

学名：*Veronica polita* Fries

分布：安徽、北京、福建、甘肃、贵州、河南、湖北、湖南、江苏、江西、青海、陕西、四川、重庆、新疆、云南、浙江、广西、河北、河南、辽宁、山东、山西、上海。

5. 水苦荬

学名：*Veronica undulata* Wall.

别名：水莴苣、水菠菜。

分布：安徽、北京、福建、甘肃、广东、广西、贵州、海南、河北、河南、黑龙江、湖北、湖南、吉林、江苏、江西、辽宁、山东、山西、陕西、上海、四川、天津、新疆、云南、浙江。

旋花科

1. 打碗花

学名：*Calystegia hederacea* Wall.

别名：小旋花、兔耳草。

分布：北京、天津、上海、重庆、安徽、福建、甘肃、广东、广西、贵州、海南、河北、黑龙江、河南、湖北、湖南、江苏、江西、吉林、辽宁、内蒙古、宁夏、青海、陕西、山东、山西、四川、新疆、云南、浙江。

2. 田旋花

学名：*Convolvulus arvensis* L.

别名：中国旋花、箭叶旋花。

分布：北京、上海、西藏、安徽、福建、甘肃、广东、广西、贵州、海南、河北、黑龙江、河南、湖北、湖南、江苏、江西、吉林、辽宁、内蒙古、宁夏、青海、陕西、山东、山西、四川、新疆、云南、浙江。

紫草科

附地菜

学名：*Trigonotis peduncularis*（Trev.）Benth. ex Baker et Moore

别名：地胡椒。

分布：北京、福建、甘肃、广西、河北、黑龙江、吉林、江西、辽宁、内蒙古、宁夏、山东、山西、陕西、西藏、新疆、云南、贵州、湖北、湖南、江苏、四川、天津、浙江、重庆。

单子叶植物杂草

百合科

薤白

学名：*Allium macrostemon* Bunge

别名：小根蒜、大蕊葱、胡葱、胡葱子、胡蒜、苦蒜、密花小根蒜、山韭菜。

分布：安徽、北京、福建、甘肃、广东、广西、贵州、河北、黑龙江、河南、天津、西藏、云南、湖北、湖南、江苏、江西、吉林、辽宁、内蒙古、宁夏、陕西、山东、上海、山西、四川。

禾本科

1. 狗牙根

学名：*Cynodon dactylon*（L.）Pers.

别名：绊根草、爬根草、感沙草、铁线草。

分布：安徽、福建、广东、广西、贵州、河南、河北、黑龙江、吉林、江西、辽宁、宁夏、青海、山东、陕西、上海、天津、新疆、重庆、甘肃、海南、湖北、江苏、四川、陕西、山西、云南、浙江。

2. 止血马唐

学名：*Digitaria ischaemum*（Schreb.）Schreb.

别名：叉子草、哈日－西巴棍－塔布格（蒙古族名）、红茎马唐、鸡爪子草、马唐、熟地草、鸭茅马唐、鸭嘴马唐、抓秧草。

分布：贵州、湖南、安徽、福建、甘肃、河北、黑龙江、河南、江苏、吉林、辽宁、内蒙古、宁夏、陕西、山东、山西、四川、云南、浙江、新疆、西藏。

3. 马唐

学名：*Digitaria sanguinalis*（L.）Scop.

别名：大抓根草、红水草、鸡爪子草、假马唐、俭草、面条筋、盘鸡头草、秫秸秧子、哑用、抓地龙、抓根草。

分布：北京、福建、广东、广西、海南、湖南、吉林、江西、辽宁、内蒙古、青海、上海、天津、云南、浙江、重庆、安徽、甘肃、贵州、湖北、河北、黑龙江、河南、江苏、宁夏、四川、山东、陕西、山西、新疆、西藏。

4. 旱稗

学名：*Echinochloa hispidula*（Retz.）Nees

别名：水田稗、乌日特－奥存－好努格（蒙古族名）。

分布：北京、海南、河南、辽宁、内蒙古、宁夏、青海、陕西、天津、重庆、安徽、甘肃、广东、贵州、河北、黑龙江、湖北、湖南、吉林、江苏、江西、山东、山西、四川、新疆、云南、浙江。

5. 牛筋草

学名：*Eleusine indica*（L.）Gaertn.

别名：蟋蟀草。

分布：安徽、甘肃、北京、福建、广东、贵州、海南、湖北、黑龙江、河北、河南、湖北、吉林、江苏、辽宁、内蒙古、宁夏、山西、新疆、重庆、湖南、江西、四川、山东、上海、陕西、天津、西藏、云南、浙江。

6. 画眉草

学名：*Eragrostis pilosa*（L.）Beauv.

别名：星星草、蚊子草、榧子草、狗尾巴草、呼日嘎拉吉（蒙古族名）、蚊蚊草、绣花草。

分布：安徽、甘肃、广东、广西、河北、河南、湖南、江苏、江西、辽宁、内蒙古、青海、山西、四川、新疆、重庆、北京、福建、贵州、海南、湖北、黑龙江、宁夏、山东、陕西、西藏、云南、浙江。

7. 紫大麦草

学名：*Hordeum violaceum* Boiss. et Huet.

别名：紫野麦、宝日－阿日白（蒙古族名）。

分布：河北、内蒙古、宁夏、陕西、甘肃、青海、新疆。

8. 白茅

学名：*Imperata cylindrica*（L.）Beauv.

别名：茅针、茅根、白茅根、黄茅、尖刀草、兰根、毛根、茅草、茅茅根、茅针花、丝毛草、丝茅草、丝茅根、甜根、甜根草、乌毛根。

分布：北京、甘肃、广西、上海、天津、重庆、安徽、福建、广东、贵州、海南、湖北、河北、黑龙江、河南、湖南、江苏、江西、辽宁、内蒙古、四川、广西、山东、陕西、山西、新疆、西藏、四川、云南、浙江。

9. 千金子

学名：*Leptochloa chinensis*（L.）Nees

别名：雀儿舌头、畔茅、绣花草、油草、油麻。

分布：甘肃、河北、黑龙江、吉林、辽宁、内蒙古、山西、上海、新疆、重庆、安徽、福建、广东、广西、贵州、海南、湖北、河南、湖南、江苏、江西、山东、陕西、四川、云南、浙江。

10. 虮子草

学名：*Leptochloa panicea*（Retz.）Ohwi

别名：细千金子。

分布：安徽、福建、广东、贵州、海南、河南、湖北、湖南、江苏、江西、四川、重庆、陕西、云南、广西、浙江。

11. 双穗雀稗

学名：*Paspalum distichum* L.

别名：游草、游水筋、双耳草、双稳雀稗、铜线草。

分布：安徽、福建、甘肃、广东、广西、贵州、海南、湖北、河北、河南、黑龙江、江西、辽宁、山西、陕西、上海、天津、新疆、重庆、湖南、江苏、四川、山东、云南、浙江。

12. 芦苇

学名：*Phragmites australis*（Cav.）Trin. ex Steud.

别名：好鲁苏、呼勒斯、呼勒斯鹅、葭、蒹、芦、芦草、芦柴、芦头、芦芽、苇、苇葭、苇子。

分布：安徽、北京、重庆、福建、甘肃、广东、广西、贵州、海南、河北、河南、黑龙江、湖北、湖南、吉林、江苏、江西、辽宁、内蒙古、宁夏、青海、山东、山西、陕西、上海、四川、天津、西藏、新疆、云南、浙江。

13. 早熟禾

学名：*Poa annua* L.

别名：伯页力格－额布苏（蒙古族名）、发汗草、冷草、麦峰草、绒球草、稍草、踏不烂、小鸡草、小青草、羊毛胡子草。

分布：北京、吉林、宁夏、上海、天津、浙江、重庆、安徽、福建、甘肃、广东、广西、贵州、海南、河北、河南、黑龙江、湖北、湖南、吉林、江苏、江西、辽宁、内蒙古、青海、山东、山西、陕西、四川、西藏、新疆、云南、浙江。

14. 棒头草

学名：*Polypogon fugax* Nees ex Steud.

别名：狗尾稍草、麦毛草、稍草。

分布：安徽、甘肃、福建、广东、广西、贵州、河南、湖北、湖南、江苏、江西、内蒙古、宁夏、青海、上海、陕西、山东、山西、四川、重庆、新疆、西藏、云南、浙江。

15. 碱茅

学名：*Puccinellia tenuiflora*（Griseb.）Scribn. et Merr.

分布：河北、河南、宁夏、青海、山东、陕西、四川、天津、新疆。

16. 金色狗尾草

学名：*Setaria glauca*（L.）Beauv.

分布：安徽、北京、重庆、福建、甘肃、广东、广西、贵州、海南、河北、河南、黑龙江、湖北、湖南、吉林、江苏、江西、辽宁、内蒙古、宁夏、青海、山东、山西、陕西、上海、四川、天津、西藏、新疆、云南、浙江。

17. 狗尾草

学名：*Setaria viridis*（L.）Beauv.

别名：谷莠子、莠。

分布：北京、安徽、福建、广东、广西、甘肃、贵州、湖北、河北、黑龙江、辽宁、上海、天津、河南、湖南、吉林、江苏、江西、内蒙古、宁夏、青海、四川、重庆、山东、陕西、山西、新疆、西藏、云南、浙江。

18. 小麦自生苗

学名：*Triticum aestivum* L.

分布：安徽、北京、甘肃、广西、贵州、河北、河南、湖北、江苏、内蒙古、宁夏、山东、陕西、四川、天津、云南、浙江。

莎草科

1. 扁穗莎草

学名：*Cyperus compressus* L.

别名：硅子叶莎草、沙田草、莎田草、水虱草、砖子叶莎草。

分布：安徽、福建、广东、广西、河北、河南、陕西、贵州、海南、湖北、湖南、江苏、江西、四川、重庆、云南、浙江、吉林。

2. 异型莎草

学名：*Cyperus difformis* L.

分布：北京、贵州、河南、江西、内蒙古、宁夏、山东、上海、天津、新疆、重庆、安徽、福建、甘肃、广东、广西、海南、河北、黑龙江、湖北、湖南、吉林、江苏、辽宁、陕西、山西、四川、云南、浙江。

3. 香附子

学名：*Cyperus rotundus* L.

别名：香头草。

分布：北京、海南、黑龙江、湖南、湖北、吉林、内蒙古、上海、新疆、重庆、安徽、福建、甘肃、广东、广西、贵州、河北、河南、江苏、江西、辽宁、宁夏、山东、陕西、山西、四川、云南、浙江。

4. 水虱草

学名：*Fimbristylis miliacea*（L.）Vahl

别名：日照飘拂草、扁机草、扁排草、扁头草、木虱草、牛毛草、飘拂草、球花关。

分布：安徽、福建、广东、广西、贵州、海南、河北、河南、湖北、湖南、江苏、江西、辽宁、陕西、四川、云南、浙江、重庆。

5. 牛毛毡

学名：*Heleocharis yokoscensis*（Franch. et Savat.）Tang et Wang

分布：安徽、福建、甘肃、广东、广西、贵州、海南、河北、河南、黑龙江、湖北、湖南、吉林、江苏、江西、辽宁、内蒙古、宁夏、山东、山西、陕西、上海、四川、天津、云南、浙江、重庆。

6. 扁秆藨草

学名：*Scirpus planiculmis* Fr. Schmidt

别名：紧穗三棱草、野荆三棱。

分布：安徽、福建、广东、广西、河南、河北、黑龙江、湖北、湖南、吉林、江苏、江西、辽宁、内蒙古、宁夏、山西、陕西、上海、四川、天津、新疆、云南、浙江、重庆云南。

7. 荆三棱

学名：*Scirpus yagara* Ohwi

别名：铁荸荠、野荸荠、三棱子、沙囊果。

分布：四川、广东、广西、湖南、重庆、浙江、辽宁、吉林、黑龙江、贵州、江苏、浙江。

天南星科

半夏

学名：*Pinellia ternata*（Thunb.）Breit.

别名：半月莲、三步跳、地八豆。

分布：安徽、福建、甘肃、广东、广西、贵州、海南、河北、黑龙江、河南、湖北、湖南、江苏、江西、吉林、辽宁、宁夏、陕西、山东、山西、四川、重庆、云南、浙江。

鸭跖草科

1. 鸭跖草

学名： *Commelina communis* L.

别名： 竹叶菜、兰花竹叶。

分布： 安徽、北京、重庆、福建、甘肃、广东、广西、贵州、海南、河北、河南、黑龙江、湖北、湖南、吉林、江苏、江西、辽宁、内蒙古、宁夏、山东、山西、陕西、上海、四川、天津、云南、浙江。

2. 竹节菜

学名： *Commelina diffusa* N. L. Burm.

别名： 节节菜、节节草、竹蒿草、竹节草、竹节花、竹叶草。

分布： 湖南、湖北、江苏、山东、四川、广东、广西、甘肃、贵州、海南、西藏、云南、新疆。

附录：

11. 麻类田杂草

麻类田杂草科属种数（1）

植物种类	科	属	种
孢子植物	1	1	1
蕨类植物	1	1	1
被子植物	16	34	40
双子叶植物	13	19	24
单子叶植物	3	15	16
总计	17	35	41

麻类田杂草科属种数（2）

科	属	种	科	属	种
蕨类植物			茄科	1	1
木贼科	1	1	十字花科	2	2
双子叶植物			石竹科	2	2
车前科	1	1	苋科	1	2
大戟科	1	1	旋花科	1	1
豆科	1	1	**单子叶植物**		
菊科	4	5	禾本科	13	14
藜科	1	3	莎草科	1	1
蓼科	2	3	鸭跖草科	1	1
马齿苋科	1	1			
茜草科	1	1			

麻类田杂草名录

孢子植物杂草

蕨类植物杂草

木贼科

问荆

学名：*Equisetum arvense* L.

别名：马蜂草、土麻黄、笔头草。

分布：安徽、重庆、福建、甘肃、贵州、河北、河南、黑龙江、湖北、湖南、江苏、江西、吉林、辽宁、内蒙古、陕西、山东、山西、四川、新疆、云南、浙江。

被子植物杂草

双子叶植物杂草

车前科

车前

学名：*Plantago asiatica* L.

别名：车前子。

分布：安徽、福建、甘肃、广东、广西、贵州、海南、河北、河南、黑龙江、湖北、湖南、吉林、江苏、江西、辽宁、内蒙古、山东、山西、陕西、四川、新疆、云南、浙江。

大戟科

铁苋菜

学名：*Acalypha australis* L.

别名：榎草、海蚌含珠。

分布：安徽、重庆、福建、甘肃、广东、广西、贵州、海南、河北、河南、黑龙江、湖北、湖南、吉林、江苏、江西、辽宁、内蒙古、山东、山西、陕西、四川、新疆、云南、浙江。

豆科

大巢菜

学名：*Vicia sativa* L.

别名：野绿豆、野菜豆、救荒野豌豆。

分布：安徽、重庆、福建、甘肃、广东、广西、贵州、海南、河北、河南、黑龙江、湖北、湖南、吉林、江苏、江西、辽宁、内蒙古、山东、山西、陕西、四川、新疆、云南、浙江。

菊科

1. 刺儿菜

学名：*Cephalanoplos segetum*（Bunge）Kitam.

别名：小蓟。

分布：安徽、重庆、福建、甘肃、广东、广西、贵州、海南、河北、河南、黑龙江、湖北、湖南、吉林、江苏、江西、辽宁、内蒙古、山东、山西、陕西、四川、云南、浙江。

2. 苦荬菜

学名：*Ixeris polycephala* Cass.

别名：多头苦荬菜、多头苦菜、多头苦荬、多头莴苣、还魂草、剪子股、老鹳菜。

分布：安徽、福建、广东、广西、贵州、湖南、江苏、江西、陕西、四川、云南、浙江。

3. 多头苦荬菜

学名：*Ixeris polycephala* Cass.

分布：安徽、重庆、福建、甘肃、广东、广西、贵州、河北、河南、黑龙江、湖南、吉林、江苏、江西、辽宁、内蒙古、山东、山西、陕西、四川、云南、浙江。

4. 苣荬菜

学名：*Sonchus arvensis* L.

别名：苦菜。

分布：安徽、重庆、福建、甘肃、广东、广西、贵州、海南、河北、河南、黑龙江、湖北、湖南、吉林、江苏、江西、辽宁、内蒙古、山东、山西、陕西、四川、新疆、浙江。

5. 苍耳

学名：*Xanthium sibiricum* Patrin ex Widder

别名：虱麻头、老苍子、青棘子。

分布：安徽、重庆、福建、甘肃、广东、广西、贵州、海南、河北、河南、黑龙江、湖北、湖南、吉林、江苏、江西、辽宁、内蒙古、山东、山西、陕西、四川、新疆、云南、浙江。

藜科

1. 藜

学名：*Chenopodium album* L.

别名：灰菜、白藜、灰条菜、地肤子。

分布：安徽、重庆、福建、甘肃、广东、广西、贵州、海南、河北、河南、黑龙江、湖北、湖南、吉林、江苏、江西、辽宁、内蒙古、山东、山西、陕西、四川、新疆、云南、浙江。

2. 灰绿藜

学名：*Chenopodium glaucum* L.

别名：碱灰菜、小灰菜、白灰菜。

分布：安徽、甘肃、广东、广西、贵州、海南、河北、河南、黑龙江、湖北、湖南、吉林、辽宁、内蒙古江苏、江西、山东、山西、陕西、四川、、新疆、云南、浙江。

3. 小藜

学名：*Chenopodium serotinum* L.

分布：安徽、重庆、福建、甘肃、广东、广西、贵州、海南、河北、河南、黑龙江、湖北、湖南、吉林、江苏、江西、辽宁、内蒙古、山东、山西、陕西、四川、新疆、云南、浙江。

蓼科

1. 萹蓄

学名：*Polygonum aviculare* L.

别名：鸟蓼、扁竹。

分布：安徽、重庆、福建、甘肃、广东、广西、贵州、海南、河北、河南、黑龙江、湖北、湖南、吉林、江苏、江西、辽宁、内蒙古、山东、山西、陕西、四川、新疆、云南、浙江。

2. 酸模叶蓼

学名：*Polygonum lapathifolium* L.

别名：旱苗蓼。

分布：安徽、重庆、福建、甘肃、广东、广西、贵州、海南、河北、河南、黑龙江、湖北、湖南、吉林、江苏、江西、辽宁、内蒙古、山东、山西、陕西、四川、新疆、云南、浙江。

3. 酸模

学名：*Rumex acetosa* L.

别名：土大黄、酸模 。

分布：安徽、重庆、福建、甘肃、广西、贵州、河南、黑龙江、湖北、湖南、吉林、江苏、辽宁、内蒙古、山东、山西、陕西、、四川、新疆、云南、浙江。

马齿苋科

马齿苋

学名：*Portulaca oleracea* L.

别名：马蛇子菜、马齿菜。

分布：安徽、福建、甘肃、广东、广西、贵州、海南、河北、黑龙江、河南、湖北、湖南、江苏、江西、吉林、辽宁、内蒙古、陕西、山东、山西、四川、重庆、新疆、云南、浙江。

茜草科

猪殃殃

学名：*Galium aparine* var. *echinospermum*(Wallr.) Cuf.

别名：拉拉秧。

分布：安徽、重庆、福建、甘肃、广东、广西、贵州、海南、河北、河南、黑龙江、湖北、湖南、吉林、江苏、江西、辽宁、内蒙古、山东、山西、陕西、四川、新疆、云南、浙江。

茄科

龙葵

学名：*Solanum nigrum* L.

别名：野海椒、苦葵、野辣虎。

分布：安徽、重庆、福建、甘肃、广东、广西、贵州、河北、河南、黑龙江、湖北、湖南、吉林、江苏、江西、辽宁、内蒙古、山东、山西、陕西、四川、新疆、云南、浙江。

十字花科

1. 荠菜

学名：*Capsella bursa-pastoris*(L.) Medic.

别名：荠、荠荠菜。

分布：安徽、福建、甘肃、广东、广西、贵州、海南、河北、河南、黑龙江、湖北、湖南、吉林、江苏、江西、辽宁、内蒙古、山东、山西、陕西、四川、重庆、新疆、云南、浙江。

2. 播娘蒿

学名：*Descurainia sophia*（L.）Webb ex Prantl

分布：安徽、重庆、福建、甘肃、广东、广西、贵州、海南、河北、河南、黑龙江、湖北、湖南、吉林、江苏、江西、辽宁、内蒙古、山东、山西、陕西、四川、新疆、云南、浙江。

石竹科

1. 牛繁缕

学名：*Myosoton aquaticum*（L.）Moench

别名：鹅肠菜、鹅儿肠、抽筋草、大鹅儿肠、鹅肠草、石灰菜、额叠申细苦、伸筋草。

分布：安徽、重庆、福建、甘肃、广东、广西、贵州、海南、河北、黑龙江、河南、湖北、湖南、江苏、江西、吉林、辽宁、内蒙古、陕西、山东、山西、四川、新疆、云南、浙江。

2. 繁缕

学名：*Stellaria media*（L.）Villars

别名：鹅肠草。

分布：安徽、重庆、福建、甘肃、广东、广西、贵州、河北、河南、湖北、湖南、江苏、江西、吉林、辽宁、内蒙古、山东、山西、陕西、四川、云南、浙江。

苋科

1. 凹头苋

学名：*Amaranthus blitum* L.

别名：野苋、人情菜、野苋菜。

分布：安徽、重庆、福建、甘肃、广东、广西、贵州、海南、河北、河南、黑龙江、湖北、湖南、吉林、江苏、江西、辽宁、内蒙古、山东、山西、陕西、四川、新疆、云南、浙江。

2. 反枝苋

学名：*Amaranthus retroflexus* L.

别名：西风谷、阿日白－诺高（蒙古族名）、反齿苋、家鲜谷、人苋菜、忍建菜、西风古、苋菜、野风古、野米谷、野千穗谷、野苋菜。

分布：安徽、重庆、甘肃、福建、广东、广西、贵州、海南、河北省、河南、黑龙江、湖北、湖南、吉林、江苏、江西、辽宁、内蒙古、山东、山西、陕西、四川、新疆、云南、浙江。

旋花科

田旋花

学名： *Convolvulus arvensis* L.

别名： 中国旋花、箭叶旋花。

分布： 安徽、福建、甘肃、广东、广西、贵州、海南、河北、河南、黑龙江、湖北、湖南、江苏、江西、吉林、辽宁、内蒙古、山东、山西、陕西、四川、新疆、云南、浙江。

单子叶植物杂草

禾本科

1. 看麦娘

学名： *Alopecurus aequalis* Sobol.

别名： 褐蕊看麦娘。

分布： 安徽、重庆、福建、甘肃、广东、广西、贵州、河北、河南、黑龙江、湖北、江苏、江西、吉林、辽宁、内蒙古、山东、陕西、四川、新疆、云南、浙江。

2. 野燕麦

学名： *Avena fatua* L.

别名： 乌麦、燕麦草。

分布： 安徽、福建、甘肃、广东、广西、贵州、河北、河南、黑龙江、湖北、湖南、江苏、江西、内蒙古、山东、山西、陕西、四川、重庆、新疆、云南、浙江。

3. 狗牙根

学名： *Cynodon dactylon*（L.）Pers.

别名： 绊根草、爬根草、感沙草、铁线草。

分布： 安徽、重庆、福建、甘肃、广东、广西、贵州、海南、河北、河南、黑龙江、湖北、吉林、江苏、江西、辽宁、山东、陕西、山西、陕西、四川、新疆、云南、浙江。

4. 马唐

学名： *Digitaria sanguinalis*（L.）Scop.

别名： 大抓根草、红水草、鸡爪子草、假马唐、俭草、面条筋、盘鸡头草、秫秸秧子、哑用、抓地龙、抓根草。

分布： 安徽、重庆、福建、甘肃、广东、广西、贵州、海南、河北、河南、黑龙江、湖北、湖南、吉林、江苏、江西、辽宁、内蒙古、山东、山西、陕西、四川、新疆、云南、浙江。

5. 稗

学名： *Echinochloa crusgali*（L.）Beauv.

别名：野稗、稗草、稗子、稗子草、水稗、水稗子、水䅟子、野䅟子、䅟子草。

分布：安徽、重庆、福建、甘肃、广东、广西、贵州、海南、河北、河南、黑龙江、湖北、湖南、吉林、江苏、江西、辽宁、内蒙古、山东、山西、陕西、四川、新疆、云南、浙江。

6. 牛筋草

学名：*Eleusine indica*（L.）Gaertn.

别名：蟋蟀草。

分布：安徽、重庆、福建、甘肃、广东、贵州、海南、河北、河南、黑龙江、湖北、湖南、吉林、江苏、江西、辽宁、内蒙古、山东、山西、陕西、四川、新疆、云南、浙江。

7. 白茅

学名：*Imperata cylindrica*（L.）Beauv.

别名：茅针、茅根、白茅根、黄茅、尖刀草、兰根、毛根、茅草、茅茅根、茅针花、丝毛草、丝茅草、丝茅根、甜根、甜根草、乌毛根。

分布：安徽、重庆、福建、甘肃、广东、广西、贵州、海南、河北、河南、黑龙江、湖北、湖南、江苏、江西、辽宁、内蒙古、山东、山西、陕西、四川、新疆、云南、浙江。

8. 千金子

学名：*Leptochloa chinensis*（L.）Nees

别名：雀儿舌头、畔茅、绣花草、油草、油麻。

分布：安徽、重庆、福建、甘肃、广东、广西、贵州、海南、河北、河南、黑龙江、湖北、湖南、吉林、江苏、江西、辽宁、内蒙古、山东、山西、陕西、四川、新疆、云南、浙江。

9. 双穗雀稗

学名：*Paspalum distichum* L.

别名：游草、游水筋、双耳草、双稳雀稗、铜线草。

分布：安徽、重庆、福建、甘肃、广东、广西、贵州、海南、河北、河南、黑龙江、湖北、湖南、江苏、江西、辽宁、山东、山西、陕西、四川、新疆、云南、浙江。

10. 芦苇

学名：*Phragmites australis*（Cav.）Trin. ex Steud.

别名：好鲁苏、呼勒斯、呼勒斯鹅、葭、蒹、芦、芦草、芦柴、芦头、芦芽、苇、苇葭、苇子。

分布：安徽、重庆、福建、甘肃、广东、广西、贵州、海南、河北、河南、黑龙江、湖北、湖南、吉林、江苏、江西、辽宁、内蒙古、山东、山西、陕西、四川、新疆、云南、浙江。

11. 早熟禾

学名：*Poa annua* L.

别名：伯页力格－额布苏（蒙古族名）、发汗草、冷草、麦峰草、绒球草、稍草、踏不烂、小鸡草、小青草、羊毛胡子草。

分布：安徽、重庆、福建、甘肃、广东、广西、贵州、海南、河北、河南、黑龙江、湖北、湖南、吉林、江苏、江西、辽宁、内蒙古、山东、山西、陕西、四川、新疆、云南、浙江。

12. 棒头草

学名：*Polypogon fugax* Nees ex Steud.

别名：狗尾稍草、麦毛草、稍草。

分布：安徽、重庆、甘肃、福建、广东、广西、贵州、河南、湖北、湖南、江苏、江西、内蒙古、山东、山西、陕西、四川、新疆、云南、浙江。

13. 金色狗尾草

学名：*Setaria glauca*（L.）Beauv.

分布：安徽、重庆、福建、甘肃、广东、广西、贵州、海南、河北、河南、黑龙江、湖北、湖南、吉林、江苏、江西、辽宁、内蒙古、山东、山西、陕西、四川、新疆、云南、浙江。

14. 狗尾草

学名：*Setaria viridis*（L.）Beauv.

别名：谷莠子、莠。

分布：安徽、重庆、福建、广东、广西、甘肃、贵州、河北、河南、黑龙江、湖北、湖南、吉林、江苏、江西、辽宁、内蒙古、山东、陕西、山西、四川、新疆、云南、浙江。

莎草科

香附子

学名：*Cyperus rotundus* L.

别名：香头草。

分布：安徽、重庆、福建、甘肃、广东、广西、贵州、海南、河北、河南、黑龙江、湖北、湖南、吉林、江苏、江西、辽宁、内蒙古、山东、山西、陕西、四川、新疆、云南、浙江。

鸭跖草科

鸭跖草

学名：*Commelina communis* L.

别名：竹叶菜、兰花竹叶。

分布：安徽、重庆、福建、甘肃、广东、广西、贵州、海南、河北、河南、黑龙江、湖北、湖南、吉林、江苏、江西、辽宁、内蒙古、山东、山西、陕西、四川、云南、浙江。

附录：

12. 柑橘园杂草

柑橘园杂草科属种数（1）

植物种类	科	属	种
孢子植物	2	2	2
蕨类植物	2	2	2
被子植物	47	142	189
双子叶植物	42	116	155
单子叶植物	4	26	33
总计	49	144	191

柑橘园杂草科属种数（2）

科	属	种	科	属	种
蕨类植物			爵床科	1	1
凤尾蕨科	1	1	藜科	2	4
木贼科	1	1	蓼科	3	8
双子叶植物			柳叶菜科	1	1
报春花科	1	4	萝藦科	1	1
车前科	1	1	落葵科	1	1
唇形科	10	12	马鞭草科	4	4
酢浆草科	1	1	马齿苋科	2	2
大戟科	1	4	毛茛科	1	1
大麻科	1	1	葡萄科	2	2
豆科	8	10	荨麻科	4	4
番杏科	1	1	茜草科	2	2
葫芦科	1	1	蔷薇科	2	3
堇菜科	1	2	茄科	3	6
锦葵科	2	2	忍冬科	1	1
景天科	2	2	三白草科	1	1
菊科	29	37	伞形科	3	3

（续表）

科	属	种	科	属	种
桑科	1	1	罂粟科	1	1
商陆科	1	1	紫草科	3	3
十字花科	1	2	紫茉莉科	1	1
石竹科	3	3	**单子叶植物**		
藤黄科	1	1	禾本科	21	26
梧桐科	1	1	莎草科	2	3
苋科	3	4	天南星科	1	1
玄参科	3	9	鸭跖草科	2	3
旋花科	4	6			

柑橘园杂草名录

孢子植物杂草

蕨类植物杂草

凤尾蕨科

井栏凤尾蕨

学名：*Pteris multifida* Poir.

别名：井栏边草、八字草、百脚鸡、背阴草、鸡脚草、金鸡尾、井边凤尾。

分布：安徽、福建、广东、广西、贵州、河南、湖北、湖南、江苏、江西、陕西、四川、浙江。

木贼科

木贼

学名：*Equisetum ramosissimum* Desf.

别名：土麻黄、草麻黄、木贼草。

分布：重庆、福建、甘肃、广东、广西、贵州、海南、河南、湖北、湖南、江苏、江西、陕西、上海、四川、云南、浙江。

被子植物杂草

双子叶植物杂草

报春花科

1. 泽珍珠菜

学名：*Lysimachia candida* Lindl.

别名：泽星宿菜、白水花、单条草、水硼砂、香花、星宿菜。

分布：安徽、福建、广东、广西、贵州、海南、河南、湖北、湖南、江苏、江西、陕西、四川、云南、浙江。

2. 过路黄

学名：*Lysimachia christinae* Hance

别名：金钱草、真金草、走游草、铺地莲。

分布：安徽、重庆、福建、广东、广西、贵州、河南、湖北、湖南、江西、江苏、陕西、四川、云南、浙江。

3. 聚花过路黄

学名：*Lysimachia congestifolora* Hemsl.

分布：安徽、重庆、福建、甘肃、广西、河南、陕西、云南、浙江。

4. 狭叶珍珠菜

学名：*Lysimachia pentapetala* Bunge

别名：窄叶珍珠菜、珍珠菜、珍珠叶。

分布：安徽、甘肃、河南、湖北、陕西。

车前科

车前

学名：*Plantago asiatica* L.

别名：车前子。

分布：安徽、福建、甘肃、广东、广西、贵州、海南、河南、湖北、湖南、江苏、江西、陕西、四川、云南、浙江。

唇形科

1. 风轮菜

学名：*Clinopodium chinense*（Benth.）O. Ktze.

别名：野凉粉草、苦刀草。

分布：安徽、重庆、福建、广东、广西、贵州、湖北、湖南、江苏、江西、四川、云南、浙江。

2. 细风轮菜

学名：*Clinopodium gracile*（Benth.）Kuntze

别名：瘦风轮菜、剪刀草、玉如意、野仙人草、臭草、光风轮、红上方。

分布：安徽、重庆、福建、广东、广西、贵州、湖北、湖南、江苏、江西、陕西、四川、云南、浙江。

3. 香薷

学名：*Elsholtzia ciliata*（Thunb.）Hyland.

分布：安徽、重庆、福建、甘肃、广东、广西、贵州、海南、河南、湖北、湖南、江苏、江西、陕西、上海、四川、云南、浙江。

4. 活血丹

学名：*Glechoma longituba*（Nakai）Kupr.

别名：佛耳草、金钱草。

分布：安徽、福建、广东、广西、贵州、海南、河南、湖北、湖南、江苏、江西、陕西、上海、四川、云南、浙江。

5. 夏至草

学名：*Lagopsis supina*（Steph. ex Willd.）Ik.–Gal. ex Knorr.

别名：灯笼棵、白花夏枯草。

分布：安徽、重庆、福建、甘肃、广东、广西、贵州、河南、湖南、湖北、江西、江苏、上海、陕西、四川、云南、浙江。

6. 宝盖草

学名：*Lamium amplexicaule* L.

别名：佛座、珍珠莲、接骨草。

分布：安徽、重庆、福建、甘肃、广西、贵州、河南、湖北、湖南、江苏、陕西、四川、云南、浙江。

7. 益母草

学名：*Leonurus japonicus* Houttuyn

别名：茺蔚、茺蔚子、茺玉子、灯笼草、地母草。

分布：安徽、重庆、福建、甘肃、广东、广西、贵州、海南、河南、湖北、湖南、江苏、江西、陕西、上海、四川、云南、浙江。

8. 薄荷

学名：*Mentha canadensis* L.

别名：水薄荷、鱼香草、苏薄荷。

分布：安徽、重庆、福建、甘肃、广东、广西、贵州、海南、河南、湖北、湖南、江苏、江西、陕西、上海、四川、云南、浙江。

9. 紫苏

学名：*Perilla frutescens*（L.）Britt.

别名：白苏、白紫苏、般尖、黑苏、红苏。

分布：重庆、福建、甘肃、广东、广西、贵州、湖北、湖南、江苏、江西、陕西、四川、云南、浙江。

10. 夏枯草

学名：*Prunella vulgaris* L.

别名：铁线夏枯草、铁色草、乃东、燕面。

分布：福建、甘肃、广东、广西、贵州、湖北、湖南、江西、陕西、四川、云南、浙江。

11. 荔枝草

学名：*Salvia plebeia* R. Br.

别名：雪见草、蛤蟆皮、土荆芥、猴臂草。

分布：重庆、甘肃、广东、广西、贵州、海南、河南、湖北、湖南、江苏、江西、陕西、上海、四川、云南、浙江。

12. 半枝莲

学名：*Scutellaria barbata* D. Don

别名：并头草、牙刷草、四方马兰。

分布：福建、广东、广西、贵州、河南、湖北、湖南、江苏、江西、陕西、四川、云南、浙江。

酢浆草科

酢浆草

学名：*Oxalis corniculata* L.

别名：老鸭嘴、满天星、黄花酢酱草、鸠酸、酸味草。

分布：安徽、重庆、福建、甘肃、广东、广西、贵州、海南、河南、湖北、湖南、江苏、江西、陕西、上海、四川、云南、浙江。

大戟科

1. 铁苋菜

学名：*Acalypha australis* L.

别名：榎草、海蚌含珠。

分布：安徽、重庆、福建、甘肃、广东、广西、贵州、海南、河南、湖北、湖南、江苏、江西、陕西、上海、四川、云南、浙江。

2. 泽漆

学名：*Euphorbia helioscopia* L.

别名：五朵云、五风草。

分布：安徽、重庆、福建、甘肃、广东、广西、贵州、海南、河南、湖北、湖南、江苏、江西、陕西、上海、四川、云南、浙江。

3. 飞扬草

学名：*Euphorbia hirta* L.

别名：大飞扬草、乳籽草。

分布：重庆、福建、甘肃、广东、广西、贵州、海南、河南、湖南、江西、四川、云南、浙江。

4. 地锦

学名：*Euphorbia humifusa* Willd.

别名：地锦草、红丝草、奶痟草。

分布：安徽、重庆、福建、甘肃、广东、广西、海南、贵州、河南、湖北、湖南、江苏、江西、陕西、上海、四川、云南、浙江。

大麻科

葎草

学名：*Humulus scandens*（Lour.）Merr.

别名：拉拉藤、拉拉秧。

分布：安徽、重庆、福建、甘肃、广东、广西、贵州、海南、河南、湖北、湖南、江苏、江西、陕西、上海、四川、云南、浙江。

豆科

1. 紫云英

学名：*Astragalus sinicus* L.

别名：沙蒺藜、马苕子、米布袋。

分布：重庆、福建、甘肃、广东、广西、贵州、河南、湖北、湖南、江苏、江西、陕西、上海、四川、云南、浙江。

2. 鸡眼草

学名：*Kummerowia striata*（Thunb.）Schindl.

别名：掐不齐、牛黄黄、公母草。

分布：安徽、重庆、福建、甘肃、广东、广西、贵州、湖北、湖南、江苏、江西、四川、云南、浙江。

3. 截叶铁扫帚

学名：*Lespedeza cuneata*（Dum.-Cours.）G. Don

别名：老牛筋、绢毛胡枝子。

分布：重庆、甘肃、广东、广西、河南、湖北、湖南、陕西、四川、云南。

4. 天蓝苜蓿

学名：*Medicago lupulina* L.

别名：黑荚苜蓿、杂花苜蓿。

分布：安徽、重庆、福建、甘肃、广东、广西、贵州、河南、湖北、湖南、江苏、江西、陕西、四川、云南、浙江。

5. 小苜蓿

学名：*Medicago minima*（L.）Grufb.

别名：破鞋底、野苜蓿。

分布：安徽、重庆、甘肃、河南、湖北、湖南、广西、贵州、江苏、陕西、四川、云南、浙江。

6. 草木樨

学名：*Melilotus suaveolens* Ledeb.

别名：黄花草、黄花草木樨、香马料木樨、野木樨。

分布：安徽、甘肃、广西、贵州、河南、湖南、江苏、江西、陕西、四川、云南、浙江。

7. 含羞草

学名：*Mimosa pudica* L.

别名：知羞草、怕丑草、刺含羞草、感应草、喝呼草。

分布：福建、广东、广西、贵州、海南、湖南、四川、云南。

8. 红车轴草

学名：*Trifolium pratense* L.

别名：红三叶、红荷兰翘摇、红菽草。

分布：安徽、重庆、福建、甘肃、广东、广西、贵州、海南、河南、湖北、湖南、江苏、江西、陕西、上海、四川、云南、浙江。

9. 白车轴草

学名：*Trifolium repens* L.

别名：白花三叶草、白三叶、白花苜宿。

分布：重庆、广西、贵州、湖北、江苏、江西、陕西、上海、四川、云南、浙江。

10. 山野豌豆

学名：*Vicia amoena* Fisch. ex DC.

别名：豆豆苗、芦豆苗。

分布：安徽、重庆、福建、甘肃、广东、广西、贵州、海南、河南、湖北、湖南、江苏、江西、陕西、上海、四川、云南、浙江。

番杏科

粟米草

学名：*Mollugo stricta* L.

别名：飞蛇草、降龙草、万能解毒草、鸭脚瓜子草。

分布：安徽、重庆、福建、甘肃、广东、广西、贵州、海南、河南、湖北、湖南、江苏、江西、陕西、四川、云南、浙江。

葫芦科

马交儿

学名：*Zehneria indica*（Lour.）Keraudren

别名：耗子拉冬瓜、扣子草、老鼠拉冬瓜、土白敛、野苦瓜。

分布：安徽、福建、广东、广西、贵州、湖北、湖南、江苏、江西、四川、云南、浙江。

堇菜科

1. 犁头草

学名：*Viola inconspicua* Bl.

分布：安徽、重庆、福建、广东、广西、贵州、海南、河南、湖北、湖南、江苏、江西、陕西、四川、云南、浙江。

2. 紫花地丁

学名：*Viola philippica* Cav.

分布：安徽、重庆、福建、甘肃、广东、广西、贵州、海南、河南、湖北、湖南、江苏、江西、陕西、四川、云南、浙江。

锦葵科

1. 长蒴黄麻

学名：*Corchorus olitorius* L.

别名：长果黄麻、长萌黄麻、黄麻、山麻、小麻。

分布：安徽、福建、广东、广西、海南、湖南、江西、四川、云南。

2. 黄花稔

学名：*Sida acuta* Burm. f.

分布：福建、广东、广西、海南、湖北、江苏、四川、云南。

景天科

1. 珠芽景天

学名：*Sedum bulbiferum* Makino

别名：马尿花、珠芽佛甲草、零余子景天、马屎花、小箭草、小六儿令、珠芽半枝。

分布：安徽、福建、广东、贵州、湖南、江苏、江西、四川、云南、浙江。

2. 凹叶景天

学名：*Sedum emarginatum* Migo

别名：石马苋、马牙半枝莲。

分布：安徽、重庆、甘肃、湖北、湖南、江苏、江西、陕西、四川、云南、浙江。

菊科

1. 胜红蓟

学名：*Ageratum conyzoides* L.

别名：藿香蓟、臭垆草、咸虾花。

分布：安徽、重庆、福建、甘肃、广东、广西、贵州、海南、河南、湖北、湖南、江苏、江西、四川、云南、浙江。

2. 黄花蒿

学名：*Artemisia annua* L.

别名：臭蒿。

分布：安徽、福建、甘肃、广东、广西、贵州、海南、河南、湖北、湖南、江苏、江西、陕西、上海、四川、云南、浙江。

3. 艾蒿

学名：*Artemisia argyi* Levl. et Vant.

别名：艾

分布：安徽、重庆、福建、甘肃、广东、广西、贵州、河南、湖北、湖南、江苏、江西、陕西、四川、云南、浙江。

4. 窄叶紫菀

学名：*Aster subulatus* Michx.

别名：钻形紫菀、白菊花、九龙箭、瑞连草、土紫胡、野红梗菜。

分布：重庆、广西、江苏、江西、四川、云南、浙江。

5. 白花鬼针草

学名：*Bidens pilosa* L. var. *radiata* Sch.–Bip.

别名：叉叉菜、金盏银盘、三叶鬼针草。

分布：福建、重庆、甘肃、广东、广西、贵州、江苏、陕西、四川、云南、浙江。

6. 翠菊

学名：*Callistephus chinensis*（L.）Nees

别名：江西腊、五月菊、八月菊、翠蓝菊、江西蜡、兰菊、蓝菊、六月菊、米日严–乌达巴拉（蒙古族名）、七月菊。

分布：广西、四川、云南。

7. 天名精

学名：*Carpesium abrotanoides* L.

别名：天蔓青、地菘、鹤虱。

分布：重庆、甘肃、贵州、湖北、湖南、江苏、陕西、四川、云南、浙江。

8. 烟管头草

学名：*Carpesium cernuum* L.

别名：烟袋草、构儿菜。

分布：广西、贵州、海南、湖北、湖南、江苏、江西、四川、云南、浙江。

9. 石胡荽

学名：*Centipeda minima*（L.）A. Br. et Aschers.

别名：球子草。

分布：安徽、福建、甘肃、广东、广西、贵州、海南、河南、湖北、湖南、江苏、江西、陕西、四川、云南、浙江。

10. 刺儿菜

学名：*Cephalanoplos segetum*（Bunge）Kitam.

别名：小蓟。

分布：安徽、重庆、福建、甘肃、广东、广西、贵州、海南、河南、湖北、湖南、江苏、江西、陕西、上海、四川、云南、浙江。

11. 香丝草

学名：*Conyza bonariensis*（L.）Cronq.

别名：野塘蒿、灰绿白酒草、蓬草、蓬头、蓑衣草、小白菊、野地黄菊、野圹蒿。

分布：重庆、福建、甘肃、广东、广西、贵州、海南、河南、湖北、湖南、江苏、江西、陕西、四川、云南、浙江。

12. 小蓬草

学名：*Conyza canadensis*（L.）Cronq.

别名：加拿大蓬、飞蓬、小飞蓬 。

分布：安徽、重庆、福建、甘肃、广东、广西、贵州、海南、河南、湖北、湖南、江苏、江西、陕西、上海、四川、云南、浙江。

13. 野茼蒿

学名：*Crassocephalum crepidioides*（Benth.）S. Moore

别名：革命菜、草命菜、灯笼草、关冬委妞、凉干药、啪哑裸、胖头芋、野蒿茼、野蒿茼属、野木耳菜、野青菜、一点红。

分布：重庆、福建、广东、广西、贵州、湖北、湖南、江苏、江西、四川、云南、浙江。

14. 小鱼眼草

学名：*Dichrocephala benthamii* C. B. Clarke

分布：贵州、广西、湖北、四川、云南。

15. 鳢肠

学名：*Eclipta prostrata* L.

别名：旱莲草、墨草。

分布：安徽、重庆、福建、甘肃、广东、广西、贵州、海南、河南、湖北、湖南、江苏、江西、陕西、上海、四川、云南、浙江。

16. 一点红

学名：*Emilia sonchifolia*（L.）DC.

分布：安徽、福建、广东、广西、贵州、海南、湖北、湖南、江苏、江西、四川、云南、浙江。

17. 一年蓬

学名：*Erigeron annuus*（L.）Pers.

别名：千层塔、治疟草、野蒿、贵州毛菊花、黑风草、姬女苑、蓬头草、神州蒿、向阳菊。

分布：安徽、重庆、福建、甘肃、广西、贵州、河南、湖北、湖南、江苏、江西、上海、四川、浙江。

18. 紫茎泽兰

学名：*Eupatorium adenophorum* Spreng.

别名：大黑草、花升麻、解放草、马鹿草、破坏草、细升麻。

分布：重庆、广西、贵州、湖北、四川、云南。

19. 飞机草

学名：*Eupatorium odoratum* L.

别名：香泽兰。

分布：重庆、广东、广西、贵州、海南、湖南、四川、云南。

20. 牛膝菊

学名：*Galinsoga parviflora* Cav.

别名：辣子草、向阳花、珍珠草、铜锤草、嘎力苏干 – 额布苏（蒙古族名）、旱田菊、兔儿草、小米菊。

分布：安徽、重庆、福建、甘肃、广东、广西、贵州、海南、河南、湖北、湖南、江苏、江西、上海、陕西、四川、云南、浙江。

21. 鼠曲草

学名：*Gnaphalium affine* D. Don

分布：重庆、福建、甘肃、广东、广西、贵州、海南、湖北、湖南、江苏、江西、陕西、四川、云南、浙江。

22. 多茎鼠曲草

学名：*Gnaphalium polycaulon* Pers.

分布：福建、广东、贵州、云南、浙江。

23. 泥胡菜

学名：*Hemistepta lyrata* Bunge

别名：秃苍个儿。

分布：安徽、重庆、福建、甘肃、广东、广西、贵州、海南、河南、湖北、湖南、江苏、江西、陕西、上海、四川、云南、浙江。

24. 山苦荬

学名：*Ixeris chinensis*（Thunb.）Nakai

别名：苦菜、燕儿尾。

分布：重庆、福建、甘肃、广东、广西、贵州、湖南、江苏、江西、陕西、四川、云南、浙江。

25. 马兰

学名：*Kalimeris indica*（L.）Sch.-Bip.

别名：马兰头、鸡儿肠、红管药、北鸡儿肠、北马兰、红梗菜。

分布：安徽、重庆、福建、广东、广西、贵州、海南、河南、湖北、湖南、江西、江苏、陕西、四川、云南、浙江。

26. 山莴苣

学名：*Lagedium sibiricum*（L.）Sojak

别名：北山莴苣、山苦菜、西伯利亚山莴苣。

分布：重庆、福建、甘肃、广东、广西、四川、贵州、湖南、江苏、江西、陕西、云南、浙江。

27. 抱茎苦荬菜

学名：*lxeris sonchifolia* Hance

分布：安徽、重庆、福建、广东、广西、贵州、河南、湖北、湖南、江苏、江西、上海、四川、云南、浙江。

28. 毛连菜

学名：*Picris hieracioides* L.

别名：毛柴胡、毛莲菜、毛牛耳大黄、枪刀菜。

分布：甘肃、广西、贵州、河南、湖北、陕西、四川、云南。

29. 欧洲千里光

学名：*Senecio vulgaris* L.

别名：白顶草、北千里光、欧千里光、欧州千里光、欧洲狗舌草、普通千里光。

分布：贵州、四川、云南。

30. 豨莶

学名：*Siegesbeckia orientalis* L.

别名：虾柑草、粘糊菜。

分布：安徽、重庆、福建、甘肃、广东、广西、贵州、河南、湖南、江苏、江西、陕西、四川、云南、浙江。

31. 苣荬菜

学名：*Sonchus arvensis* L.

别名：苦菜。

分布：安徽、重庆、福建、甘肃、广东、广西、贵州、海南、河南、湖北、湖南、江苏、江西、陕西、上海、四川、浙江。

32. 续断菊

学名：*Sonchus asper*（L.）Hill.

分布：重庆、甘肃、广西、贵州、湖北、湖南、江苏、陕西、四川、云南。

33. 苦苣菜

学名：*Sonchus oleraceus* L.

别名：苦菜、滇苦菜、田苦荬菜、尖叶苦菜。

分布：安徽、重庆、福建、甘肃、广东、广西、贵州、河南、湖北、湖南、江苏、江西、陕西、四川、云南、浙江。

34. 蒲公英

学名：*Taraxacum mongolicum* Hand.-Mazz.

分布：安徽、重庆、福建、甘肃、广东、广西、贵州、河南、湖北、湖南、江苏、江西、陕西、上海、四川、云南、浙江。

35. 苍耳

学名：*Xanthium sibiricum* Patrin ex Widder

别名：虱麻头、老苍子、青棘子。

分布：安徽、重庆、福建、甘肃、广东、广西、贵州、海南、河南、湖北、湖南、江苏、江西、陕西、四川、云南、浙江。

36. 异叶黄鹌菜

学名：*Youngia heterophylla*（Hemsl.）Babc. et Stebbins

别名：花叶猴子屁股、黄狗头。

分布：广西、贵州、湖北、湖南、江西、陕西、四川、云南。

37. 黄鹌菜

学名：*Youngia japonica*（L.）DC.

分布：安徽、重庆、福建、甘肃、广东、广西、贵州、河南、湖北、湖南、江苏、江西、陕西、四川、云南、浙江。

爵床科

爵床

学名：*Rostellularia procumbens*（L.）Nees

分布：安徽、重庆、福建、甘肃、广东、广西、贵州、海南、湖北、湖南、江苏、江西、陕西、四川、云南、浙江。

藜科

1. 藜

学名：*Chenopodium album* L.

别名：灰菜、白藜、灰条菜、地肤子。

分布：安徽、重庆、福建、甘肃、广东、广西、贵州、海南、河南、湖北、湖南、江苏、江西、陕西、上海、四川、云南、浙江。

2. 杖藜

学名：*Chenopodium giganteum* D. Don

别名：大灰灰菜、大灰翟菜、红灰翟菜、红心灰菜、红盐菜、灰苋菜、盐巴米。

分布：甘肃、广东、广西、贵州、河南、陕西、四川、云南、浙江。

3. 小藜

学名：*Chenopodium serotinum* L.

分布：安徽、重庆、福建、甘肃、广东、广西、贵州、海南、河南、湖北、湖南、江苏、江西、陕西、上海、四川、云南、浙江。

4. 土荆芥

学名：*Dysphania ambrosioides*（L.）Mosyakin et Clemants

别名：醒头香、香草、省头香、罗勒、胡椒菜、九层塔。

分布：重庆、福建、甘肃、广东、广西、贵州、河南、湖北、湖南、江苏、江西、陕西、四川、云南、浙江。

蓼科

1. 金荞麦

学名：*Fagopyrum dibotrys*（D. Don）Hara

别名：野荞麦、苦荞头、荞麦三七、荞麦当归、开金锁、铁拳头、铁甲将军草、野南荞。

分布：安徽、福建、甘肃、广东、广西、贵州、河南、湖北、江苏、江西、陕西、四川、云南、浙江。

2. 酸模叶蓼

学名：*Polygonum lapathifolium* L.

别名：旱苗蓼。

分布：安徽、重庆、福建、甘肃、广东、广西、贵州、海南、河南、湖北、湖南、江苏、江西、陕西、上海、四川、云南、浙江。

3. 绵毛酸模叶蓼

学名：*Polygonum lapathifolium* L. var. *salicifolium* Sibth.

别名：白毛蓼、白胖子、白绒蓼、柳叶大马蓼、柳叶蓼、绵毛大马蓼、绵毛旱苗蓼、棉毛酸模叶蓼。

分布：安徽、重庆、福建、甘肃、广东、广西、贵州、海南、河南、湖北、湖南、江苏、江西、陕西、上海、四川、云南、浙江。

4. 红蓼

学名：*Polygonum orientale* L.

别名：东方蓼。

分布：安徽、福建、甘肃、广东、广西、贵州、海南、河南、湖北、湖南、江苏、江西、陕西、四川、云南、浙江。

5. 杠板归

学名：*Polygonum perfoliatum* L.

别名：犁头刺、蛇倒退。

分布：安徽、福建、甘肃、广东、广西、贵州、海南、河南、湖北、湖南、江苏、江西、陕西、四川、云南、浙江。

6. 腋花蓼

学名：*Polygonum plebeium* R. Br.

分布：安徽、重庆、福建、广东、广西、贵州、湖南、江西、江苏、四川、云南。

7. 皱叶酸模

学名：Rumex crispus L.

别名：羊蹄叶。

分布：福建、甘肃、广西、贵州、河南、湖北、湖南、江苏、陕西、四川、云南。

8. 齿果酸模

学名：*Rumex dentatus* L.

分布：安徽、重庆、福建、甘肃、贵州、河南、湖北、湖南、江苏、江西、陕西、四川、云南、浙江。

柳叶菜科

丁香蓼

学名：*Ludwigia prostrata* Roxb.

分布：安徽、重庆、福建、广东、广西、贵州、河南、湖北、湖南、江苏、江西、陕西、上海、四川、云南、浙江。

萝藦科

萝藦

学名：*Metaplexis japonica*（Thunb.）Makino

别名：天将壳、飞来鹤、赖瓜瓢。

分布：安徽、福建、甘肃、广东、广西、贵州、河南、湖北、湖南、江苏、江西、陕西、上海、四川、云南、浙江。

落葵科

落葵薯

学名：*Anredera cordifolia*（Tenore）Steenis

别名：金钱珠、九头三七、马德拉藤、软浆七、藤七、藤三七、土三七、细枝落葵薯、小年药、心叶落葵薯、洋落葵、中枝莲。

分布：福建、广东、湖北、湖南、四川、云南、浙江。

马鞭草科

1. 腺茉莉

学名：*Clerodendrum colebrookianum* Walp.

别名：臭牡丹。

分布：重庆、广东、广西、云南、四川。

2. 马缨丹

学名：*Lantana camara* L.

别名：五色梅、臭草、七变花。

分布：福建、广东、广西、海南、四川、云南。

3. 马鞭草

学名：*Verbena officinalis* L.

别名：龙牙草、铁马鞭、风颈草。

分布：安徽、福建、广东、广西、贵州、海南、河南、湖北、湖南、江苏、江西、陕西、四川、云南、浙江。

4. 黄荆

学名：*Vitex negundo* L.

别名：五指柑、五指风、布荆。

分布：安徽、重庆、福建、甘肃、广东、广西、贵州、海南、河南、湖北、湖南、江苏、江西、陕西、四川、云南、浙江。

马齿苋科

1. 马齿苋

学名：*Portulaca oleracea* L.

别名：马蛇子菜、马齿菜。

分布：安徽、重庆、福建、甘肃、广东、广西、贵州、海南、河南、湖北、湖南、江苏、江西、陕西、上海、四川、云南、浙江。

2. 土人参

学名：*Talinum paniculatum*（Jacq.）Gaertn.

别名：栌兰 。

分布：广西、湖南、四川、浙江。

毛茛科

毛茛

学名：*Ranunculus japonicus* Thunb.

别名：老虎脚迹、五虎草。

分布：安徽、福建、甘肃、广东、广西、贵州、河南、湖北、湖南、江苏、江西、陕西、四川、云南、浙江。

葡萄科

1. 掌裂草葡萄

学名：*Ampelopsis aconitifolia* Bge. var. *palmiloba*（Carr.）Rehd.

分布：甘肃、广西、湖南、陕西、四川。

2. 乌蔹莓

学名：*Cayratia japonica*（Thunb.）Gagnep.

别名：五爪龙、五叶薄、地五加。

分布：安徽、重庆、福建、甘肃、广东、广西、贵州、海南、河南、湖北、湖南、江苏、陕西、上海、四川、云南、浙江。

荨麻科

1. 蝎子草

学名：*Girardinia suborbiculata* C. J. Chen

分布：重庆、安徽、广西、四川、云南。

2. 糯米团

学名：*Gonostegia hirta*（Bl.）Miq.

分布：安徽、福建、广东、广西、海南、河南、江西、江苏、陕西、四川、云南、浙江。

3. 花点草

学名：*Nanocnide japonica* Bl.

别名：倒剥麻、高墩草、日本花点草、幼油草。

分布：安徽、福建、甘肃、贵州、湖北、湖南、江苏、江西、陕西、四川、云南、浙江。

4. 雾水葛

学名：*Pouzolzia zeylanica*（L.）Benn.

别名：白石薯、啜脓羔、啜脓膏、水麻秧、多枝雾水葛、石薯、粘榔根、粘榔果。

分布：安徽、福建、甘肃、广东、广西、贵州、湖北、湖南、江西、四川、云南、浙江。

茜草科

1. 猪殃殃

学名：*Galium aparine* var. *echinospermum*（Wallr.）Cuf.

别名：拉拉秧。

分布：安徽、重庆、福建、甘肃、广东、广西、贵州、海南、河南、湖北、湖南、江苏、江西、陕西、上海、四川、云南、浙江。

2. 金毛耳草

学名：*Hedyotis chrysotricha*（Palib.）Merr.

别名：黄毛耳草。

分布：安徽、福建、广东、广西、贵州、湖北、湖南、江西、江苏、云南、浙江。

蔷薇科

1. 蛇莓

学名：*Duchesnea indica*（Andr.）Focke

别名：蛇泡草、龙吐珠、三爪风。

分布：安徽、重庆、福建、甘肃、广东、广西、贵州、海南、河南、湖北、湖南、江苏、江西、陕西、上海、四川、云南、浙江。

2. 绢毛匍匐委陵菜

学名：*Potentilla reptans* L. var. *sericophylla* Franch.

别名：鸡爪棵、金棒锤、金金棒、绢毛细蔓委陵菜、绢毛细蔓萎陵菜、五爪龙、小爪金龙。

分布：甘肃、广西、河南、江苏、青海、陕西、四川、云南、浙江。

3. 朝天委陵菜

学名：*Potentilla supina* L.

别名：伏委陵菜、仰卧委陵菜、铺地委陵菜、鸡毛菜。

分布：安徽、甘肃、广东、广西、贵州、河南、湖北、湖南、江苏、江西、陕西、四川、云南、浙江。

茄科

1. 假酸浆

学名：*Nicandra physalodes*（L.）Gaertner

别名：冰粉、鞭打绣球、冰粉子、大千生、果铃、蓝花天仙子、水晶凉粉、天泡果、田珠。

分布：广东、广西、贵州、湖南、江西、四川、云南。

2. 毛苦蘵

学名：*Physalis angulata* L. var. *villosa* Bonati

别名：灯笼草、毛酸浆。

分布：福建、广西、四川、云南。

3. 小酸浆

学名：*Physalis minima* L.

分布：安徽、重庆、甘肃、广东、广西、贵州、湖北、湖南、江苏、江西、陕西、四川、云南、浙江。

4. 龙葵

学名：*Solanum nigrum* L.

别名：野海椒、苦葵、野辣虎。

分布：安徽、重庆、福建、甘肃、广东、广西、贵州、河南、湖北、湖南、江苏、江西、陕西、上海、四川、云南、浙江。

5. 青杞

学名：*Solanum septemlobum* Bunge

别名：蜀羊泉、野枸杞、野茄子、草枸杞、单叶青杞、红葵、裂叶龙葵。

分布：安徽、甘肃、广西、河南、江苏、陕西、四川、云南、浙江。

6. 黄果茄

学名：*Solanum virginianum* L.

别名：大苦茄、野茄果、刺天果。

分布：海南、湖北、广西、四川、云南。

忍冬科

接骨草

学名：*Sambucus chinensis* Lindl.

分布：安徽、福建、甘肃、广东、广西、贵州、河南、湖北、湖南、江苏、江西、陕西、四川、云南、浙江。

三白草科

鱼腥草

学名：*Houttuynia cordata* Thunb.

分布：安徽、重庆、福建、甘肃、广东、广西、贵州、海南、河南、湖北、湖南、江西、陕西、四川、云南、浙江。

伞形科

1. 积雪草

学名：*Centella asiatica*（L.）Urban

别名：崩大碗、落得打。

分布：安徽、重庆、福建、广东、广西、湖北、湖南、江苏、江西、陕西、四川、云南、浙江。

2. 天胡荽

学名：*Hydrocotyle sibthorpioides* Lam.

别名：落得打、满天星。

分布：安徽、福建、广东、广西、贵州、海南、湖北、湖南、江苏、江西、陕西、四川、云南、浙江。

3. 窃衣

学名：*Torilis scabra*（Thunb.）DC.

别名：鹤虱、水防风、蚁菜、紫花窃衣。

分布：安徽、重庆、福建、甘肃、广东、广西、贵州、湖北、湖南、江苏、江西、陕西、四川。

桑科

构树

学名：*Broussonetia papyrifera*（L.）L' Hér. ex Vent.

别名：楮椿树、谷浆树、楮皮、楮实子、楮树、楮桃树。

分布：广西、湖北、浙江。

商陆科

美洲商陆

学名：*Phytolacca ameyicana* L.

分布：安徽、重庆、福建、广东、广西、贵州、海南、河南、湖北、湖南、江苏、江西、陕西、上海、四川、云南、浙江。

十字花科

1. 无瓣蔊菜

学名：*Rorippa dubia*（Pers.）Hara

分布：安徽、福建、甘肃、广东、广西、贵州、河南、湖北、湖南、江苏、江西、陕西、四川、云南、浙江。

2. 蔊菜

学名：*Rorippa indica*（L.）Hiern

分布：安徽、福建、甘肃、广东、广西、贵州、海南、河南、湖北、湖南、江苏、江西、陕西、四川、云南、浙江。

石竹科

1. 簇生卷耳

学名：*Cerastium fontanum* Baumg. subsp. *triviale*（Link）Jalas

别名：狭叶泉卷耳。

分布：安徽、重庆、福建、甘肃、广西、贵州、河南、湖北、湖南、江苏、陕西、四川、云南、浙江。

2. 牛繁缕

学名：*Myosoton aquaticum*（L.）Moench

别名：鹅肠菜、鹅儿肠、抽筋草、大鹅儿肠、鹅肠草、石灰菜、额叠申细苦、伸筋草。

分布：安徽、重庆、福建、甘肃、广东、广西、贵州、海南、河南、湖北、湖南、江苏、江西、陕西、上海、四川、云南、浙江。

3. 繁缕

学名：*Stellaria media*（L.）Villars

别名：鹅肠草。

分布：安徽、重庆、福建、甘肃、广东、广西、贵州、河南、湖北、湖南、江苏、江西、陕西、上海、四川、云南、浙江。

藤黄科

地耳草

学名：*Hypericum japonicum* Thunb. ex Murray

别名：田基黄。

分布：安徽、重庆、福建、甘肃、广东、广西、贵州、海南、湖北、湖南、江苏、江西、陕西、四川、云南、浙江。

梧桐科

马松子

学名：*Melochia corchorifolia* L.

别名：野路葵、野棉花秸、白洋蒜、路葵子、野棉花、野棉花稭。

分布：安徽、重庆、福建、广东、广西、贵州、海南、湖北、湖南、江苏、江西、四川、云南、浙江。

苋科

1. 牛膝

学名：*Achyranthes bidentata* Blume

别名：土牛膝。

分布：安徽、重庆、福建、甘肃、广东、广西、贵州、海南、河南、湖北、湖南、江苏、江西、陕西、四川、云南、浙江。

2. 空心莲子草

学名：*Alternanthera philoxeroides*（Mart.）Griseb.

别名：水花生、水苋菜。

分布：安徽、重庆、福建、甘肃、广东、广西、贵州、河南、湖北、湖南、江苏、江西、陕西、上海、四川、云南、浙江。

3. 凹头苋

学名：*Amaranthus blitum* L.

别名：野苋、人情菜、野苋菜。

分布：安徽、重庆、福建、甘肃、广东、广西、贵州、海南、河南、湖北、湖南、江苏、江西、陕西、上海、四川、云南、浙江。

4. 反枝苋

学名：*Amaranthus retroflexus* L.

别名：西风谷、反齿苋、家鲜谷、人苋菜、忍建菜、西风古、苋菜、野风古、野米谷、野千穗谷、野苋菜。

分布：安徽、重庆、福建、甘肃、广东、广西、贵州、海南、河南、湖北、湖南、江苏、江西、陕西、上海、四川、云南、浙江。

玄参科

1. 泥花草

学名：*Lindernia antipoda*（L.）Alston

别名：泥花母草。

分布：安徽、重庆、福建、广东、广西、湖北、湖南、江苏、江西、陕西、四川、云南、浙江。

2. 母草

学名：*Lindernia crustacea*（L.）F. Muell

别名：公母草、旱田草、开怀草、牛耳花、四方草、四方拳草。

分布：安徽、重庆、福建、广东、广西、贵州、海南、河南、湖北、湖南、江苏、江西、陕西、四川、云南、浙江。

3. 宽叶母草

学名：*Lindernia nummularifolia*（D. Don）Wettst.

分布：甘肃、广西、贵州、湖北、湖南、陕西、四川、云南、浙江。

4. 紫萼蝴蝶草

学名：Torenia violacea（Azaola）Pennell

别名：紫色翼萼、长梗花蜈蚣、萼蝴蝶草、方形草、光叶翼萼、通肺草、紫萼、蓝猪耳、紫萼翼萼、紫花蝴蝶草、总梗蓝猪耳。

分布：广东、广西、贵州、湖北、江西、四川、云南、浙江。

5. 北水苦荬

学名：*Veronica anagallis-aquatica* L.

分布：安徽、重庆、福建、广西、贵州、湖北、湖南、江苏、江西、四川、云南、浙江。

6. 疏花婆婆纳

学名：*Veronica laxa* Benth.

别名：灯笼草、对叶兰、猫猫草、小生扯拢、一扫光。

分布：甘肃、广西、贵州、湖北、湖南、陕西、四川、云南。

7. 蚊母草

学名：*Veronica peregrina* L.

别名：病疳草、接骨草、接骨仙桃草、水蓑衣、蚊母婆婆纳、无风自动草、仙桃草、小伤力草、小头红。

分布：安徽、福建、广西、贵州、河南、湖北、湖南、江苏、江西、陕西、上海、四川、云南、浙江。

8. 阿拉伯婆婆纳

学名：*Veronica persica* Poir.

别名：波斯婆婆纳、大婆婆纳、灯笼草、肚肠草、花被草、卵子草、肾子草、小将军 。

分布：安徽、重庆、福建、甘肃、广西、贵州、湖北、湖南、江苏、江西、四川、云南、浙江。

9. 婆婆纳

学名：*Veronica polita* Fries

分布：安徽、重庆、福建、甘肃、广西、贵州、河南、湖北、湖南、江苏、江西、陕西、上海、四川、云南、浙江。

旋花科

1. 田旋花

学名：*Convolvulus arvensis* L.

别名：中国旋花、箭叶旋花。

分布：安徽、福建、甘肃、广东、广西、贵州、海南、河南、湖北、湖南、江苏、江西、陕西、上海、四川、云南、浙江。

2. 菟丝子

学名：*Cuscuta chinensis* Lam.

别名：金丝藤、豆寄生、无根草。

分布：安徽、重庆、福建、甘肃、广东、广西、贵州、海南、河南、湖北、湖南、江苏、江西、陕西、上海、四川、云南、浙江。

3. 金灯藤

学名：*Cuscuta japonica* Choisy

别名：日本菟丝子、大粒菟丝子、大菟丝子、大无娘子、飞来花、飞来藤。

分布：安徽、重庆、福建、甘肃、广东、广西、贵州、海南、河南、湖北、湖南、江苏、江西、陕西、四川、云南、浙江。

4. 马蹄金

学名：*Dichondra repens* Forst.

别名：黄胆草、金钱草。

分布：安徽、重庆、福建、广东、广西、贵州、海南、湖北、湖南、江苏、江西、上海、四川、云南、浙江。

5. 裂叶牵牛

学名：*Pharbitis nil*（L.）Ching

别名：牵牛、白丑、常春藤叶牵牛、二丑、黑丑、喇叭花、喇叭花子、牵牛花、牵牛子。

分布：重庆、福建、甘肃、广东、广西、贵州、海南、河南、湖北、湖南、江苏、江西、陕西、上海、四川、云南、浙江。

6. 圆叶牵牛

学名：*Pharbitis purpurea*（L.）Voigt.

别名：紫花牵牛、喇叭花、毛牵牛、牵牛花、紫牵牛。

分布：重庆、福建、甘肃、广东、广西、海南、河南、湖北、江苏、江西、陕西、上海、四川、云南、浙江。

罂粟科

紫堇

学名：*Corydalis edulis* Maxim.

别名：断肠草、麦黄草、闷头草、闷头花、牛尿草、炮仗花、蜀堇、虾子菜、蝎子草、蝎子花、野花生、野芹菜。

分布：安徽、重庆、福建、甘肃、贵州、河南、湖北、江西、江苏、陕西、四川、云南、浙江。

紫草科

1. 斑种草

学名：*Bothriospermum chinense* Bge.

别名：斑种、斑种细累子草、蛤蟆草、细叠子草。

分布：重庆、甘肃、贵州、广东、湖北、湖南、江苏、陕西、四川、云南。

2. 弯齿盾果草

学名：*Thyrocarpus glochidiatus* Maxim.

别名：盾荚果、盾形草。

分布：安徽、广东、广西、江苏、江西、四川、云南、浙江。

3. 附地菜

学名：*Trigonotis peduncularis*（Trev.）Benth. ex Baker et Moore

别名：地胡椒。

分布：福建、重庆、甘肃、广西、贵州、湖北、湖南、江苏、江西、陕西、四川、云南、浙江。

紫茉莉科

紫茉莉

学名：*Mirabilis jalapa* L.

别名：胭脂花。

分布：安徽、福建、甘肃、广东、广西、贵州、海南、河南、湖北、湖南、江苏、江西、陕西、上海、四川、云南、浙江。

单子叶植物杂草

禾本科

1. 看麦娘

学名：*Alopecurus aequalis* Sobol.

别名：褐蕊看麦娘。

分布：安徽、重庆、福建、甘肃、广东、广西、贵州、河南、湖北、江苏、江西、陕西、上海、四川、云南、浙江。

2. 日本看麦娘

学名：*Alopecurus japonicus* Steud.

别名：麦娘娘、麦陀陀草、稍草。

分布：安徽、重庆、福建、甘肃、广东、广西、贵州、河南、湖北、湖南、江苏、江西、陕西、上海、四川、云南、浙江。

3. 地毯草

学名：*Axonopus compressus*（Sw.）Beauv.

分布：福建、广东、广西、贵州、海南、湖南、四川、云南。

4. 菵草

学名：*Beckmannia syzigachne*（Steud.）Fern.

别名：水稗子、菵米、鱼子草。

分布：安徽、重庆、甘肃、广西、贵州、河南、湖北、湖南、江苏、江西、辽东、陕西、上海、四川、云南、浙江。

5. 薏苡

学名：*Coix lacryma-jobi* L.

别名：川谷。

分布：安徽、重庆、福建、广东、广西、贵州、海南、湖北、湖南、江苏、江西、四川、云南、浙江。

6. 狗牙根

学名：*Cynodon dactylon*（L.）Pers.

别名：绊根草、爬根草、感沙草、铁线草。

分布：安徽、重庆、福建、甘肃、广东、广西、贵州、海南、河南、江苏、江西、湖北、陕西、上海、四川、云南、浙江。

7. 龙爪茅

学名：*Dactyloctenium aegyptium*（L.）Beauv.

别名：风车草、油草。

分布：福建、广东、广西、贵州、海南、四川、云南、浙江。

8. 升马唐

学名：*Digitaria ciliaris*（Retz.）Koel.

别名：拌根草、白草、俭草、乱草子、马唐、毛马唐、爬毛抓秧草、蟋蟀草、抓地龙。

分布：安徽、重庆、福建、广东、广西、贵州、海南、河南、湖北、江苏、江西、陕西、上海、四川、云南、浙江。

9. 马唐

学名：*Digitaria sanguinalis*（L.）Scop.

别名：大抓根草、红水草、鸡爪子草、假马唐、俭草、面条筋、盘鸡头草、秫秸秧子、哑用、抓地龙、抓根草。

分布：安徽、重庆、福建、甘肃、广东、广西、贵州、海南、河南、湖北、湖南、江苏、江西、陕西、上海、四川、云南、浙江。

10. 光头稗

学名：*Echinochloa colonum*（L.）Link

别名：光头稗子、芒稷。

分布：安徽、重庆、福建、广东、广西、贵州、海南、河南、湖北、湖南、江苏、江西、四川、云南、浙江。

11. 牛筋草

学名：*Eleusine indica*（L.）Gaertn.

别名：蟋蟀草。

分布：安徽、重庆、福建、甘肃、广东、贵州、海南、河南、湖北、湖南、江苏、江西、陕西、上海、四川、云南、浙江。

12. 画眉草

学名：*Eragrostis pilosa*（L.）Beauv.

别名：星星草、蚊子草、榧子草、狗尾巴草、呼日嘎拉吉、蚊蚊草、绣花草。

分布：安徽、重庆、福建、甘肃、广东、广西、贵州、海南、河南、湖北、湖南、江苏、江西、四川、陕西、云南、浙江。

13. 白茅

学名：*Imperata cylindrica*（L.）Beauv.

别名：茅针、茅根、白茅根、黄茅、尖刀草、兰根、毛根、茅草、茅茅根、茅针花、丝毛草、丝茅草、丝茅根、甜根、甜根草、乌毛根。

分布：安徽、重庆、福建、甘肃、广东、广西、贵州、海南、河南、湖北、湖南、江苏、江西、陕西、上海、四川、云南、浙江。

14. 柳叶箬

学名：*Isachne globosa*（Thunb.）Kuntze

别名：百珠蓧、细叶蓧、百株筷、百珠（筱）、百珠篠、柳叶箸、万珠筱、细叶（筱）、细叶条、细叶筱、细叶篠。

分布：安徽、重庆、福建、广东、广西、贵州、河南、湖北、湖南、江苏、江西、陕西、四川、云南、浙江。

15. 千金子

学名：*Leptochloa chinensis*（L.）Nees

别名：雀儿舌头、畔茅、绣花草、油草、油麻。

分布：安徽、重庆、福建、甘肃、广东、广西、贵州、海南、河南、湖北、湖南、江苏、江西、陕西、上海、四川、云南、浙江。

16. 虮子草

学名：*Leptochloa panicea*（Retz.）Ohwi

别名：细千金子。

分布：安徽、重庆、福建、广东、广西、贵州、海南、河南、湖北、湖南、江苏、江西、陕西、四川、云南、浙江。

17. 淡竹叶

学名：*Lophatherum gracile* Brongn.

别名：山鸡米。

分布：安徽、重庆、福建、广东、广西、贵州、海南、湖北、湖南、江苏、江西、四川、云南、浙江。

18. 铺地黍

学名：*Panicum repens* L.

别名：枯骨草、匍地黍、硬骨草。

分布：重庆、福建、甘肃、广东、广西、贵州、海南、江西、四川、云南、浙江。

19. 双穗雀稗

学名：*Paspalum distichum* L.

别名：游草、游水筋、双耳草、双稳雀稗、铜线草。

分布：安徽、重庆、福建、甘肃、广东、广西、贵州、海南、河南、湖北、湖南、江西、江苏、陕西、上海、四川、云南、浙江。

20. 雀稗

学名：*Paspalum thunbergii* Kunth ex Steud.

别名：龙背筋、鸭乸草、鱼眼草、猪儿草。

分布：安徽、重庆、福建、甘肃、广东、广西、贵州、海南、河南、湖北、湖南、江苏、江西、陕西、四川、云南、浙江。

21. 早熟禾

学名：*Poa annua* L.

别名：伯页力格－额布苏（蒙古族名）、发汗草、冷草、麦峰草、绒球草、稍草、踏不烂、小鸡草、小青草、羊毛胡子草。

分布：安徽、重庆、福建、甘肃、广东、广西、贵州、海南、河南、湖北、湖南、江苏、江西、陕西、上海、四川、云南、浙江。

22. 棒头草

学名：*Polypogon fugax* Nees ex Steud.

别名：狗尾稍草、麦毛草、稍草。

分布：安徽、重庆、福建、甘肃、广东、广西、贵州、河南、湖北、湖南、江苏、江西、陕西、上海、四川、云南、浙江。

23. 鹅观草

学名：*Roegneria kamoji* Ohwi

别名：鹅冠草、黑雅嘎拉吉、麦麦草、茅草箭、茅灵芝、莓串草、弯鹅观草、弯穗鹅观草、野麦葶。

分布：重庆、湖北、江苏、陕西、四川、云南、浙江。

24. 筒轴茅

学名：*Rottboellia exaltata* Linn. f.

别名：罗氏草。

分布：福建、广东、广西、贵州、四川、云南。

25. 金色狗尾草

学名：*Setaria glauca*（L.）Beauv.

分布：安徽、重庆、福建、甘肃、广东、广西、贵州、海南、河南、湖北、湖南、江苏、江西、陕西、上海、四川、云南、浙江。

26. 狗尾草

学名：*Setaria viridis*(L.)Beauv.

别名：谷莠子、莠。

分布：安徽、重庆、福建、甘肃、广东、广西、贵州、河南、湖北、湖南、江苏、江西、陕西、上海、四川、云南、浙江。

莎草科

1. 碎米莎草

学名：*Cyperus iria* L.

分布：安徽、重庆、福建、甘肃、广东、广西、贵州、海南、河南、湖北、湖南、江苏、江西、陕西、上海、四川、云南、浙江。

2. 香附子

学名：*Cyperus rotundus* L.

别名：香头草。

分布：安徽、重庆、福建、甘肃、广东、广西、贵州、海南、河南、湖北、湖南、江苏、江西、陕西、上海、四川、云南、浙江。

3. 水蜈蚣

学名：*Kyllinga brevifolia* Rottb.

分布：安徽、福建、广东、广西、贵州、湖北、湖南、江苏、江西、四川、云南、浙江。

天南星科

半夏

学名：*Pinellia ternata*(Thunb.)Breit.

别名：半月莲、三步跳、地八豆。

分布：安徽、重庆、福建、甘肃、广东、广西、贵州、海南、河南、湖北、湖南、江苏、江西、陕西、四川、云南、浙江。

鸭跖草科

1. 饭包草

学名：*Commelina bengalensis* L.

别名：火柴头、饭苞草、卵叶鸭跖草、马耳草、竹叶菜。

分布：安徽、重庆、福建、甘肃、广东、广西、海南、河南、湖北、湖南、江苏、江西、陕西、四川、云南、浙江。

2. 鸭跖草

学名：*Commelina communis* L.

别名：竹叶菜、兰花竹叶。

分布：安徽、重庆、福建、甘肃、广东、广西、贵州、海南、河南、湖北、湖南、江苏、江西、陕西、上海、四川、云南、浙江。

3. 裸花水竹叶

学名：*Murdannia nudiflora*(L.)Brenan

分布：安徽、重庆、福建、广东、广西、河南、湖南、江苏、江西、四川、云南。

附录：

13. 苹果园杂草

苹果园杂草科属种数（1）

植物种类	科	属	种
孢子植物	1	1	1
蕨类植物	1	1	1
被子植物	29	82	103
双子叶植物	26	66	84
单子叶植物	3	16	19
总计	30	83	104

苹果园杂草科属种数（2）

科	属	种	科	属	种
蕨类植物			马齿苋科	1	1
木贼科	1	3	毛茛科	1	2
双子叶植物			茜草科	2	2
车前科	1	3	蔷薇科	2	2
柽柳科	1	1	茄科	1	1
唇形科	4	4	伞形科	1	1
酢浆草科	1	1	十字花科	5	5
大戟科	2	3	石竹科	4	4
大麻科	1	1	苋科	3	5
豆科	2	2	玄参科	1	1
番杏科	1	1	旋花科	4	5
蒺藜科	1	1	紫草科	2	2
堇菜科	1	1	**单子叶植物**		
锦葵科	2	2	禾本科	14	16
菊科	17	24	莎草科	1	1
藜科	2	3	鸭跖草科	1	2
蓼科	3	6			

苹果园杂草名录

孢子植物杂草

蕨类植物杂草

木贼科

问荆

学名：*Equisetum arvense* L.

别名：马蜂草、土麻黄、笔头草。

分布：安徽、北京、重庆、福建、甘肃、贵州、河北、河南、黑龙江、湖北、江苏、吉林、辽宁、内蒙古、宁夏、青海、陕西、山东、上海、山西、四川、天津、新疆、西藏、云南、浙江。

被子植物杂草

双子叶植物

车前科

1. 车前

学名：*Plantago asiatica* L.

别名：车前子。

分布：安徽、福建、甘肃、贵州、河北、河南、黑龙江、湖北、吉林、江苏、辽宁、内蒙古、山东、山西、陕西、四川、西藏、新疆、云南、浙江。

2. 平车前

学名：*Plantago depressa* Willd.

别名：车轮菜、车轱辘菜、车串串。

分布：安徽、甘肃、河北、河南、黑龙江、湖北、吉林、江苏、辽宁、内蒙古、宁夏、青海、新疆、山东、四川、山西、陕西、云南、西藏。

3. 小车前

学名：*Plantago minuta* Pall.

别名：条叶车前、打锣鼓锤、细叶车前。

分布：甘肃、河北、河南、黑龙江、湖北、江苏、辽宁、内蒙古、宁夏、青海、山东、山西、陕西、天津、西藏、新疆、云南。

柽柳科

柽柳

学名：*Tamarix chinensis* Lour.

别名：西湖柳、山川柳。

分布：安徽、河北、河南、江苏、辽宁、山东、青海、陕西。

唇形科

1. 香薷

学名：*Elsholtzia ciliata*（Thunb.）Hyland.

分布：安徽、北京、重庆、福建、甘肃、贵州、河北、河南、黑龙江、湖北、吉林、江苏、辽宁、内蒙古、宁夏、青海、山东、山西、陕西、上海、四川、天津、西藏、云南、浙江。

2. 夏至草

学名：*Lagopsis supina*（Steph. ex Willd.）Ik.-Gal. ex Knorr.

别名：灯笼棵、白花夏枯草。

分布：安徽、北京、重庆、福建、甘肃、贵州、河北、河南、黑龙江、湖北、吉林、江苏、辽宁、内蒙古、宁夏、青海、山东、山西、陕西、上海、四川、天津、新疆、云南、浙江。

3. 宝盖草

学名：*Lamium amplexicaule* L.

别名：佛座、珍珠莲、接骨草。

分布：安徽、重庆、福建、甘肃、贵州、河北、河南、湖北、江苏、宁夏、青海、山东、山西、陕西、四川、西藏、新疆、云南、浙江。

4. 益母草

学名：*Leonurus japonicus* Houttuyn

别名：茺蔚、茺蔚子、茺玉子、灯笼草、地母草。

分布：安徽、北京、重庆、福建、甘肃、贵州、河北、河南、黑龙江、湖北、吉林、江苏、辽宁、内蒙古、宁夏、青海、山东、山西、陕西、上海、四川、天津、西藏、新疆、云南、浙江。

酢浆草科

酢浆草

学名：*Oxalis corniculata* L.

别名：老鸭嘴、满天星、黄花酢浆草、鸠酸、酸味草。

分布：安徽、北京、重庆、福建、甘肃、贵州、河北、河南、湖北、江苏、辽宁、内蒙古、青海、山东、山西、陕西、上海、四川、天津、西藏、云南、浙江。

大戟科

1. 铁苋菜

学名：*Acalypha australis* L.

别名：榎草、海蚌含珠。

分布：安徽、北京、重庆、福建、甘肃、贵州、河北、河南、黑龙江、湖北、吉林、江苏、辽宁、内蒙古、宁夏、青海、山东、山西、陕西、上海、四川、天津、西藏、新疆、云南、浙江。

2. 泽漆

学名：*Euphorbia helioscopia* L.

别名：五朵云、五风草。

分布：安徽、重庆、福建、甘肃、贵州、河北、河南、黑龙江、湖北、吉林、江苏、辽宁、内蒙古、宁夏、青海、山东、山西、陕西、上海、四川、西藏、新疆、云南、浙江。

3. 地锦

学名：*Euphorbia humifusa* Willd.

别名：地锦草、红丝草、奶疳草。

分布：安徽、北京、重庆、福建、甘肃、贵州、河北、河南、黑龙江、湖北、吉林、江苏、辽宁、内蒙古、宁夏、青海、山东、山西、陕西、上海、四川、天津、西藏、新疆、云南、浙江。

大麻科

葎草

学名：*Humulus scandens* (Lour.) Merr.

别名：拉拉藤、拉拉秧。

分布：安徽、北京、重庆、福建、甘肃、贵州、河北、河南、黑龙江、湖北、吉林、江苏、辽宁、山东、山西、陕西、上海、四川、天津、西藏、云南、浙江。

豆科

1. 决明

学名：*Cassia tora* L.

别名：马蹄决明、假绿豆。

分布：安徽、福建、贵州、湖北、江苏、辽宁、内蒙古、山东、陕西、四川、西藏、新疆、云南。

2. 野豌豆

学名：*Vicia sepium* L.

别名：大巢菜、滇野豌豆、肥田菜、野劳豆。

分布：河北、甘肃、贵州、江苏、宁夏、山东、陕西、四川、新疆、云南、浙江。

番杏科

粟米草

学名：*Mollugo stricta* L.

别名：飞蛇草、降龙草、万能解毒草、鸭脚瓜子草。

分布：安徽、重庆、福建、甘肃、贵州、河南、湖北、江苏、山东、陕西、四川、西藏、新疆、云南、浙江。

蒺藜科

蒺藜

学名：*Tribulus terrester* L.

别名：蒺藜狗子、野菱角、七里丹、刺蒺藜、章古、伊曼－章古（蒙古族名）。

分布：安徽、北京、重庆、福建、甘肃、贵州、河北、河南、黑龙江、湖北、吉林、江苏、辽宁、内蒙古、宁夏、青海、山东、山西、陕西、上海、四川、天津、西藏、新疆、云南、浙江。

堇菜科

紫花地丁

学名：*Viola philippica* Cav.

分布：安徽、北京、重庆、福建、甘肃、贵州、河北、河南、黑龙江、湖北、吉林、江苏、辽宁、内蒙古、宁夏、山东、山西、陕西、四川、天津、云南、浙江。

锦葵科

1. 苘麻

学名：*Abutilon theophrasti* Medicus

别名：青麻、白麻。

分布：安徽、北京、重庆、福建、甘肃、贵州、河北、河南、黑龙江、湖北、吉林、江苏、辽宁、内蒙古、宁夏、山东、山西、陕西、上海、四川、天津、新疆、云南、浙江。

2. 野西瓜苗

学名：*Hibiscus trionum* L.

别名：香铃草。

分布：安徽、北京、重庆、福建、甘肃、贵州、河北、河南、黑龙江、湖北、吉林、江苏、辽宁、内蒙古、宁夏、青海、山东、山西、陕西、上海、四川、天津、西藏、新疆、云南、浙江。

菊科

1. 胜红蓟

学名：*Ageratum conyzoides* L.

别名：藿香蓟、臭垆草、咸虾花。

分布：安徽、重庆、福建、甘肃、贵州、河南、湖北、江苏、山西、四川、云南、浙江。

2. 豚草

学名：*Ambrosia artemisiifolia* L.

别名：艾叶破布草、豕草。

分布：安徽、北京、河北、黑龙江、湖北、辽宁、青海、山东、陕西、四川、云南、浙江。

3. 黄花蒿

学名：*Artemisia annua* L.

别名：臭蒿。

分布：安徽、北京、福建、甘肃、贵州、河北、河南、黑龙江、湖北、吉林、江苏、辽宁、内蒙古、宁夏、青海、山东、山西、陕西、上海、四川、天津、西藏、新疆、云南、浙江。

4. 艾蒿

学名：*Artemisia argyi* Levl. et Vant.

别名：艾。

分布：安徽、北京、重庆、福建、甘肃、贵州、河北、河南、黑龙江、湖北、吉林、江苏、辽宁、内蒙古、宁夏、青海、山东、山西、陕西、四川、天津、新疆、云南、浙江。

5. 茵陈蒿

学名：*Artemisia capillaris* Thunb.

别名：因尘、因陈、茵陈、茵藤蒿、绵茵陈、白茵陈、日本茵陈、家茵陈、绒蒿、臭蒿、安吕草。

分布：安徽、福建、甘肃、河北、河南、黑龙江、湖北、江苏、辽宁、宁夏、山东、陕西、四川、浙江。

6. 野艾蒿

学名：*Artemisia lavandulaefolia* DC.

分布：安徽、重庆、甘肃、贵州、河北、河南、黑龙江、湖北、吉林、江苏、辽宁、内蒙古、宁夏、青海、山东、山西、陕西、四川、云南。

7. 鬼针草

学名：*Bidens pilosa* L.

分布：安徽、北京、重庆、福建、甘肃、河北、河南、黑龙江、湖北、吉林、江苏、辽宁、内蒙古、山东、山西、陕西、四川、天津、云南、浙江。

8. 白花鬼针草

学名：*Bidens pilosa* L. var. *radiata* Sch.-Bip.

别名：叉叉菜、金盏银盘、三叶鬼针草。

分布：北京、重庆、福建、甘肃、贵州、河北、江苏、辽宁、山东、陕西、四川、云南、浙江。

9. 狼把草

学名：*Bidens tripartita* L.

分布：重庆、甘肃、河北、湖北、吉林、江苏、辽宁、内蒙古、宁夏、山西、陕西、四川、新疆、云南。

10. 飞廉

学名：*Carduus nutans* L.

分布：甘肃、河北、河南、吉林、江苏、宁夏、青海、山东、山西、陕西、四川、云南、新疆。

11. 刺儿菜

学名：*Cephalanoplos segetum*（Bunge）Kitam.

别名：小蓟。

分布：安徽、北京、重庆、福建、甘肃、贵州、河北、河南、黑龙江、湖北、吉林、江苏、辽宁、内蒙古、宁夏、青海、山东、山西、陕西、上海、四川、天津、新疆、云南、浙江。

12. 大刺儿菜

学名：*Cephalanoplos setosum*（Willd.）Kitam.

别名：马刺蓟。

分布：安徽、北京、甘肃、贵州、河北、河南、黑龙江、湖北、吉林、江苏、辽宁、内蒙古、宁夏、青海、山东、山西、陕西、天津、四川、西藏、新疆、云南、浙江。

13. 小蓬草

学名：*Conyza canadensis*（L.）Cronq.

别名：加拿大蓬、飞蓬、小飞蓬。

分布：安徽、北京、重庆、福建、甘肃、贵州、河北、河南、黑龙江、湖北、吉林、江苏、辽宁、内蒙古、宁夏、青海、山东、山西、陕西、上海、四川、天津、西藏、新疆、云南、浙江。

14. 鳢肠

学名：*Eclipta prostrata* L.

别名：旱莲草、墨草。

分布：安徽、北京、重庆、福建、甘肃、贵州、河北、河南、黑龙江、湖北、吉林、江苏、辽宁、内蒙古、宁夏、青海、山东、山西、陕西、上海、四川、天津、西藏、新疆、云南、浙江。

15. 飞机草

学名：*Eupatorium odoratum* L.

别名：香泽兰。

分布：重庆、贵州、四川、云南。

16. 牛膝菊

学名：*Galinsoga parviflora* Cav.

别名：辣子草、向阳花、珍珠草、铜锤草、嘎力苏干－额布苏（蒙古族名）、旱田菊、兔儿草、小米菊。

分布：安徽、北京、重庆、福建、甘肃、贵州、河南、黑龙江、湖北、吉林、江苏、辽宁、内蒙古、宁夏、青海、山东、山西、陕西、上海、四川、天津、西藏、新疆、云南、浙江。

17. 鼠麴草

学名：*Gnaphalium affine* D. Don

分布：重庆、福建、甘肃、贵州、湖北、江苏、山东、陕西、四川、西藏、新疆、云南、浙江。

18. 泥胡菜

学名：*Hemistepta lyrata* Bunge

别名：秃苍个儿。

分布：安徽、北京、重庆、福建、甘肃、贵州、河北、河南、黑龙江、湖北、吉林、江苏、辽宁、内蒙古、宁夏、青海、山东、山西、陕西、上海、四川、天津、云南、浙江。

19. 阿尔泰狗娃花

学名：*Heteropappus altaicus*（Willd.）Novopokr.

别名：阿尔泰紫菀、阿尔太狗娃花、阿尔泰狗哇花、阿尔泰紫苑、阿匊泰紫菀、阿拉泰音－布荣黑（蒙古族名）、狗娃花、蓝菊花、铁杆。

分布：北京、甘肃、河北、河南、黑龙江、湖北、吉林、内蒙古、宁夏、青海、山东、山西、陕西、四川、天津、西藏、新疆、云南。

20. 山苦荬

学名：*Ixeris chinensis*（Thunb.）Nakai

别名：苦菜、燕儿尾、陶来音－伊达日阿（蒙古族名）。

分布：重庆、福建、甘肃、贵州、河北、黑龙江、江苏、辽宁、宁夏、山东、山西、陕西、四川、天津、云南、浙江。

21. 苦荬菜

学名：*Ixeris polycephala* Cass.

别名：多头苦荬菜、多头苦菜、多头苦荬、多头莴苣、还魂草、剪子股、老鹳菜。

分布：安徽、福建、贵州、江苏、陕西、四川、云南、浙江。

22. 苣荬菜

学名：*Sonchus arvensis* L.

别名：苦菜。

分布：安徽、北京、重庆、福建、甘肃、贵州、河北、河南、黑龙江、湖北、吉林、江苏、辽宁、内蒙古、宁夏、青海、山东、山西、陕西、上海、四川、天津、新疆、浙江。

23. 蒲公英

学名：*Taraxacum mongolicum* Hand.–Mazz.

分布：安徽、北京、福建、重庆、甘肃、贵州、河北、河南、黑龙江、湖北、吉林、江苏、辽宁、内蒙古、宁夏、青海、山东、山西、陕西、上海、四川、天津、西藏、新疆、云南、浙江。

24. 苍耳

学名：*Xanthium sibiricum* Patrin ex Widder

别名：虱麻头、老苍子、青棘子。

分布：安徽、北京、重庆、福建、甘肃、贵州、河北、河南、黑龙江、湖北、吉林、江苏、辽宁、内蒙古、宁夏、青海、山东、山西、陕西、四川、天津、西藏、新疆、云南、浙江。

藜科

1. 藜

学名：*Chenopodium album* L.

别名：灰菜、白藜、灰条菜、地肤子。

分布：安徽、北京、重庆、福建、甘肃、贵州、河北、河南、黑龙江、湖北、吉林、江苏、辽宁、内蒙古、宁夏、青海、山东、山西、陕西、上海、四川、天津、西藏、新疆、云南、浙江。

2. 灰绿藜

学名：*Chenopodium glaucum* L.

别名：碱灰菜、小灰菜、白灰菜。

分布：安徽、北京、甘肃、贵州、河北、河南、黑龙江、湖北、吉林、江苏、辽宁、内蒙古、宁夏、青海、山东、山西、陕西、上海、四川、天津、西藏、新疆、云南、浙江。

3. 灰绿碱蓬

学名：*Suaeda glauca* Bunge

别名：碱蓬。

分布：甘肃、河北、河南、黑龙江、江苏、内蒙古、宁夏、青海、山东、山西、陕西、新疆、浙江。

蓼科

1. 卷茎蓼

学名：*Fallopia convolvula*（L.）A. Löve

分布：安徽、北京、福建、甘肃、贵州、河北、河南、黑龙江、湖北、吉林、江苏、辽宁、内蒙古、宁夏、青海、山东、山西、陕西、四川、新疆、云南。

2. 萹蓄

学名：*Polygonum aviculare* L.

别名：鸟蓼、扁竹。

分布：安徽、重庆、福建、甘肃、贵州、河北、河南、黑龙江、湖北、吉林、江苏、辽宁、内蒙古、宁夏、青海、山东、山西、陕西、四川、西藏、新疆、云南、浙江。

3. 酸模叶蓼

学名：*Polygonum lapathifolium* L.

别名：旱苗蓼。

分布：安徽、北京、重庆、福建、甘肃、贵州、河北、河南、黑龙江、湖北、吉林、江苏、辽宁、内蒙古、宁夏、青海、山东、山西、陕西、四川、上海、西藏、新疆、云南、浙江。

4. 杠板归

学名：*Polygonum perfoliatum* L.

别名：犁头刺、蛇倒退。

分布：安徽、福建、甘肃、贵州、河北、河南、黑龙江、湖北、吉林、江苏、辽宁、内蒙古、山东、山西、陕西、四川、西藏、云南、浙江。

5. 刺蓼

学名：*Polygonum senticosum*（Meisn.）Franch. et Sav.

别名：廊茵、红梗豺狗舌头草、红花蛇不过、红火老鸦酸草、急解索、廊菌、蚂蚱腿、猫舌草、貓儿刺、蛇不钻、蛇倒退。

分布：安徽、福建、甘肃、贵州、河北、河南、黑龙江、湖北、吉林、江苏、辽宁、内蒙古、山东、山西、陕西、上海、四川、云南、浙江。

6. 皱叶酸模

学名：*Rumex crispus* L.

别名：羊蹄叶。

分布：福建、甘肃、贵州、河北、河南、黑龙江、湖北、吉林、江苏、辽宁、内蒙古、宁夏、青海、山东、山西、陕西、四川、天津、新疆、云南。

马齿苋科

马齿苋

学名：*Portulaca oleracea* L.

别名：马蛇子菜、马齿菜。

分布：安徽、北京、重庆、福建、甘肃、贵州、河北、河南、黑龙江、湖北、吉林、江苏、辽宁、内蒙古、宁夏、青海、山东、山西、陕西、上海、四川、天津、西藏、新疆、云南、浙江。

毛茛科

1. 茴茴蒜

学名：*Ranunculus chinensis* Bunge

别名：小虎掌草、野桑椹、鸭脚板、山辣椒。

分布：安徽、甘肃、贵州、河北、河南、黑龙江、湖北、吉林、江苏、辽宁、内蒙古、宁夏、青海、山东、山西、陕西、四川、西藏、新疆、云南、浙江。

2. 毛茛

学名：*Ranunculus japonicus* Thunb.

别名：老虎脚迹、五虎草。

分布：安徽、北京、福建、甘肃、贵州、河北、河南、黑龙江、湖北、吉林、江苏、辽宁、内蒙古、宁夏、青海、山东、山西、陕西、四川、新疆、云南、浙江。

茜草科

1. 猪殃殃

学名：*Galium aparine var. echinospermum*（Wallr.）Cuf.

别名：拉拉秧。

分布：安徽、北京、重庆、福建、甘肃、贵州、河北、河南、黑龙江、湖北、吉林、江苏、辽宁、内蒙古、宁夏、青海、山东、山西、陕西、上海、四川、天津、西藏、新疆、云南、浙江。

2. 茜草

学名：*Rubia cordifolia* L.

别名：红丝线。

分布：北京、甘肃、河北、河南、黑龙江、吉林、辽宁、内蒙古、宁夏、青海、山东、山西、陕西、四川、西藏。

蔷薇科

1. 蛇莓

学名：*Duchesnea indica*（Andr.）Focke

别名：蛇泡草、龙吐珠、三爪风。

分布：安徽、北京、重庆、福建、甘肃、贵州、河北、河南、湖北、吉林、江苏、辽宁、宁夏、青海、山东、山西、陕西、上海、四川、西藏、新疆、云南、浙江。

2. 朝天委陵菜

学名：*Potentilla supina* L.

别名：伏委陵菜、仰卧委陵菜、铺地委陵菜、鸡毛菜。

分布：安徽、甘肃、贵州、河北、黑龙江、河南、湖北、江苏、吉林、辽宁、内蒙古、宁夏、陕西、青海、山东、山西、四川、新疆、西藏、云南、浙江。

茄科

龙葵

学名：*Solanum nigrum* L.

别名：野海椒、苦葵、野辣虎。

分布：安徽、北京、重庆、福建、甘肃、贵州、河北、河南、黑龙江、湖北、吉林、江苏、辽宁、内蒙古、青海、山东、山西、陕西、上海、四川、天津、西藏、新疆、云南、浙江。

伞形科

水芹

学名：*Oenanthe javanica*（Bl.）DC.

别名：水芹菜。

分布：安徽、北京、重庆、福建、甘肃、贵州、河北、河南、黑龙江、湖北、吉林、江苏、辽宁、内蒙古、宁夏、青海、山东、山西、陕西、上海、四川、天津、西藏、新疆、云南、浙江。

十字花科

1. 荠菜

学名：*Capsella bursa-pastoris*（L.）Medic.

别名：荠、荠荠菜。

分布：安徽、北京、重庆、福建、甘肃、贵州、河北、河南、黑龙江、湖北、吉林、江苏、辽宁、内蒙古、宁夏、青海、山东、山西、陕西、上海、四川、天津、西藏、新疆、云南、浙江。

2. 播娘蒿

学名：*Descurainia sophia*（L.）Webb ex Prantl

分布：安徽、北京、重庆、福建、甘肃、贵州、河北、河南、黑龙江、湖北、吉林、江苏、辽宁、内蒙古、宁夏、青海、山东、山西、陕西、上海、四川、天津、西藏、新疆、云南、浙江。

3. 独行菜

学名：*Lepidium apetalum* Willd.

别名：辣辣。

分布：安徽、北京、甘肃、贵州、河北、河南、黑龙江、湖北、吉林、江苏、辽宁、内蒙古、宁夏、青海、山东、山西、陕西、四川、新疆、西藏、云南、浙江。

4. 沼生蔊菜

学名：*Rorippa islandica*（Oed.）Borb.

别名：风花菜、风花菜蔊、岗地菜、蔊菜、黄花荠菜、那木根－萨日布（蒙古族名）、水萝卜、香荠菜、沼泽蔊菜。

分布：北京、甘肃、河北、河南、黑龙江、吉林、江苏、辽宁、内蒙古、山东、山西、云南。

5. 遏蓝菜

学名：*Thalaspi arvense* L.

分布：安徽、北京、重庆、福建、甘肃、贵州、河北、河南、黑龙江、湖北、吉林、江苏、辽宁、内蒙古、宁夏、青海、山东、山西、陕西、上海、四川、天津、西藏、新疆、云南、浙江。

石竹科

1. 蚤缀

学名：*Arenaria serpyllifolia* L.

别名：鹅不食草 。

分布：安徽、北京、重庆、福建、甘肃、贵州、湖北、河北、黑龙江、河南、吉林、江苏、辽宁、内蒙古、宁夏、青海、四川、重庆、山东、上海、陕西、山西、天津、新疆、西藏、云南、浙江。

2. 麦瓶草

学名：*Silene conoidea* L.

分布：安徽、北京、甘肃、贵州、河北、河南、湖北、江苏、宁夏、青海、山东、山西、陕西、上海、四川、天津、西藏、新疆、浙江。

3. 繁缕

学名：*Stellaria media*（L.）Villars

别名：鹅肠草。

分布：安徽、福建、重庆、甘肃、贵州、河北、河南、湖北、吉林、江苏、辽宁、内蒙古、宁夏、青海、山东、山西、陕西、上海、四川、西藏、云南、浙江。

4. 麦蓝菜

学名：*Vaccaria segetalis*（Neck.）Garcke

别名：王不留行、麦蓝子。

分布：安徽、北京、重庆、福建、甘肃、贵州、河北、河南、黑龙江、湖北、吉林、江苏、辽宁、内蒙古、宁夏、青海、山东、山西、陕西、上海、四川、天津、西藏、新疆、云南、浙江。

苋科

1. 空心莲子草

学名：*Alternanthera philoxeroides*（Mart.）Griseb.

别名：水花生、水苋菜。

分布：安徽、北京、重庆、福建、甘肃、贵州、河南、湖北、江苏、山东、陕西、上海、四川、云南、浙江。

2. 凹头苋

学名：*Amaranthus blitum* L.

别名：野苋、人情菜、野苋菜。

分布：安徽、北京、重庆、福建、甘肃、贵州、河北、河南、黑龙江、湖北、吉林、江苏、辽宁、内蒙古、山东、山西、陕西、上海、四川、新疆、云南、浙江。

3. 反枝苋

学名：*Amaranthus retroflexus* L.

别名：西风谷、阿日白－诺高（蒙古族名）、反齿苋、家鲜谷、人苋菜、忍建菜、西风古、苋菜、野风古、野米谷、野千穗谷、野苋菜。

分布：安徽、北京、重庆、福建、甘肃、贵州、河北、河南、黑龙江、湖北、吉林、江苏、辽宁、内蒙古、宁夏、青海、山东、山西、陕西、上海、四川、天津、新疆、云南、浙江。

4. 刺苋

学名：*Amaranthus spinosus* L.

别名：刺苋菜、野苋菜。

分布：安徽、福建、贵州、河南、湖北、江苏、山东、山西、陕西、四川、云南、浙江。

5. 青葙

学名：*Celosia argentea* L.

别名：野鸡冠花、狗尾巴、狗尾苋、牛尾花。

分布：安徽、北京、重庆、福建、甘肃、贵州、河北、河南、黑龙江、湖北、吉林、江苏、辽宁、内蒙古、宁夏、青海、山东、山西、陕西、四川、西藏、新疆、云南、浙江。

玄参科

地黄

学名：*Rehmannia glutinosa*（Gaert.）Libosch. ex Fisch. et Mey.

别名：婆婆丁、米罐棵、蜜糖管。

分布：北京、甘肃、贵州、辽宁、河北、河南、湖北、江苏、内蒙古、山东、山西、陕西、四川、天津、云南。

旋花科

1. 打碗花

学名：*Calystegia hederacea* Wall.

别名：小旋花、兔耳草。

分布：安徽、北京、重庆、福建、甘肃、贵州、河北、河南、黑龙江、湖北、吉林、江苏、辽宁、内蒙古、宁夏、青海、山东、山西、陕西、上海、四川、天津、新疆、云南、浙江。

2. 田旋花

学名：*Convolvulus arvensis* L.

别名：中国旋花、箭叶旋花。

分布：安徽、北京、福建、甘肃、贵州、河北、河南、黑龙江、湖北、吉林、江苏、辽宁、内蒙古、宁夏、青海、山东、山西、陕西、上海、四川、西藏、新疆、云南、浙江。

3. 金灯藤

学名：*Cuscuta japonica* Choisy

别名：日本菟丝子、大粒菟丝子、大菟丝子、大无娘子、飞来花、飞来藤。

分布：安徽、重庆、福建、甘肃、贵州、河北、河南、黑龙江、湖北、吉林、江苏、辽宁、内蒙古、宁夏、青海、山东、山西、陕西、四川、新疆、云南、浙江。

4. 裂叶牵牛

学名：*Pharbitis nil*（L.）Ching

别名：牵牛、白丑、常春藤叶牵牛、二丑、黑丑、喇叭花、喇叭花子、牵牛花、牵牛子。

分布：北京、重庆、福建、甘肃、贵州、河北、河南、湖北、江苏、宁夏、山东、山西、陕西、上海、四川、天津、西藏、新疆、云南、浙江。

5. 圆叶牵牛

学名：*Pharbitis purpurea*（L.）Voigt.

别名：紫花牵牛、喇叭花、毛牵牛、牵牛花、园叶牵牛、紫牵牛。

分布：北京、重庆、福建、甘肃、河北、河南、湖北、吉林、江苏、辽宁、内蒙古、宁夏、青海、山东、山西、陕西、上海、四川、新疆、云南、浙江。

紫草科

1. 麦家公

学名：*Lithospermum arvense* L.

别名：麦家公、大紫草、花荠荠、狼紫草、毛妮菜、涩涩荠。

分布：安徽、北京、贵州、甘肃、河北、河南、黑龙江、湖北、吉林、江苏、辽宁、宁夏、山东、山西、陕西、四川、新疆、浙江。

2. 附地菜

学名：*Trigonotis peduncularis*（Trev.）Benth. ex Baker et Moore

别名：地胡椒。

分布：北京、重庆、福建、甘肃、贵州、河北、黑龙江、湖北、吉林、江苏、辽宁、内蒙古、宁夏、山东、山西、陕西、四川、天津、西藏、新疆、云南、浙江。

单子叶植物杂草

禾本科

1. 荩草

学名：*Arthraxon hispidus*(Trin.)Makino

别名：绿竹。

分布：安徽、北京、重庆、福建、贵州、河北、河南、黑龙江、湖北、吉林、江苏、内蒙古、宁夏、山东、陕西、四川、新疆、云南、浙江。

2. 雀麦

学名：*Bromus japonicus* Thunb. ex Murr.

别名：瞌睡草、扫高布日、山大麦、山稷子、野燕麦。

分布：安徽、北京、重庆、甘肃、贵州、河北、河南、湖北、江苏、辽宁、内蒙古、青海、山东、山西、陕西、四川、上海、天津、西藏、新疆、云南、浙江。

3. 狗牙根

学名：*Cynodon dactylon*(L.)Pers.

别名：绊根草、爬根草、感沙草、铁线草。

分布：安徽、重庆、福建、甘肃、贵州、河北、河南、黑龙江、湖北、吉林、江苏、辽宁、宁夏、青海、山东、山西、陕西、上海、四川、天津、新疆、云南、浙江。

4. 升马唐

学名：*Digitaria ciliaris*(Retz.)Koel.

别名：拌根草、白草、俭草、乱草子、马唐、毛马唐、爬毛抓秧草、乌斯图－西巴棍－塔布格（蒙古族名）、蟋蟀草、抓地龙。

分布：安徽、重庆、福建、贵州、河北、河南、黑龙江、吉林、江苏、辽宁、湖北、内蒙古、宁夏、青海、山东、山西、陕西、上海、四川、天津、西藏、新疆、云南、浙江。

5. 马唐

学名：*Digitaria sanguinalis*(L.)Scop.

别名：大抓根草、红水草、鸡爪子草、假马唐、俭草、面条筋、盘鸡头草、秫秸秧子、哑用、抓地龙、抓根草。

分布：安徽、北京、重庆、福建、甘肃、贵州、河北、河南、黑龙江、湖北、吉林、江苏、辽宁、内蒙古、宁夏、青海、山东、山西、陕西、上海、四川、西藏、新疆、天津、云南、浙江。

6. 牛筋草

学名：*Eleusine indica*(L.)Gaertn.

别名：蟋蟀草。

分布：安徽、北京、重庆、福建、甘肃、贵州、河北、河南、黑龙江、湖北、吉林、江苏、辽宁、内蒙古、宁夏、山东、山西、陕西、上海、四川、天津、西藏、新疆、云南、浙江。

7. 画眉草

学名：*Eragrostis pilosa*（L.）Beauv.

别名：星星草、蚊子草、榧子草、狗尾巴草、呼日嘎拉吉（蒙古族名）、蚊蚊草、绣花草。

分布：安徽、北京、重庆、福建、甘肃、贵州、河北、河南、黑龙江、湖北、江苏、辽宁、内蒙古、宁夏、青海、山东、山西、陕西、四川、西藏、新疆、云南、浙江。

8. 白茅

学名：*Imperata cylindrica*（L.）Beauv.

别名：茅针、茅根、白茅根、黄茅、尖刀草、兰根、毛根、茅草、茅茅根、茅针花、丝毛草、丝茅草、丝茅根、甜根、甜根草、乌毛根。

分布：天津、安徽、北京、重庆、福建、甘肃、贵州、河北、河南、黑龙江、湖北、江苏、辽宁、内蒙古、山东、山西、陕西、上海、新疆、西藏、四川、云南、浙江。

9. 铺地黍

学名：*Panicum repens* L.

别名：枯骨草、匍地黍、硬骨草。

分布：重庆、福建、甘肃、贵州、山西、四川、云南、浙江。

10. 芦苇

学名：*Phragmites australis*（Cav.）Trin. ex Steud.

别名：好鲁苏、呼勒斯、呼勒斯鹅、葭、蒹、芦、芦草、芦柴、芦头、芦芽、苇、苇葭、苇子。

分布：安徽、北京、重庆、福建、甘肃、贵州、河北、河南、黑龙江、湖北、吉林、江苏、辽宁、内蒙古、宁夏、青海、山东、山西、陕西、上海、四川、天津、西藏、新疆、云南、浙江。

11. 早熟禾

学名：*Poa annua* L.

别名：伯页力格－额布苏（蒙古族名）、发汗草、冷草、麦峰草、绒球草、稍草、踏不烂、小鸡草、小青草、羊毛胡子草。

分布：安徽、北京、重庆、福建、甘肃、贵州、河北、河南、黑龙江、湖北、吉林、江苏、辽宁、内蒙古、宁夏、青海、山东、山西、陕西、上海、四川、天津、西藏、新疆、云南、浙江。

12. 长芒棒头草

学名：*Polypogon monspeliensis*（L.）Desf.

别名：棒头草、长棒芒头草、搔日特－萨木白。

分布：安徽、重庆、福建、甘肃、河北、河南、江苏、内蒙古、宁夏、青海、山东、山西、陕西、四川、西藏、新疆、云南、浙江。

13. 碱茅

学名：*Puccinellia tenuiflora*（Griseb.）Scribn. et Merr.

分布：河北、河南、宁夏、青海、山东、陕西、四川、天津、新疆。

14. 硬草

学名：*Sclerochloa kengiana*（Ohwi）Tzvel.

别名：耿氏碱茅、花管草。

分布：安徽、贵州、湖北、江苏、山东、陕西、四川。

15. 金色狗尾草

学名：*Setaria glauca*（L.）Beauv.

分布：安徽、北京、重庆、福建、甘肃、贵州、河北、河南、黑龙江、湖北、吉林、江苏、辽宁、内蒙古、宁夏、青海、山东、山西、陕西、上海、四川、天津、西藏、新疆、云南、浙江。

16. 狗尾草

学名：*Setaria viridis*（L.）Beauv.

别名：谷莠子、莠。

分布：安徽、北京、重庆、福建、甘肃、贵州、河北、河南、黑龙江、湖北、吉林、江苏、辽宁、内蒙古、宁夏、青海、山东、山西、陕西、上海、四川、天津、西藏、新疆、云南、浙江。

莎草科

香附子

学名：*Cyperus rotundus* L.

别名：香头草。

分布：安徽、北京、重庆、福建、甘肃、贵州、河北、河南、黑龙江、湖北、吉林、江苏、辽宁、内蒙古、宁夏、山东、山西、陕西、上海、四川、新疆、云南、浙江。

鸭跖草科

1. 鸭跖草

学名：*Commelina communis* L.

别名：竹叶菜、兰花竹叶。

分布：安徽、北京、重庆、福建、甘肃、贵州、河北、河南、黑龙江、湖北、吉林、江苏、辽宁、内蒙古、宁夏、山东、山西、陕西、上海、四川、天津、云南、浙江。

2. 竹节菜

学名：*Commelina diffusa* N. L. Burm.

别名：节节菜、节节草、竹蒿草、竹节草、竹节花、竹叶草。

分布：甘肃、贵州、湖北、江苏、山东、四川、西藏、新疆、云南。

附录：

14. 梨园杂草

梨园杂草科属种数（1）

植物种类	科	属	种
孢子植物	1	1	1
蕨类植物	1	1	1
被子植物	31	96	106
双子叶植物	28	67	84
单子叶植物	3	19	22
总计	32	97	107

梨园杂草科属种数（2）

科	属	种	科	属	种
蕨类植物			马齿苋科	1	1
木贼科	1	1	毛茛科	1	2
双子叶植物			荨麻科	1	1
车前科	1	1	茜草科	2	2
柽柳科	1	1	蔷薇科	2	2
唇形科	3	3	茄科	1	1
酢浆草科	1	1	伞形科	2	2
大戟科	2	3	十字花科	5	5
大麻科	1	1	石竹科	3	3
豆科	2	2	苋科	3	5
番杏科	1	1	玄参科	1	1
蒺藜科	1	1	旋花科	4	6
堇菜科	1	1	紫草科	2	2
锦葵科	2	2	**单子叶植物**		
菊科	18	23	禾本科	16	18
藜科	1	2	莎草科	2	2
蓼科	3	8	鸭跖草科	1	2
柳叶菜科	1	1			

梨园杂草名录

孢子植物杂草

蕨类植物

木贼科

问荆

学名：*Equisetum arvense* L.

别名：马蜂草、土麻黄、笔头草。

分布：安徽、北京、重庆、福建、甘肃、贵州、河北、河南、黑龙江、湖北、湖南、吉林、江苏、江西、辽宁、内蒙古、宁夏、青海、陕西、山东、山西、上海、四川、天津、西藏、新疆、云南、浙江。

被子植物杂草

双子叶植物

车前科

车前

学名：*Plantago asiatica* L.

别名：车前子。

分布：安徽、福建、甘肃、广东、广西、贵州、河北、河南、黑龙江、湖北、湖南、吉林、江苏、江西、辽宁、内蒙古、山东、山西、陕西、四川、西藏、新疆、云南、浙江。

柽柳科

柽柳

学名：*Tamarix chinensis* Lour.

别名：西湖柳、山川柳。

分布：安徽、河北、河南、江苏、辽宁、山东、青海、陕西。

唇形科

1. 香薷

学名：*Elsholtzia ciliata*(Thunb.)Hyland.

分布：安徽、北京、重庆、福建、甘肃、广东、广西、贵州、河北、河南、黑龙江、湖北、湖南、吉林、江苏、江西、辽宁、内蒙古、宁夏、青海、山东、山西、陕西、上海、四川、天津、西藏、云南、浙江。

2. 夏至草

学名：*Lagopsis supina*(Steph. ex Willd.)Ik.-Gal. ex Knorr.

别名：灯笼棵、白花夏枯草。

分布：安徽、北京、重庆、福建、甘肃、广东、广西、贵州、河北、河南、黑龙江、湖北、湖南、吉林、江西、江苏、辽宁、内蒙古、青海、宁夏、陕西、山东、山西、上海、四川、天津、新疆、云南、浙江。

3. 宝盖草

学名：*Lamium amplexicaule* L.

别名：佛座、珍珠莲、接骨草。

分布：安徽、重庆、福建、甘肃、广西、贵州、河北、河南、湖北、湖南、江苏、青海、宁夏、山东、山西、陕西、四川、西藏、新疆、云南、浙江。

酢浆草科

酢浆草

学名：*Oxalis corniculata* L.

别名：老鸭嘴、满天星、黄花酢浆草、鸠酸、酸味草。

分布：安徽、北京、重庆、福建、甘肃、广东、广西、贵州、河北、河南、湖北、湖南、内蒙古、江苏、江西、辽宁、青海、山东、山西、陕西、上海、四川、天津、西藏、云南、浙江。

大戟科

1. 铁苋菜

学名：*Acalypha australis* L.

别名：榎草、海蚌含珠。

分布：安徽、北京、重庆、福建、甘肃、广东、广西、贵州、河北、河南、黑龙江、湖北、湖南、吉林、江苏、江西、辽宁、内蒙古、宁夏、青海、山东、山西、陕西、上海、四川、天津、西藏、新疆、云南、浙江。

2. 泽漆

学名：*Euphorbia helioscopia* L.

别名：五朵云、五风草。

分布：安徽、福建、甘肃、广东、广西、贵州、河北、河南、黑龙江、湖北、湖南、吉林、江苏、上海、江西、辽宁、内蒙古、宁夏、青海、山东、山西、陕西、四川、重庆、西藏、新疆、云南、浙江。

3. 地锦

学名：*Euphorbia humifusa* Willd.

别名：地锦草、红丝草、奶痟草。

分布：安徽、北京、重庆、福建、甘肃、广东、广西、贵州、河北、河南、黑龙江、湖北、湖南、吉林、江苏、江西、辽宁、内蒙古、宁夏、青海、山东、山西、陕西、上海、四川、天津、西藏、新疆、云南、浙江。

大麻科

葎草

学名：*Humulus scandens*(Lour.)Merr.

别名：拉拉藤、拉拉秧。

分布：安徽、北京、重庆、福建、广东、广西、贵州、河北、黑龙江、河南、湖北、湖南、吉林、江苏、江西、辽宁、山东、山西、陕西、四川、天津、西藏、云南、浙江、甘肃、上海。

豆科

1. 决明

学名：*Cassia tora* L.

别名：马蹄决明、假绿豆。

分布：安徽、福建、广东、广西、贵州、湖北、湖南、江苏、江西、辽宁、内蒙、山东、陕西、四川、西藏、新疆、云南。

2. 野豌豆

学名：*Vicia sepium* L.

别名：大巢菜、滇野豌豆、肥田菜、野劳豆。

分布：甘肃、贵州、河北、湖南、江苏、宁夏、山东、陕西、四川、云南、新疆、浙江。

番杏科

粟米草

学名：*Mollugo stricta* L.

别名：飞蛇草、降龙草、万能解毒草、鸭脚瓜子草。

分布：安徽、重庆、福建、甘肃、广东、广西、贵州、河南、湖北、湖南、江苏、江西、山东、陕西、四川、西藏、新疆、云南、浙江。

蒺藜科

蒺藜

学名：*Tribulus terrester* L.

别名：蒺藜狗子、野菱角、七里丹、刺蒺藜、章古、伊曼－章古（蒙古族名）。

分布：安徽、北京、重庆、福建、甘肃、广东、广西、贵州、河北、河南、黑龙江、湖北、湖南、吉林、江苏、江西、辽宁、内蒙古、宁夏、青海、山东、山西、陕西、上海、四川、天津、西藏、新疆、云南、浙江。

堇菜科

紫花地丁

学名：*Viola philippica* Cav.

分布：安徽、北京、重庆、福建、甘肃、广东、广西、贵州、河北、河南、黑龙江、湖北、湖南、吉林、江苏、江西、辽宁、内蒙古、宁夏、山东、山西、陕西、四川、天津、云南、浙江。

锦葵科

1. 苘麻

学名：*Abutilon theophrasti* Medicus

别名：青麻、白麻。

分布：安徽、北京、重庆、福建、甘肃、广东、广西、贵州、河北、河南、黑龙江、湖北、湖南、吉林、江苏、江西、辽宁、内蒙古、宁夏、山东、山西、陕西、上海、四川、天津、新疆、云南、浙江。

2. 野西瓜苗

学名：*Hibiscus trionum* L.

别名：香铃草。

分布：安徽、北京、重庆、福建、甘肃、广东、广西、贵州、河北、河南、黑龙江、湖北、湖南、吉林、江苏、江西、辽宁、内蒙古、宁夏、青海、山东、山西、陕西、上海、四川、天津、西藏、新疆、云南、浙江。

菊科

1. 胜红蓟

学名：*Ageratum conyzoides* L.

别名：藿香蓟、臭垆草、咸虾花。

分布：安徽、重庆、福建、甘肃、广东、广西、贵州、河南、湖北、湖南、江苏、江西、山西、四川、云南、浙江。

2. 豚草

学名：*Ambrosia artemisiifolia* L.

别名：艾叶破布草、豕草。

分布：安徽、北京、广东、河北、黑龙江、湖北、江西、辽宁、江西、青海、山东、陕西、四川、云南、浙江。

3. 艾蒿

学名：*Artemisia argyi* Levl. et Vant.

别名：艾

分布：安徽、北京、重庆、福建、甘肃、广东、广西、贵州、河北、河南、黑龙江、湖北、湖南、吉林、江苏、江西、辽宁、内蒙古、宁夏、青海、山东、山西、陕西、四川、天津、新疆、云南、浙江。

4. 野艾蒿

学名：*Artemisia lavandulaefolia* DC.

分布：安徽、重庆、甘肃、广东、广西、贵州、河北、河南、黑龙江、湖北、湖南、吉林、江苏、江西、辽宁、内蒙古、宁夏、青海、山东、山西、陕西、四川、云南。

5. 鬼针草

学名：*Bidens pilosa* L.

分布：安徽、北京、重庆、福建、甘肃、广东、广西、河北、河南、黑龙江、湖北、吉林、江苏、江西、辽宁、内蒙古、山东、山西、陕西、四川、天津、云南、浙江。

6. 白花鬼针草

学名：*Bidens pilosa* L. var. *radiata* Sch.-Bip.

别名：叉叉菜、金盏银盘、三叶鬼针草 。

分布：北京、重庆、福建、甘肃、广东、广西、贵州、河北、江苏、陕西、辽宁、山东、四川、云南、浙江。

7. 狼把草

学名：*Bidens tripartita* L.

分布：重庆、甘肃、河北、湖北、湖南、吉林、江苏、江西、辽宁、内蒙古、宁夏、山西、陕西、四川、新疆、云南。

8. 飞廉

学名：*Carduus nutans* L.

分布：甘肃、广西、河北、河南、吉林、江苏、宁夏、青海、山东、山西、陕西、四川、云南、新疆。

9. 刺儿菜

学名：*Cephalanoplos segetum*（Bunge）Kitam.

别名：小蓟。

分布：安徽、北京、重庆、福建、甘肃、广东、广西、贵州、河北、河南、黑龙江、湖北、湖南、吉林、江苏、江西、辽宁、内蒙古、宁夏、青海、山东、山西、陕西、上海、四川、天津、新疆、云南、浙江。

10. 大刺儿菜

学名：*Cephalanoplos setosum*（Willd.）Kitam.

别名：马刺蓟。

分布：安徽、北京、广西、甘肃、贵州、河北、河南、黑龙江、湖北、吉林、江苏、辽宁、内蒙古、宁夏、青海、山东、山西、陕西、天津、四川、西藏、新疆、云南、浙江。

11. 小蓬草

学名：*Conyza canadensis*（L.）Cronq.

别名：加拿大蓬、飞蓬、小飞蓬 。

分布：安徽、北京、重庆、福建、甘肃、广东、广西、贵州、河北、河南、黑龙江、湖北、湖南、吉林、江苏、江西、辽宁、内蒙古、宁夏、青海、山东、山西、陕西、上海、四川、天津、西藏、新疆、云南、浙江。

12. 鳢肠

学名：*Eclipta prostrata* L.

别名：旱莲草、墨草。

分布：安徽、北京、重庆、福建、甘肃、广东、广西、贵州、河北、河南、黑龙江、湖北、湖南、吉林、江苏、江西、辽宁、内蒙古、宁夏、青海、山东、山西、陕西、上海、四川、天津、西藏、新疆、云南、浙江。

13. 飞机草

学名：*Eupatorium odoratum* L.

别名：香泽兰。

分布：广东、广西、湖南、四川、重庆、贵州、云南。

14. 牛膝菊

学名：*Galinsoga parviflora* Cav.

别名：辣子草、向阳花、珍珠草、铜锤草、嘎力苏干－额布苏（蒙古族名）、旱田菊、兔儿草、小米菊。

分布：安徽、北京、重庆、福建、广东、广西、甘肃、贵州、河南、湖北、湖南、黑龙江、吉林、江苏、江西、辽宁、内蒙古、宁夏、青海、山东、山西、上海、天津、陕西、四川、西藏、新疆、云南、浙江。

15. 鼠曲草

学名：*Gnaphalium affine* D. Don

分布：重庆、福建、甘肃、广东、广西、贵州、湖北、湖南、江苏、江西、山东、陕西、四川、西藏、新疆、云南、浙江。

16. 泥胡菜

学名：*Hemistepta lyrata* Bunge

别名：秃苍个儿。

分布：安徽、北京、重庆、福建、甘肃、广东、广西、贵州、河北、河南、黑龙江、湖北、湖南、吉林、江苏、江西、辽宁、内蒙古、宁夏、青海、山东、山西、陕西、上海、四川、天津、云南、浙江。

17. 阿尔泰紫菀

学名：*Heteropappus altaicus*（Willd.）Novopokr.

别名：阿尔泰紫菀、阿尔太狗娃花、阿尔泰狗哇花、阿尔泰紫苑、阿匊泰紫菀、阿拉泰音－布荣黑（蒙古族名）、狗娃花、蓝菊花、铁杆。

分布：北京、甘肃、河北、河南、黑龙江、湖北、吉林、内蒙古、宁夏、青海、山东、山西、陕西、四川、天津、西藏、新疆、云南。

18. 山苦荬

学名：*Ixeris chinensis*（Thunb.）Nakai

别名：苦菜、燕儿尾、陶来音－伊达日阿（蒙古族名）。

分布：重庆、福建、甘肃、广东、广西、贵州、河北、黑龙江、湖南、江苏、江西、辽宁、宁夏、山东、山西、陕西、四川、天津、云南、浙江。

19. 苦荬菜

学名：*Ixeris polycephala* Cass.

别名：多头苦荬菜、多头苦菜、多头苦荬、多头莴苣、还魂草、剪子股、老鹳菜。

分布：安徽、福建、广东、广西、贵州、湖南、江苏、江西、陕西、四川、云南、浙江。

20. 山莴苣

学名：*Lagedium sibiricum*（L.）Sojak

别名：北山莴苣、山苦菜、西伯利亚山莴苣、西伯日－伊达日阿（蒙古族名）。

分布：重庆、福建、甘肃、广东、广西、贵州、河北、黑龙江、湖南、吉林、江苏、江西、辽宁、内蒙古、青海、山东、山西、陕西、四川、新疆、云南、浙江。

21. 苣荬菜

学名：*Sonchus arvensis* L.

别名：苦菜。

分布：安徽、北京、重庆、福建、甘肃、广东、广西、贵州、河北、河南、黑龙江、湖北、湖南、吉林、江苏、江西、辽宁、内蒙古、宁夏、青海、山东、山西、陕西、上海、四川、天津、新疆、浙江。

22. 蒲公英

学名：*Taraxacum mongolicum* Hand.–Mazz.

分布：安徽、北京、重庆、福建、甘肃、广东、广西、贵州、河北、河南、黑龙江、湖北、湖南、吉林、江苏、江西、辽宁、内蒙古、宁夏、青海、山东、山西、陕西、上海、四川、天津、西藏、新疆、云南、浙江。

23. 苍耳

学名：*Xanthium sibiricum* Patrin ex Widder

别名：虱麻头、老苍子、青棘子。

分布：安徽、北京、重庆、福建、甘肃、广东、广西、贵州、河北、河南、黑龙江、湖北、湖南、吉林、江苏、江西、辽宁、内蒙古、宁夏、青海、山东、山西、陕西、四川、天津、西藏、新疆、云南、浙江。

藜科

1. 藜

学名：*Chenopodium album* L.

别名：灰菜、白藜、灰条菜、地肤子。

分布：安徽、北京、重庆、福建、甘肃、广东、广西、贵州、河北、河南、黑龙江、湖北、湖南、吉林、江苏、江西、辽宁、内蒙古、宁夏、青海、山东、山西、陕西、上海、四川、天津、西藏、新疆、云南、浙江。

2. 灰绿藜

学名：*Chenopodium glaucum* L.

别名：碱灰菜、小灰菜、白灰菜。

分布：安徽、北京、甘肃、广东、广西、贵州、河北、河南、黑龙江、湖北、湖南、吉林、江西、辽宁、内蒙古、宁夏、青海、山东、山西、陕西、上海、四川、天津、西藏、新疆、云南、江苏、浙江。

蓼科

1. 卷茎蓼

学名：*Fallopia convolvula*（L.）A. Löve

分布：安徽、北京、福建、甘肃、广东、广西、贵州、河北、河南、黑龙江、湖北、吉林、江苏、江西、辽宁、内蒙古、宁夏、青海、山东、山西、陕西、四川、新疆、云南。

2. 萹蓄

学名：*Polygonum aviculare* L.

别名：鸟蓼、扁竹。

分布：安徽、福建、甘肃、广东、广西、贵州、河北、河南、黑龙江、湖北、湖南、吉林、江苏、江西、辽宁、内蒙古、宁夏、青海、山东、山西、陕西、四川、重庆、西藏、新疆、云南、浙江。

3. 水蓼

学名：*Polygonum hydropiper* L.

别名：辣蓼。

分布：安徽、重庆、福建、广东、甘肃、贵州、湖北、河北、黑龙江、河南、湖南、吉林、江苏、江西、辽宁、内蒙古、宁夏、青海、山东、山西、陕西、四川、天津、新疆、西藏、云南、浙江。

4. 酸模叶蓼

学名：*Polygonum lapathifolium* L.

别名：旱苗蓼。

分布：安徽、北京、重庆、福建、甘肃、广东、广西、贵州、河北、河南、黑龙江、湖北、湖南、吉林、江苏、江西、辽宁、内蒙古、宁夏、青海、山东、山西、陕西、上海、四川、西藏、新疆、云南、浙江。

5. 杠板归

学名：*Polygonum perfoliatum* L.

别名：犁头刺、蛇倒退。

分布：安徽、福建、甘肃、广东、广西、贵州、河北、河南、黑龙江、湖北、湖南、吉林、江苏、江西、辽宁、内蒙古、山东、山西、陕西、四川、西藏、云南、浙江。

6. 刺蓼

学名：*Polygonum senticosum*（Meisn.）Franch. et Sav.

别名：廊茵、红梗豺狗舌头草、红花蛇不过、红火老鸦酸草、急解索、廊菌、蚂蚱腿、猫舌草、貓儿刺、蛇不钻、蛇倒退。

分布：安徽、福建、甘肃、广东、广西、贵州、河北、河南、黑龙江、湖北、湖南、吉林、江苏、江西、辽宁、内蒙古、山东、山西、陕西、上海、四川、云南、浙江。

7. 黑龙江酸模

学名：*Rumex amurensis* F. Schm. ex Maxim.

别名：阿穆尔酸模、东北酸模、黑水酸模、小半蹄叶、羊蹄叶、野菠菜。

分布：安徽、河北、河南、黑龙江、湖北、吉林、江苏、辽宁、山东。

8. 皱叶酸模

学名：*Rumex crispus* L.

别名：羊蹄叶。

分布：福建、甘肃、贵州、天津、江苏、广西、河北、河南、黑龙江、湖北、湖南、吉林、辽宁、内蒙古、宁夏、青海、山东、山西、陕西、四川、新疆、云南。

柳叶菜科

丁香蓼

学名：*Ludwigia prostrata* Roxb.

分布：安徽、重庆、福建、贵州、广东、广西、河北、河南、黑龙江、湖北、湖南、吉林、江苏、江西、辽宁、山东、陕西、上海、四川、云南、浙江。

马齿苋科

马齿苋

学名：*Portulaca oleracea* L.

别名：马蛇子菜、马齿菜。

分布：安徽、北京、重庆、福建、甘肃、广东、广西、贵州、河北、河南、黑龙江、湖北、湖南、吉林、江苏、江西、辽宁、内蒙古、宁夏、青海、山东、山西、陕西、上海、四川、天津、西藏、新疆、云南、浙江。

毛茛科

1. 茴茴蒜

学名：*Ranunculus chinensis* Bunge

别名：小虎掌草、野桑椹、鸭脚板、山辣椒。

分布：安徽、甘肃、贵州、河北、河南、黑龙江、湖北、湖南、吉林、江苏、辽宁、内蒙古、宁夏、青海、山东、山西、陕西、四川、西藏、新疆、云南、浙江。

2. 毛茛

学名：*Ranunculus japonicus* Thunb.

别名：老虎脚迹、五虎草。

分布：安徽、北京、福建、甘肃、广东、广西、贵州、河北、河南、黑龙江、湖北、湖南、吉林、江苏、江西、辽宁、内蒙古、宁夏、青海、山东、山西、陕西、四川、新疆、云南、浙江。

荨麻科

雾水葛

学名：*Pouzolzia zeylanica*（L.）Benn.

别名：白石薯、啜脓羔、啜脓膏、水麻秧、多枝雾水葛、石薯、粘榔根、粘榔果。

分布：安徽、福建、甘肃、广东、广西、贵州、湖北、湖南、江西、四川、云南、浙江。

茜草科

1. 猪殃殃

学名：*Galium aparine var. echinospermum*（Wallr.）Cuf.

别名：拉拉秧。

分布：安徽、北京、重庆、福建、甘肃、广东、广西、贵州、河北、河南、黑龙江、湖北、湖南、吉林、江苏、江西、辽宁、内蒙古、宁夏、青海、山东、山西、陕西、上海、四川、天津、西藏、新疆、云南、浙江。

2. 茜草

学名：*Rubia cordifolia* L.

别名：红丝线。

分布：北京、甘肃、河北、河南、黑龙江、吉林、江西、辽宁、内蒙古、宁夏、青海、山东、山西、陕西、四川、西藏。

蔷薇科

1. 蛇莓

学名：*Duchesnea indica*（Andr.）Focke

别名：蛇泡草、龙吐珠、三爪风。

分布：安徽、北京、重庆、福建、甘肃、广东、广西、贵州、河北、河南、湖北、湖南、吉林、江苏、江西、辽宁、宁夏、青海、山东、山西、陕西、上海、四川、西藏、新疆、云南、浙江。

2. 朝天委陵菜

学名：*Potentilla supina* L.

别名：伏委陵菜、仰卧委陵菜、铺地委陵菜、鸡毛菜。

分布：安徽、甘肃、广东、广西、贵州、河北、黑龙江、河南、湖北、湖南、吉林、江苏、江西、辽宁、内蒙古、宁夏、青海、山东、山西、陕西、四川、西藏、新疆、云南、浙江。

茄科

龙葵

学名：*Solanum nigrum* L.

别名：野海椒、苦葵、野辣虎。

分布：安徽、北京、重庆、福建、甘肃、广东、广西、贵州、河北、河南、黑龙江、湖北、湖南、吉林、江苏、江西、辽宁、内蒙古、青海、山东、山西、陕西、上海、四川、天津、西藏、新疆、云南、浙江。

伞形科

1. 积雪草

学名：*Centella asiatica*（L.）Urban

别名：崩大碗、落得打。

分布：安徽、重庆、福建、广东、广西、湖北、湖南、江苏、江西、陕西、四川、云南、浙江。

2. 水芹

学名：*Oenanthe javanica*（Bl.）DC.

别名：水芹菜。

分布：安徽、北京、重庆、福建、甘肃、广东、广西、贵州、河北、河南、黑龙江、湖北、湖南、吉林、江苏、江西、辽宁、内蒙古、宁夏、青海、山东、山西、陕西、上海、四川、天津、西藏、新疆、云南、浙江。

十字花科

1. 荠菜

学名：*Capsella bursa-pastoris*（L.）Medic.

别名：荠、荠荠菜。

分布：安徽、北京、重庆、福建、甘肃、广东、广西、贵州、河北、河南、黑龙江、湖北、湖南、吉林、江苏、江西、辽宁、内蒙古、宁夏、青海、山东、山西、陕西、上海、四川、天津、西藏、新疆、云南、浙江。

2. 播娘蒿

学名：*Descurainia sophia*（L.）Webb ex Prantl

分布：安徽、北京、重庆、福建、甘肃、广东、广西、贵州、河北、河南、黑龙江、湖北、湖南、吉林、江苏、江西、辽宁、内蒙古、宁夏、青海、山东、山西、陕西、上海、四川、天津、西藏、新疆、云南、浙江。

3. 独行菜

学名：*Lepidium apetalum* Willd.

别名：辣辣。

分布：安徽、北京、甘肃、广西、贵州、河北、河南、黑龙江、湖北、湖南、吉林、江苏、江西、辽宁、内蒙古、宁夏、青海、山东、山西、陕西、四川、西藏、新疆、云南、浙江。

4. 沼生焊菜

学名：*Rorippa islandica*（Oed.）Borb.

别名：风花菜、风花菜焊、岗地菜、焊菜、黄花荠菜、那木根－萨日布（蒙古族名）、水萝卜、香荠菜、沼泽焊菜。

分布：北京、甘肃、广西、广东、河北、河南、黑龙江、吉林、江苏、辽宁、内蒙古、山东、山西、云南。

5. 遏蓝菜

学名：*Thalaspi arvense* L.

分布：安徽、北京、重庆、福建、甘肃、广东、广西、贵州、河北、河南、黑龙江、湖北、湖南、吉林、江苏、江西、辽宁、内蒙古、宁夏、青海、山东、山西、陕西、上海、四川、天津、西藏、新疆、云南、浙江。

石竹科

1. 蚤缀

学名：*Arenaria serpyllifolia* L.

别名：鹅不食草 。

分布：安徽、北京、重庆、福建、广东、甘肃、贵州、湖北、河北、黑龙江、河南、湖南、吉林、江苏、江西、辽宁、内蒙古、宁夏、青海、四川、重庆、山东、上海、陕西、山西、天津、新疆、西藏、云南、浙江。

2. 麦瓶草

学名：*Silene conoidea* L.

分布：安徽、北京、甘肃、贵州、河北、河南、湖北、湖南、江西、江苏、宁夏、青海、山东、山西、陕西、上海、四川、天津、西藏、新疆、浙江。

3. 麦蓝菜

学名：*Vaccaria segetalis*（Neck.）Garcke

别名：王不留行、麦蓝子。

分布：安徽、北京、重庆、福建、甘肃、贵州、河北、河南、黑龙江、湖北、湖南、吉林、江苏、江西、辽宁、内蒙古、宁夏、青海、山东、山西、陕西、上海、四川、天津、西藏、新疆、云南、浙江。

苋科

1. 空心莲子草

学名：*Alternanthera philoxeroides*（Mart.）Griseb.

别名：水花生、水苋菜。

分布：安徽、重庆、福建、甘肃、广东、广西、贵州、河南、湖北、湖南、江苏、江西、山东、陕西、上海、四川、云南、浙江。

2. 凹头苋

学名：*Amaranthus blitum* L.

别名：野苋、人情菜、野苋菜。

分布：安徽、北京、重庆、福建、甘肃、广东、广西、贵州、河北、河南、黑龙江、湖北、湖南、吉林、江苏、江西、辽宁、内蒙古、山东、山西、陕西、上海、四川、新疆、云南、浙江。

3. 反枝苋

学名：*Amaranthus retroflexus* L.

别名：西风谷、阿日白－诺高（蒙古族名）、反齿苋、家鲜谷、人苋菜、忍建菜、西风古、苋菜、野风古、野米谷、野千穗谷、野苋菜。

分布：安徽、北京、重庆、福建、甘肃、广东、广西、贵州、河北、河南、黑龙江、湖北、湖南、吉林、江苏、江西、辽宁、内蒙古、宁夏、青海、山东、山西、陕西、上海、四川、天津、新疆、云南、浙江。

4. 刺苋

学名：*Amaranthus spinosus* L.

别名：刺苋菜、野苋菜。

分布：安徽、福建、广东、广西、贵州、河南、湖北、湖南、江苏、江西、山东、山西、陕西、四川、云南、浙江。

5. 青葙

学名：*Celosia argentea* L.

别名：野鸡冠花、狗尾巴、狗尾苋、牛尾花。

分布：安徽、北京、重庆、福建、甘肃、广东、广西、贵州、河北、河南、黑龙江、湖北、湖南、吉林、江苏、江西、辽宁、内蒙古、宁夏、青海、山东、山西、陕西、四川、西藏、新疆、云南、浙江。

玄参科

地黄

学名：*Rehmannia glutinosa*（Gaert.）Libosch. ex Fisch. et Mey.

别名： 婆婆丁、米罐棵、蜜糖管。

分布： 北京、甘肃、广东、贵州、河北、河南、湖北、江苏、辽宁、内蒙古、山东、山西、陕西、四川、天津、云南。

旋花科

1. 打碗花

学名： *Calystegia hederacea* Wall.

别名： 小旋花、兔耳草。

分布： 安徽、北京、重庆、福建、甘肃、广东、广西、贵州、河北、河南、黑龙江、湖北、湖南、吉林、江苏、江西、辽宁、内蒙古、宁夏、青海、山东、山西、陕西、上海、四川、天津、新疆、云南、浙江。

2. 田旋花

学名： *Convolvulus arvensis* L.

别名： 中国旋花、箭叶旋花。

分布： 安徽、北京、福建、甘肃、广东、广西、贵州、河北、河南、黑龙江、湖北、湖南、吉林、江苏、江西、辽宁、内蒙古、宁夏、青海、陕西、山东、山西、上海、四川、西藏、新疆、云南、浙江。

3. 菟丝子

学名： *Cuscuta chinensis* Lam.

别名： 金丝藤、豆寄生、无根草。

分布： 安徽、北京、重庆、福建、甘肃、广东、广西、贵州、河北、河南、黑龙江、湖北、湖南、吉林、江苏、江西、辽宁、内蒙古、宁夏、青海、山东、山西、陕西、上海、四川、天津、西藏、新疆、云南、浙江。

4. 金灯藤

学名： *Cuscuta japonica* Choisy

别名： 日本菟丝子、大粒菟丝子、大菟丝子、大无娘子、飞来花、飞来藤。

分布： 安徽、重庆、福建、甘肃、广东、广西、贵州、河北、河南、黑龙江、湖北、湖南、吉林、江苏、江西、辽宁、内蒙古、宁夏、青海、山东、山西、陕西、四川、新疆、云南、浙江。

5. 裂叶牵牛

学名： *Pharbitis nil*（L.）Ching

别名： 牵牛、白丑、常春藤叶牵牛、二丑、黑丑、喇叭花、喇叭花子、牵牛花、牵牛子。

分布： 北京、重庆、福建、甘肃、广东、广西、贵州、河北、河南、湖北、湖南、江苏、江西、宁夏、山东、山西、陕西、上海、四川、天津、西藏、新疆、云南、浙江。

6. 圆叶牵牛

学名：*Pharbitis purpurea*(L.) Voigt.

别名：紫花牵牛、喇叭花、毛牵牛、牵牛花、紫牵牛。

分布：北京、重庆、福建、甘肃、广东、广西、河北、河南、湖北、吉林、江苏、江西、辽宁、内蒙古、宁夏、青海、山东、山西、陕西上海、、四川、新疆、云南、浙江。

紫草科

1. 麦家公

学名：*Lithospermum arvense* L.

别名：麦家公、大紫草、花荠荠、狼紫草、毛妮菜、涩涩荠。

分布：安徽、北京、甘肃、贵州、河北、河南、黑龙江、湖北、湖南、吉林、江苏、江西、辽宁、宁夏、山东、山西、陕西、四川、新疆、浙江。

2. 附地菜

学名：*Trigonotis peduncularis*(Trev.) Benth. ex Baker et Moore

别名：地胡椒。

分布：北京、重庆、福建、甘肃、广西、贵州、河北、黑龙江、湖北、湖南、吉林、江苏、江西、辽宁、内蒙古、宁夏、山东、山西、陕西、四川、天津、西藏、新疆、云南、浙江。

单子叶植物

禾本科

1. 雀麦

学名：*Bromus japonicus* Thunb. ex Murr.

别名：瞌睡草、扫高布日、山大麦、山稷子、野燕麦。

分布：安徽、北京、重庆、贵州、甘肃、河北、河南、湖北、湖南、江苏、江西、辽宁、内蒙古、青海、山东、山西、陕西、上海、四川、天津、西藏、新疆、云南、浙江。

2. 狗牙根

学名：*Cynodon dactylon*(L.)Pers.

别名：绊根草、爬根草、感沙草、铁线草。

分布：安徽、重庆、福建、甘肃、广东、广西、贵州、河北、河南、黑龙江、湖北、吉林、江苏、江西、辽宁、宁夏、青海、山东、山西、陕西、上海、四川、天津、新疆、云南、浙江。

3. 升马唐

学名：*Digitaria ciliaris*（Retz.）Koel.

别名：拌根草、白草、俭草、乱草子、马唐、毛马唐、爬毛抓秧草、乌斯图－西巴棍－塔布格（蒙古族名）、蟋蟀草、抓地龙。

分布：安徽、重庆、福建、广东、广西、贵州、河北、河南、黑龙江、湖北、吉林、江苏、江西、辽宁、内蒙古、宁夏、青海、山东、山西、陕西、上海、四川、天津、西藏、新疆、云南、浙江。

4. 马唐

学名：*Digitaria sanguinalis*（L.）Scop.

别名：大抓根草、红水草、鸡爪子草、假马唐、俭草、面条筋、盘鸡头草、秫秸秧子、哑用、抓地龙、抓根草。

分布：安徽、北京、重庆、福建、甘肃、广东、广西、贵州、河北、河南、黑龙江、湖北、湖南、吉林、江苏、江西、辽宁、内蒙古、宁夏、青海、山东、山西、陕西、上海、四川、西藏、天津、新疆、云南、浙江。

5. 稗

学名：*Echinochloa crusgali*（L.）Beauv.

别名：野稗、稗草、稗子、稗子草、水稗、水稗子、水䅟子、野䅟子、䅟子草。

分布：安徽、北京、重庆、福建、甘肃、广东、广西、贵州、河北、河南、黑龙江、湖北、湖南、吉林、江苏、江西、辽宁、内蒙古、宁夏、青海、山东、山西、陕西、上海、四川、天津、西藏、新疆、云南、浙江。

6. 牛筋草

学名：*Eleusine indica*（L.）Gaertn.

别名：蟋蟀草。

分布：安徽、重庆、北京、福建、甘肃、广东、贵州、河北、河南、黑龙江、湖北、湖南、吉林、江苏、江西、辽宁、内蒙古、宁夏、山东、山西、陕西、上海、四川、天津、西藏、新疆、云南、浙江。

7. 画眉草

学名：*Eragrostis pilosa*（L.）Beauv.

别名：星星草、蚊子草、榧子草、狗尾巴草、呼日嘎拉吉、蚊蚊草、绣花草。

分布：安徽、北京、重庆、福建、甘肃、广东、广西、贵州、河北、河南、黑龙江、湖北、湖南、江苏、江西、辽宁、内蒙古、宁夏、青海、山东、山西、陕西、四川、西藏、新疆、云南、浙江。

8. 远东羊茅

学名：*Festuca extremiorientalis* Ohwi

别名：道日那音－宝体乌乐（蒙古族名）、森林狐茅。

分布：甘肃、河北、黑龙江、吉林、江西、内蒙古、青海、山西、陕西、四川、云南。

9. 白茅

学名：*Imperata cylindrica*（L.）Beauv.

别名：茅针、茅根、白茅根、黄茅、尖刀草、兰根、毛根、茅草、茅茅根、茅针花、丝毛草、丝茅草、丝茅根、甜根、甜根草、乌毛根。

分布：安徽、北京、重庆、福建、甘肃、广东、广西、贵州、河北、河南、黑龙江、湖北、湖南、江苏、江西、辽宁、内蒙古、山东、山西、陕西、上海、四川、天津、西藏、新疆、四川、云南、浙江。

10. 千金子

学名：*Leptochloa chinensis*（L.）Nees

别名：雀儿舌头、畔茅、绣花草、油草、油麻。

分布：安徽、重庆、福建、甘肃、广东、广西、贵州、河北、河南、黑龙江、湖北、湖南、吉林、江苏、江西、辽宁、内蒙古、山东、山西、陕西、上海、四川、新疆、云南、浙江。

11. 铺地黍

学名：*Panicum repens* L.

别名：枯骨草、匍地黍、硬骨草。

分布：重庆、福建、甘肃、贵州、广东、广西、江西、山西、四川、云南、浙江。

12. 芦苇

学名：*Phragmites australis*（Cav.）Trin. ex Steud.

别名：好鲁苏、呼勒斯、呼勒斯鹅、葭、蒹、芦、芦草、芦柴、芦头、芦芽、苇、苇葭、苇子。

分布：安徽、北京、重庆、福建、甘肃、广东、广西、贵州、河北、河南、黑龙江、湖北、湖南、吉林、江苏、江西、辽宁、内蒙古、宁夏、青海、山东、山西、陕西、上海、四川、天津、西藏、新疆、云南、浙江。

13. 早熟禾

学名：*Poa annua* L.

别名：伯页力格－额布苏（蒙古族名）、发汗草、冷草、麦峰草、绒球草、稍草、踏不烂、小鸡草、小青草、羊毛胡子草。

分布：安徽、北京、重庆、福建、甘肃、广东、广西、贵州、河北、河南、黑龙江、湖北、湖南、吉林、江苏、江西、辽宁、内蒙古、宁夏、青海、山东、山西、陕西、上海、四川、天津、西藏、新疆、云南、浙江。

14. 长芒棒头草

学名：*Polypogon monspeliensis*（L.）Desf.

别名：棒头草、长棒芒头草、搔日特－萨木白。

分布：安徽、重庆、福建、甘肃、广东、广西、河北、河南、江苏、江西、内蒙古、宁夏、青海、山东、山西、陕西、四川、西藏、新疆、云南、浙江。

15. 碱茅

学名：*Puccinellia tenuiflora*（Griseb.）Scribn. et Merr.

分布：河北、河南、宁夏、青海、山东、陕西、四川、天津、新疆。

16. 硬草

学名：*Sclerochloa kengiana*（Ohwi）Tzvel.

别名：耿氏碱茅、花管草。

分布：安徽、贵州、湖北、湖南、江苏、江西、山东、陕西、四川。

17. 金色狗尾草

学名：*Setaria glauca*（L.）Beauv.

分布：安徽、北京、重庆、福建、甘肃、广东、广西、贵州、河北、河南、黑龙江、湖北、湖南、吉林、江苏、江西、辽宁、内蒙古、宁夏、青海、山东、山西、陕西、上海、四川、天津、西藏、新疆、云南、浙江。

18. 狗尾草

学名：*Setaria viridis*（L.）Beauv.

别名：谷莠子、莠。

分布：安徽、北京、重庆、福建、甘肃、广东、广西、贵州、河北、河南、黑龙江、湖北、湖南、吉林、江苏、江西、辽宁、内蒙古、宁夏、青海、山东、山西、陕西、上海、四川、天津、西藏、新疆、云南、浙江。

莎草科

1. 香附子

学名：*Cyperus rotundus* L.

别名：香头草。

分布：安徽、北京、重庆、福建、甘肃、广东、广西、贵州、河北、河南、黑龙江、湖北、湖南、吉林、江苏、江西、辽宁、内蒙古、宁夏、山东、山西、陕西、上海、四川、新疆、云南、浙江。

2. 水虱草

学名：*Fimbristylis miliacea*（L.）Vahl

别名：日照飘拂草、扁机草、扁排草、扁头草、木虱草、牛毛草、飘拂草、球花关。

分布：安徽、重庆、福建、广东、广西、贵州、河北、河南、湖北、湖南、江苏、江西、辽宁、陕西、四川、云南、浙江。

鸭跖草科

1. 鸭跖草

学名：*Commelina communis* L.

别名：竹叶菜、兰花竹叶。

分布：安徽、北京、重庆、福建、甘肃、广东、广西、贵州、河北、河南、黑龙江、湖北、湖南、吉林、江苏、江西、辽宁、内蒙古、宁夏、山东、山西、陕西、上海、四川、天津、云南、浙江。

2. 竹节菜

学名：*Commelina diffusa* N. L. Burm.

别名：节节菜、节节草、竹蒿草、竹节草、竹节花、竹叶草。

分布：甘肃、广东、广西、贵州、湖北、湖南、江苏、山东、四川、西藏、新疆、云南。

附录：

15. 茶园杂草

茶园杂草科属种数（1）

植物种类	科	属	种
孢子植物	6	6	6
蕨类植物	6	6	6
被子植物	40	126	164
双子叶植物	36	91	119
单子叶植物	4	35	45
总计	46	132	170

茶园杂草科属种数（2）

科	属	种	科	属	种
蕨类植物			马鞭草科	1	1
凤尾蕨科	1	1	马齿苋科	1	1
骨碎补科	1	1	牻牛儿苗科	1	1
海金沙科	1	1	毛茛科	2	4
里白科	1	1	葡萄科	1	1
鳞始蕨科	1	1	荨麻科	3	3
乌毛蕨科	1	1	茜草科	2	4
双子叶植物			蔷薇科	4	4
败酱科	1	2	茄科	1	1
报春花科	1	3	三白草科	2	2
车前科	1	1	伞形科	3	3
唇形科	9	11	十字花科	3	3
酢浆草科	1	1	石竹科	4	6
大戟科	3	3	藤黄科	1	1
大麻科	1	1	苋科	3	4
豆科	3	4	玄参科	4	4
番杏科	1	1	旋花科	2	2
夹竹桃科	1	1	远志科	1	1
堇菜科	1	4	紫草科	1	1
桔梗科	1	1	**单子叶植物**		
菊科	22	29	禾本科	32	38
爵床科	1	1	莎草科	1	4
藜科	1	1	天南星科	1	1
蓼科	2	7	鸭跖草科	1	2
龙胆科	1	1			

茶园杂草名录

孢子植物杂草

蕨类植物杂草

凤尾蕨科

欧洲凤尾蕨

学名：*Pteris cretica* L.

别名：长齿凤尾蕨、粗糙凤尾蕨、大叶井口边草、凤尾蕨。

分布：重庆、福建、甘肃、广东、广西、贵州、湖北、湖南、江西、四川、云南、浙江。

骨碎补科

阴石蕨

学名：*Humata repens*（L. F.）Didls

别名：红毛蛇、平卧阴石蕨。

分布：安徽、福建、广东、广西、贵州、湖北、湖南、江苏、江西、四川、云南、浙江。

海金沙科

海金沙

学名：*Lygodium japonicum*（Thunb.）Sw.

别名：蛤蟆藤、罗网藤、铁线藤。

分布：安徽、重庆、福建、甘肃、广东、广西、贵州、海南、河南、湖北、湖南、江苏、江西、陕西、四川、西藏、云南、浙江。

里白科

芒萁

学名：*Dicranopteris pedata*（Houtt.）Nakaike

别名：换础、狼萁、芦萁、芒萁、铁蕨鸡、铁芒萁。

分布：安徽、重庆、福建、甘肃、广东、广西、贵州、河南、湖北、湖南、江苏、江西、四川、云南、浙江。

鳞始蕨科

乌蕨

学名：*Sphenomeris chinensis*（L.）Maxon

分布：安徽、重庆、福建、甘肃、广东、广西、贵州、海南、河南、湖北、湖南、江苏、江西、四川、西藏、云南、浙江。

乌毛蕨科

1. 狗脊

学名：*Woodwardia japonica*（L. F.）Sm.

分布：安徽、重庆、福建、广东、广西、贵州、海南、河南、湖北、湖南、江苏、江西、四川、云南、浙江。

2. 顶芽狗脊

学名：*Woodwardia unigemmata*（Makino）Nakai

别名：单牙狗脊蕨、单芽狗脊、单芽狗脊蕨、顶单狗脊蕨、顶芽狗脊蕨、狗脊贯众、管仲、贯仲、贯众、冷卷子疙瘩、生芽狗脊蕨。

分布：安徽、甘肃、广西、广东、湖北、湖南、江苏、江西、陕西、西藏、云南、浙江。

被子植物杂草

双子叶植物

败酱科

1. 窄叶败酱

学名：*Patrinia heterophylla* Bunge subsp. *angustifolia*（Hemsl.）H.J.Wang

别名：苦菜、盲菜。

分布：安徽、河南、湖北、湖南、江西、山东、四川、浙江。

2. 败酱

学名：*Patrinia scabiosaefolia* Fisch. ex Trev.

别名：黄花龙牙。

分布：安徽、福建、甘肃、广东、广西、贵州、河南、湖北、湖南、江苏、江西、山东、陕西、四川、云南、浙江。

3. 白花败酱

学名：*Patrinia villosa* Juss.

分布：广西、江西、四川。

报春花科

1. 泽珍珠菜

学名：*Lysimachia candida* Lindl.

别名：泽星宿菜、白水花、单条草、水硼砂、香花、星宿菜。

分布：安徽、福建、广东、广西、贵州、海南、河南、湖北、湖南、江苏、江西、山东、陕西、四川、西藏、云南、浙江。

2. 小茄

学名：*Lysimachia japonica* Thunb.

分布：贵州、海南、江苏、湖北、四川、浙江。

3. 疏节过路黄

学名：*Lysimachia remota* Petitm.

别名：蓬莱珍珠菜。

分布：福建、江苏、江西、四川、浙江。

车前科

车前

学名：*Plantago asiatica* L.

别名：车前子。

分布：安徽、福建、甘肃、广东、广西、贵州、海南、河南、湖北、湖南、江苏、江西、山东、陕西、四川、西藏、云南、浙江。

唇形科

1. 筋骨草

学名：*Ajuga ciliata* Bunge

别名：毛缘筋骨草、缘毛筋骨草、泽兰。

分布：甘肃、湖北、山东、陕西、四川、云南、浙江。

2. 风轮菜

学名：*Clinopodium chinense*(Benth.)O. Ktze.

别名：野凉粉草、苦刀草。

分布：安徽、福建、广东、广西、湖北、湖南、江苏、江西、山东、四川、云南、贵州、重庆、浙江。

3. 细风轮菜

学名：*Clinopodium gracile*（Benth.）Kuntze

别名：瘦风轮菜、剪刀草、玉如意、野仙人草、臭草、光风轮、红上方。

分布：安徽、重庆、福建、广东、广西、贵州、湖北、湖南、江苏、江西、陕西、四川、云南、浙江。

4. 活血丹

学名：*Glechoma longituba*（Nakai）Kupr.

别名：佛耳草、金钱草。

分布：安徽、福建、广东、广西、贵州、海南、河南、湖北、湖南、江苏、江西、山东、陕西、四川、云南、浙江。

5. 大萼香茶菜

学名：*Isodon macrocalyx*（Dunn）Kudo

分布：安徽、福建、广东、广西、湖南、江苏、江西、浙江。

6. 益母草

学名：*Leonurus japonicus* Houttuyn

别名：茺蔚、茺蔚子、茺玉子、灯笼草、地母草。

分布：安徽、重庆、福建、甘肃、广东、广西、贵州、海南、湖北、湖南、江苏、江西、山东、陕西、四川、西藏、云南、浙江。

7. 石荠宁

学名：*Mosla scabra*（Thunb.）C. Y. Wu et H. W. Li

别名：母鸡窝、痱子草、叶进根、紫花草。

分布：安徽、福建、甘肃、广东、广西、湖北、湖南、江苏、江西、陕西、四川、浙江。

8. 紫苏

学名：*Perilla frutescens*（L.）Britt.

别名：白苏、白紫苏、般尖、黑苏、红苏。

分布：重庆、福建、甘肃、广东、广西、贵州、湖北、湖南、江苏、江西、陕西、四川、西藏、云南、浙江。

9. 黄芩

学名：*Scutellaria baicalensis* Georgi

别名：地芩、香水水草。

分布：甘肃、江苏、江西、河南、湖北、山东、陕西、四川。

10. 韩信草

学名：*Scutellaria indica* L.

别名：耳挖草、大力草。

分布：安徽、福建、广东、广西、贵州、河南、湖北、湖南、江苏、江西、陕西、四川、云南、浙江。

11. 庐山香科科

学名：*Teucrium pernyi* Franch.

别名：白花石蚕、凉粉草、庐山香科、香草。

分布：安徽、福建、广东、广西、河南、湖北、湖南、江苏、江西、浙江、四川。

酢浆草科

酢浆草

学名：*Oxalis corniculata* L.

别名：老鸭嘴、满天星、黄花酢浆草、鸠酸、酸味草。

分布：安徽、重庆、福建、广东、广西、贵州、海南、河南、湖北、湖南、江苏、江西、山东、陕西、四川、西藏、云南、浙江。

大戟科

1. 铁苋菜

学名：*Acalypha australis* L.

别名：榎草、海蚌含珠。

分布：我国各省区均有分布。

2. 地锦

学名：*Euphorbia humifusa* Willd.

别名：地锦草、红丝草、奶疳草。

分布：安徽、重庆、福建、甘肃、广东、广西、贵州、海南、河南、湖北、湖南、江苏、江西、山东、陕西、四川、西藏、云南、浙江。

3. 叶下珠

学名：*Phyllanthus urinaria* L.

别名：阴阳草、假油树、珍珠草。

分布：重庆、广东、广西、贵州、海南、湖北、湖南、江苏、陕西、四川、西藏、云南、浙江。

大麻科

葎草

学名：*Humulus scandens*（Lour.）Merr.

别名：拉拉藤、拉拉秧。

分布：安徽、重庆、福建、甘肃、广东、广西、贵州、海南、河南、湖北、湖南、江苏、江西、山东、陕西、四川、西藏、云南、浙江。

豆科

1. 长萼鸡眼草

学名：*Kummerowia stipulacea*（Maxim.）Makino

别名：鸡眼草。

分布：安徽、甘肃、河南、湖北、江苏、江西、山东、陕西、云南、浙江。

2. 鸡眼草

学名：*Kummerowia striata*（Thunb.）Schindl.

别名：掐不齐、牛黄黄、公母草。

分布：安徽、重庆、福建、甘肃、广东、广西、贵州、湖北、湖南、江苏、江西、山东、云南、浙江。

3. 中华胡枝子

学名：*Lespedeza chinensis* G. Don

别名：高脚硬梗太阳草、华胡枝子、清肠草、胡枝子。

分布：安徽、福建、广东、贵州、湖北、湖南、江苏、江西、四川、浙江。

4. 野葛

学名：*Pueraria lobate*（Willd.）Ohwi

分布：安徽、重庆、福建、甘肃、广东、广西、贵州、海南、河南、湖北、湖南、江苏、江西、山东、陕西、四川、云南、浙江。

番杏科

粟米草

学名：*Mollugo stricta* L.

别名：飞蛇草、降龙草、万能解毒草、鸭脚瓜子草。

分布：安徽、重庆、福建、甘肃、广东、广西、贵州、海南、河南、湖北、湖南、江苏、江西、山东、陕西、四川、西藏、云南、浙江。

夹竹桃科

紫花络石

学名：*Trachelospermum axillare* Hook. f.

别名：车藤、杜仲藤、番五加、络石藤、奶浆藤、爬山虎藤子、藤杜仲、乌木七、腋花络石。

分布：福建、广东、广西、贵州、湖北、湖南、江西、四川、西藏、云南、浙江。

堇菜科

1. 野生堇菜

学名：*Viola arvensis* Murray

别名：堇菜。

分布：贵州、湖北、湖南、江西、浙江。

2. 蔓茎堇菜

学名：*Viola diffusa* Ging.

别名：蔓茎堇。

分布：安徽、福建、甘肃、广东、广西、贵州、海南、河南、湖北、湖南、江苏、江西、陕西、四川、西藏、云南、浙江。

3. 犁头草

学名：*Viola inconspicua* Bl.

分布：安徽、福建、广东、广西、贵州、海南、河南、湖北、湖南、江苏、江西、四川、重庆、陕西、云南、浙江。

4. 紫花地丁

学名：*Viola philippica* Cav.

分布：安徽、重庆、福建、甘肃、广东、广西、贵州、海南、河南、湖北、湖南、江苏、江西、山东、陕西、四川、云南、浙江。

桔梗科

半边莲

学名：*Lobelia chinensis* Lour.

别名：急解索、细米草、瓜仁草。

分布：安徽、福建、广东、广西、贵州、海南、湖北、湖南、江苏、江西、四川、云南、浙江。

菊科

1. 胜红蓟

学名：*Ageratum conyzoides* L.

别名：藿香蓟、臭垆草、咸虾花。

分布：安徽、重庆、福建、甘肃、广东、广西、贵州、海南、河南、湖北、湖南、江苏、江西、四川、云南、浙江。

2. 艾蒿

学名：*Artemisia argyi* Levl. et Vant.

别名：艾。

分布：安徽、重庆、福建、甘肃、广东、广西、贵州、河南、湖北、湖南、江苏、江西、山东、陕西、四川、云南、浙江。

3. 牡蒿

学名：*Artemisia japonica* Thunb.

分布：安徽、福建、甘肃、广东、广西、贵州、河南、湖北、湖南、江苏、江西、山东、陕西、四川、西藏、云南、浙江。

4. 猪毛蒿

学名：*Artemisia scoparia* Waldst. et Kit.

别名：东北茵陈蒿、黄蒿、白蒿、白毛蒿、白绵蒿、白青蒿。

分布：安徽、重庆、福建、甘肃、广东、广西、贵州、海南、河南、湖北、湖南、江苏、江西、山东、陕西、四川、西藏、云南、浙江。

5. 鬼针草

学名：*Bidens pilosa* L.

分布：安徽、重庆、福建、甘肃、广东、广西、河南、湖北、江苏、江西、山东、陕西、四川、云南、浙江。

6. 三叶鬼针草

学名：*Bidens pilosa* L. var. radiata Sch.-Bip.

别名：叉叉菜、金盏银盘、三叶鬼针草。

分布：重庆、福建、甘肃、贵州、广东、广西、江苏、山东、陕西、四川、云南、浙江。

7. 刺儿菜

学名：*Cephalanoplos segetum*（Bunge）Kitam.

别名：小蓟。

分布：安徽、重庆、福建、甘肃、广东、广西、贵州、海南、河南、湖北、湖南、江苏、江西、山东、陕西、四川、云南、浙江。

8. 野菊

学名：*Chrysanthemum indicum* Thunb.

别名：东篱菊、甘菊花、汉野菊、黄花草、黄菊花、黄菊仔、黄菊子。

分布：重庆、甘肃、广东、广西、贵州、海南、河南、湖北、湖南、陕西、四川、西藏、云南、浙江。

9. 野塘蒿

学名：*Conyza bonariensis*（L.）Cronq.

别名：灰绿白酒草、蓬草、蓬头、蓑衣草、小白菊、野地黄菊、野圹蒿 。

分布：重庆、福建、甘肃、广东、广西、贵州、海南、河南、湖北、湖南、江苏、江西、山东、陕西、四川、西藏、云南、浙江。

10. 小飞蓬

学名：*Conyza canadensis*（L.）Cronq.

别名：加拿大蓬、飞蓬、小飞蓬。

分布：安徽、重庆、福建、甘肃、广东、广西、贵州、海南、河南、湖北、湖南、江苏、江西、山东、陕西、四川、西藏、云南、浙江。

11. 野茼蒿

学名：*Crassocephalum crepidioides*（Benth.）S. Moore

别名：革命菜、草命菜、灯笼草、关冬委妞、凉干药、啪哑裸、胖头芋、野蒿茼、野蒿茼属、野木耳菜、野青菜、一点红。

分布：重庆、福建、湖北、湖南、广东、广西、贵州、江苏、江西、四川、云南、西藏、浙江。

12. 鳢肠

学名：*Eclipta prostrata* L.

别名：旱莲草、墨草。

分布：安徽、重庆、福建、甘肃、广东、广西、贵州、海南、河南、湖北、湖南、江苏、江西、山东、陕西、四川、西藏、云南、浙江。

13. 一点红

学名：*Emilia sonchifolia*（L.）DC.

分布：安徽、福建、广东、广西、贵州、海南、湖北、湖南、江苏、江西、四川、云南、浙江。

14. 一年蓬

学名：*Erigeron annuus*（L.）Pers.

别名：千层塔、治疟草、野蒿、贵州毛菊花、黑风草、姬女苑、蓬头草、神州蒿、向阳菊。

分布：安徽、重庆、福建、甘肃、广西、贵州、河南、湖北、湖南、江苏、江西、山东、四川、西藏、浙江。

15. 紫茎泽兰

学名：*Eupatorium adenophorum* Spreng.

别名：大黑草、花升麻、解放草、马鹿草、破坏草、细升麻。

分布：重庆、广西、贵州、湖北、四川、云南。

16. 泽兰

学名：*Eupatorium japonicum* Thunb.

分布：安徽、广东、贵州、河南、湖北、湖南、江苏、江西、山东、陕西、四川、云南、浙江。

17. 牛膝菊

学名：*Galinsoga parviflora* Cav.

别名：辣子草、向阳花、珍珠草、铜锤草、旱田菊、兔儿草、小米菊。

分布：安徽、重庆、福建、甘肃、广东、广西、贵州、海南、河南、湖北、湖南、江苏、江西、山东、陕西、四川、西藏、云南、浙江。

18. 鼠麴草

学名：*Gnaphalium affine* D. Don

分布：重庆、福建、甘肃、广东、广西、贵州、海南、湖北、湖南、江苏、江西、山东、陕西、四川、西藏、云南、浙江。

19. 细叶鼠曲草

学名：*Gnaphalium japonicum* Thunb.

分布：广东、广西、贵州、河南、湖北、湖南、江西、陕西、四川、云南、浙江。

20. 泥胡菜

学名：*Hemistepta lyrata* Bunge

别名：秃苍个儿。

分布：安徽、重庆、福建、甘肃、广东、广西、贵州、海南、河南、湖北、湖南、江苏、江西、山东、陕西、四川、云南、浙江。

21. 狗娃花

学名：*Heteropappus hispidus*（Thunb.）Less.

分布：安徽、福建、甘肃、河南、湖北、江西、山东、陕西、四川。

22. 山苦荬

学名：*Ixeris chinensis*（Thunb.）Nakai

别名：苦菜、燕儿尾。

分布：重庆、福建、甘肃、广东、广西、贵州、湖南、江苏、江西、山东、陕西、四川、云南、浙江。

23. 剪刀股

学名：*Ixeris japonica*（Burm. F.）Nakai

别名：低滩苦荬菜。

分布：安徽、福建、贵州、广东、广西、海南、湖北、湖南、江苏、江西、四川、云南、浙江。

24. 马兰

学名：*Kalimeris indica*（L.）Sch.-Bip.

别名：马兰头、鸡儿肠、红管药、北鸡儿肠、北马兰、红梗菜。

分布：安徽、重庆、福建、广东、广西、贵州、河南、海南、湖北、湖南、江西、江苏、陕西、四川、西藏、云南、浙江。

25. 山莴苣

学名：*Lagedium sibiricum*（L.）Sojak

别名：北山莴苣、山苦菜、西伯利亚山莴苣。

分布：重庆、福建、甘肃、广东、广西、贵州、湖南、江苏、江西、山东、陕西、四川、云南、浙江。

26. 豨莶

学名：*Siegesbeckia orientalis* L.

别名：虾柑草、粘糊菜。

分布：安徽、重庆、福建、甘肃、广东、广西、贵州、湖南、江苏、江西、山东、陕西、四川、云南、浙江。

27. 一枝黄花

学名：*Solidago decurrens* Lour.

别名：金柴胡、黄花草、金边菊。

分布：安徽、广东、广西、贵州、江苏、江西、湖北、湖南、陕西、四川、云南、浙江。

28. 蒲公英

学名：*Taraxacum mongolicum* Hand.-Mazz.

分布：安徽、重庆、福建、甘肃、广东、广西、贵州、河南、湖北、湖南、江苏、江西、山东、陕西、四川、西藏、云南、浙江。

29. 苍耳

学名：*Xanthium sibiricum* Patrin ex Widder

别名：虱麻头、老苍子、青棘子。

分布：安徽、重庆、福建、甘肃、广东、广西、贵州、海南、河南、湖北、湖南、江苏、江西、山东、陕西、四川、西藏、云南、浙江。

爵床科

爵床

学名：*Rostellularia procumbens*（L.）Nees

分布：安徽、重庆、福建、甘肃、广东、广西、贵州、海南、湖北、湖南、江苏、江西、陕西、四川、西藏、云南、浙江。

藜科

藜

学名：*Chenopodium album* L.

别名：灰菜、白藜、灰条菜、地肤子。

分布：安徽、重庆、福建、甘肃、广东、广西、贵州、海南、河南、湖北、湖南、江苏、江西、山东、陕西、四川、西藏、云南、浙江。

蓼科

1. 萹蓄

学名：*Polygonum aviculare* L.

别名：鸟蓼、扁竹。

分布：安徽、重庆、福建、甘肃、广东、广西、贵州、海南、河南、湖北、湖南、江苏、江西、山东、陕西、四川、西藏、云南、浙江。

2. 水蓼

学名：*Polygonum hydropiper* L.

别名：辣蓼。

分布：安徽、福建、广东、海南、甘肃、贵州、海南、湖北、河南、湖南、江苏、江西、四川、重庆、山东、陕西、西藏、云南、浙江。

3. 酸模叶蓼

学名：*Polygonum lapathifolium* L.

别名：旱苗蓼。

分布：安徽、福建、广东、广西、贵州、甘肃、海南、湖北、河南、湖南、江苏、江西、四川、山东、陕西、西藏、云南、浙江、陕西、重庆。

4. 杠板归

学名：*Polygonum perfoliatum* L.

别名：犁头刺、蛇倒退。

分布：安徽、福建、甘肃、广东、广西、贵州、海南、河南、湖北、湖南、江苏、江西、山东、陕西、四川、西藏、云南、浙江。

5. 箭叶蓼

学名：*Polygonum sieboldii* Meissn.

别名：长野芥麦草、刺蓼、大二郎箭、大蛇舌草、倒刺林、更生、河水红花、尖叶蓼、箭蓼、猫爪刺。

分布：福建、甘肃、贵州、河南、湖北、江苏、江西、山东、陕西、四川、云南、浙江。

6. 细叶蓼

学名：*Polygonum taquetii* Lévl.

别名：穗下蓼。

分布：安徽、福建、广东、湖北、湖南、江苏、江西、浙江。

7. 酸模

学名：*Rumex acetosa* L.

别名：土大黄。

分布：甘肃、湖北、安徽、福建、广西、贵州、湖北、河南、湖南、江苏、四川、山东、陕西、西藏、云南、浙江、重庆。

龙胆科

鳞叶龙胆

学名：*Gentiana squarrosa* Ledeb.

别名：小龙胆、石龙胆。

分布：安徽、甘肃、河南、湖北、湖南、江西、陕西、四川、西藏、云南、浙江。

马鞭草科

马鞭草

学名：*Verbena officinalis* L.

别名：龙牙草、铁马鞭、凤颈草。

分布：安徽、福建、广东、广西、贵州、海南、河南、湖北、湖南、江苏、江西、陕西、四川、西藏、云南、浙江。

马齿苋科

马齿苋

学名：*Portulaca oleracea* L.

别名：马蛇子菜、马齿菜。

分布：安徽、福建、甘肃、广东、广西、贵州、海南、河南、湖北、湖南、江苏、江西、陕西、山东、四川、重庆、西藏、云南、浙江。

牻牛儿苗科

老鹳草

学名：*Geranium wilfordii* Maxim.

别名：鸭脚草、短嘴老鹳草、见血愁、老观草、老鹤草、老鸦嘴、藤五爪、西木德格来、鸭脚老鹳草、一颗针、越西老鹳草。

分布：安徽、福建、甘肃、贵州、河南、湖北、湖南、江苏、江西、山东、陕西、四川、云南、浙江、广西、重庆。

毛茛科

1. 无距耧斗菜

学名：*Aquilegia ecalcarata* Maxim.

别名：大铁糙、倒地草、黄花草、亮壳草、瘰疬草、千里光、铁糙、野前胡、紫花地榆。

分布：甘肃、广西、贵州、河南、湖北、江苏、陕西、西藏、云南。

2. 茴茴蒜

学名：*Ranunculus chinensis* Bunge

别名：小虎掌草、野桑椹、鸭脚板、山辣椒。

分布：安徽、甘肃、贵州、河南、湖北、湖南、江苏、陕西、山东、四川、西藏、云南、浙江。

3. 毛茛

学名：*Ranunculus japonicus* Thunb.

别名：老虎脚迹、五虎草。

分布：安徽、福建、甘肃、广东、广西、贵州、河南、湖北、湖南、江苏、江西、陕西、山东、四川、云南、浙江。

4. 猫爪草

学名：*Ranunculus ternatus* Thunb.

别名：小毛茛、三散草、黄花草。

分布：安徽、福建、广西、河南、湖北、湖南、江苏、江西、浙江。

葡萄科

乌蔹莓

学名：*Cayratia japonica*（Thunb.）Gagnep.

别名：五爪龙、五叶薄、地五加。

分布：安徽、重庆、福建、甘肃、广东、广西、贵州、海南、河南、湖北、湖南、江苏、山东、陕西、四川、重庆、云南、浙江。

荨麻科

1. 糯米团

学名：*Gonostegia hirta*（Bl.）Miq.

分布：安徽、福建、广东、广西、海南、河南、江西、江苏、陕西、四川、西藏、云南、浙江。

2. 冷水花

学名：*Pilea mongolica* Wedd.

分布：湖北、四川。

3. 雾水葛

学名：*Pouzolzia zeylanica*（L.）Benn.

别名：白石薯、啜脓羔、啜脓膏、水麻秧、多枝雾水葛、石薯、粘榔根、粘榔果。

分布：安徽、福建、广东、广西、甘肃、湖北、湖南、江西、四川、贵州、云南、浙江。

茜草科

1. 猪殃殃

学名： *Galium aparine* var. *echinospermum*（Wallr.）Cuf.

别名： 拉拉秧。

分布： 安徽、重庆、福建、甘肃、广东、广西、贵州、海南、河南、湖北、湖南、江苏、江西、山东、陕西、四川、西藏、云南、浙江。

2. 麦仁珠

学名： *Galium tricorne* Stokes

别名： 锯齿草、拉拉蔓、破丹粘娃娃、三角猪殃殃、弯梗拉拉藤、粘粘子、猪殃殃。

分布： 安徽、甘肃、贵州、河南、湖北、江苏、江西、山东、陕西、四川、西藏、浙江。

3. 金毛耳草

学名： *Hedyotis chrysotricha*（Palib.）Merr.

别名： 黄毛耳草。

分布： 安徽、福建、广东、广西、贵州、湖北、湖南、江西、江苏、云南、浙江。

4. 白花蛇舌草

学名： *Hedyotis diffusa* Willd.

分布： 安徽、广东、广西、海南、湖南、江西、四川、云南、贵州、浙江。

蔷薇科

1. 龙芽草

学名： *Agrimonia pilosa* Ledeb.

别名： 散寒珠。

分布： 安徽、福建、甘肃、广东、广西、贵州、海南、河南、湖北、湖南、江苏、江西、山东、陕西、四川、西藏、云南、浙江。

2. 蛇莓

学名： *Duchesnea indica*（Andr.）Focke

别名： 蛇泡草、龙吐珠、三爪风。

分布： 安徽、福建、甘肃、广东、广西、贵州、海南、河南、湖北、湖南、江苏、江西、山东、陕西、四川、西藏、云南、重庆、浙江。

3. 蓬蘽

学名： *Rubus hirsutus* Thunb.

分布： 安徽、福建、广东、河南、湖北、江苏、江西、云南、浙江。

4. 地榆

学名：*Sanguisorba officinalis* L.

别名：黄瓜香。

分布：安徽、甘肃、广东、广西、贵州、海南、河南、湖北、湖南、江苏、江西、山东、陕西、四川、西藏、云南、浙江。

茄科

龙葵

学名：*Solanum nigrum* L.

别名：野海椒、苦葵、野辣虎。

分布：安徽、甘肃、广东、河南、湖北、江西、山东、陕西、浙江、重庆、福建、广西、贵州、湖南、江苏、四川、西藏、云南。

三白草科

1. 鱼腥草

学名：*Houttuynia cordata* Thunb.

分布：安徽、福建、甘肃、广东、广西、贵州、海南、河南、湖北、湖南、江西、陕西、四川、重庆、西藏、云南、浙江。

2. 三白草

学名：*Saururus chinensis*（Lour.）Baill.

别名：过山龙、白舌骨、白面姑。

分布：安徽、福建、广东、广西、贵州、海南、河南、湖北、湖南、江苏、江西、陕西、山东、四川、云南、浙江。

伞形科

1. 积雪草

学名：*Centella asiatica*（L.）Urban

别名：崩大碗、落得打。

分布：安徽、福建、广东、广西、湖北、湖南、江苏、江西、陕西、四川、重庆、云南、浙江。

2. 天胡荽

学名：*Hydrocotyle sibthorpioides* Lam.

别名：落得打、满天星。

分布：安徽、福建、广东、广西、贵州、海南、湖北、湖南、江苏、江西、陕西、四川、云南、浙江。

3. 窃衣

学名：*Torilis scabra*（Thunb.）DC.

别名：鹤虱、水防风、蚁菜、紫花窃衣。

分布：安徽、福建、甘肃、广东、广西、贵州、湖北、湖南、江苏、江西、陕西、四川、重庆。

十字花科

1. 荠菜

学名：*Capsella bursa-pastoris*（L.）Medic.

别名：荠、荠荠菜。

分布：安徽、福建、甘肃、广东、广西、贵州、海南、河南、湖北、湖南、江苏、江西、山东、陕西、四川、重庆、西藏、云南、浙江。

2. 北美独行菜

学名：*Lepidium virginicum* L.

别名：大叶香荠、大叶香荠菜、独行菜、拉拉根、辣菜、辣辣根、琴叶独行菜、十字花、小白浆、星星菜、野独行菜。

分布：安徽、福建、广东、广西、贵州、河南、湖北、湖南、江苏、江西、山东、四川、重庆、云南、浙江、甘肃、陕西。

3. 焊菜

学名：*Rorippa indica*（L.）Hiern

分布：安徽、福建、甘肃、广东、广西、贵州、海南、河南、湖北、湖南、江苏、江西、山东、陕西、四川、西藏、云南、浙江。

石竹科

1. 球序卷耳

学名：*Cerastium glomeratum* Thuill.（*Cerastium viscosum* L.）

别名：粘毛卷耳、婆婆指甲、锦花草、猫耳朵草、黏毛卷耳、山马齿苋、圆序卷耳、卷耳。

分布：福建、广西、贵州、河南、湖北、湖南、江苏、江西、西藏、云南、浙江、山东。

2. 牛繁缕

学名：*Myosoton aquaticum*（L.）Moench

别名：鹅肠菜、鹅儿肠、抽筋草、大鹅儿肠、鹅肠草、石灰菜、额叠申细苦、伸筋草。

分布：安徽、福建、甘肃、广东、广西、贵州、海南、河南、湖北、湖南、江苏、江西、陕西、山东、四川、重庆、西藏、云南、浙江。

3. 漆姑草

学名：*Sagina japonica*（Sw.）Ohwi

别名：虎牙草。

分布：安徽、福建、甘肃、广东、广西、贵州、河南、湖北、湖南、江苏、江西、陕西、山东、四川、重庆、西藏、云南、浙江。

4. 雀舌草

学名：*Stellaria alsine* Grimm

别名：天蓬草、滨繁缕、米鹅儿肠、蛇牙草、泥泽繁缕、雀舌繁缕、雀舌苹、雀石草、石灰草。

分布：安徽、福建、甘肃、广东、广西、贵州、河南、湖北、湖南、江苏、江西、四川、重庆、西藏、云南、浙江、陕西。

5. 繁缕

学名：*Stellaria media*（L.）Villars

别名：鹅肠草。

分布：安徽、福建、甘肃、广东、广西、贵州、河南、湖北、湖南、江苏、江西、陕西、山东、四川、西藏、云南、浙江、重庆。

6. 鸡肠繁缕

学名：*Stellaria neglecta* Weihe

别名：鹅肠繁缕、繁缕、赛繁缕、细叶辣椒草、小鸡草、易忽繁缕、鱼肚肠草。

分布：河南、湖北、湖南、江苏、山东、陕西、四川、西藏、云南、浙江。

藤黄科

地耳草

学名：*Hypericum japonicum* Thunb. ex Murray

别名：田基黄。

分布：安徽、福建、广东、广西、贵州、海南、湖北、湖南、江苏、江西、山东、四川、重庆、云南、浙江、甘肃、陕西。

苋科

1. 空心莲子草

学名：*Alternanthera philoxeroides*（Mart.）Griseb.

别名：水花生、水苋菜。

分布：安徽、重庆、福建、广东、广西、湖北、湖南、江苏、江西、山东、陕西、四川、云南、浙江、甘肃、贵州、河南。

2. 凹头苋

学名：*Amaranthus blitum* L.

别名：野苋、人情菜、野苋菜。

分布：安徽、福建、甘肃、广东、广西、贵州、海南、河南、湖北、湖南、江苏、江西、山东、陕西、四川、云南、浙江、重庆。

3. 反枝苋

学名：*Amaranthus retroflexus* L.

别名：西风谷、反齿苋、家鲜谷、人苋菜、忍建菜、西风古、苋菜、野风古、野米谷、野千穗谷、野苋菜。

分布：安徽、重庆、福建、甘肃、广东、广西、贵州、海南、河南、湖北、湖南、江苏、江西、山东、陕西、四川、云南、浙江。

4. 牛膝

学名：*Galinsoga parviflora* Cav.

别名：辣子草、向阳花、珍珠草、铜锤草、旱田菊、兔儿草、小米菊。

分布：安徽、重庆、福建、广东、广西、甘肃、贵州、海南、河南、湖北、湖南、江苏、江西、山东、陕西、四川、西藏、云南、浙江。

玄参科

1. 母草

学名：*Lindernia crustacea*（L.）F. Muell

别名：公母草、旱田草、开怀草、牛耳花、四方草、四方拳草。

分布：安徽、福建、广东、广西、贵州、海南、河南、湖北、湖南、江苏、江西、四川、重庆、西藏、云南、浙江、陕西。

2. 通泉草

学名：*Mazus japonicus*（Thunb.）Kuntze

分布：安徽、福建、重庆、甘肃、广东、广西、河南、湖北、湖南、江苏、江西、山东、陕西、四川、云南、浙江。

3. 地黄

学名：*Rehmannia glutinosa*（Gaert.）Libosch. ex Fisch. et Mey.

别名：婆婆丁、米罐棵、蜜糖管。

分布：甘肃、广东、贵州、河南、湖北、江苏、山东、陕西、四川、云南。

4. 直立婆婆纳

学名：*Veronica arvensis* L.

别名：脾寒草、玄桃。

分布：安徽、广西、贵州、福建、河南、湖北、湖南、江苏、江西、山东、陕西、四川、云南。

旋花科

1. 田旋花

学名：*Convolvulus arvensis* L.

别名：中国旋花、箭叶旋花。

分布：安徽、福建、甘肃、广东、广西、贵州、海南、河南、湖北、湖南、江苏、江西、山东、陕西、四川、西藏、云南、浙江。

2. 金灯藤

学名：*Cuscuta japonica* Choisy

别名：日本菟丝子、大粒菟丝子、大菟丝子、大无娘子、飞来花、飞来藤。

分布：安徽、福建、甘肃、广东、广西、贵州、海南、河南、湖北、湖南、江苏、江西、陕西、山东、四川、重庆、云南、浙江。

远志科

瓜子金

学名：*Polygala japonica* Houtt.

别名：金牛草、紫背金牛。

分布：福建、广东、甘肃、广西、湖北、湖南、江苏、江西、四川、山东、云南、浙江、陕西、贵州。

紫草科

附地菜

学名：*Trigonotis peduncularis*（Trev.）Benth. ex Baker et Moore

别名：地胡椒。

分布：福建、甘肃、广西、江西、山东、陕西、西藏、云南、贵州、湖北、湖南、江苏、四川、浙江、重庆。

单子叶植物

禾本科

1. 京芒草

学名：*Achnatherum pekinense*（Hance）Ohwi

别名：京羽茅。

分布：安徽、河南、山东、陕西、四川、西藏。

2. 看麦娘

学名：*Alopecurus aequalis* Sobol.

别名：褐蕊看麦娘。

分布：安徽、福建、甘肃、广东、广西、贵州、河南、湖北、江苏、江西、陕西、山东、四川、重庆、西藏、云南、浙江。

3. 日本看麦娘

学名：*Alopecurus japonicus* Steud.

别名：麦娘娘、麦陀陀草、稍草。

分布：安徽、福建、甘肃、广东、广西、贵州、江苏、江西、山东、陕西、云南、浙江、河南、湖北、湖南、四川、重庆。

4. 荩草

学名：*Arthraxon hispidus*（Thunb.）Makino

别名：绿竹。

分布：安徽、福建、广东、广西、贵州、海南、湖北、湖南、河南、江苏、江西、四川、重庆、山东、陕西、云南、浙江。

5. 野燕麦

学名：*Avena fatua* L.

别名：乌麦、燕麦草。

分布：甘肃、安徽、福建、广东、广西、贵州、河南、湖北、湖南、江苏、江西、山东、陕西、四川、重庆、西藏、云南、浙江。

6. 白羊草

学名：*Bothriochloa ischcemum*（L.）Keng

别名：白半草、白草、大王马针草、黄草、蓝茎草、苏伯格乐吉（蒙古族名）、鸭嘴草蜀黍、鸭嘴孔颖草。

分布：安徽、福建、湖北、江苏、陕西、四川、云南。

7. 疏花雀麦

学名：*Bromus remotiflorus*（Steud.）Ohwi

别名：扁穗雀麦、浮麦草、狐茅、猪毛一支箭。

分布：安徽、福建、贵州、河南、湖北、湖南、江苏、江西、陕西、四川、西藏、云南、浙江。

8. 虎尾草

学名：*Chloris virgata* Sw.

别名：棒槌草、刷子头、盘草。

分布：安徽、广东、广西、贵州、湖北、湖南、浙江、重庆、甘肃、河南、江苏、山东、陕西、四川、西藏、云南。

9. 橘草

学名：*Cymbopogon goeringii*(Steud.)A. Camus

别名：臭草、朵儿茅、桔草、茅草、香茅、香茅草、野香茅。

分布：安徽、湖北、。

10. 狗牙根

学名：*Cynodon dactylon*(L.)Pers.

别名：绊根草、爬根草、感沙草、铁线草。

分布：安徽、福建、广东、广西、贵州、河南、江西、山东、陕西、重庆、甘肃、海南、湖北、江苏、四川、陕西、云南、浙江。

11. 升马唐

学名：*Digitaria ciliaris*(Retz.)Koel.

别名：拌根草、白草、俭草、乱草子、马唐、毛马唐、爬毛抓秧草、抓地龙。

分布：安徽、福建、广东、广西、贵州、海南、河南、江苏、陕西、湖北、江西、重庆、山东、四川、西藏、云南、浙江。

12. 马唐

学名：*Digitaria sanguinalis*(L.)Scop.

别名：大抓根草、红水草、鸡爪子草、假马唐、俭草、面条筋、盘鸡头草、秫秸秧子、哑用、抓地龙、抓根草。

分布：福建、广东、广西、海南、湖南、江西、云南、浙江、重庆、安徽、甘肃、贵州、湖北、河南、江苏、四川、山东、陕西、西藏。

13. 光头稗

学名：*Echinochloa colonum*(L.)Link

别名：光头稗子、芒稷。

分布：海南、湖南、山东、重庆、安徽、福建、广东、广西、贵州、河南、湖北、江苏、江西、四川、西藏、云南、浙江。

14. 牛筋草

学名：*Eleusine indica*(L.)Gaertn.

别名：蟋蟀草。

分布：安徽、甘肃、福建、广东、贵州、海南、湖北、河南、湖北、江苏、重庆、湖南、江西、四川、山东、陕西、西藏、云南、浙江。

15. 秋画眉草

学名：*Eragrostis autumnalis* Keng

分布：安徽、福建、广东、广西、贵州、湖北、河南、湖南、江苏、江西、四川、山东、陕西、云南、浙江。

16. 乱草

学名：*Eragrostis japonica*（Thunb.）Trin.

别名：碎米知风草、旱田草、碎米、香榧草、须须草、知风草。

分布：安徽、福建、广东、广西、贵州、湖北、河南、江苏、江西、四川、重庆、云南、陕西、浙江。

17. 画眉草

学名：*Eragrostis pilosa*（L.）Beauv.

别名：星星草、蚊子草、榧子草、狗尾巴草、呼日嘎拉吉、蚊蚊草、绣花草。

分布：安徽、甘肃、广东、广西、河南、湖南、江苏、江西、四川、重庆、福建、贵州、海南、湖北、河南、山东、陕西、西藏、云南、浙江。

18. 白茅

学名：*Imperata cylindrica*（L.）Beauv.

别名：茅针、茅根、白茅根、黄茅、尖刀草、兰根、毛根、茅草、茅茅根、茅针花、丝毛草、丝茅草、丝茅根、甜根、甜根草、乌毛根。

分布：甘肃、广西、重庆、安徽、福建、广东、贵州、海南、湖北、河南、湖南、江苏、江西、四川、广西、山东、陕西、西藏、四川、云南、浙江。

19. 千金子

学名：*Leptochloa chinensis*（L.）Nees

别名：雀儿舌头、畔茅、绣花草、油草、油麻。

分布：甘肃、重庆、安徽、福建、广东、广西、贵州、海南、湖北、河南、湖南、江苏、江西、山东、陕西、四川、云南、浙江。

20. 淡竹叶

学名：*Lophatherum gracile* Brongn.

别名：山鸡米。

分布：安徽、福建、广东、广西、贵州、海南、湖北、湖南、江苏、江西、四川、重庆、云南、浙江。

21. 广序臭草

学名：*Melica onoei* Franch. et Sav.

别名：肥马草、华北臭草、日本臭草、散穗臭草、小野臭草。

分布：安徽、甘肃、贵州、河南、湖北、湖南、江苏、江西、山东、陕西、四川、西藏、云南、浙江。

22. 膝曲莠竹

学名：*Microstegium geniculatum*（Hayata）Honda

分布：福建、广东、湖北、四川、云南。

23. 芒

学名：*Miscanthus sinensis* Anderss.

分布：广西、湖北、江西、四川、浙江。

24. 毛俭草

学名：*Mnesithea mollicoma*（Hance）A. Camus

别名：老鼠草。

分布：广东、广西、海南。

25. 竹叶草

学名：*Oplismenus compositus*（L.）Beauv.

别名：多穗宿箬、多穗缩箬。

分布：安徽、福建、广东、广西、贵州、湖南、湖北、海南、江西、四川、重庆、西藏、云南、浙江。

26. 雀稗

学名：*Paspalum thunbergii* Kunth ex Steud.

别名：龙背筋、鸭乪草、鱼眼草、猪儿草。

分布：安徽、福建、广东、广西、贵州、海南、浙江、重庆、甘肃、湖北、河南、湖南、江苏、江西、四川、山东、陕西、西藏、云南。

27. 双穗雀稗

学名：*Paspalum distichum* L.

别名：游草、游水筋、双耳草、双稳雀稗、铜线草。

分布：安徽、福建、甘肃、广东、广西、贵州、海南、湖北、河南、江西、陕西、重庆、湖南、江苏、四川、山东、云南、浙江。

28. 狼尾草

学名：*Pennisetum alopecuroides*（L.）Spreng.

别名：狗尾巴草、芮草、老鼠狼、狗仔尾。

分布：安徽、甘肃、福建、广东、广西、贵州、海南、湖北、湖南、河南、江苏、江西、四川、重庆、山东、陕西、西藏、云南、浙江。

29. 早熟禾

学名：*Poa annua* L.

别名：发汗草、冷草、麦峰草、绒球草、稍草、踏不烂、小鸡草、小青草、羊毛胡子草。

分布：浙江、重庆、安徽、福建、甘肃、广东、广西、贵州、海南、河南、湖北、湖南、江苏、江西、山东、陕西、四川、西藏、云南、浙江。

30. 棒头草

学名：*Polypogon fugax* Nees ex Steud.

别名：狗尾稍草、麦毛草、稍草。

分布：安徽、甘肃、福建、广东、广西、贵州、河南、湖北、湖南、江苏、江西、陕西、山东、四川、重庆、西藏、云南、浙江。

31. 瘦脊伪针茅

学名：*Pseudoraphis spinescens*（R. Br.）Vichery var. *depauperata*（Nees）Bor

分布：江苏、湖北、湖南、山东、云南、浙江。

32. 金色狗尾草

学名：*Setaria glauca*（L.）Beauv.

分布：安徽、重庆、福建、甘肃、广东、广西、贵州、海南、河南、湖北、湖南、江苏、江西、山东、陕西、四川、西藏、云南、浙江。

33. 狗尾草

学名：*Setaria viridis*（L.）Beauv.

别名：谷莠子、莠。

分布：安徽、福建、广东、广西、甘肃、贵州、湖北、河南、湖南、江苏、江西、四川、重庆、山东、陕西、西藏、云南、浙江。

34. 鹅毛竹

学名：*Shibataea chinensis* Nakai

别名：矮竹、鸡毛竹、倭竹、小竹。

分布：安徽、江苏、江西、浙江。

35. 鼠尾粟

学名：*Sporobolus fertilis*（Steud.）W. D. Glayt.

别名：钩耜草、牛筋草、鼠尾栗。

分布：安徽、福建、广东、甘肃、贵州、海南、湖北、河南、湖南、江苏、江西、四川、山东、陕西、西藏、云南、浙江。

36. 荻

学名：*Triarrhena sacchariflora*（Maxim.）Nakai

别名：红毛公、苫房草、芒草。

分布：重庆、甘肃、河南、湖北、江西、山东、陕西、四川、浙江。

37. 鼠茅

学名：*Vulpia myuros*（L.）Gmel.

分布：安徽、福建、江苏、江西、湖北、四川、西藏、浙江。

38. 结缕草

学名：*Zoysia japonica* Steud.

别名：老虎皮草、延地青、锥子草。

分布：广东、江苏、湖北、四川、江西、山东、浙江。

莎草科

1. 扁穗莎草

学名：*Cyperus compressus* L.

别名：硅子叶莎草、沙田草、莎田草、水虱草、砖子叶莎草。

分布：安徽、福建、广东、广西、河南、陕西、贵州、海南、湖北、湖南、江苏、江西、四川、重庆、云南、浙江。

2. 异型莎草

学名：*Cyperus difformis* L.

分布：贵州、河南、江西、山东、重庆、安徽、福建、甘肃、广东、广西、海南、湖北、湖南、江苏、陕西、四川、云南、浙江。

3. 碎米莎草

学名：*Cyperus iria* L.

分布：海南、重庆、安徽、福建、甘肃、广东、广西、贵州、河南、湖北、湖南、江苏、江西、山东、陕西、四川、云南、浙江。

4. 香附子

学名：*Cyperus rotundus* L.

别名：香头草。

分布：海南、湖南、湖北、重庆、安徽、福建、甘肃、广东、广西、贵州、河南、江苏、江西、山东、陕西、四川、云南、浙江。

天南星科

半夏

学名：*Pinellia ternata*（Thunb.）Breit.

别名：半月莲、三步跳、地八豆。

分布：安徽、福建、甘肃、广东、广西、贵州、海南、河南、湖北、湖南、江苏、江西、陕西、山东、四川、重庆、云南、浙江。

鸭跖草科

1. 饭包草

学名：*Commelina bengalensis* L.

别名：火柴头、饭苞草、卵叶鸭跖草、马耳草、竹叶菜。

分布：安徽、重庆、福建、甘肃、广东、广西、海南、河南、湖北、湖南、江苏、江西、山东、陕西、四川、云南、浙江。

2. 鸭跖草

学名：*Commelina communis* L.

别名：竹叶菜、兰花竹叶。

分布：安徽、重庆、福建、甘肃、广东、广西、贵州、海南、河南、湖北、湖南、江苏、江西、山东、陕西、四川、云南、浙江。

参考文献

[1] 车晋滇. 中国外来杂草原色图鉴. 北京：化学工业出版社，2010.
[2] 李扬汉. 中国杂草志. 北京：中国农业出版社，1999.
[3] 农牧渔业部全国植物保护总站. 中国农田杂草图册第一集、第二集. 北京：农业出版社，1987–1990.
[4] 吴征镒. 中国植物志. 北京：科学出版社，1991–2004.
[5] 张泽溥，伸田广七生. 中国杂草原色图鉴. 东京：笹德印刷株式会社，2000.
[6] 王枝荣. 中国农田杂草原色图谱. 北京：农业出版社，1990.

主要农作物有害生物种类与发生危害特点研究项目

主要参加人员名单

1. 主要参加人员

全国农业技术推广服务中心	陈生斗　夏敬源　刘万才　郭永旺　梁帝允　冯晓东　王玉玺
中国农业科学院植物保护研究所	郭予元　吴孔明　王振营　雷仲仁　李世访
中国农业科学院茶叶研究所	陈宗懋
中国农业大学	马占鸿　韩成贵
南京农业大学	王源超
华中农业大学	王国平
西南大学	周常勇　周　彦
河北农业大学	曹克强
内蒙古大学	张若芳
中国农业科学院油料作物研究所	廖伯寿　刘胜毅
湖南省农业科学院	张德咏
广西壮族自治区甘蔗研究所	黄诚华
河北省植保植检站	王贺军　安沫平
辽宁省植物保护站	王文航
江苏省植物保护站	刁春友
湖北省植物保护总站	王盛桥　肖长惜
广西壮族自治区植保总站	王凯学
四川省农业厅植保站	李　刚　廖华明
陕西省植保工作总站	冯小军
北京市植物保护站	张令军　金晓华
天津市植保植检站	高雨成
山西省植保植检总站	王新安　马苍江
内蒙古自治区植保植检站	刘家骧　杨宝胜

吉林省农业技术推广总站　　梁志业　徐东哲
黑龙江省植检植保站　　陈继光
上海市农业技术推广服务中心　　郭玉人
浙江省植保植检局　　徐　云　林伟坪
安徽省植保总站　　王明勇
福建省植保植检站　　徐志平
江西省植保植检局　　舒　畅
山东省植保总站　　卢增全
河南省植保植检站　　程相国
湖南省植保植检站　　欧高财
广东省植保总站　　陈　森
海南省植保植检站　　李　鹏　蔡德江
重庆市种子管理和植保植检总站　　刘祥贵
贵州省植保植检站　　金　星
云南省植保植检站　　汪　铭　钟永荣　周金玉
西藏自治区农业技术推广中心　　吕克非
甘肃省植保植检站　　刘卫红
青海省农业技术推广总站　　张　剑　朱满正
宁夏回族自治区农业技术推广总站　　徐润邑　王　琦
新疆维吾尔自治区植保站　　艾尼瓦尔·木沙

2. 项目执行专家组

组　长：陈生斗　夏敬源
成　员：刘万才　郭永旺　吴孔明　雷仲仁　马占鸿　韩成贵

3. 咨询鉴定专家委员会

主　任：郭予元
副主任：雷仲仁　李世访
（1）真菌病害鉴定专家组　陈万权
（2）细菌病害鉴定专家组　赵廷昌
（3）病毒病害鉴定专家组　李世访
（4）线虫病害鉴定专家组　彭德良
（5）有害昆虫与害螨鉴定专家组　雷仲仁
（6）杂草鉴定专家组　强　胜
（7）害鼠鉴定专家组　施大钊

4. 项目管理办公室

主　任：陈生斗　夏敬源

副主任：张跃进　刘万才

成　员：王玉玺　梁帝允　郭永旺　程景鸿　郭　荣　项　宇

　　　　龚一飞　陆宴辉　黄　冲